工程建设材料标准速查与选用指南系列

土建工程材料标准速查与选用指南

郑超荣　主编

中国建材工业出版社

图书在版编目(CIP)数据

土建工程材料标准速查与选用指南/郑超荣主编. 一北京：中国建材工业出版社，2011.4

（工程建设材料速查标准与选用指南系列）

ISBN 978-7-80227-909-4

Ⅰ.①土… Ⅱ.①郑… Ⅲ.①土木工程一建筑材料一指南 Ⅳ.①TU5-62

中国版本图书馆 CIP 数据核字(2011)第 025286 号

土建工程材料标准速查与选用指南

郑超荣 主编

出版发行：中国建材工业出版社

地　　址：北京市西城区车公庄大街 6 号

邮　　编：100044

经　　销：全国各地新华书店

印　　刷：北京市通州京华印刷制版厂

开　　本：787mm×1092mm　1/16

印　　张：23.5

字　　数：632 千字

版　　次：2011 年 4 月第 1 版

印　　次：2011 年 4 月第 1 次

书　　号：ISBN 978-7-80227-909-4

定　　价：49.00 元

本社网址：www.jccbs.com.cn

本书如出现印装质量问题，由我社发行部负责调换。电话：(010)88386906

对本书内容有任何疑问及建议，请与本书责编联系。邮箱：dayi51@sina.com

内 容 提 要

本书以最新土建工程材料标准规范为依据，以材料的选择为主线，系统阐述了工程材料的结构、组织与性能的基本理论和土建工程常用材料的技术性能及检测试验方法。全书主要内容包括概述、气硬性胶凝材料、混凝土与砂浆、墙体材料、建筑钢材、建筑石材等。

本书内容全面、资料翔实，对如何进行土建工程材料管理以及选用工作具有很强的实用价值。本书可供土建工程设计以及材料管理人员使用，也可供高等院校相关专业师生学习时参考。

土建工程材料标准速查与选用指南

编写组

主　编：郑超荣

副主编：田凤兰　韩国栋

编　委：吴成英　刘雪芹　韩晓芳　黄泰山
赵红杰　王卫凭　罗宏春　王　静
郑建军　钟建明　王建龙　杜家吉
唐海彬　赵　娟　刘　倩　张艳萍
沈　杏　刘　锦　郜伟民　田凤兰
何晓卫　张家驹　黄志安　卢晓雪
王翠玲　崔奉伟　王秋艳　王晓丽
左万义　王　燕　卻建荣　黎　江

前言

工程材料的种类繁多，随着材料科学和材料工业的不断发展，各种类型的新型工程材料不断涌现。随着社会的进步、人民生活水平的不断提高，人们对建构筑物的需求，也从其最基本的安全需求、适用需求，发展到轻质高强、抗震、高耐久性、环保、节能等诸多新的功能要求。在此基础上，工程材料的研究也开始从被动的以研究应用为主向开发新功能、多功能材料的方向转变。工程材料是一切工程建设的物质基础，要发展工程建设行业，就必须发展工程材料工业。在建设工程中恰当地选择和合理地使用工程材料不仅能提高工程质量及其寿命，而且对降低工程造价、节能减排、调控能源使用结构也有着重要的意义。工程材料的发展不仅制约着工程设计理论的进步和施工技术的革新，同时也具有推动它们发展的作用，许多新技术的出现都是与新材料的产生密切相关的。

工程材料技术标准、规范是针对原材料、产品以及工程质量、规格、检验方法、评定方法、应用技术等作出的技术规定，它是在产品生产、工程建设、科学研究以及商品流通等领域中共同遵循的技术法规。随着新材料的不断涌现，以及新技术的不断应用，近年来国家对多种新、老材料的产品规格、技术性能、检验方法等进行了规定或修订。《工程建设材料标准速查与选用指南系列》丛书即从材料标准速查与选用方向入手，向相关从业人员提供查找新材料标准、选取合适材料的捷径。

《工程建设材料标准速查与选用指南系列》丛书共包括以下10个分册：

1.《电气材料标准速查与选用指南》

2.《胶凝材料标准速查与选用指南》

3.《焊接材料标准速查与选用指南》

4.《水暖材料标准速查与选用指南》

5.《防水材料标准速查与选用指南》

6.《防腐材料标准速查与选用指南》

7.《钢结构材料标准速查与选用指南》

8.《保温隔热材料标准速查与选用指南》

9.《土建工程材料标准速查与选用指南》

10.《装饰装修材料标准速查与选用指南》

与市场上同类图书比较，本套丛书主要具有以下特色：

(1)本套丛书严格以当前最新的国家、行业标准为编写依据，并在相应资料中注释有编写标准的名称与编号，体现了资料的先进性和规范性，保证了读者在阅读本书时所获取的资料信息为最新内容，同时方便读者获取相关标准信息。

(2)本套丛书以材料分类、规格、技术性能、检验方法、包装与运输等为编写结构体例，介绍了各种材料的基本技术要求和选用方法，有助于相关从业人员合理选取材料，妥善运输、存储材料，并进行必要的检验验收。

(3)本套丛书所选材料均为各专业常用材料与典型材料，具有一定的代表性与针对性，可满足各专业人员的实际需求。

(4)本套丛书在各分册图书后附有本册图书所选录材料的标准名称、编号与所在页码，方便读者查找与阅读，起到了节约查找时间、直观展示所选材料是否为最新的作用。

限于编者的水平及阅历的局限，加之编写时间仓促，书中错误及疏漏之处在所难免，恳请广大读者和有关专家批评指正。

编　者

目录
CONTENTS

第一章

概 述

第一节 材料分类与作用

由于涉及面广泛，工程材料在概念上并没有明确而又统一的界定，一般是指在建筑工程中组成建筑物与构筑物各部分实体的各种材料。

一、材料分类

工程材料的种类繁多，随着材料科学和材料工业不断发展，各种类型的新型工程材料不断涌现。为便于应用和研究，可从不同角度进行分类。材料按使用功能和组成成分分类的两种分类方法分别见表 1-1 和表 1-2。

表 1-1 材料按使用功能分类

分 类	定 义	实 例
建筑结构材料	构成基础、柱、梁、框架、屋架、板等承重系统的材料	砖、石材、钢材、钢筋混凝土、木材
墙体材料	构成建筑物内、外承重墙体及内分隔墙体的材料	石材、砖、空心砖、加气混凝土、各种砌块、混凝土墙板、石膏板及复合墙板
建筑功能材料	不作为承受荷载，且具有某种特殊功能的材料	保温隔热材料（绝热材料）：膨胀珍珠岩及其制品、膨胀蛭石及其制品、加气混凝土 吸声材料：毛毡、棉毛织品、泡沫塑料 采光材料：各种玻璃 防水材料：沥青及其制品、树脂基防水材料 防腐材料：煤焦油、涂料 装饰材料：石材、陶瓷、玻璃、涂料、木材
建筑器材	为了满足使用要求，而与建筑物配套的各种设备	电工器材及灯具 水暖及空调器材 环保器材 建筑五金

表 1-2 材料按组成成分分类

分类			实例
无机材料	金属材料	黑色金属	普通钢材、低合金钢、合金钢、非合金钢
		有色金属	铝、铝合金、铜、铜合金
	非金属材料	天然石材	毛石、料石、石板材、碎石、卵石、砂
		烧土制品	烧结砖、瓦、陶器、炻器、瓷器
		玻璃及熔融制品	玻璃、玻璃棉、岩棉、铸石
		胶凝材料	气硬性：石灰、石膏、菱苦土、水玻璃 水硬性：各类水泥
		混凝土类	砂浆、混凝土、硅酸盐制品
有机材料	植物质材料		木材、竹板、植物纤维及其制品
	合成高分子材料		塑料、橡胶、胶黏剂、有机涂料
	沥青材料		石油沥青、沥青制品
复合材料	金属—非金属复合		钢筋混凝土、预应力混凝土、钢纤维混凝土
	非金属—有机复合		沥青混凝土、聚合物混凝土、玻纤增强塑料、水泥刨花板

二、材料作用

材料的性能决定了建筑物的质量、使用功能和成本，同时对建筑物的设计和施工也有重要影响，尤其是对建筑结构安全和使用功能有直接影响，如果材料质量有缺陷或使用不当，可能会带来重大的质量事故。

因此，在工程建设过程中，无论是工程设计还是施工技术，都必须考虑所使用的材料性能。再好的设计意图，它最终在建筑物上的体现必须靠材料来实现；再先进的施工操作工艺，也要受制于所采用材料的限制。所以，材料性能可以影响甚至决定先进施工技术的发挥。

第二节 材料基本性质

在建筑工程中，工程材料要承受各种不同的作用，从而要求工程材料具有相应的不同性质。如用于建筑结构的材料要受到各种外力的作用，因此，所选用的材料应具有所需的力学性能。根据建筑物各种不同部位的使用要求，有些材料应具有防水、绝热、吸声等性能；对于某些工业建筑，还要求具有耐热、耐腐蚀等性能。此外，对长期暴露在大气中的材料，要求能经受因风吹、日晒、雨淋、冰冻而引起的温度、湿度变化及反复冻融等的破坏作用。为保证建筑物经久耐用，建筑设计人员应掌握材料的基本性质，并能合理选用材料。

土建材料的基本性质是指材料处于不同使用条件和使用环境时，通常必须考虑最基本的、共有的性质。建筑材料所处的部位、周围环境、使用功能的要求和作用不同，对材料性质的要求也不同。工程材料性质归纳起来有物理性质、力学性质和耐久性。

一、材料物理性质

材料与质量有关的物理性质主要是指材料的各种密度和描述其孔隙与空隙状况的指标，在这些指标的表达式中都有质量这一参数。

根据材料所处状态的不同，材料的密度可分为密度、表观密度和堆积密度等。

1. 密度

密度是指材料在绝对密实状态下单位体积的质量。密度(ρ)的计算公式为：

$$\rho = \frac{m}{V}$$

式中 ρ——材料的密度(g/cm^3 或 kg/m^3)；

m——材料的质量(g 或 kg)；

V——材料在绝对密实状态下的体积(即材料体积内固体物质的实体积)(cm^3 或 m^3)。

材料在绝对密实状态下的体积是指不包括内部孔隙的材料体积。由于材料在自然状态下并非绝对密实，所以绝对密实体积一般难以直接测定，只有钢材、玻璃等材料可近似地直接测定。在测定有孔隙的材料密度时，可以把材料磨成细粉或采用排液置换法测量其体积。材料磨得越细，测得的体积越接近绝对体积，所得密度值就越准确。材料的质量是指材料所含物质的多少。

2. 表观密度

表观密度是材料在自然状态下单位体积的质量。表观密度 ρ_0 的计算公式为：

$$\rho_0 = \frac{m}{V_0}$$

式中 ρ_0——材料的表观密度(kg/m^3 或 g/cm^3)；

m——在自然状态下材料的质量(kg 或 g)；

V_0——在自然状态下材料的体积(m^3 或 cm^3)。

在自然状态下，材料内部的孔隙可分为两类：有的孔之间相互连通，且与外界相通，称为开口孔；有的孔互相独立，不与外界相通，称为闭口孔。大多数材料在使用时其体积包括内部所有孔在内的体积，即自然状态下的外形体积(V_0)，如砖、石材、混凝土等。有的材料如砂、石在拌制混凝土时，因其内部的开口孔被水占据，因此材料体积只包括材料实体积及其闭口孔体积(以 V' 表示)。为了区别这两种情况，常将包括所有孔隙在内时的密度称为表观密度；把只包括闭口孔在内时的密度称为视密度，用 ρ' 表示，即 $\rho' = m/V'$。视密度在计算砂、石在混凝土中的实际体积时有实用意义。

在自然状态下，材料内部常含有水分，其质量随含水程度而改变，因此密度应注明其含水程度。可见，材料的视密度除决定于材料的密度及构造状态外，还与含水的程度有关。

3. 堆积密度

堆积密度是指粉块状材料在堆积状态下单位体积的质量。堆积密度 ρ_0' 的计算公式为：

$$\rho_0' = \frac{m}{V_0'}$$

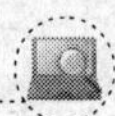

式中 ρ_0'——材料的堆积密度(kg/m^3)；

m——材料的质量(kg)；

V_0'——材料的堆积体积(m^3)。

材料的堆积体积是指散粒状材料在堆积状态下的总体外观体积。散粒状堆积材料的堆积体积既包括了材料颗粒内部的孔隙,也包括了颗粒间的空隙。除了颗粒内孔隙的多少及其含水多少外,颗粒间空隙的大小也影响堆积体积的大小。因此,材料的堆积密度与散粒状材料在自然堆积时颗粒间空隙、颗粒内部结构、含水状态、颗粒间被压实的程度有关。

根据其堆积状态的不同,同一材料表现的体积大小可能不同,松散堆积状态下的体积较大,密实堆积状态下的体积较小。材料的堆积体积,常用材料填充容器的容积大小来测量。

4. 密实度

密实度是指材料体积内被固体物质所充实的程度。密实度 D 的计算公式为:

$$D=\frac{V}{V_0}\times 100\%=\frac{\rho_0}{\rho}\times 100\%$$

式中 D——材料的密实度(%)；

V——材料中固体物质的体积(cm^3 或 m^3)；

V_0——材料体积(包括内部孔隙体积)(cm^3 或 m^3)；

ρ_0——材料的表观密度(g/cm^3 或 kg/m^3)；

ρ——材料的密度(g/cm^3 或 kg/m^3)。

5. 孔隙率

孔隙率是指材料中孔隙体积所占整个体积的百分率。孔隙率 P 的计算公式为:

$$P=\frac{V_0-V}{V_0}\times 100\%=\left(1-\frac{V}{V_0}\right)\times 100\%=\left(1-\frac{\rho_0}{\rho}\right)\times 100\%=(1-D)\times 100\%$$

孔隙率反映了材料内部孔隙的多少,它会直接影响材料的多种性质。孔隙率越大,则材料的表观密度、强度越小,耐磨性、抗冻性、抗渗性、耐腐蚀性、耐水性及耐久性越差,而保温性、吸声性、吸水性与吸湿性越强。上述性质不仅与材料的孔隙率大小有关,还与孔隙特征有关。此外,孔隙尺寸的大小、孔隙在材料内部分布的均匀程度等都是孔隙在材料内部的特征表现。

与材料孔隙率相对应的另一个概念是材料的密实度。它反映了材料内部固体的含量,对于材料性质的影响正好与孔隙率的影响相反。

在建筑工程中,计算材料的用量和构件自重,进行配料计算,确定材料堆放空间及组织运输时,经常要用材料的密度、表观密度和堆积密度进行计算。常用建筑材料的密度、表观密度、堆积密度及孔隙率,见表 1-3。

表 1-3　常用建筑材料的密度、表观密度、堆积密度及孔隙率

材料名称	密度/(g/cm^3)	表观密度/(kg/m^3)	堆积密度/(kg/m^3)	孔隙率(%)
石灰石	2.60	1800～2600	—	0.6～1.5
花岗石	2.60～2.90	2500～2800	—	0.5～1.0
碎石(石灰石)	2.60	—	1400～1700	—

（续）

材料名称	密度/(g/cm^3)	表观密度/(kg/m^3)	堆积密度/(kg/m^3)	孔隙率(%)
砂	2.60	—	1450～1650	—
水　泥	2.80～3.20	—	1200～1300	—
烧结普通砖	2.50～2.70	1600～1800	—	20～40
普通混凝土	2.60	2100～2600	—	5～20
轻质混凝土	2.60	1000～1400	—	60～65
木　材	1.55	400～800	—	55～75
钢　材	7.85	7850	—	—
泡沫塑料	—	20～50	—	95～99

6. 空隙率

空隙率是指散粒状材料在堆积体积内颗粒之间的空隙体积所占的百分率。空隙率 P' 的计算公式为：

$$P' = \frac{V_0' - V_0}{V_0'} \times 100\% = \left(1 - \frac{V_0}{V_0'}\right) \times 100\%$$

$$= \left(1 - \frac{\rho_0'}{\rho_0}\right) \times 100\% = (1 - D') \times 100\%$$

式中　P'——散粒状材料在堆积状态下的空隙率(%)。

空隙率考虑的是材料颗粒间的空隙，这对填充和黏结散粒材料时，研究散粒状材料的空隙结构和计算胶结材料的需要量非常重要。

二、材料力学性质

材料的力学性质是指材料在外力作用下，抵抗破坏和变形方面的性质。其对建筑物的正常、安全及有效使用至关重要。

1. 材料的强度

材料的强度是指材料在外力作用下抵抗破坏的能力。建筑材料受外力作用时，内部就产生应力。外力增加，应力相应增大，直至材料内部质点结合力不足以抵抗所作用的外力时，材料即发生破坏，此时的应力值，就是材料的强度，也称极限强度。

根据外力作用方式的不同，材料强度有抗拉、抗压、抗剪、抗弯(抗折)强度等，如图 1-1 所示。

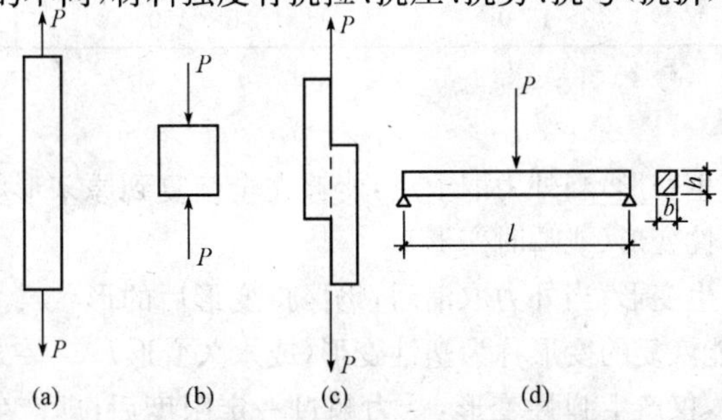

图 1-1　材料承受各种外力示意图

(a)抗拉；(b)抗压；(c)抗剪；(d)抗弯

材料的强度常通过破坏性试验测定。将试件放在材料试验机上，施加荷载，直至破坏，按照破坏时的荷载，即可计算出材料的强度。

(1)抗拉(压、剪)强度。材料承受荷载(拉力、压力、剪力)作用直到破坏时，单位面积上所承受的拉力(压力、剪力)称为抗拉(压、剪)强度。材料的抗拉、抗压、抗剪强度按下式计算：

$$f=\frac{F}{A}$$

式中 f——抗拉、抗压、抗剪强度(MPa)；

F——材料受拉、压、剪破坏时的荷载(N)；

A——材料受力面积(mm^2)。

(2)抗弯(折)强度。抗弯(折)强度与材料受力情况有关，矩形截面试件，两端支承，中间作集中荷载，其抗弯(折)强度按下式计算：

$$R=\frac{3F_{max}L}{2bh^2}$$

式中 R——材料的抗弯(折)强度(MPa)；

F_{max}——材料弯曲破坏时的最大荷载(N)；

L、b、h——两支点的间距、试件横截面的宽及高(mm)。

另外，强度还有断裂强度、剥离强度等。断裂强度是指承受荷载时材料抵抗断裂的能力。剥离强度是指在规定的试验条件下，对标准试样施加荷载，使其承受线应力，且加载的方向与试样表面保持规定角度，胶黏剂单位宽度上所能承受的平均载荷，常用 N/m 来表示。

材料的强度与其组成及结构有关。相同种类的材料，其组成、结构特征、孔隙率、试件形状、尺寸、表面状态、含水率、温度及试验时的加荷速度等对材料的强度都有影响。

几种常见的主要材料的强度，见表 1-4。由表中可见，不同材料的各种强度是不同的。花岗石、普通混凝土等抗拉强度比抗压强度小几十至几百倍，这类材料只适于做受压构件(基础、墙体、桩等)。而钢材的抗压强度和抗拉强度相等，因此，作为结构材料性能最为优良。

表 1-4　常用土建材料的强度值　MPa

材　料	抗　压	抗　拉	抗　折
花岗石	100～250	5～8	10～14
普通混凝土	5～60	1～9	—
轻骨料混凝土	5～50	0.4～2	—
松木(顺纹)	30～50	80～120	60～100
钢　材	240～1500	240～1500	—

2. 材料的弹性和塑性

材料在外力作用下产生变形，当外力取消后，能够完全恢复到原来形状的性质称为弹性，这种完全被恢复的变形称为弹性变形(或瞬时变形)。

材料在外力作用下产生变形，当外力取消后，仍保持变形后的形状尺寸，并且本身无裂缝产生的性质称为塑性，这种不能恢复的变形称为塑性变形(或永久变形)。

许多材料受力不大时，仅产生弹性变形，受力超过一定限度后，即产生塑性变形；而有些材料在受力时弹性变形和塑性变形同时产生，如果取消外力，则弹性变形可以恢复，而其塑性变形则不能恢复。

3. 脆性和韧性

(1)脆性。材料在外力作用下，直至断裂前只发生弹性变形，不出现明显的塑性变形而突然破坏的性质称为脆性。具有这种性质的材料称为脆性材料，如石材、普通砖、混凝土、铸铁、玻璃及陶瓷等。脆性材料的抗压能力很强，其抗压强度比抗拉强度大得多，可达十几倍甚至更高。脆性材料抗冲击及动荷载能力差，因此，常用于承受静压力作用的建筑部位，如基础、墙体、柱子、墩座等。

(2)韧性。在冲击、振动荷载作用下，材料可吸收较大的能量产生一定的变形而不破坏的性质称为韧性或冲击韧性。建筑工程钢材(软钢)、木材、塑料等是较典型的韧性材料。路面、桥梁、起重机梁及有抗震要求的结构都要考虑材料的韧性。

4. 材料硬度和耐磨性

材料的硬度是指材料表面耐较硬物体刻划或压入而产生塑性变形的能力。木材、金属等韧性材料的硬度，往往采用压入法来测定。

压入法硬度的指标有布氏硬度和洛氏硬度，它等于压入荷载值除以压痕的面积或密度。而陶瓷、玻璃等脆性材料的硬度往往采用刻划法来测定，称为莫氏硬度，根据刻划矿物(滑石、石膏、磷灰石、正长石、硫铁矿、黄玉、金刚石等)的不同分为十级。

耐磨性是指材料表面抵抗磨损的能力，用磨损率表示，它等于试件在标准试验条件下磨损前后的质量差与试件受磨表面积之商。磨损率越大，材料的耐磨性越差。

三、材料耐久性

土建材料的耐久性是指材料使用过程中，在内、外因素的作用下，经久不破坏、不变质，保持原有性能的性质。

1. 影响材料耐久性的因素

材料在环境中使用时，不仅会受荷载作用，还会受周围环境各种自然因素的影响，如物理、化学及生物等方面的作用。

(1)物理作用包括干湿变化、温度变化、冻融循环、磨损等，这些都会使材料遭到一定程度的破坏，以致影响材料的长期使用。

(2)化学作用包括受酸、碱、盐类等物质的水溶液及有害气体作用，发生化学反应及氧化作用，受紫外线照射等使材料变质或遭损。

(3)生物作用是指昆虫、菌类等对材料的蛀蚀及腐朽作用。

材料的耐久性是一项综合性能，不同材料的耐久性往往有不同的具体内容。如混凝土的耐久性，主要通过抗渗性、抗冻性、抗腐蚀性和抗碳化性来体现。钢材的耐久性，主要取决于其抗锈蚀性，而沥青的耐久性则主要取决于其大气稳定性和温度敏感性。

2. 材料耐久性的测定

材料耐久性的测定需长期的观察和测定，而这样往往满足不了工程的即时需要。因此通常根据使用要求，用一些实验室可测定又能基本反映其耐久特性的短时试验指标来表达。如常用软化系数来反映材料的耐水性；用实验室的冻融循环(数小时一次)试验得出的抗冻等级来说明材料的抗冻性；采用较短时间的化学介质浸渍来反映实际环境中的水泥石长期腐蚀现象等，并据此对耐久性做出测定和评价。

第二章

气硬性胶凝材料

第一节 水 泥

一、通用硅酸盐水泥(GB 175—2007)

1. 概念

通用硅酸盐水泥是以硅酸盐水泥熟料和适量的石膏及规定的混合材料制成的水硬性胶凝材料。

2. 分类

通用硅酸盐水泥按混合材料的品种和掺量分为硅酸盐水泥、普通硅酸盐水泥、矿渣硅酸盐水泥、火山灰质硅酸盐水泥、粉煤灰硅酸盐水泥和复合硅酸盐水泥。

3. 组分与材料

(1)组分。通用硅酸盐水泥的组分和代号应符合表 2-1 的规定。

表 2-1 通用硅酸盐水泥的组分和代号 %

品 种	代 号	组 分				
		熟料+石膏	粒化高炉矿渣	火山灰质混合材料	粉煤灰	石灰石
硅酸盐水泥	P·Ⅰ	100	—	—	—	—
	P·Ⅱ	≥95	≤5	—	—	—
		≥95	—	—	—	≤5
普通硅酸盐水泥	P·O	≥80 且<95	>5 且≤20①			—
矿渣硅酸盐水泥	P·S·A	≥50 且<80	>20 且≤50②	—	—	—
	P·S·B	≥30 且<50	>50 且≤70②	—	—	—
火山灰质硅酸盐水泥	P·P	≥60 且<80	—	>20 且≤40③	—	—
粉煤灰硅酸盐水泥	P·F	≥60 且<80	—	—	>20 且≤40④	—

（续）

品 种	代 号	组 分				
		熟料＋石膏	粒化高炉矿渣	火山灰质混合材料	粉煤灰	石灰石
复合硅酸盐水泥	P·C	≥50且＜80	＞20且≤50⑤			

① 本组分材料为符合表2-2中的活性混合材料，其中允许用不超过水泥质量8%且符合表2-2中的非活性混合材料或不超过水泥质量5%且符合表2-2的窑灰代替。

② 本组分材料为符合《用于水泥中的粒化高炉矿渣》(GB/T 203)或《用于水泥和混凝土中的粒化高炉矿渣粉》(GB/T 18046)的活性混合材料，其中允许用不超过水泥质量8%且符合表2-2的活性混合材料或符合表2-2的非活性混合材料或符合表2-2的窑灰中的任一种材料代替。

③ 本组分材料为符合《用于水泥中的火山灰质混合材料》(GB/T 2847)的活性混合材料。

④ 本组分材料为符合《用于水泥和混凝土中的粉煤灰》(GB/T 1596)的活性混合材料。

⑤ 本组分材料为由两种(含)以上符合表2-2的活性混合材料或/和符合表2-2的非活性混合材料组成，其中允许用不超过水泥质量8%且符合表2-2的窑灰代替。掺矿渣时混合材料掺量不得与矿渣硅酸盐水泥重复。

(2)材料。通用硅酸盐水泥材料，见表2-2。

表2-2　通用硅酸盐水泥材料

项 目	内 容
硅酸盐水泥熟料	由主要含CaO、SiO_2、Al_2O_3、Fe_2O_3的原料，按适当比例磨成细粉烧至部分熔融所得以硅酸钙为主要矿物成分的水硬性胶凝物质。其中硅酸钙矿物不小于66%，氧化钙和氧化硅质量比不小于2.0
石膏	(1)天然石膏：应符合《天然石膏》(GB/T 5483)规定的G类或M类二级(含)以上的石膏或混合石膏。 (2)工业副产石膏：以硫酸钙为主要成分的工业副产物。采用前应经过试验证明对水泥性能无害
活性混合材料	符合《用于水泥中的粒化高炉矿渣》(GB/T 203)，《用于水泥和混凝土中的粒化高炉矿渣粉》(GB/T 18046)，《用于水泥和混凝土中的粉煤灰》(GB/T 1596)，《用于水泥中的火山灰质混合材料》(GB/T 2847)标准要求的粒化高炉矿渣、粒化高炉矿渣粉、粉煤灰、火山灰质混合材料
非活性混合材料	活性指标分别低于《用于水泥中的粒化高炉矿渣》(GB/T 203)，《用于水泥和混凝土中的粒化高炉矿渣粉》(GB/T 18046)，《用于水泥和混凝土中的粉煤灰》(GB/T 1596)，《用于水泥中的火山灰质混合材料》(GB/T 2847)标准要求的粒化高炉矿渣、粒化高炉矿渣粉、粉煤灰、火山灰质混合材料；石灰石和砂岩，其中石灰石中的Al_2O_3含量应不大于2.5%
窑灰	符合《掺入水泥中的回转窑窑灰》(JC/T 742)的规定
助磨剂	水泥粉磨时允许加入助磨剂，其加入量应不大于水泥质量的0.5%，助磨剂应符合《水泥助磨剂》(JC/T 667)的规定

4. 强度等级

(1)硅酸盐水泥的强度等级分为42.5、42.5R、52.5、52.5R、62.5、62.5R六个等级。

(2)普通硅酸盐水泥的强度等级分为42.5、42.5R、52.5、52.5R四个等级。

(3)矿渣硅酸盐水泥、火山灰质硅酸盐水泥、粉煤灰硅酸盐水泥、复合硅酸盐水泥的强度等级分为32.5、32.5R、42.5、42.5R、52.5、52.5R六个等级。

5. 技术要求

(1)化学指标。通用硅酸盐水泥化学指标应符合表2-3的规定。

表2-3 通用硅酸盐水泥化学指标 %

品种	代号	不溶物（质量分数）	烧失量（质量分数）	三氧化硫（质量分数）	氧化镁（质量分数）	氯离子（质量分数）
硅酸盐水泥	P·Ⅰ	≤0.75	≤3.0	≤3.5	≤5.0①	≤0.06③
	P·Ⅱ	≤1.50	≤3.5			
普通硅酸盐水泥	P·O	—	≤5.0			
矿渣硅酸盐水泥	P·S·A	—	—	≤4.0	≤6.0②	
	P·S·B	—	—		—	
火山灰质硅酸盐水泥	P·P	—	—	≤3.5	≤6.0②	
粉煤灰硅酸盐水泥	P·F	—	—			
复合硅酸盐水泥	P·C	—	—			

① 如果水泥压蒸试验合格，则水泥中氧化镁的含量(质量分数)允许放宽至6.0%。

② 如果水泥中氧化镁的含量(质量分数)大于6.0%时，需进行水泥压蒸安定性试验并合格。

③ 当有更低要求时，该指标由买卖双方协商确定。

(2)碱含量(选择性指标)。水泥中碱含量按$Na_2O+0.658K_2O$计算值表示。若使用活性骨料，用户要求提供低碱水泥时，水泥中的碱含量应不大于0.60%或由买卖双方协商确定。

(3)物理指标。

1)凝结时间。硅酸盐水泥初凝不小于45min，终凝不大于390min；普通硅酸盐水泥、矿渣硅酸盐水泥、火山灰质硅酸盐水泥、粉煤灰硅酸盐水泥和复合硅酸盐水泥初凝不小于45min，终凝不大于600min。

2)安定性。沸煮法检验应合格。

3)强度。不同品种不同强度等级的通用硅酸盐水泥，其不同各龄期的强度应符合表2-4的规定。

表2-4 通用硅酸盐水泥不同龄期的强度等级 MPa

品种	强度等级	抗压强度		抗折强度	
		3d	28d	3d	28d
硅酸盐水泥	42.5	≥17.0	≥42.5	≥3.5	≥6.5
	42.5R	≥22.0		≥4.0	
	52.5	≥23.0	≥52.5	≥4.0	≥7.0
	52.5R	≥27.0		≥5.0	
	62.5	≥28.0	≥62.5	≥5.0	≥8.0
	62.5R	≥32.0		≥5.5	

（续）

品　种	强度等级	抗压强度		抗折强度	
		3d	28d	3d	28d
普通硅酸盐水泥	42.5	≥17.0	≥42.5	≥3.5	≥6.5
	42.5R	≥22.0		≥4.0	
	52.5	≥23.0	≥52.5	≥4.0	≥7.0
	52.5R	≥27.0		≥5.0	
矿渣硅酸盐水泥 火山灰硅酸盐水泥 粉煤灰硅酸盐水泥 复合硅酸盐水泥	32.5	≥10.0	≥32.5	≥2.5	≥5.5
	32.5R	≥15.0		≥3.5	
	42.5	≥15.0	≥42.5	≥3.5	≥6.5
	42.5R	≥19.0		≥4.0	
	52.5	≥21.0	≥52.5	≥4.0	≥7.0
	52.5R	≥23.0		≥4.5	

4)细度。硅酸盐水泥和普通硅酸盐水泥以比表面积表示，不小于 $300m^2/kg$；矿渣硅酸盐水泥、火山灰质硅酸盐水泥、粉煤灰硅酸盐水泥和复合硅酸盐水泥以筛余表示，80μm 方孔筛筛余不大于10%或 45μm 方孔筛筛余不大于 30%。

6. 试验方法

通用硅酸盐水泥试验方法，见表 2-5。

表 2-5　通用硅酸盐水泥试验方法

项　目	内　容
组分	由生产者按《水泥组分的定量测定》(GB/T 12960)或选择准确度更高的方法进行。在正常生产情况下，生产者应至少每月对水泥组分进行校核，年平均值应符合《水泥组分的定量测定》(GB/T 12960)的规定，单次检验值应不超过规定最大限量的 2%。 为保证组分测定结果的准确性，生产者应采用适当的生产程序和适宜的方法对所选方法的可靠性进行验证，并将经验证的方法形成文件
比表面积	按《水泥比表面积测定方法　勃氏法》(GB/T 8074)进行试验
80μm 和 45μm 筛余	按《水泥细度检验方法　筛析法》(GB/T 1345)进行试验
不溶物、烧失量、氧化镁、三氧化硫和碱含量	按《水泥化学分析方法》(GB/T 176)进行试验
压蒸安定性	按《水泥压蒸安定性试验方法》(GB/T 750)进行试验
标准稠度用水量、凝结时间和安定性	按《水泥标准稠度用水量、凝结时间、安定性检验方法》(GB/T 1346)进行试验
强度	按《水泥胶砂强度检验方法(ISO 法)》(GB/T 17671)进行试验。但火山灰质硅酸盐水泥、粉煤灰硅酸盐水泥、复合硅酸盐水泥和掺火山灰质混合材料的普通硅酸盐水泥在进行胶砂强度检验时，其用水量按 0.50 水灰比和胶砂流动度不小于 180mm 来确定。当流动度小于 180mm 时，须以 0.01 的整倍数递增的方法将水灰比调整至胶砂流动度不小于 180mm。 胶砂流动度试验按《水泥胶砂流动度测定方法》(GB/T 2419)进行，其中胶砂制备按《水泥胶砂强度检验方法(ISO 法)》(GB/T 17671)进行

7. 检验规则

通用硅酸盐水泥检验规则，见表2-6。

表2-6　通用硅酸盐水泥检验规则

项　目	内　　容
编号及取样	水泥出厂前按同品种、同强度等级编号和取样。袋装水泥和散装水泥应分别进行编号和取样。每一编号为一取样单位。水泥出厂编号按年生产能力规定为： 200×10^4t以上，不超过4000t为一编号； 120×10^4～200×10^4t，不超过2400t为一编号； 60×10^4～120×10^4t，不超过1000t为一编号； 30×10^4～60×10^4t，不超过600t为一编号； 10×10^4～30×10^4t，不超过400t为一编号； 10×10^4t以下，不超过200t为一编号。 取样方法按《水泥取样方法》(GB/T 12573)进行。可连续取，亦可从20个以上不同部位取等量样品，总量至少12kg。当散装水泥运输工具的容量超过该厂规定出厂编号吨数时，允许该编号的数量超过取样规定吨数
水泥出厂	经确认水泥各项技术指标及包装质量符合要求时方可出厂
出厂检验	出厂检验项目应符合表2-3的要求及各项物理指标
判定规则	(1)检验结果符合表2-3及各项物理指标为合格品。 (2)检验结果不符合表2-3及各项物理指标中的任何一项技术要求为不合格品
检验报告	检验报告内容应包括出厂检验项目、细度、混合材料品种和掺加量、石膏和助磨剂的品种及掺加量、属旋窑或立窑生产及合同约定的其他技术要求。当用户需要时，生产者应在水泥发出之日起7d内寄发除28d强度以外的各项检验结果，32d内补报28d强度的检验结果
交货与验收	(1)交货时水泥的质量验收可抽取实物试样以其检验结果为依据，也可以生产者同编号水泥的检验报告为依据。采取何种方法验收由买卖双方商定，并在合同或协议中注明。卖方有告知买方验收方法的责任。当无书面合同或协议，或未在合同、协议中注明验收方法的，卖方应在发货票上注明“以本厂同编号水泥的检验报告为验收依据”字样。 (2)以抽取实物试样的检验结果为验收依据时，买卖双方应在发货前或交货地共同取样和签封。取样方法按《水泥取样方法》(GB/T 12573)进行，取样数量为20kg，缩分为两等份。一份由卖方保存40d，一份由买方按规定的项目和方法进行检验。 在40d以内，买方检验认为产品质量不符合要求，而卖方又有异议时，则双方应将卖方保存的另一份试样送省级或省级以上国家认可的水泥质量监督检验机构进行仲裁检验。水泥安定性仲裁检验时，应在取样之日起10d以内完成。 (3)以生产者同编号水泥的检验报告为验收依据时，在发货前或交货时买方在同编号水泥中取样，双方共同签封后由卖方保存90d，或认可卖方自行取样、签封并保存90d的同编号水泥的封存样。 在90d内，买方对水泥质量有疑问时，则买卖双方应将共同认可的试样送省级或省级以上国家认可的水泥质量监督检验机构进行仲裁检验

8. 包装与标志

(1)包装。水泥可以散装或袋装，袋装水泥每袋净含量为50kg，且应不少于标志质量的99%；随机抽取20袋总质量(含包装袋)应不少于1000kg。其他包装形式由供需双方协商确定，但有关袋装质量要求，应符合上述规定。水泥包装袋应符合《水泥包装袋》(GB 9774)的规定。

(2)标志。水泥包装袋上应清楚标明：执行标准、水泥品种、代号、强度等级、生产者名称、生产许可证标志(QS)及编号、出厂编号、包装日期、净含量。包装袋两侧应根据水泥的品种采用不同的颜色印刷水泥名称和强度等级，硅酸盐水泥和普通硅酸盐水泥采用红色，矿渣硅酸盐水泥采用绿色；火山灰质硅酸盐水泥、粉煤灰硅酸盐水泥和复合硅酸盐水泥采用黑色或蓝色。

散装发运时应提交与袋装标志相同内容的卡片。

9. 运输与贮存

水泥在运输与贮存时不得受潮和混入杂物，不同品种和强度等级的水泥在贮存中避免混杂。

10. 应用

由于硅酸盐水泥凝结硬化快，早期强度和强度等级都高，可用于早期强度有要求的工程，也可用于预应力混凝土结构和高强混凝土工程。又因其抗性好，适合用于严寒地区遭受反复冰融工程及抗冻性要求较高的工程。不宜用于温度高于 250℃的耐热混凝土工程，也不能用于海港工程和抗硫酸盐工程等。

一、道路硅酸盐水泥(GB 13693—2005)

1. 概念与代号

道路硅酸盐水泥是指由道路硅酸盐水泥熟料，适量石膏，可加入规定的一些特殊材料，磨细制成的水硬性胶凝材料，简称道路水泥，代号 P・R。

2. 材料要求

道路硅酸盐水泥材料要求，见表 2-7。

表 2-7　道路硅酸盐水泥材料要求

项　目	内　　容
道路硅酸盐水泥熟料	铝酸三钙($3CaO \cdot Al_2O_3$)的含量应不超过 5.0%，铁铝酸四钙($4CaO \cdot Al_2O_3 \cdot Fe_2O_3$)的含量应不低于 16.0%，游离氧化钙的含量，旋窑生产应不大于 1.0%；立窑生产应不大于 1.8%。 铝酸三钙的含量按式 $w(3CaO \cdot Al_2O_3)=2.65[w(Al_2O_3)-0.64w(Fe_2O_3)]$ 铁铝酸四钙的含量按式 $w(4CaO \cdot Al_2O_3 \cdot Fe_2O_3)=3.04w(Fe_2O_3)$计算： 式中　$w(3CaO \cdot Al_2O_3)$——硅酸盐水泥熟料中铝酸三钙的含量(%)； $w(4CaO \cdot Al_2O_3 \cdot Fe_2O_3)$——硅酸盐水泥熟料中铁铝酸四钙的含量(%)； $w(CaO)$——硅酸盐水泥熟料中氧化钙的含量(%)； $w(Al_2O_3)$——硅酸盐水泥熟料中三氧化二铝的含量(%)； $w(Fe_2O_3)$——硅酸盐水泥熟料中三氧化二铁的含量(%)
石膏	天然石膏：符合《天然石膏》(GB/T 5483)的规定。 工业副产石膏：工业生产中以硫酸钙为主要成分的副产品。采用工业副产石膏时，应经过试验，证明对水泥性能无害
混合材料	道路硅酸盐水泥中活性混合材料的掺加量按质量分数计为 0%～10%。 混合材料应为符合《用于水泥和混凝土中的粉煤灰》(GB/T 1596—2005)中的 F 类粉煤灰、《用于水泥中的粒化高炉矿渣》(GB/T 203)的粒化高炉矿渣、《用于水泥中的粒化电炉磷渣》(GB/T 6645)的粒化电炉磷渣等规定
助磨剂	水泥粉磨时允许加入助磨剂，其加入量应不超过水泥质量的 1%，助磨剂应符合《水泥助磨剂》(JC/T 667)的规定

3. 强度等级

道路硅酸盐水泥分 32.5 级、42.5 级和 52.5 级三个强度等级。

4. 技术要求

(1)氧化镁。道路水泥中氧化镁含量应不大于5.0%。

(2)三氧化硫。道路水泥中三氧化硫含量应不大于3.5%。

(3)烧失量。道路水泥中的烧失量应不大于3.0%。

(4)比表面积。比表面积为300～450m^2/kg。

(5)凝结时间。初凝应不早于1.5h,终凝不得迟于10h。

(6)安定性。用沸煮法检验必须合格。

(7)干缩率。28d干缩率应不大于0.10%。

(8)耐磨性。28d磨耗量应不大于3.00kg/m^2。

(9)强度。水泥的强度等级按规定龄期的抗压和抗折强度划分,各龄期的抗压强度和抗折应不低于表2-8的数值。

表2-8 水泥强度 MPa

强度等级	抗折强度		抗压强度	
	3d	28d	3d	28d
32.5	3.5	6.5	16.0	32.5
42.5	4.0	7.0	21.0	42.5
52.5	5.0	7.5	26.0	52.5

(10)碱含量。碱含量由供需双方商定。若使用活性骨料,用户要求提供低碱水泥时,水泥中碱含量应不超过0.60%。碱含量按$w(Na_2O)+0.658w(K_2O)$计算值表示。

5. 试验方法

(1)三氧化二铝(Al_2O_3)、三氧化二铁(Fe_2O_3)、氧化镁(MgO)、三氧化硫(SO_3)、烧失量、游离氧化钙、氧化钠(Na_2O)和氧化钾(K_2O)按《水泥化学分析方法》(GB/T 176)进行。

(2)比表面积。按《水泥比表面积测定方法 勃氏法》(GB/T 8074)进行。

(3)凝结时间和安定性。按《水泥标准稠度用水量、凝结时间、安定性检验方法》(GB/T 1346)进行。

(4)干缩率。按《水泥胶砂干缩试验方法》(JC/T 603)进行。

(5)耐磨性。按《水泥胶砂耐磨性试验方法》(JC/T 421)进行。

(6)强度。按《水泥胶砂强度检验方法(ISO法)》(GB/T 17671)进行。

6. 检验规则

道路硅酸盐水泥检验规则,见表2-9。

表2-9 道路硅酸盐水泥检验规则

项 目	内 容
编号及取样	水泥出厂前按同强度等级编号和取样。袋装水泥和散装水泥应分别进行编号和取样。每一编号为一取样单位,水泥出厂编号按水泥厂年产量规定: 10万t以上,不超过400t为一编号; 10万t以下,不超过200t为一编号。 取样方法按《水泥取样方法》(GB/T 12573)进行。当散装水泥运输工具的容量超过该厂规定出厂编号吨数时,允许该编号的数量超过取样规定吨数。 取样应有代表性。可连续取,亦可从20个以上不同部位取等量样品,总量至少14kg。 所取样品按上述“5. 试验方法”中规定的方法进行出厂检验

（续）

项目	内容
检验分类	(1)出厂检验。出厂水泥检验项目应包括上述"4. 技术要求"中除干缩率和耐磨性以外的项目。 (2)型式检验。型式检验项目为技术要求规定的全部技术要求。 有下列情况之一者，应进行型式检验： 1)新产品试制定型鉴定； 2)正式生产后，如材料、工艺有较大改变，可能影响产品性能时； 3)正常生产时，对每周第一个编号的水泥进行干缩率和耐磨性试验； 4)产品长期停产后，恢复生产时； 5)国家质量监督检验机构提出型式检验要求时
出厂水泥	出厂水泥应保证出厂强度等级和干缩率及耐磨性指标，其余技术要求符合有关指标要求
废品与不合格品	(1)废品。凡氧化镁、三氧化硫、初凝时间、安定性中的任一项不符合规定的指标时，均为废品。 (2)不合格品。凡比表面积、终凝时间、烧失量、干缩率和耐磨性的任一项不符合规定，或强度低于商品等级规定的指标时，均为不合格品。水泥包装标志中水泥品种、等级、工厂名称和出厂编号不全的也属于不合格品
试验报告	试验报告内容应包括规定除干缩率和耐磨性以外的各项技术要求及试验结果，助磨剂、工业副产石膏、混合材料名称和掺加量、属旋窑或立窑生产。水泥厂应在水泥发出日起7d内寄发除28d强度的各项试验结果，28d强度数值，应在水泥发出日起32d内补报
交货与验收	(1)交货。交货时水泥的质量验收可抽取实物试样以其检验结果为依据，也可以水泥厂同编号水泥的检验报告为依据。采取何种方法验收由买卖双方商定，并在合同或协议中注明。 (2)验收。 1)以抽取实物试样的检验结果为验收依据时，买卖双方应在发货前或交货地共同取样和签封。取样方法按《水泥取样方法》(GB/T 12573)进行，取样应在水泥发货前或到达地3d内进行，取样数量为22kg，缩分为两等份，一份由卖方保存40d，一份由买方按规定的项目和方法进行检验。 在40d以内，买方检验认为产品质量不符合要求，而卖方又有争议时，则双方应将卖方保存的另一份试样送省级或省级以上国家认可的水泥质量监督检验机构进行仲裁检验。 2)以水泥厂同编号水泥的检验报告为验收依据时，在发货前或交货时买方在同编号水泥中抽取试样，双方共同签封后保存三个月；或委托卖方在同编号水泥中抽取试样，签封后保存三个月。 在三个月内，买方对水泥质量有疑问时，则买卖双方应将共同签封的试样送省级或省级以上国家认可的水泥质量监督检验机构进行仲裁检验

7. 包装与标志

(1)包装。水泥可以袋装或散装，袋装水泥每袋净含量50kg，且不得少于标志质量的98%；随机抽取20袋总质量不得少于1000kg。其他包装形式由供需双方协商确定，但有关袋装质量要求，必须符合上述原则规定。水泥包装袋应符合《水泥包装袋》(GB 9774)的规定。

(2)标志。水泥袋上应清楚标明：产品名称、代号、净含量、强度等级、生产许可证编号、生产者名称和地址、出厂编号、执行标准号以及包装年、月、日。包装袋两侧应印有水泥名称和等级，用黑色印刷。散装时应提交与包装袋标志相同内容的卡片。

8. 运输与贮存

水泥在运输与贮存时，不得受潮和混入杂物，不同品种和等级的水泥应分别贮存，不得混杂。

9. 应用

道路水泥抗折性高，耐磨性、抗冲击性、抗冻性好，干缩率小及抗硫酸盐腐蚀较强，适用于道路路面、机场跑道、城市人流较多的广场等面层混凝土工程中。

三、砌筑水泥(GB/T 3183—2003)

1. 概念与代号

凡由一种或一种以上的水泥混合材料，加入适量硅酸盐水泥熟料和石膏，经磨细制成的工作性较好的水硬性胶凝材料，称为砌筑水泥，代号 M。

2. 组成与材料

(1)组成。水泥中混合材料掺加量按质量百分比计应大于 50%，允许掺入适量的石灰石或窑灰。

(2)材料。

1)水泥混合材料。系指符合《用于水泥中的粒化高炉矿渣》(GB/T 203)，《用于水泥和混凝土中的粉煤灰》(GB/T 1596)，《用于水泥中的火山灰质混合材料》(GB/T 2847)，《用于水泥中的粒化电炉磷渣》(GB/T 6645)，《用于水泥中的粒化高炉钛矿渣》(JC/T 418)，《用于水泥中的粒化增钙液态渣》(JC/T 454)，《掺入水泥中的回转窑窑灰》(JC/T 742)和《用于水泥中的钢渣》(YB/T 022)中规定的混合材料。

2)石膏。应符合《天然石膏》(GB/T 5483)的规定。

3)窑灰。应符合《掺入水泥中的回转窑窑灰》(GB/T 21372)的规定。

4)助磨剂。水泥粉磨时允许加入助磨剂，其加入量不应超过水泥质量的 1%，助磨剂应符合《水泥助磨剂》(JC/T 667—2004)的规定。

5)熟料。应符合《硅酸盐水泥熟料》(GB/T 21372)的规定。

3. 强度等级

砌筑水泥分 12.5 和 22.5 两个强度等级。

4. 技术要求

(1)三氧化硫。水泥中三氧化硫含量应不大于 4.0%。

(2)细度。80μm 方孔筛筛余不大于 10.0%。

(3)凝结时间。初凝不早于 60min，终凝不迟于 12h。

(4)安定性。用沸煮法检验，应合格。

(5)保水率。保水率应不低于 80%。

(6)强度。各等级水泥各龄期强度应不低于表 2-10 中数值。

表 2-10　　水泥强度　　MPa

水泥等级	抗压强度		抗折强度	
	7d	28d	7d	28d
12.5	7.0	12.5	1.5	3.0
22.5	10.0	22.5	2.0	4.0

5. 试验方法

(1)三氧化硫按《水泥化学分析方法》(GB/T 176)进行。

(2)细度。按《水泥细度检验方法　筛析法》(GB/T 1345)进行。

(3)凝结时间、安定性。按《水泥标准稠度用水量、凝结时间、安定性检验方法》(GB/T 1346—2001)进行,但对其中9.2条、11.2条作如下补充规定:如安定性试验试体湿气养护24h后,强度较低,可适当延长养护时间,但总湿气养护时间不应超过48h,并作记录。

(4)保水率。按《砌筑水泥》(GB/T 3183—2003)附录A规定的试验方法进行。

(5)强度。按《水泥胶砂强度检验方法(ISO法)》(GB/T 17671—1999)进行,但对其中6.1条、8.2条作如下补充规定:胶砂制备按《水泥胶砂强度检验方法(ISO法)》(GB/T 17671—1999)第6章进行,但水泥胶砂用水量按胶砂流动度达到180～190mm来确定,胶砂流动度操作方法按《水泥胶砂流动度测定方法》(GB/T 2419)进行。当水泥强度较低,试体成型后24h尚不易脱模时,可适当延长,但总湿气养护时间不得超过48h,并作记录。

6. 检验规则

砌筑水泥检验规则,见表2-11。

表2-11　砌筑水泥检验规则

项　目	内　容
编号及取样	水泥出厂前按同品种、同强度等级编号和取样。袋装水泥和散装水泥应分别进行编号和取样,每一编号为一取样单位,水泥出厂编号按水泥厂年生产能力规定: 60万t以上,不超过1000t为一编号; 30万t以上至60万t,不超过600t为一编号; 10万t以上至30万t,不超过400t为一编号; 10万t以下,不超过200t为一编号。 取样方法按《水泥取样方法》(GB/T 12573)进行。取样应有代表性。可连续取,亦可从20个以上不同部位取等量样品,总量至少12kg。 所取样品按规定的方法进行出厂检验,检验项目包括上述"4. 技术要求"中的全部要求
出厂水泥	出厂水泥应保证出厂强度等级,其余技术要求应符合有关要求
废品与不合格品	(1)废品。凡三氧化硫、初凝时间、安定性中的任一项不符合规定或12.5级砌筑水泥强度低于表2-10中规定的指标时均为废品。 (2)不合格品。凡细度、终凝时间、保水率中的任一项不符合规定或22.5级砌筑水泥强度低于表2-10中规定的指标时均为不合格品。水泥包装标志中水泥品种、强度等级、生产者名称和出厂编号不全的也属于不合格品
试验报告	试验报告内容应包括规定的各项技术要求及试验结果,助磨剂、工业副产石膏、混合材料的名称和掺加量。当用户需要时,水泥厂应在水泥发出之日起11d内寄发除28d强度以外的各项试验结果。28d强度数值,应在水泥发出之日起32d内补报
交货与验收	(1)交货时水泥的质量验收可抽取实物试样以其检验结果为依据,也可以水泥厂同编号水泥的检验报告为依据。采取何种方法验收由买卖双方商定,并在合同或协议中注明。 (2)以抽取实物试样的检验结果为验收依据时,买卖双方应在发货前或交货地共同取样和签封。取样方法按《水泥取样方法》(GB/T 12573)进行,取样数量为20kg,缩分为两等份,一份由卖方保存40d,一份由买方按规定的项目和方法进行检验。 在40d以内,买方检验认为产品质量不符合要求,而卖方又有异议时,则双方应将卖方保存的另一份试样送省级或省级以上国家认可的水泥质量监督检验机构进行仲裁检验。 (3)以水泥厂同编号水泥的检验报告为验收依据时,在发货前或交货时买方在同编号水泥中抽取试样,双方共同签封后保存三个月;或委托卖方在同编号水泥中抽取试样,签封后保存三个月。 在三个月内,买方对水泥质量有疑问时,则买卖双方应将签封的试样送省级或省级以上国家认可的水泥质量监督检验机构进行仲裁检验

7. 包装与标志

(1)包装。水泥可以袋装或散装,袋装水泥每袋净含量50kg,且不得少于标志质量的98%,随机抽取20袋总质量不得少于1000kg。其他包装形式由供需双方协商确定。但有关袋装质量要求,必须符合上述原则规定。

水泥包装袋应符合《水泥包装袋》(GB 9774)的规定。

(2)标志。水泥袋上应清楚标明:产品名称,代号,净含量,强度等级,生产许可证编号,生产者名称和地址,出厂编号,执行标准号,包装年、月、日。包装袋两侧应清楚印有水泥名称和强度等级,并用黑色印刷。散装运输时应提交与装袋标志相同内容的卡片。

8. 运输与贮存

水泥在运输与贮存时不应受潮和混入杂物,不同品种和强度等级的水泥应分别贮存,不应混杂。

9. 应用

砌筑水泥具有强度较低,但和易性好的特点。主要用于砌筑和抹面砂浆、垫层混凝土等,不应用于结构混凝土。

四、钢渣道路水泥(JC/T 1087—2008)

1. 概念与代号

以转炉钢渣或电炉钢渣(简称钢渣)为主要成分,和硅酸盐水泥熟料、适量粒化高炉矿渣、石膏磨细制成的水硬性胶凝材料,称为钢渣道路水泥,代号为S·R。

2. 材料要求

(1)钢渣。应符合《用于水泥中的钢渣》(YB/T 022)的规定,其掺加量(按质量百分比计)不应少于30%。

(2)粒化高炉矿渣。应符合《用于水泥中的粒化高炉矿渣》(GB/T 203)的规定。

(3)硅酸盐水泥熟料。应符合《硅酸盐水泥熟料》(GB/T 21372)的规定,且28d抗压强度不低于55MPa。

(4)石膏。应符合《天然石膏》(GB/T 5483)的规定。

(5)助磨剂。粉磨时允许加入助磨剂,其加入量不得超过水泥质量的0.5%,助磨剂应符合《水泥助磨剂》(JC/T 667)的规定。

3. 强度等级

钢渣道路水泥强度等级为32.5、42.5两个强度等级。

4. 技术要求

(1)三氧化硫。三氧化硫含量应不大于4.0%。

(2)比表面积。比表面积应不小于380m^2/kg。

(3)凝结时间。初凝应不早于1.5h,终凝应不迟于10h。

(4)安定性。用沸煮法检验必须合格。用氧化镁含量大于13%的钢渣制成水泥,经压蒸安定性检验,必须合格。

(5)干缩率。28d干缩率不得大于0.10%。

(6)耐磨性。28d磨耗量不得大于3.00kg/m^2。

(7)强度。水泥的强度等级按规定龄期的抗压强度和抗折强度划分,各龄期的抗压强度和抗折强度应不低于表 2-12 中数值。

表 2-12　水泥的强度等级与各龄期强度　MPa

强度等级	抗压强度		抗折强度	
	3d	28d	3d	28d
32.5	16.0	32.5	3.5	6.5
42.5	21.0	42.5	4.0	7.0

(8)碱含量。碱含量由供需双方商定。若使用活性骨料，用户要求提供低碱水泥时，水泥中碱含量应不超过 0.60%。碱含量按 $Na_2O+0.658K_2O$ 计算值表示。

5. 试验方法

(1)水泥中三氧化硫(SO_3)、氧化钠(Na_2O)和氧化钾(K_2O)含量按《水泥化学分析方法》(GB/T 176)进行。

(2)钢渣中氧化镁(MgO)含量按《钢渣化学分析方法》(YB/T 140)进行。

(3)比表面积按《水泥比表面积测定方法　勃氏法》(GB/T 8074)进行。

(4)凝结时间和安定性按《水泥标准稠度用水量、凝结时间、安定性检验方法》(GB/T 1346)进行。

(5)压蒸安定性按《水泥压蒸安定性试验方法》(GB/T 750)进行。

(6)干缩率按《水泥胶砂干缩试验方法》(JC/T 603)进行。

(7)耐磨性按《水泥胶砂耐磨性试验方法》(JC/T 421)进行。

(8)强度按《水泥胶砂强度检验方法(ISO 法)》(GB/T 17671)进行。

6. 检验规则

钢渣道路水泥检验规则见表 2-13。

表 2-13　钢渣道路水泥检验规则

项　目	内　　容
编号及取样	水泥出厂前按同品种、同等级编号和取样。袋装水泥和散装水泥应分别进行编号和取样。每一编号为一取样单位，水泥出厂编号按水泥厂年产量规定： 10 万 t 以上，不超过 400t 为一编号； 10 万 t 以下，不超过 200t 为一编号。 取样方法按《水泥取样方法》(GB/T 12573)进行。当散装水泥运输工具的容量超过该厂规定出厂编号吨数时，允许该编号的数量超过取样规定吨数。 取样应有代表性。可连续取，亦可从 20 个以上不同部位取等量样品，总量至少 14kg。 所取样品应按上述“5. 试验方法”进行出厂检验
水泥出厂	经确认水泥各项技术指标及包装质量符合要求时方可出厂
检验分类	(1)出厂检验。出厂检验项目为上述“4. 技术要求”中“(1)～(4)、(7)、(8)”中的内容。 (2)型式检验。型式检验项目为上述“4. 技术要求”中规定的全部要求。 有下列情况之一者，应进行型式检验： 1)新产品试制定型鉴定； 2)正式生产后，如材料、工艺有较大改变，可能影响产品性能时； 3)正常生产时，对每周第一个编号的水泥进行干缩率和耐磨性试验； 4)产品长期停产后，恢复生产时； 5)国家质量监督检验机构提出型式检验要求时

（续）

项 目	内 容
判定规则	(1)检验结果符合上述“4．技术要求”中“(1)～(4)、(7)、(8)”中的规定为合格品。 (2)检验结果不符合上述“4．技术要求”中“(1)～(4)、(7)、(8)”中的任何一项技术要求为不合格品
试验报告	试验报告内容应包括规定的各项技术要求及试验结果。水泥厂应在水泥发出日起7d内寄发除28d强度、干缩率和耐磨性以外的各项试验结果，28d强度数值，应在水泥发出日起32d内补报
交货与验收	(1)交货。交货时水泥的质量验收可抽取实物试样以其检验结果为依据，也可以水泥厂同编号水泥的检验报告为依据。采取何种方法验收由买卖双方商定，并在合同或协议中注明。 (2)验收。 1)以抽取实物试样的检验结果为验收依据时，买卖双方应在发货前或交货地共同取样和签封。取样方法按《水泥取样法》(GB/T 12573)进行，取样应在水泥发货前或到达地3d内进行，取样数量为22kg，缩分为两等份，一份由卖方保存40d，一份由买方按规定的项目和方法进行检验。 在40d内，买方检验认为产品质量不符合要求，而卖方又有异议时，则双方应将卖方保存的另一份试样送省级或省级以上国家认可的水泥质量监督检验机构进行仲裁检验。 2)以水泥厂同编号水泥的检验报告为验收依据时，在发货前或交货时买方在同编号水泥中抽取试样，双方共同签封后保存三个月；或委托卖方在同编号水泥中抽取试样，签封后保存三个月。 在三个月内，买方对水泥质量有疑问时，则买卖双方将共同签封的试样送省级或省级以上国家认可的水泥质量监督检验机构进行仲裁检验

7. 包装与标志

(1)包装。水泥可以袋装或散装，袋装水泥每袋净含量50kg，且不得少于标志质量的99%；随机抽取20袋总质量不得少于1000kg。其他包装形式由供需双方协商确定，但有关袋装质量要求，必须符合上述原则规定。水泥包装袋应符合《水泥包装袋》(GB 9774)的规定。

(2)标志。水泥袋上应清楚标明：产品名称、代号、净含量、强度等级、生产许可证编号、生产者名称和地址、出厂编号、执行标准号以及包装年、月、日。包装袋两侧应印有水泥名称和等级，用黑色印刷。散装时应提交与包装袋标志相同内容的卡片。

8. 运输与贮存

水泥在运输与贮存时，不得受潮和混入杂物，不同品种和等级的水泥应分别贮存，不得混杂。

五、钢渣砌筑水泥(JC/T 1090—2008)

1. 概念与代号

以转炉钢渣或电炉钢渣、粒化高炉矿渣为主要成分，加入适量硅酸盐水泥熟料和石膏，经磨细制成的工作性较好的水硬性胶凝材料，称为钢渣砌筑水泥，代号为S·M。

2. 组分与材料

(1)钢渣应符合《用于水泥中的钢渣》(YB/T 022)的规定。

(2)粒化高炉矿渣应符合《用于水泥中的粒化高炉矿渣》(GB/T 203)的规定。

(3)硅酸盐水泥熟料应符合《硅酸盐水泥熟料》(GB/T 21372)的规定。

(4)石膏应符合《天然石膏》(GB/T 5483)的规定。

3. 强度等级

钢渣砌筑水泥分17.5、22.5和27.5三个强度等级。

4. 技术要求

(1)三氧化硫。水泥中的三氧化硫含量应不超过4.0%。如水浸安定性合格，三氧化硫含量允许放宽至6.0%。

(2)比表面积。水泥比表面积应不小于350m^2/kg。

(3)凝结时间。初凝时间应不早于60min，终凝时间应不迟于12h。

(4)安定性。用沸煮法检验必须合格。用氧化镁含量大于5%的钢渣制成的水泥，经压蒸安定性检验，必须合格。钢渣中的氧化镁含量为5%～13%时，如粒化高炉矿渣的掺量大于40%，制成的水泥可不作压蒸法检验。

如水泥中三氧化硫含量超过4.0%时，须进行水浸安定性检验。

(5)保水率。保水率应不低于80%。

(6)强度。各等级水泥的各龄期强度应不低于表2-14中的数值。

表2-14　水泥的强度等级与各龄期强度　MPa

水泥等级	抗压强度		抗折强度	
	7d	28d	7d	28d
17.5	7.0	17.5	1.5	3.0
22.5	10.0	22.5	2.0	4.0
27.5	12.5	27.5	2.5	5.0

5. 试验方法

(1)水泥中三氧化硫含量按《水泥化学分析法》(GB/T 176)进行。

(2)钢渣中氧化镁含量按《钢渣化学分析方法》(YB/T 140)进行。

(3)比表面积按《水泥比表面积测定方法　勃氏法》(GB/T 8074)进行。

(4)凝结时间和安定性按《水泥标准稠度用水量、凝结时间、安定性检验方法》(GB/T 1346)进行。安定性试饼湿气养护24h后，如强度较低，可适当延长湿气养护时间，但总湿气养护时间不应超过48h，并做记录。

(5)水浸安定性。试验按下列方法进行：试饼按《水泥标准稠度用水量、凝结时间、安定性检验方法》(GB/T 1346)的方法制备。试饼湿气养护24h后，浸水(水温为20℃±3℃)六昼夜，取出试饼进行判别。目测试饼未发现裂缝，用钢直尺检查也没有弯曲(使钢直尺和试饼底部紧靠，以两者间不透光为不弯曲)的试饼为安定性合格。当两个试饼判别结果有矛盾时，该水泥的安定性为不合格。

(6)压蒸安定性按《水泥压蒸安定性试验方法》(GB/T 750)进行。

(7)强度按《水泥胶砂强度检验方法(ISO法)》(GB/T 17671)进行，但对其中6.1条、8.2条作如下补充规定：胶砂制备按《水泥胶砂强度检验方法(ISO法)》(GB/T 17671)第6章进行，但水泥胶砂用水量按胶砂流动度达到180～190mm来确定。当水泥强度较低，试体成型后尚不易脱模时，可适当延长，但总湿气养护时间不得超过48h，并作记录。

(8)保水率按《砌筑水泥》(GB/T 3183—2003)中附录A的规定进行。

6. 检验规则

钢渣砌筑水泥检验规则，见表2-15。

表2-15 钢渣砌筑水泥检验规则

项　目	内　　容
编号及取样	水泥出厂前按同品种、同强度等级编号和取样。袋装水泥和散装水泥应分别进行编号和取样。每一编号为一取样单位，水泥出厂编号按水泥厂年产量规定： 30万t以上，不超过600t为一编号； 10万t以上至30万t，不超过400t为一编号； 10万t以下，不超过200t为一编号。 取样方法按《水泥取样方法》(GB/T 12573)进行。取样应有代表性，可连续取，亦可从20个以上不同部位取等量样品，总量至少12kg。 所取样品应按上述“5. 试验方法”中规定的方法进行出厂检验，检验项目为上述“4. 技术要求”中的全部项目
水泥出厂	经确认水泥各项技术指标及包装质量符合要求时方可出厂
出厂检验	出厂检验项目包括上述“4. 技术要求”中“(1)～(6)”的要求
判定规则	(1)检验结果符合上述“4. 技术要求”中“(1)～(6)”的规定为合格品。 (2)检验结果不符合上述“4. 技术要求”中“(1)～(6)”中的任何一项要求为不合格品
试验报告	试验报告内容应包括规定的各项技术要求及试验结果，助磨剂、工业副产石膏、混合材料的名称、掺加量。当用户需要时，水泥厂应在水泥发出日起11d内寄发除28d以外的各项试验结果，28d强度数值，应在水泥发出日起32d内补报
交货与验收	(1)交货时水泥的质量验收可抽取实物试样以其检验结果为依据，也可以水泥厂同编号水泥的检验报告为依据。采取何种方法验收由买卖双方商定，并在合同或协议中注明。 (2)以抽取实物试样的检验结果为验收依据时，买卖双方应在发货前或交货地共同取样和签封。取样方法按《水泥取样方法》(GB/T 12573)进行，取样数量为20kg，缩分为两等份，一份由卖方保存40d，一份由买方按规定的项目和方法进行检验。 在40d内，买方检验认为产品质量不符合要求，而卖方又有异议时，则双方应将卖方保存的另一份试样送省级或省级以上国家认可的水泥质量监督检验机构进行仲裁检验。 (3)以水泥厂同编号水泥的检验报告为验收依据时，在发货前或交货时买方在同编号水泥中抽取试样，双方共同签封后保存三个月；或委托卖方在同编号水泥中抽取试样，签封后保存三个月。 在三个月内，买方对水泥质量有疑问时，则买卖双方将共同签封的试样送省级或省级以上国家认可的水泥质量监督检验机构进行仲裁检验

7. 包装与标志

(1)包装。水泥可以袋装或散装，袋装水泥每袋净含量50kg，且不得少于标志质量的99%；随机抽取20袋总质量不得少于1000kg。其他包装形式由供需双方协商确定，但有关袋装质量要求，必须符合上述原则规定。水泥包装袋应符合《水泥包装袋》(GB 9774)的规定。

(2)标志。水泥袋上应清楚标明：产品名称、代号、净含量、强度等级、生产许可证编号、生产者名称和地址、出厂编号、执行标准号以及包装年、月、日。包装袋两侧应清楚印有水泥名称和强度等级，用黑色印刷。散装时应提交与装袋标志相同内容的卡片。

8. 运输与贮存

水泥在运输与贮存时不应受潮和混入杂物,不同品种和强度等级的水泥应分别贮存,不应混杂。

9. 应用

钢渣砌筑水泥适用于砌筑砂浆、抹面砂浆及垫层混凝土等,不适用于结构混凝土。

六、低热微膨胀水泥(GB 2938—2008)

1. 概念与代号

以粒化高炉矿渣为主要成分,加入适量硅酸盐水泥熟料和石膏,磨细制成的具有低水化热和微膨胀性能的水硬性胶凝材料,称为低热微膨胀水泥,代号 LHEC。

2. 材料要求

(1)粒化高炉矿渣。符合《用于水泥中的粒化高炉矿渣》(GB/T 203)规定的优等品粒化高炉矿渣。

(2)石膏。

1)天然石膏:符合《天然石膏》(GB/T 5483—2008)规定的 A 类或 G 类二级以上的石膏或硬石膏。

2)工业副产石膏:工业生产中以硫酸钙为主要成分的副产品。采用工业副产石膏时,应经过试验,证明对水泥性能无害。

(3)硅酸盐水泥熟料。由主要含 CaO、SiO_2、Al_2O_3、Fe_2O_3 的原料,按适当比例磨成细粉烧至部分熔融所得以硅酸钙为主要矿物成分的水硬性胶凝物质。其中硅酸钙矿物质量分数不小于 66%,氧化钙和氧化硅质量比不小于 2.0。熟料强度等级要求达到 42.5 以上;游离氧化钙含量(质量分数)不得超过 1.5%;氧化镁含量(质量分数)不得超过 6.0%。

(4)助磨剂。水泥粉磨时允许加入助磨剂,其加入量应不超过水泥质量的 0.5%,助磨剂应符合《水泥助磨剂》(JC/T 667)的规定。

(5)外掺物。经供需双方商定,允许掺加少量改善水泥膨胀性能的外掺物。

3. 强度等级

低热微膨胀水泥强度等级为 32.5 级。

4. 技术要求

(1)三氧化硫。三氧化硫含量(质量分数)应为 4.0%~7.0%。

(2)比表面积。比表面积不得小于 $300m^2/kg$。

(3)凝结时间。初凝不得早于 45min,终凝不得迟于 12h,也可由生产单位和使用单位商定。

(4)安定性。沸煮法检验应合格。

(5)强度。水泥各龄期的抗压强度和抗折强度应不低于表 2-16 数值。

表 2-16　水泥的强度等级与各龄期强度

强度等级	抗折强度/MPa		抗压强度/MPa	
	7d	28d	7d	28d
32.5	5.0	7.0	18.0	32.5

(6)水化热。水泥的各龄期水化热应不大于表 2-17 数值。

表 2-17　　水泥的各龄期水化热

强度等级	水化热/(kJ/kg)	
	3d	7d
32.5	185	220

(7)线膨胀率。线膨胀率应符合以下要求：

1)1d 不得小于 0.05%；

2)7d 不得小于 0.10%；

3)28d 不得大于 0.60%。

(8)氯离子。水泥的氯离子含量(质量分数)不得大于 0.06%。

(9)碱含量。碱含量由供需双方商定。碱含量(质量分数)按 $Na_2O+0.658K_2O$ 计算值表示。

5. 试验方法

(1)三氧化硫(SO_3)、氧化钠(Na_2O)和氧化钾(K_2O)按《水泥化学分析方法》(GB/T 176)进行。

(2)比表面积按《水泥比表面积测定方法　勃氏法》(GB/T 8074)进行。

(3)凝结时间和安定性按《水泥标准稠度用水量、凝结时间、安定性检验方法》(GB/T 1346)进行。

(4)水化热按《水泥水化热测定方法》(GB/T 12959)进行，采用直接法仲裁。

(5)线膨胀率按《膨胀水泥膨胀率试验方法》(JC/T 313)进行，并作以下补充规定：

1)试体经 24h 湿气养护脱模测初长，然后在水中养护至 1d、7d、28d 测长。

2)终凝时间超过 12h，试体湿气养护时间按终凝时间后 12h 脱模测初长。

(6)强度按《水泥胶砂强度检验方法(ISO 法)》(GB/T 17671)进行。

6. 检验规则

低热微膨胀水泥检验规则，见表 2-18。

表 2-18　　低热微膨胀水泥检验规则

项　目	内　　容	
编号及取样	水泥出厂前按同品种编号和取样。袋装水泥和散装水泥应分别进行编号和取样。每一编号为一取样单位，水泥出厂编号按不超过 400t 为一编号。 取样方法按《水泥取样方法》(GB/T 12573)进行。 取样应有代表性。可连续取，亦可从 20 个以上不同部位取等量样品，总量至少 14kg。 所取样品按试验方法规定的方法进行出厂检验	
出厂水泥	出厂水泥技术要求应符合上述“4. 技术要求”中“(1)～(8)”的要求	
判定规则	合格品	符合上述“4. 技术要求”中“(1)～(8)”规定的要求为合格品
	不合格品	任一项不符合上述“4. 技术要求”中“(1)～(8)”规定的要求为不合格品
试验报告	试验报告内容应包括规定的各项技术要求及试验结果，如使用助磨剂、工业副产石膏，应说明其名称和掺加量。水泥厂应在水泥发出日起 11d 内寄发除 28d 强度和 28d 线膨胀率以外的各项试验结果。28d 强度和 28d 线膨胀率数值，应在水泥发出日起 32d 内补报	

（续）

项　目	内　　容
交货与验收	(1)交货。交货时水泥的质量验收可抽取实物试样以其检验结果为依据，也可以水泥厂同编号水泥的检验报告为依据。采取何种方法验收由买卖双方商定，并在合同或协议中注明。 (2)验收。 1)以抽取实物试样的检验结果为验收依据时，买卖双方应在发货前或交货地共同取样和签封。取样方法按《水泥取样方法》(GB/T 12573)进行，取样数量为28kg，缩分为两等份，一份由卖方保存40d，一份由买方按规定的项目和方法进行检验。 在40d以内，买方检验认为产品质量不符合要求，而卖方又有异议时，则双方应将卖方保存的另一份试样送省级或省级以上国家认可的水泥质量监督检验机构进行仲裁检验。 2)以水泥厂同编号水泥的检验报告为验收依据时，在发货前或交货时买方在同编号水泥中抽取试样，双方共同签封后保存90d；或委托卖方在同编号水泥中抽取试样，签封后保存90d。 在90d内，买方对水泥质量有疑问时，则买卖双方应将共同签封的试样送省级或省级以上国家认可的水泥质量监督检验机构进行仲裁检验

7. 包装与标志

(1)包装。水泥可以袋装或散装，袋装水泥每袋净含量50kg，且不得少于标志质量的99%，随机抽取20袋总质量不得少于1000kg。其他包装形式由供需双方协商确定，但有关袋装质量要求，应符合上述原则规定。水泥包装袋应符合《水泥包装袋》(GB 9774)的规定。

(2)标志。水泥袋上应清楚标明：产品名称、代号、净含量、强度等级、生产许可证编号、生产者名称和地址、出厂编号、执行标准号以及包装年、月、日。包装袋两侧应印有水泥名称和等级，用黑色印刷。散装时应提交与包装袋标志相同内容的卡片。

8. 运输与贮存

水泥在运输与贮存时，不得受潮和混入杂物。

七、白色硅酸盐水泥(GB/T 2015—2005)

1. 概念与代号

由氧化铁含量少的硅酸盐水泥熟料，适量石膏及规定的混合材料，磨细制成的水硬性胶凝材料称为白色硅酸盐水泥(简称“白水泥”)，代号P·W。

2. 材料要求

(1)白色硅酸盐水泥熟料。以适当成分的生料烧至部分熔融，所得以硅酸钙为主要成分，氧化铁含量少的熟料。熟料中氧化镁的含量不宜超过5.0%；如果水泥经压蒸安定性试验合格，则熟料中氧化镁的含量允许放宽到6.0%。

(2)石膏。

1)天然石膏：符合《天然石膏》(GB/T 5483—2008)规定G类或A类二级(含)以上的石膏或硬石膏。

2)工业副产石膏：工业生产中以硫酸钙为主要成分的副产品。采用工业副产石膏时应经过试验证明对水泥性能无害。

(3)混合材料。混合材料是指石灰石或窑灰。

1)混合材料掺量为水泥质量的0%～10%。

2)石灰石中的三氧化二铝含量应不超过2.5%。

3)窑灰应符合《掺入水泥中的回转窑窑灰》(JC/T 742)的规定。

(4)助磨剂。水泥粉磨时允许加入助磨剂，加入量应不超过水泥质量的1%。助磨剂应符合《水泥助磨剂》(JC/T 667)的规定。

3. 强度等级

白色硅酸盐水泥强度等级分为32.5、42.5、52.5三个强度等级。

4. 技术要求

(1)三氧化硫。水泥中三氧化硫的含量应不超过3.5%。

(2)细度。80μm方孔筛筛余应不超过10%。

(3)凝结时间。初凝应不早于45min，终凝应不迟于10h。

(4)安定性。用沸煮法检验必须合格。

(5)水泥白度。水泥白度值应不低于87。

(6)强度。各龄期强度应不低于表2-19中数值。

表2-19 白色硅酸盐水泥强度 MPa

强度等级	抗压强度		抗折强度	
	3d	28d	3d	28d
32.5	12.0	32.5	3.0	6.0
42.5	17.0	42.5	3.5	6.5
52.5	22.0	52.5	4.0	7.0

5. 试验方法

(1)氧化镁、三氧化硫按《水泥化学分析方法》(GB/T 176)进行。

(2)细度按《水泥细度检验方法 筛析法》(GB/T 1345)进行。

(3)凝结时间和安定性按《水泥标准稠度用水量、凝结时间、安定性检验方法》(GB/T 1346)进行。

(4)压蒸安定性按《水泥压蒸安定性试验方法》(GB/T 750)进行。

(5)白度按《白色硅酸盐水泥》(GB/T 2015—2005)附录A进行。

(6)强度按《水泥胶砂强度检验方法(ISO法)》(GB/T 17671)进行。

6. 检验规则

白色硅酸盐水泥检验规则，见表2-20。

表2-20 白色硅酸盐水泥检验规则

项目	内容
编号及取样	水泥出厂前按同强度等级编号取样。每一编号为一取样单位。水泥编号按水泥厂年产量规定： 5以上，不超过200t为一编号； 1～5万t，不超过150t为一编号； 1万t以下，不超过50t或不超过3d天产量为一编号。 取样方法按《水泥取样方法》(GB/T 12573)进行。 取样应有代表性，可连续取亦可从20个以上不同部位取等量样品，总数至少12kg。所取样品按规定的方法进行。出厂检验，检验项目包括需对产品进行考核的全部技术要求

（续）

<table>
<tr><th colspan="2">项　目</th><th>内　　　容</th></tr>
<tr><td colspan="2">出厂水泥</td><td>出厂水泥应保证强度等级。其余技术要求应符合上述“4. 技术要求”的规定</td></tr>
<tr><td rowspan="2">废品与不合格品</td><td>废品</td><td>凡三氧化硫、初凝时间、安定性中任一项不符合规定或强度低于最低等级的指标时为废品</td></tr>
<tr><td>不合格品</td><td>凡细度、终凝时间强度和白度任一项不符合规定时为不合格品。水泥包装标志中水泥品种、生产者名称和出厂编号不全的也属于不合格品</td></tr>
<tr><td colspan="2">试验报告</td><td>试验报告内容应包括各项技术要求及试验结果助磨剂及工业副产石膏、外加物的名称及掺加量。当用户需要时水泥厂应在水泥发出日起 7d 内，寄发水泥各项报告。试验报告中应包括除 28d 强度以外各项试验结果。28d 强度数值应在水泥发出日起 32d 内补报</td></tr>
<tr><td colspan="2">交货与验收</td><td>(1)交货时水泥的质量验收可抽取实物试样以其检验结果为依据，也可以水泥厂同编号的检验报告为依据。采取何种方法验收由买卖双方商定，并在合同或协议中注明。
(2)以抽取实物试样的检验结果为验收依据时，买卖双方应在发货前或交货地共同取样和封存。取样方法按《水泥取样方法》(GB/T 12573)进行，取样重量为 22kg。缩分为两等份，一份由卖方保存 40d，一份由买方按规定的项目和方法进行检验。
在 40d 以内，买方检验认为质量不符合标准要求，而卖方又有异议时双方应将卖方保存的另一份试样送省级或省级以上国家认可的水泥质量监督机构进行仲裁检验。
(3)以水泥厂同编号水泥的检验报告为验收依据时，在发货前或交货时买方在同编号水泥中抽取试样，双方共同签封后保存三个月；或委托卖方在同编号水泥中抽取试样，签封后保存三个月。
在三个月内，买方对水泥质量有疑问时，则买卖双方应将签封的试样送省级或省级以上国家认可的水泥质量监督机构进行仲裁检验</td></tr>
</table>

7. 包装与标志

(1)包装。白水泥的包装可以袋装或散装，袋装水泥每袋净含量为 50kg，且不得少于标志质量的 98%；随机抽取 20 袋总质量不得少于 1000kg。其他包装形式由供需双方协商确定，但有关袋装质量要求，必须符合上述原则规定。水泥包装袋应符合《水泥包装袋》(GB 9774)规定。

(2)标志。包装袋上应清楚标明：产品名称、标准代号、净含量、强度等级、白度、生产者名称和地址、出厂编号、执行的标准号以及包装年、月、日。包装袋两侧也应印有水泥名称、强度等级和白度。

8. 运输与贮存

水泥在运输与贮存时，不得受潮和混入杂物，不同强度等级水泥应分别贮运，不得混杂。

9. 应用

白色硅酸盐水泥主要用于各种装饰砂浆及装饰混凝土，如水刷石、水磨石及人造大理石等。

八、彩色硅酸盐水泥(JC/T 870—2000)

1. 概念

凡由硅酸盐水泥熟料及适量石膏(或白色硅酸盐水泥)、混合材及着色剂磨细成混合制成的带有色彩的水硬性胶凝材料称为彩色硅酸盐水泥。

2. 分类

(1)颜色分类。基本色有红色、黄色、蓝色、绿色、棕色和黑色等。

注：其他颜色的彩色硅酸盐水泥的生产，可由供需双方协商。

(2)强度等级。彩色硅酸盐水泥强度等级分为27.5、32.5、42.5。

3. 材料要求

(1)硅酸盐水泥熟料和硅酸盐水泥。白色硅酸盐水泥应符合《白色桂酸盐水泥》(GB/T 2015)要求,普通硅酸盐水泥、矿渣硅酸盐水泥和复合硅酸盐水泥应符合《通用硅酸盐水泥》(GB 175—2007)的要求。

(2)石膏。

1)天然石膏:应符合《天然石膏》(GB/T 5483—2008)中规定的G类或A类二级(含)以上的石膏或硬石膏。

2)工业副产石膏:工业生产中以硫酸钙为主要成成的副产品。采用工业副产石膏时,必须经过验证,证明对水泥性能无害。

(3)混合材。当生产中需使用混合材时,应选用已有相应标准的混合材,并且要符合相应标准要求。

(4)着色剂。着色剂应符合相应颜料国家标准的要求,并对水泥性能无害。

(5)助磨剂。水泥粉磨时,允许加入助磨剂,其加入量不得超过水泥质量的1%,助磨剂必须符合《水泥助磨剂》(JC/T 667)的规定。

4. 技术要求

(1)三氧化硫。水泥中三氧化硫的含量不超过4.0%。

(2)细度。80μm方孔筛筛余不得超过6.0%。

(3)凝结时间。初凝不得早于1h,终凝不得迟于10h。

(4)安定性。用沸煮法检验必须合格。

(5)强度。各强度等级水泥的各龄期强度不得低于表2-21的规定。

表2-21 彩色硅酸盐水泥强度 MPa

强度等级	抗压强度		抗折强度	
	3d	28d	3d	28d
27.5	7.5	27.5	2.0	5.0
32.5	10.0	32.5	2.5	5.5
42.5	15.0	42.5	3.5	6.5

(6)色差。

1)颜色对比样。生产者应自行制备并妥善保存代表各种彩色硅酸盐水泥颜色的颜色对比样,以控制彩色硅酸盐水泥颜色均匀性。同一种颜色,可根据其色调、彩度或明度的不同,制备多个颜色对比样。压制样板或目视比对使用后的颜色对比样不得回用。

2)同一颜色不同编号彩色硅酸盐水泥的色差。同一颜色每一编号彩色硅酸盐水泥每一分割样或每磨取样与该水泥颜色对比样的色差不得超过3.0CIELAB色差单位。用目视比对方法作为参考时,颜色不得有明显差异。

3)不同编号彩色硅酸盐水泥的色差。同一种颜色的各编号彩色硅酸盐水泥的混合样与该水泥颜色对比样之间的色差不得超过4.0CIELAB色差单位。

(7)颜色耐久性。500h人工加速老化试验,老化前后的色差不得超过6.0CIELAB色差单位。

5. 试验方法

(1)三氧化硫。按《水泥化学分析方法》(GB/T 176)中碘量法进行。

(2)细度。按《水泥细度检验方法　筛析法》(GB/T 1345)进行。

(3)凝结时间和安定性。按《水泥标准稠度用水量、凝结时间、安定性检验方法》(GB/T 1346)进行。

(4)强度。按《水泥胶砂强度检验方法(ISO 法)》(GB/T 17671)进行。

(5)色差。按《彩色建筑材料色度测量方法》(GB/T 11942)粉体试样色差测量方法进行。采用10°视场,标准照明体 D_{65},根据 CIELAB 均匀色空间色差公式计算。用于颜色测量的光谱测色仪器或三刺激值式色度计应符合相应检定规程的要求。日常监控也可辅以目视颜色比较的方法:将适量颜色对比样及待测试样以较近的距离倒在一块平整的玻璃表面,再用一块表面平整的玻璃板以垂直方向压下,观察颜色对比样与待测试样间有无清晰的界面。

(6)颜色耐久性。按《色漆和清漆　人工气候老化和人工辐射曝露滤过的氙弧辐射》(GB/T 1865)进行。试样的制备和老化条件按以下进行:每组 4 个试样,采用木制或钢制模具,用标准稠度净浆制备试件,试件尺寸要求不小于 50×50×15mm。标准稠度净浆按《水泥标准稠度用水量、凝结时间、安定性检验方法》(GB/T 1346)拌制,成型时先在模子内刷上一薄层机油,然后用小刀使净浆呈一小球放到模子内振动,并用刀面挤压浆体充满试模,抹平,接着放入温度 20℃±1℃、相对湿度不低于 90%的湿气养护箱中,养护 1d 脱模。其中 3 个试样放入耐候试验机中进行颜色耐久性试验。试验条件为:黑板温度 55℃±3℃,相对湿度(不允许降雨)为 40%~60%,连续光照 500h。另外一块原始试块在试验室条件中自然养护 500h,注意试块的各表面均应暴露于空气。老化后的试块从耐候试验机中拿出后,与原始试块在同等试验室条件下放置 24h 后,分别测量三块老化后的试块与原始试块间的色差,两个较接近的色差值的平均值为老化前后的色差。

6. 检验规则

彩色硅酸盐水泥检验规则见表 2-22。

表 2-22　彩色硅酸盐水泥检验规则

项　目	内	容
检验分类	出厂检验	出厂检验项目应包括上述“4. 技术要求”除颜色耐久性以外的全部要求
	型式检验	有下列情况之一时,应进行型式检验: (1)新产品的试制定型鉴定; (2)生产工艺、设备有较大改变而可能影响产品的使用性能; (3)正常生产每年进行一次; (4)出厂检验结果与上次型式检验有较大差异; (5)国家质量监督机构提出要求时。 型式检验项目应包括上述“4. 技术要求”规定的全部要求
编号及取样	水泥出厂前按每 60t 同强度等级同颜色水泥为一编号和取样,每一编号为一取样单位。取样方法按《水泥取样方法》(GB/T 12573)进行。取样应有代表性,可连续取,亦可从 20 个以上不同部位取等量样品,总量至少 14kg。所取样品应充分混匀,分为两等份,一份按规定的方法进行出厂检验或型式检验,一份密封保存三个月	
判定规则	废品	凡三氧化硫、初凝时间、安定性中的任一项不符合规定时,均为废品
	不合格品	凡细度、终凝时间、色差、颜色耐久性任一项不符合规定或强度低于商品强度等级规定的指标时,均为不合格品。水泥包装标志中水泥品种、强度等级、颜色、工厂名称和出厂编号不全的也属于不合格品

（续）

项　目	内　　容
试验报告	出厂检验的试验报告中应包括规定的除颜色耐久性以外的各项技术要求及试验结果。当用户需要时，水泥厂应在水泥发出日起7d内，寄发除28d强度以外的各项试验结果。28d强度值应在水泥发出日起32d内补报
交货与验收	由买卖双方协商确定

7. 包装与标志

（1）包装。袋装水泥每袋净含量50kg或25kg，且不得少于标志质量的98%，随机抽取20袋总质量不得少于1000kg或500kg。水泥包装袋应符合《水泥包装袋》（GB 9774）的规定。

（2）标志。包装袋上须清楚标明工厂名称、厂址、生产许可证编号、品种名称、执行标准号、强度等级、颜色、包装年月日和编号，包装袋两侧应印有水泥名称和强度等级，印刷采用黑色。

注：其他包装形式由供需双方协商确定，但有关袋装质量要求，必须符合上述原则规定。

8. 运输与贮存

水泥在运输与贮存时，不得受潮、混入杂物，不同强度等级和颜色的水泥储运过程中不得混杂。

九、铝酸盐水泥（GB 201—2000）

1. 概念及特性

凡以铝酸钙为主的铝酸盐水泥熟料，磨细制成的水硬性胶凝材料称为铝酸盐水泥，代号CA。根据需要也可在磨制Al_2O_3含量大于68%的水泥时掺加适量的α-Al_2O_3粉。

2. 分类

铝酸盐水泥按Al_2O_3含量百分数分为四类。

（1）CA-50　$50\% \leqslant Al_2O_3 < 60\%$；

（2）CA-60　$60\% \leqslant Al_2O_3 < 68\%$；

（3）CA-70　$68\% \leqslant Al_2O_3 < 77\%$；

（4）CA-80　$77\% \leqslant Al_2O_3$。

3. 技术要求

（1）化学成分。铝酸盐水泥的化学成分按水泥质量百分比计应符合表2-23的要求。

表2-23　化学成分　%

类型	Al_2O_3	SiO_2	Fe_2O_3	R_2O ($Na_2O+0.658K_2O$)	S①（全硫）	Cl①
CA-50	≥50，<60	≤8.0	≤2.5	≤0.40	≤0.1	≤0.1
CA-60	≥60，<68	≤5.0	≤2.0			
CA-70	≥68，<77	≤1.0	≤0.7			
CA-80	≥77	≤0.5	≤0.5			

①当用户需要时，生产厂应提供结果和测定方法。

（2）物理性能。

1）细度。比表面积不小于$300m^2/kg$或0.045mm筛余不大于20%。由供需双方商订，在无约定的情况下发生争议时以比表面积为准。

2)凝结时间(胶砂)应符合表2-24要求。

表2-24　凝结时间

水　泥　类　型	初凝时间不得早于/min	终凝时间不得迟于/h
CA-50、CA-70、CA-80	30	6
CA-60	60	18

3)强度。各类型水泥各龄期强度值不得低于表2-25数值。

表2-25　水泥胶砂强度　MPa

水泥类型	抗压强度				抗折强度			
	6h	1d	3d	28d	6h	1d	3d	28d
CA-50	20①	40	50	—	3.0①	5.5	6.5	—
CA-60	—	20	45	85	—	2.5	5.0	10.0
CA-70	—	30	40	—	—	5.0	6.0	—
CA-80	—	25	30	—	—	4.0	5.0	—

①当用户需要时,生产厂应提供结果。

4. 试验方法

(1)化学成分。按《铝酸盐水泥化学分析方法》(GB/T 205)进行。

(2)比表面积。按《水泥比表面积测定方法　勃氏法》(GB/T 8074)进行(全硫和氯除外)。

(3)0.045mm筛余。按《水泥细度检验方法　筛析法》(GB/T 1345)进行,但要改用筛孔尺寸为0.045mm筛子。

(4)强度。按《水泥胶砂强度检验方法(ISO法)》(GB/T 17671)进行,但其中水灰比作如下修改:

1)CA-50成型时,水灰比按0.44和胶砂流动度达到130～150mm来确定。当用0.44水灰比制成的胶砂流动度正好在130～150mm时即用0.44水灰比,当胶砂流动度超出该流动度范围时,应在0.44基数上以0.01的整倍数增加或减少水灰比,使制成胶砂流动度达到130～140mm或减至150～140mm,试件成型时用达到上述要求流动度的水灰比来制备胶砂。

CA-60、CA-70、CA-80成型时,水灰比按0.40和胶砂流动度达到130～150mm来确定,若用0.40水灰比制成胶砂的流动度超出上述范围时按CA-50的方法进行调整。

胶砂流动度试验,除胶砂组成外,操作方法按《水泥胶砂流动度测定方法》(GB/T 2419)进行。

2)试体成型后连同试模一起放在20℃±1℃、相对湿度大于90%的湿气养护箱中养护6h脱模,除6h龄期试体外,脱模后的试体应尽快放入20℃±1℃水中养护。养护时不得与其他品种水泥试体放在一起。

当因脱模可能影响试体强度试验结果时,可以延长养护时间,并作记录。

3)各龄期强度试验时间:6h±15min;1d±30min;3d±2h;28d±4h。

5. 验收规则

铝酸盐水泥的验收规则,见表2-26。

表 2-26 铝酸盐水泥验收规则

项目	内容
编号及取样	水泥出厂前按同类型进行编号和取样。每一个编号为一个取样单位，每个编号不得超过 120t。日产量小于 120t 的水泥厂，应以不超过日产量为一个编号。取样应有代表性，可连续取，也可从 20 个以上不同部位取等量样品，总量至少 15kg。 注：水泥在编号取样后，超过 45d 出厂时须重新取样，并以此样品为准
交货与验收	(1)交货时水泥的质量验收可抽取实物试样以其检验结果为依据，也可以水泥厂同编号水泥的检验报告为依据。采取何种方法验收由买卖双方商定，并在合同或协议中注明。 (2)以抽取实物试样的检验结果为验收依据时，买卖双方应在发货前或交货地共同取样和签封。取样方法按《水泥取样方法》(GB/T 12573)进行，取样数量为 15kg，缩分为二等份。一份由卖方保存 15d，一份由买方按规定的项目和方法进行检验。 在 15d 以内，买方检验认为产品质量不符合标准要求，而卖方又有异议时，则双方应将卖方保存的另一份试样送国家认可的国家级水泥质量监督检验机构进行仲裁检验。 (3)以水泥厂同编号水泥的检验报告为验收依据时，在发货前或交货时买方(或委托卖方)在同编号水泥中抽取试样，双方共同签封后保存两个月。 在两个月内，买方对水泥质量有疑问时，则买卖双方应将共同签封的试样送国家认可的国家级水泥质量监督检验机构进行仲裁检验。 (4)当仲裁检验结果可能涉及第三方时，应让第三方参与仲裁检验的全过程
废品与不合格品	当 R_2O 指标达不到要求时为废品，其余要求中任一项达不到时为不合格品
试验报告	试验报告内容应包括规定的各项要求及试验结果。当用户需要时，水泥厂应在水泥发出之日起 6d 内，寄发水泥检验报告。报告中应包括上述“3. 技术要求”所列各项检验结果，并应附有该水泥的品质和出厂日期。如用户要求，CA-60 应补报 28d 强度结果

6. 包装与标志

(1)包装。水泥袋装时应采用防潮包装袋，每袋净重 50kg 且不得少于标志质量的 98%，随机抽取 20 袋总质量不得少于 1000kg。其他包装形式由供需双方协商确定。

水泥包装袋应符合《水泥包装袋》(GB 9774)的规定，防潮性能达到 A 级。

(2)标志。袋装水泥应在水泥袋上清楚标明：工厂名称和地址，水泥名称和类型，包装年、月、日和编号。包装袋两侧应印有黑色字体的水泥名称和类型。散装时应提供与袋装标志相同内容的卡片。

7. 运输与贮存

铝酸盐水泥运输和贮存时应特别注意防潮和不与其他品种水泥混杂。

8. 应用

铝酸盐水泥适用于抢建、抢修、抗硫酸盐侵蚀和冬期施工等特殊工程以及配制耐热混凝土、膨胀水泥、自应力水泥等，还可作为化学建材的添加剂。在施工时，铝酸盐水泥不得与硅酸盐水泥或石灰混合使用，也不得与未凝结的硅酸盐水泥浆接触，否则，会产生瞬凝和强度严重下降。不得用于接触碱性溶液的工程。

十、硫铝酸盐水泥(GB 20472—2006)

1. 概念与代号

硫铝酸盐水泥是以适当成分的生料，经煅烧所得以无水硫铝酸钙和硅酸二钙为主要矿物成分的水泥熟料掺加不同量的石灰石、适量石膏共同磨细制成，具有水硬性的胶凝材料。硫铝酸盐水泥分为快硬硫铝酸盐水泥、低碱度硫铝酸盐水泥、自应力硫铝酸盐水泥。

(1)快硬硫铝酸盐水泥由适当成分的硫铝酸盐水泥熟料和少量石灰石、适量石膏共同磨细制成的，具有早期强度高的水硬性胶凝材料，代号 R·SAC。

(2)低碱度硫铝酸盐水泥由适当成分的硫铝酸盐水泥熟料和较多量石灰石、适量石膏共同磨细制成，具有碱度低的水硬性胶凝材料，代号 L·SAC。

(3)自应力硫铝酸盐水泥由适当成分的硫铝酸盐水泥熟料加入适量石膏磨细制成的具有膨胀性的水硬性胶凝材料，代号 S·SAC。

2. 组成材料

(1)熟料。

1)用于制造快硬硫铝酸盐水泥、低碱度硫铝酸盐水泥的熟料应符合下列要求：

①硫铝酸盐水泥熟料中三氧化二铝(Al_2O_3)含量(质量分数)应不小于 30.0%，二氧化硅(SiO_2)含量(质量分数)应不大于 10.5%。

②硫铝酸盐水泥熟料的 3d 抗压强度应不低于 55.0MPa。

2)用于制造自应力硫铝酸盐水泥的熟料除符合上述"1)"要求外，其三氧化二铝(Al_2O_3)与二氧化硅(SiO_2)的质量分数比(Al_2O_3/SiO_2)应不大于 6.0。

(2)石膏。

1)用于自应力硫铝酸盐水泥的石膏应符合《天然石膏》(GB/T 5483)中 G 类二级以上规定要求。

2)用于快硬硫铝酸盐水泥和低碱度硫铝酸盐水泥的石膏应符合《天然石膏》(GB/T 5483)A 类一级、G 类二级以上规定要求。

采用工业副产石膏时，应经过试验，证明对水泥性能无害。

(3)石灰石。氧化钙(CaO)含量应不小于 50%，三氧化二铝(Al_2O_3)含量应不大于 2.0%。

3. 等级

(1)快硬硫铝酸盐水泥。以 3d 抗压强度分为 42.5、52.5、62.5、72.5 四个强度等级。

(2)低碱度硫铝酸盐水泥。以 7d 抗压强度分为 32.5、42.5、52.5 三个强度等级。

(3)自应力硫铝酸盐水泥。以 28d 自应力值分为 3.0、3.5、4.0、4.5 四个自应力等级。

4. 技术要求

(1)硫铝酸盐水泥物理性能、碱度和碱含量应符合表 2-27 规定。

表 2-27　硫铝酸盐水泥物理性能、碱度和碱含量

项目			指标		
			快硬硫铝酸盐水泥	低碱度硫铝酸盐水泥	自应力硫铝酸盐水泥
比表面积/(m^2/kg)		≥	350	400	370
凝结时间[①]/min	初凝	≤	25		40
	终凝	≥	180		240
碱度 pH 值		≤	—	10.5	—
28d 自由膨胀率(%)			—	0.00～0.15	—

（续）

项目			指标		
			快硬硫铝酸盐水泥	低碱度硫铝酸盐水泥	自应力硫铝酸盐水泥
自由膨胀率(%)	7d	≤	—	—	1.30
	28d	≤	—	—	1.75
水泥中的碱含量($Na_2O+0.658K_2O$)(%)		<	—	—	0.50
28d自应力增进率(MPa/d)		≤	—	—	0.010

① 用户要求时，可以变动。

(2)强度指标。

1)快硬硫铝酸盐水泥各强度等级水泥应不低于表2-28数值。

表2-28 快硬硫铝酸盐水泥强度指标 MPa

强度等级	抗压强度			抗折强度		
	1d	3d	28d	1d	3d	28d
42.5	30.0	42.5	45.0	6.0	6.5	7.0
52.5	40.0	52.5	55.0	6.5	7.0	7.5
62.5	50.0	62.5	65.0	7.0	7.5	8.0
72.5	55.0	72.5	75.0	7.5	8.0	8.5

2)低碱度硫铝酸盐水泥各强度等级水泥应不低于表2-29数值。

表2-29 低碱度硫铝酸盐水泥强度等级 MPa

强度等级	抗压强度		抗折强度	
	1d	7d	1d	7d
32.5	25.0	32.5	3.5	5.0
42.5	30.0	42.5	4.0	5.5
52.5	40.0	52.5	4.5	6.0

3)自应力硫铝酸盐水泥所有自应力等级的水泥抗压强度7d不小于32.5MPa，28d不小于42.5MPa。

(3)自应力硫铝酸盐水泥各级别、各龄期自应力应符合表2-30要求。

表2-30 自应力硫铝酸盐水泥自应力 MPa

级别	7d	28d	
	≥	≥	≤
3.0	2.0	3.0	4.0
3.5	2.5	3.5	4.5
4.0	3.0	4.0	5.0
4.5	3.5	4.5	5.5

5. 试验方法

(1)自应力硫铝酸盐水泥熟料中三氧化二铝(Al_2O_3)、二氧化硅(SiO_2)及水泥中的碱含量按《铝酸盐水泥化学分析方法》(GB/T 205)进行。

(2)比表面积。按《自应力水泥物理检验方法》(JC/T 453)进行。

(3)凝结时间。按《自应力水泥物理检验方法》(JC/T 453)进行。

(4)强度检验。

1)快硬硫铝酸盐水泥强度和低碱度硫铝酸盐水泥强度检验按《水泥胶砂强度检验方法(ISO法)》(GB/T 17671)进行,但对其中6.1条、8.2条作如下补充和规定:

①用水量按水灰比0.47(211.5mL)和胶砂流动度达到165～175mm来确定。当按水灰比0.47制备的胶砂流动度超出规定的范围时应按0.01的整倍数增减水灰比使流动度达到规定的范围。胶砂流动度测定按《水泥胶砂流动度测定方法》(GB/T 2419)进行,其中标准砂、灰砂比和胶砂的制备按《水泥胶砂强度检验方法(ISO法)》(GB/T 17671)进行。

②试体成型后,带模置于温度20℃±1℃、相对湿度不小于90%的养护箱中养护6h后脱模,如果脱模可能对试体造成损害时,可适当延长脱模时间,但要作记录。

2)自应力硫铝酸盐水泥强度检验。按《自应力水泥物理检验方法》(JC/T 453)进行。

(5)低碱度硫铝酸盐水泥的碱度。按《硫铝酸盐水泥》(GB 20472—2006)附录B规定进行。

(6)低碱度硫铝酸盐水泥的28d自由膨胀率。按《膨胀水泥膨胀率试验方法》(JC/T 313—2009)进行。但对其中第3章、第4章、第5章作如下补充和规定:

1)试验室温度应保持在20℃±2℃,相对湿度应不小于50%,湿气养护箱温度应保持在20℃±1℃、相对湿度不小于90%,养护水温度应在20℃±1℃范围内。

2)水泥膨胀试件需制作一组共三条,试验胶砂组成:水泥1000g,ISO标准砂中0.5～1.0mm中砂500g,加水量按《水泥标准稠度用水量、凝结时间、安定性检验方法》(GB/T 1346)确定的水泥标准稠度用水量。

3)胶砂制备采用《行星式水泥胶砂搅拌机》(JC/T 681)搅拌机搅拌。

4)试件带模放在湿气养护箱中养护6h脱模,并测初始长度,然后放入水中养护。试件养护龄期为28d。测量时间是从测量试件初长值时算起。

(7)自应力硫铝酸盐水泥的自由膨胀率、自应力值和28d自应力增进率。按《自应力水泥物理检验方法》(JC/T 453)进行。

6. 检验规则

硫铝酸盐水泥检验规则,见表2-31。

表2-31 检验规则

项 目	内 容
出厂检验	按上述"5.试验方法"规定的方法进行出厂检验,检验项目包括上述"4.技术要求"中的全部要求
组批和编号	硫铝酸盐水泥出厂前按同品种、同等级组批编号。袋装水泥和散装水泥应分别进行组批和编号。每一编号为一取样单位。水泥出厂编号按水泥厂年生产能力规定,日产量超过180t时,以不超过180t为一个编号;不足180t时,应以不超过日产量为一个编号。 取样方法按《水泥取样方法》(GB/T 12573)进行。取样应具有代表性,可连续取,也可以从20个以上的不同部位取等量样品,总量至少12kg

（续）

项目		内容
判定规则	合格品	出厂检验结果符合上述“4. 技术要求”时，判为出厂检验合格
	废品	(1)低碱度硫铝酸盐水泥中的碱度和28d自由膨胀率中任一项不符合规定要求时，判为废品。 (2)自应力硫铝酸盐水泥自应力值低于最低等级和水泥中的碱含量任一项不符合要求时，判为废品
	不合格品	(1)快硬硫铝酸盐水泥、低碱度硫铝酸盐水泥、自应力硫铝酸盐水泥的比表面积、凝结时间、强度等级中任何一项不符合规定要求时，判为不合格品。 (2)自应力硫铝酸盐水泥的自由膨胀率、自应力值、28d自应力增进率中任一项不符合要求时，判为不合格品。 (3)快硬硫铝酸盐水泥、低碱度硫铝酸盐水泥、自应力硫铝酸盐水泥包装标志中水泥品种、强度等级、自应力等级、生产厂家名称和出厂编号不全时，判为不合格品
试验报告		试验报告内容应包括规定的各项技术要求及试验结果、混合材料名称和掺加量。当用户需要出厂检验报告时，水泥厂应在水泥发出之日起7d内寄发除28d强度、28d自由膨胀率、28d自应力增进率以外的各项试验结果。28d检验数值，应在水泥发出之日起40d内补报。 生产水泥使用工业副产石膏时，应在报告中注明
交货、验收及仲裁检验	交货	交货时水泥的质量验收可抽取实物试样以其检验结果为依据，也可以水泥厂同编号水泥的检验报告为依据，采取何种方法验收由买卖双方商定，并在合同或协议中注明
	验收与仲裁检验	(1)以抽取实物试样的检验结果为验收依据时，买卖双方应在发货前或交货地共同取样和签封。取样方法按《水泥取样方法》(GB/T 12573)进行，取样数量为20kg，缩分为两等份。一份由卖方保存40d，一份由买方按规定的项目和方法进行检验。 在40d以内，买方检验认为产品质量不符合要求，而卖方又有异议时，则双方应将卖方保存的另一份试样送国家授权的国家级水泥质量监督检验机构进行仲裁检验。 (2)以水泥厂同编号水泥的检验报告为验收依据时，在发货前或交货时买方（或委托卖方）在同编号水泥中抽取试样，双方共同签封后保存45d。 在45d内，买方对水泥质量有疑问时，则买卖双方应将共同签封的试样送国家授权的国家级水泥质量监督检验机构进行仲裁检验

7. 包装与标志

(1)包装。硫铝酸盐水泥可以袋装或散装，袋装水泥每袋净含量50kg，且不得少于标志质量的98%，随机抽取20袋总质量不得少于1000kg。其他包装形式由供需双方协商确定，但有关袋装重量要求，应符合上述原则规定。

水泥包装袋应符合《水泥包装袋》(GB 9774)的规定。

(2)标志。水泥袋上清楚标明：产品名称、代号、净重、执行标准号、强度等级、生产许可证编号、出厂者名称和地址、出厂编号、包装日期（年、月、日）以及严防受潮字样。包装袋两侧应清楚标明水泥名称和强度等级，并用黑色印刷。

8. 运输与贮存

(1)水泥在运输与贮存时不得受潮和混入杂物，不同品种、强度等级、自应力等级的水泥应分别贮运，不得混杂。

(2)在正常仓储条件下，袋装水泥保质期为45d，超过时应重新检验。

9. 应用

硫铝酸盐水泥系列单独使用或配合ZB型硫铝酸盐水泥专用外加剂使用，广泛应用于抢修抢建工程、预制构件、GRC制品、低温施工工程、抗海水腐蚀工程等。

十一、钢渣硅酸盐水泥(GB 13590—2006)

1. 定义与代号

凡由硅酸盐水泥熟料和转炉或电炉钢渣(简称钢渣)、适量粒化高炉矿渣、石膏,磨细制成的水硬性胶凝材料,称为钢渣硅酸盐水泥。水泥中的钢渣掺加量(按质量的百分比计)不应少于30%,代号P·SS。

2. 材料要求

(1)钢渣须符合《用于水泥中的钢渣》(YB/T 022)的规定。

(2)粒化高炉矿渣须符合《用于水泥中的粒化高炉矿渣》(GB/T 203)规定。

(3)石膏须符合《天然石膏》(GB/T 5483)的规定。

(4)硅酸盐水泥熟料强度不低于42.5MPa。

(5)助磨剂。粉磨时允许加入助磨剂,其加入量不超过水泥质量的1%,助磨剂须符合《水泥助磨剂》(JC/T 667)的规定。

3. 强度等级

钢渣硅酸盐水泥强度等级分为32.5、42.5。

4. 技术要求

(1)三氧化硫。三氧化硫含量不超过4%。

(2)比表面积。比表面积不小于350m²/kg。

(3)凝结时间。初凝时间不得早于45min,终凝时间不得迟于12h。

(4)安定性。安定性检验必须合格。用氧化镁含量大于13%的钢渣制成的水泥,经压蒸安定性检验,必须合格。

(5)强度。水泥强度等级按规定龄期的抗压强度和抗折强度来划分,各强度等级水泥的各龄期强度不得低于表2-32数值。

表2-32　水泥的强度等级与各龄期强度　MPa

强度等级	抗压强度		抗折强度	
	3d	28d	3d	28d
32.5	10.0	32.5	2.5	5.5
42.5	15.0	42.5	3.5	6.5

5. 试验方法

(1)三氧化硫含量按《水泥化学分析方法》(GB/T 176)进行。钢渣中氧化镁含量按《钢渣化学分析方法》(YB/T 140)的规定进行。

(2)比表面积的测定方法按《水泥比表面积测定方法　勃氏法》(GB/T 8074)的规定进行。

(3)凝结时间和安定性按《水泥标准稠度用水量、凝结时间、安定性检验方法》(GB/T 1346)的规定进行。

(4)压蒸安定性按《水泥压蒸安定性试验方法》(GB/T 750)的规定进行。

(5)强度按《水泥胶砂强度检验方法(ISO法)》(GB/T 17671)的规定进行。

6. 检验规则

钢渣硅酸盐水泥检验规则,见表2-33。

表 2-33 钢渣硅酸盐水泥检验规则

项 目	内 容
编号、取样及留样	水泥出厂前要按同强度等级编号和取样，每一编号为一单位。每一编号数量按水泥厂年产量规定： 10～30 万 t，不超过 400t 为一编号； 30 万 t 以上，不超过 600t 为一编号； 取样方法按《水泥取样方法》(GB/T 12573)进行。 取样应有代表性：可连续取，亦可从 20 个以上不同部位取等量样品，总量至少 12kg。 每一编号取得的水泥样应充分混匀，分为两等份。一份由水泥厂按规定的方法进行试验；一份密封保存三个月，以备复验或提交国家指定的检验机构进行仲裁。 所取样品按上述“5. 试验方法”进行出厂检验
出厂水泥	出厂水泥应保证出厂强度等级，其余技术要求应符合有关规定
废品与不合格品	(1)废品。凡三氧化硫、初凝时间、安定性中的任一项不符合规定时，均为废品。 (2)不合格品。凡比表面积、终凝时间的任一项不符合规定或强度低于出厂强度等级规定的指标时，称为不合格品
试验报告	试验报告内容应包括规定的各项技术要求及试验结果。当用户需要时水泥厂应在水泥发出之日起 7d 内，寄发除 28d 强度以外的各项试验结果，28d 强度数值，应在水泥发出之日起 32d 内补报
交货与验收	(1)交货。交货时水泥的质量验收可抽取实物试样以其检验结果为依据，也可以水泥厂同编号水泥的检验报告为依据。采取何种方法验收由供需双方商定，并在合同或协议中注明。 (2)验收。 1)以抽取实物试样的检验结果为验收依据时，供需双方应在发货前或交货地共同取样和签封。取样方法按《水泥取样法》(GB/T 12573)进行，取样应在水泥发货前或到达地 3d 内进行，取样数量为 22kg，缩分为两等份，一份由供方保存 40d，一份由需方按规定的项目和方法进行检验。 在 40d 内，需方检验认为产品质量不符合要求，而供方又有异议时，则双方应将供方保存的另一份试样送省级或省级以上国家认可的水泥质量监督检验机构进行仲裁检验。 2)以水泥厂同编号水泥的检验报告为验收依据时，在发货前或交货时需方在同编号水泥中抽取试样，双方共同签封后保存三个月或委托供方在同编号水泥中抽取试样，签封后保存三个月。 在三个月内，需方对水泥质量有疑问时，则供需双方将共同签封的试样送省级或省级以上国家认可的水泥质量监督检验机构进行仲裁检验

7. 包装与标志

(1)包装。水泥可以袋装或散装，袋装水泥每袋净质量 50kg，且不得少于标志质量的 98%；随机抽取 20 袋总质量不得少于 1000kg。其他包装形式由供需双方协商确定。

水泥包装袋应符合《水泥包装袋》(GB 9774)的规定。

(2)标志。包装袋上应清楚标明：产品名称、代号、净质量、强度等级、生产许可证编号、生产厂名和地址、出厂编号、执行标准号以及包装年、月、日。包装袋两侧应印有水泥名称和等级，用黑色印刷。散装时应提交与包装袋标志相同内容的卡片。

8. 运输与贮存

水泥在运输与贮存时，不得受潮和混入杂物，不同品种和强度等级的水泥应分别贮存，不得混杂。

9. 应用

钢渣硅酸盐水泥可用于一般建筑的砌筑、抹面砂浆及混凝土中。

第二节　建筑石灰与石膏

一、建筑生石灰(JC/T 479—1992)

1. 分类与等级

(1)分类。建筑生石灰按化学成分钙质生石灰氧化镁含量小于等于5%;镁质生石灰氧化镁含量大于5%。

(2)等级。建筑生石灰分为优等品、一等品、合格品。

2. 技术要求

建筑生石灰的技术指标应符合表2-34的规定。

表2-34　建筑生石灰的技术指标

项　目		钙质生石灰			镁质生石灰		
		优等品	一等品	合格品	优等品	一等品	合格品
CaO+MgO含量(%)	≥	90	85	80	85	80	75
未消化残渣含量(5mm圆孔筛余)(%)	≤	5	10	15	5	10	15
CO_2(%)	≤	5	7	9	6	8	10
产浆量/(L/kg)	≥	2.8	2.3	2.0	2.8	2.3	2.0

3. 试验方法

物理性能按《建筑石灰试验方法　物理试验方法》(JC/T 478.1)和化学成分按《建筑石灰试验方法　化学分析方法》(JC/T 478.2)规定进行。

4. 检验规则

建筑生石灰的检验规则,见表2-35。

表2-35　建筑生石灰的检验规则

项　目	内　容
出厂检验	建筑生石灰由生产厂的质检部门按批量进行出厂检验。检验项目包括上述"2.技术要求"的全部项目。 (1)批量。 建筑生石灰受检批量规定如下: 日产量200t以上每批量不大于200t; 日产量不足200t每批量不大于100t; 日产量不足100t每批量不大于日产量。 (2)取样。建筑生石灰的取样按批量规定的批量,从整批物料的不同部位选取。取样点不少于25个,每1点的取样量不少于2kg,缩分至4kg装入密封容器内。 (3)判定。产品技术指标均达到上述"2.技术要求"中相应等级时判定为该等级,有一项指标低于合格品要求时,判为不合格品
复验	用户对产品质量发生异议时,可以复验物理项目,按照上述"出厂检验"中"(2)"要求取样,送交质量监督部门进行复验

5. 运输与贮存

(1)运输。建筑生石灰不准与易燃、易爆和液体物品混装,运输时要采取防水措施。

(2)贮存。建筑生石灰应分类、分等,贮存在干燥的仓库内,不宜长期贮存。

6. 应用

生石灰必须经加水反应,生成熟生灰。熟石灰浆与水泥、砂混合;拌合为水泥石灰砂浆,可用于建筑工程中砌砖、砌石和墙面抹灰。上世纪80年代用熟石灰水来粉刷墙面,现在广泛用有机涂料。

二、建筑生石灰粉(JC/T 480—1992)

1. 分类与等级

(1)分类。建筑生石灰粉按化学成分建筑生石灰粉可分为钙质生石灰粉和镁质生石灰粉。钙质生石灰粉氧化镁含量小于等于5%;镁质生石灰粉氧化镁含量大于5%。

(2)等级。建筑生石灰粉为优等品、一等品、合格品。

2. 技术要求

建筑生石灰粉的技术指标应符合表2-36。

表2-36 建筑生石灰粉技术指标

项目			钙质生石灰粉			镁质生石灰粉		
			优等品	一等品	合格品	优等品	一等品	合格品
CaO+MgO含量(%)		≥	85	80	75	80	75	70
CO_2含量(%)		≤	7	9	11	8	10	12
细度	0.90mm筛的筛余(%)	≤	0.2	0.5	1.5	0.2	0.5	1.5
	0.125mm筛的筛余(%)	≤	7.0	12.0	18.0	7.0	12.0	18.0

3. 试验方法

物理性能按《建筑石灰试验方法　物理试验方法》(JC/T 478.1);化学成分按《建筑试验方法　化学分析方法》(JC/T 478.2)进行。

4. 检验规则

建筑生石灰粉检验规则,见表2-37。

表2-37 建筑生石灰粉检验规则

项目	内容
出厂检验	建筑生石灰粉应由生产厂家的质量检验部门按批量进行出厂检验。检验项目包括上述“2.技术要求”的全部项目。 (1)批量。建筑生石灰粉受检批量规定如下: 日产量200t以上每批量不大于200t; 日产量不足200t每批量不大于100t; 日产量不足100t每批量不大于日产量。 (2)取样。 1)散装生石灰粉:随机取样或使用自动取样器取样。

（续）

项　目	内　　容
出厂检验	2）袋装生石灰粉：应从本批产品中随机抽取10袋，样品总量不少于3kg。 3）试样在采集过程中应贮存于密封容器中，在采样结束后立即用四分法将样品缩分至300g，装于磨口广口瓶中，密封后贴上标签注明：产品名称、批号、生产日期、班次、取样地点并由采样人签名，送交化验室。 （3）判定。产品技术指标均达到技术要求相应等级时，判定为该等级，有一项指标低于合格品要求时，判为不合格品
复检	用户对产品质量发生异议时，可以复检物理指标。按照取样要求取样，送交质量监督部门进行复检

5. 包装与标志

建筑生石灰粉可使用符合《水泥包装袋》（GB 9774）规定的牛皮纸袋。袋上应标明：厂名、产品名称、商标、净重和批量编号。

6. 运输与贮存

建筑生石灰粉应分类、分等存放，贮存于干燥的仓库内。不宜长期存贮。不准与易燃、易爆及液体物品同时装运，运输时要采取防水措施。

7. 应用

建筑生石灰粉可用来制造电石、液碱、源液、源白粉，也可用于冶金及净化废水。

三、建筑消石灰粉(JC/T 481—1992)

1. 分类与等级

（1）分类。钙质消石灰粉氧化镁含量小于4%；镁质消石灰粉氧化镁含量等于大于4%到小于24%；白云石消石灰粉氧化镁含量等于大于24%到小于30%。

（2）等级。建筑消石灰粉为优等品、一等品、合格品。

2. 技术要求

建筑消石灰粉技术指标出应符合表2-38的规定。

表2-38　　建筑消石灰粉的技术指标

项　目			钙质消石灰粉			镁质消石灰粉			白云石消石灰粉		
			优等品	一等品	合格品	优等品	一等品	合格品	优等品	一等品	合格品
(CaO+MgO)含量(%)		≥	70	65	60	65	60	55	65	60	55
游离水(%)			0.4～2	0.4～2	0.4～2	0.4～2	0.4～2	0.4～2	0.4～2	0.4～2	0.4～2
体积安定性			合格	合格	—	合格	合格	—	合格	合格	—
细度	0.90mm筛筛余(%)	≤	0	0	0.5	0	0	0.5	0	0	0.5
	0.125mm筛筛余(%)	≤	3	10	15	3	10	15	3	10	15

3. 试验方法

物理性能按《建筑石灰试验方法　物理试验方法》（JC/T 478.1），化学成分按《建筑石灰试验方法　化学分析方法》（JC/T 478.2）规定进行。

4. 检验规则

(1)出厂检验。建筑消石灰粉应由生产厂家的质量检验部门按批量进行出厂检验。

1)批量。检验批量按生产规模划分。100t 为一批量,小于 100t 仍作一批量。

2)取样。从每一批量的产品中抽取 10 袋样品,从每袋不同位置抽取 100g 样品,总数量不少于 1kg,混合均匀,用四分法缩取,最后取 250g 样品供物理试验和化学分析。

3)判定。产品技术要求均达到技术要求中相应等级时,判定为该等级。有一项技术指标低于合格品要求时,判为不合格品。

(2)复验。用户对产品质量发生异议时,可进行物理指标复验。

按照取样要求取样,送交质量监督部门进行复验。

5. 包装与标志

建筑消石灰粉可用符合《水泥包装袋》(GB 9774)规定牛皮纸袋。袋上应标明厂名、产品名称、商标、等级、净重及批量编号。

6. 运输与贮存

(1)消石灰粉按类别、等级分别贮存,贮存期不宜过长。

(2)消石灰粉在运输与贮存过程中要采取防水措施。

7. 应用

优等品、一等品适用于饰面层和中间涂层;合格品用于砌筑。

四、建筑石膏(GB/T 9776—2008)

1. 概念与特点

建筑石膏是指天然石膏或工业副产石膏经脱水处理制得的,以半水硫酸钙(β-$CaSO_4 \cdot 1/2H_2O$)为主要成分,不需加任何外加剂或添加物的粉状胶凝材料。

2. 分类与标记

(1)分类。

1)建筑石膏按原材料种类分三类,见表 2-39。

表 2-39 建筑石膏分类

类　别	天然建筑石膏	脱硫建筑石膏	磷建筑石膏
代　号	N	S	P

2)建筑石膏按 2h 强度(抗折)分为 3.0、2.0、1.6 三个等级。

(2)标记。按产品名称、代号、等级及标准编号的顺序标记。如:等级为 2.0 的天然建筑石膏标记如下:建筑石膏 N2.0 GB/T 9776—2008。

3. 原材料

生产天然建筑石膏用的石膏石应符合《制作胶结料的石膏石》(JC/T 700)中三级及三级以上石膏石的要求。工业副产石膏应进行必要的预处理后,方能作为制备建筑石膏的原材料。磷石膏和烟气脱硫石膏均应符合国家标准和行业标准的相关要求。

4. 技术要求

(1)组成。建筑石膏组成中β半水硫酸钙(β-$CaSO_4 \cdot 1/2H_2O$)的含量(质量分数)应不小于60.0%。

(2)物理力学性能。建筑石膏的物理力学性能应符合表2-40的要求。

表2-40　物理力学性能

等　级	细度(0.2mm方孔筛筛余)(%)	凝结时间/min		2h强度/MPa	
		初凝	终凝	抗折	抗压
3.0	≤10	≥3	≤30	≥3.0	≥6.0
2.0				≥2.0	≥4.0
1.6				≥1.6	≥3.0

(3)放射性核素限量。工业副产建筑石膏的放射性核素限量应符合《建筑材料放射性核素限量》(GB 6566)的要求。

(4)限制成分。工业副产建筑石膏中限制成分氧化钾(K_2O)、氧化钠(Na_2O)、氧化镁(MgO)、五氧化二磷(P_2O_5)和氟(F)的含量由供需双方商定。

5. 试验方法

建筑石膏的试验方法,见表2-41。

表2-41　建筑石膏的试验方法

项　目	内　容	
试验条件	试验条件应符合《建筑石膏　一般试验条件》(GB/T 17669.1)的规定	
试样	试样应在标准试验条件下密闭放置24h,然后再行试验	
试验步骤	组成的测定	称取试样50g,在蒸馏水中浸泡24h,然后在40℃±4℃下烘至恒量(烘干时间相隔1h的两次称量之差不超过0.05g时,即为恒量),研碎试样,过0.2mm筛,再按《石膏化学分析方法》(GB/T 5484—2000)第8章测定结晶水含量。以测得的结晶水含量乘以4.0278,即得β半水硫酸钙含量
	细度的测定	按《建筑石膏　粉料性能的测定》(GB/T 17669.5)的相应规定测定。称取约200g试样,在40℃±4℃下烘至恒量(烘干时间相隔1h的两次称量之差不超过0.2g时,即为恒量),并在干燥器中冷却至室温。将筛孔尺寸为0.2mm的筛下安上接收盘,称取50.0g试样倒入其中,盖上筛盖,按《建筑石膏　粉料性能的测定》(GB/T 17669.5—1999)中5.2规定的操作方法进行测定。当1min的过筛试样质量不超过0.1g时,则认为筛分完成。称量筛上物,作为筛余量。细度以筛余量与试样原始质量之比的百分数形式表示,精确至0.1%。重复试验,至两次测定值之差不大于1%,取二者的平均值为试验的结果
	凝结时间的测定	按《建筑石膏　净浆物理性能的测定》(GB/T 17669.4—1999)第6章首先测定试样的标准稠度用水量并记录,然后按第7章测定其凝结时间

（续）

项目		内容
试验步骤	强度的测定	按《建筑石膏　力学性能测定》(GB/T 17669.3—1999)中的规定制备试件，按存放试件，然后按第5章和第6章分别测定试样与水接触后2h试件的抗折强度和抗压强度，但抗压强度试件应为6块。试件的抗压强度用最大量程为50kN的抗压试验机测定。试件的受压面为40mm×40mm，按下式计算每个试件的抗压强度R_c。 $$R_c=\frac{P}{1600}$$ 式中　R_c——抗压强度(MPa)； P——破坏荷载(N) 试验结果的确定按《水泥胶砂强度检验方法(ISO法)》(GB/T 17671)进行
	放射性核素限量的测定	按《建筑材料放射性核素限量》(GB 6566)规定的方法测定
	限制成分含量的测定	按《石膏化学分析方法》(GB/T 5484—2000)第16章测定氧化钾(K_2O)、氧化钠(Na_2O)的含量；按第12章测定氧化镁(MgO)的含量；按第21章测定五氧化二磷(P_2O_5)的含量；按第20章测定氟(F)的含量

6. 检验规则

建筑石膏的检验规则，见表2-42。

表2-42　建筑石膏的检验规则

项目		内容
检验分类	出厂检验	产品出厂前应进行出厂检验。出厂检验项目包括细度、凝结时间和抗折强度
	型式检验	遇有下列情况之一者，应对产品进行型式检验。 (1)原材料、工艺、设备有较大改变时； (2)产品停产半年以上恢复生产时； (3)正常生产满一年时； (4)新产品投产或产品定型鉴定时； (5)国家技术监督机构提出监督检查时。 型式检验项目包括检验规则中所有项目
批量与抽样	批量	对于年产量小于15万t的生产厂，以不超过60t产品为一批；对于年产量等于或大于15万t的生产厂，以不超过120t产品为一批。产品不足一批时以一批计
	抽样	产品袋装时，从一批产品中随机抽取10袋，每袋抽取约2kg试样，总共不少于20kg；产品散装时，在产品卸料处或产品输送机具上每3min抽取约2kg试样，总共不少于20kg。将抽取的试样搅拌均匀，分为两等份，一份做试验，另一份密封保存三个月，以备复验用
判定	抽取做试验的试样按试样处理后分为三等份，以其中一份试样按试验方法进行试验。检查结果若均符合技术要求相应的技术要求时，则判为该批产品合格。若有一项以上指标不符合要求，即判该批产品不合格。若只有一项指标不合格，则可用其他两份试样对不合格指标进行重新检验。重新检验结果，若两份试样均合格，则判该批产品合格；如仍有一份试样不合格，则判该批产品不合格	

7. 包装与标志

(1)建筑石膏一般采用袋装或散装供应。袋装时,应用防潮包装袋包装。

(2)产品出厂应带有产品检验合格证。袋装时,包装袋上应清楚标明产品标记,以及生产厂名、厂址、商标、批量编号、净重、生产日期和防潮标志。

8. 运输与贮存

(1)建筑石膏在运输和贮存时,不得受潮和混入杂物。

(2)建筑石膏自生产之日起,在正常运输与贮存条件下,贮存期为三个月。

9. 应用

石膏是一种用途很广的工业材料和建筑材料,可用于水泥缓凝剂、石膏建筑制品、模型制作等。

第三章

混凝土与砂浆

第一节 混 凝 土

一、建筑用砂(GB/T 14684—2001)

1. 分类与规格

(1)分类。砂按产源分为天然砂、人工砂两类:

1)天然砂:包括河砂、湖砂、山砂、淡化海砂;

2)人工砂:包括机制砂、混合砂。

(2)规格。砂按细度模数分为粗、中、细三种规格,其细度模数分别为:

1)粗:3.7～3.1;

2)中:3.0～2.3;

3)细:2.2～1.6。

(3)类别。砂按技术要求分为Ⅰ类、Ⅱ类、Ⅲ类。

2. 技术要求

(1)颗粒级配。砂的颗粒级配应符合表3-1的规定。

表3-1 颗粒级配

累计筛余(%) 级配区 / 方筛孔	1	2	3
9.50mm	0	0	0
4.75mm	10～0	10～0	10～0
2.36mm	35～5	25～0	15～0
1.18mm	65～35	50～10	25～0
600μm	85～71	70～41	40～16
300μm	95～80	92～70	85～55
150μm	100～90	100～90	100～90

注:1. 砂的实际颗粒级配与表中所列数字相比,除4.75mm和600μm筛档外,可以略有超出,但超出总量应小于5%。

2. 1区人工砂中150μm筛孔的累计筛余可以放宽到100～85,2区人工砂中150μm筛孔的累计筛余可以放宽到100～80,3区人工砂中150μm筛孔的累计筛余可以放宽到100～75。

(2)含泥量、石粉含量和泥块含量。

1)天然砂的含泥量和泥块含量应符合表3-2的规定。

表 3-2　　人工砂的含泥量

项　目	指　标		
	Ⅰ类	Ⅱ类	Ⅲ类
含泥量(按质量计)(%)	<1.0	<3.0	<5.0
泥块含量(按质量计)(%)	0	<1.0	<2.0

2)人工砂的石粉含量和泥块含量应符合表 3-3 的规定。

表 3-3　　人工砂的石粉含量和泥块含量

<table>
<tr><th colspan="4" rowspan="2">项　目</th><th colspan="3">指　标</th></tr>
<tr><th>Ⅰ类</th><th>Ⅱ类</th><th>Ⅲ类</th></tr>
<tr><td>1</td><td rowspan="4">亚甲蓝试验</td><td rowspan="2">MB值<1.40或合格</td><td>石粉含量(按质量计)(%)</td><td><3.0</td><td><5.0</td><td><7.0①</td></tr>
<tr><td>2</td><td>泥块含量(按质量计)(%)</td><td>0</td><td><1.0</td><td><2.0</td></tr>
<tr><td>3</td><td rowspan="2">MB值≥1.40或不合格</td><td>石粉含量(按质量计)(%)</td><td><1.0</td><td><3.0</td><td><5.0</td></tr>
<tr><td>4</td><td>泥块含量(按质量计)(%)</td><td>0</td><td><1.0</td><td><2.0</td></tr>
</table>

① 根据使用地区和用途,在试验验证的基础上,可由供需双方协商确定。

(3)有害物质。砂不应混有草根、树叶、树枝、塑料、煤块、炉渣等杂物。砂中如含有云母、轻物质、有机物、硫化物及硫酸盐、氯盐等,其含量应符合表 3-4 的规定。

表 3-4　　有害物质含量

项　目		指　标		
		Ⅰ类	Ⅱ类	Ⅲ类
云母(按质量计)(%)	<	1.0	2.0	2.0
轻物质(按质量计)(%)	<	1.0	1.0	1.0
有机物(比色法)		合格	合格	合格
硫化物及硫酸盐(按 SO_3 质量计)(%)	<	0.5	0.5	0.5
氯化物(以氯离子质量计)(%)	<	0.01	0.02	0.06

(4)坚固性。

1)天然砂采用硫酸钠溶液法进行试验,砂样经 5 次循环后其质量损失应符合表 3-5 的规定。

表 3-5　　坚固性指标

项　目		指　标		
		Ⅰ类	Ⅱ类	Ⅲ类
质量损失(%)	<	8	8	10

2)人工砂采用压碎指标法进行试验,压碎指标值应小于表 3-6 的规定。

表 3-6 压碎指标

<table>
<tr><td rowspan="2">项　　目</td><td colspan="3">指　　标</td></tr>
<tr><td>Ⅰ类</td><td>Ⅱ类</td><td>Ⅲ类</td></tr>
<tr><td>单级最大压碎指标(%)　　<</td><td>20</td><td>25</td><td>30</td></tr>
</table>

(5)表观密度、堆积密度、空隙率。砂表观密度、堆积密度、空隙率应符合如下规定：表观密度大于 2500kg/m³；松散堆积密度大于 1350kg/m³；空隙率小于 47%。

(6)碱集料反应。经碱集料反应试验后，由砂制备的试件无裂缝、酥裂、胶体外溢等现象，在规定的试验龄期膨胀率应小于 0.10%。

3. 试验方法

(1)试样。

1)取样方法。

①在料堆上取样时，取样部位应均匀分布。取样前先将取样部位表面铲除，然后从不同部位抽取大致等量的砂八份，组成一组样品。

②从皮带运输机上取样时，应用接料器在皮带运输机机尾的出料处定时抽取大致等量的砂四份，组成一组样品。

③从火车、汽车、货船上取样时，从不同部位和深度抽取大致等量的砂八份，组成一组样品。

2)试样数量。单项试验的最少取样数量应符合表 3-7 的规定。做几项试验时，如确能保证试样经一项试验后不致影响另一项试验的结果，可用同一试样进行几项不同的试验。

表 3-7 单项试验取样数量 kg

<table>
<tr><td>序　　号</td><td colspan="2">试验项目</td><td>最少取样数量</td></tr>
<tr><td>1</td><td colspan="2">颗粒级配</td><td>4.4</td></tr>
<tr><td>2</td><td colspan="2">含泥量</td><td>4.4</td></tr>
<tr><td>3</td><td colspan="2">石粉含量</td><td>6.0</td></tr>
<tr><td>4</td><td colspan="2">泥块含量</td><td>20.0</td></tr>
<tr><td>5</td><td colspan="2">云母含量</td><td>0.6</td></tr>
<tr><td>6</td><td colspan="2">轻物质含量</td><td>3.2</td></tr>
<tr><td>7</td><td colspan="2">有机物含量</td><td>2.0</td></tr>
<tr><td>8</td><td colspan="2">硫化物与硫酸盐含量</td><td>0.6</td></tr>
<tr><td>9</td><td colspan="2">氯化物含量</td><td>4.4</td></tr>
<tr><td rowspan="2">10</td><td rowspan="2">坚固性</td><td>天然砂</td><td>8.0</td></tr>
<tr><td>人工砂</td><td>20.0</td></tr>
<tr><td>11</td><td colspan="2">表观密度</td><td>2.6</td></tr>
<tr><td>12</td><td colspan="2">堆积密度与空隙率</td><td>5.0</td></tr>
<tr><td>13</td><td colspan="2">碱集料反应</td><td>20.0</td></tr>
</table>

3)试样处理。

①用分料器法：将样品在潮湿状态下拌合均匀，然后通过分料器，取接料斗中的其中一份再次通过分料器。重复上述过程，直至把样品缩分到试验所需量为止。

②人工四分法：将所取样品置于平板上，在潮湿状态下拌合均匀，并堆成厚度约为 20mm 的圆饼，然后沿互相垂直的两条直径把圆饼分成大致相等的四份，取其中对角线的两份重新拌匀，再堆成圆饼。重复上述过程，直至把样品缩分到试验所需量为止。

③堆积密度、人工砂坚固性检验所用试样可不经缩分，在拌匀后直接进行试验。

(2)试验环境和试验用筛。

1)试验环境：试验室的温度应保持在 15～30℃。

2)试验用筛：应满足《金属丝编织网试验筛》(GB/T 6003.1)和《金属穿孔板试验筛》(GB/T 6003.2)中方孔试验筛的规定，筛孔大于 4.00mm 的试验筛采用穿孔板试筛。

(3)颗粒级配。

1)仪器设备。

①鼓风烘箱：能使温度控制在(105±5)℃；

②天平：称量 1000g，感量 1g；

③方孔筛：孔径为 150μm、300μm、600μm、1.18mm、2.36mm、4.75mm 及 9.50mm 的筛各一只，并附有筛底和筛盖；

④摇筛机；

⑤搪瓷盘、毛刷等。

2)试验步骤。

①按规定取样，并将试样缩分至约 1100g，放在烘箱中于(105±5)℃下烘干至恒量，待冷却至室温后，筛除大于 9.50mm 的颗粒(并算出其筛余百分率)，分为大致相等的两份备用。

注：恒量系指试样在烘干 1～3h 的情况下，其前后质量之差不大于该项试验所要求的称量精度(下同)。

②称取试样 500g，精确至 1g。将试样倒入按孔径大小从上到下组合的套筛(附筛底)上，然后进行筛分。

③将套筛置于摇筛机上，摇 10min；取下套筛，按筛孔大小顺序再逐个用手筛，筛至每分钟通过量小于试样总量 0.1%为止。通过的试样并入下一号筛中，并和下一号筛中的试样一起过筛，这样顺序进行，直至各号筛全部筛完为止。

④称出各号筛的筛余量，精确至 1g，试样在各号筛上的筛余量不得超过按下式计算出的量，超过时应按下列方法之一处理。

$$G=\frac{A\times d^{1/2}}{200}$$

式中　G——在一个筛上的筛余量(g)；

A——筛面面积(mm^2)；

d——筛孔尺寸(mm)。

a. 将该粒级试样分成少于按上式计算出的量，分别筛分，并以筛余量之和作为该号筛的筛余量。

b. 将该粒级及以下各粒级的筛余混合均匀，称出其质量，精确至 1g。再用四分法缩分为大致相等的两份，取其中一份，称出其质量，精确至 1g，继续筛分。计算该粒级及以下各粒级的分计筛余量时应根据缩分比例进行修正。

3)结果计算与评定。

①计算分计筛余百分率：各号筛的筛余量与试样总量之比，计算精确至 0.1%。

②计算累计筛余百分率：该号筛的筛余百分率加上该号筛以上各筛余百分率之和，精确至

0.1%。筛分后，如每号筛的筛余量与筛底的剩余量之和同原试样质量之差超过 1%时，须重新试验。

③砂的细度模数按下式计算，精确至 0.01：

$$M_x=\frac{(A_2+A_3+A_4+A_5+A_6)-5A_1}{100-A_1}$$

式中 M_x——细度模数；

A_1、A_2、A_3、A_4、A_5、A_6——分别为 4.75mm、2.36mm、1.18mm、600μm、300μm、150μm 筛的累计筛余百分率。

④累计筛余百分率取两次试验结果的算术平均值，精确至 1%。细度模数取两次试验结果的算术平均值，精确至 0.1；如两次试验的细度模数之差超过 0.20 时，须重新试验。

(4)含泥量。

1)仪器设备。

①鼓风烘箱：能使温度控制在(105±5)℃；

②天平：称量 1000g，感量 0.1g；

③方孔筛：孔径为 75μm 及 1.18mm 的筛各一只；

④容器：要求淘洗试样时，保持试样不溅出(深度大于 250mm)；

⑤搪瓷盘、毛刷等。

2)试验步骤。

①按规定取样，并将试样缩分至约 1100g，放在烘箱中于(105±5)℃下烘干至恒量，待冷却至室温后，分为大致相等的两份备用。

②称取试样 500g，精确至 0.1g。将试样倒入淘洗容器中，注入清水，使水面高于试样面约 150mm，充分搅拌均匀后，浸泡 2h，然后用手在水中淘洗试样，使尘屑、淤泥和黏土与砂粒分离，把浑水缓缓倒入 1.18mm 及 75μm 的套筛上(1.18mm 筛放在 75μm 筛上面)，滤去小于 75μm 的颗粒，试验前筛子的两面应先用水润湿，在整个过程中应小心防止砂粒流失。

③再向容器中注入清水，重复上述操作，直至容器内的水目测清澈为止。

④用水淋洗剩余在筛上的细粒，并将 75μm 筛放在水中(使水面略高出筛中砂粒的上表面)来回摇动，以充分洗掉小于 75μm 的颗粒，然后将两只筛的筛余颗粒和清洗容器中已经洗净的试样一并倒入搪瓷盘，放在烘箱中于(105±5)℃下烘干至恒量，待冷却至室温后，称出其质量，精确至 0.1g。

3)结果计算与评定。

①含泥量按下式计算，精确至 0.1%：

$$Q_a=\frac{G_0-G_1}{G_0}\times100$$

式中 Q_a——含泥量(%)；

G_0——试验前烘干试样的质量(g)；

G_1——试验后烘干试样的质量(g)。

②含泥量取两个试样的试验结果算术平均值作为测定值。

(5)石粉含量。

1)试剂和材料。

①亚甲蓝($C_{16}H_{18}ClN_3S\cdot3H_2O$)：含量≥95%；

②亚甲蓝溶液：将亚甲蓝粉末在(100±5)℃下烘干至恒量(若烘干温度超过105℃，亚甲蓝粉末会变质)，称取烘干亚甲蓝粉末10g，精确至0.01g，倒入盛有约600mL蒸馏水(水温加热至35～40℃)的烧杯中，用玻璃棒持续搅拌40min，直至亚甲蓝粉末完全溶解，冷却至20℃。将溶液倒入1L容量瓶中，用蒸馏水淋洗烧杯等，使所有亚甲蓝溶液全部移入容量瓶，容量瓶和溶液的温度应保持在(20±1)℃，加蒸馏水至容量瓶1L刻度。振荡容量瓶以保证亚甲蓝粉末完全溶解。将容量瓶中溶液移入深色储藏瓶中，标明制备日期、失效日期(亚甲蓝溶液保质期应不超过28d)，并置于阴暗处保存。

③定量滤纸：快速。

2)仪器设备。

①鼓风烘箱：能使温度控制在(105±5)℃；

②天平：称量1000g、感量0.1g及称量100g、感量0.01g各一台；

③方孔筛：孔径为75μm及1.18mm的筛各一只；

④容器：要求淘洗试样时，保持试样不溅出(深度大于250mm)；

⑤移液管：5mL、2mL移液管各一个；

⑥三片或四片式叶轮搅拌器：转速可调[最高达(600±60)r/min]，直径(75±10)mm；

⑦定时装置：精度1s；

⑧玻璃容量瓶：1L；

⑨温度计：精度1℃；

⑩玻璃棒：两支(直径8mm，长300mm)；

⑪搪瓷盘、毛刷、1000mL烧杯等。

3)试验步骤。

①亚甲蓝 MB 值的测定。

a. 按规定取样，并将试样缩分至约400g，放在烘箱中于(105±5)℃下烘干至恒量，待冷却至室温后，筛除大于2.36mm的颗粒备用。

b. 称取试样200g，精确至0.1g。将试样倒入盛有(500±5)mL蒸馏水的烧杯中，用叶轮搅拌机以(600±60)r/min转速搅拌5min，形成悬浮液，然后持续以(400±40)r/min转速搅拌，直至试验结束。

c. 悬浮液中加入5mL亚甲蓝溶液，以(400±40)r/min转速搅拌至少1min后，用玻璃棒蘸取一滴悬浮液(所取悬浮液滴应使沉淀物直径在8～12mm内)，滴于滤纸(置于空烧杯或其他合适的支承物上，以便滤纸表面不与任何固体或液体接触)上。若沉淀物周围未出现色晕，再加入5mL亚甲蓝溶液，继续搅拌1min，再用玻璃棒蘸取一滴悬浮液，滴于滤纸上，若沉淀物周围仍未出现色晕，重复上述步骤，直至沉淀物周围出现约1mm的稳定浅蓝色色晕。此时，应继续搅拌，不加亚甲蓝溶液，每1min进行一次沾染试验。若色晕在4min内消失，再加入5mL亚甲蓝溶液；若色晕在第5min消失，再加入2mL亚甲蓝溶液。两种情况下，均应继续进行搅拌和沾染试验，直至色晕可持续5min。

d. 记录色晕持续5min时所加入的亚甲蓝溶液总体积，精确至1mL。

②亚钾蓝的快速试验。

a. 按上述试验步骤中"①a."制样；

b. 按上述试验步骤中"①b."搅拌；

c. 一次性向烧杯中加入30mL亚甲蓝溶液，在(400±40)r/min转速持续搅拌8min，然后用玻璃棒蘸取一滴悬浮液，滴于滤纸上，观察沉淀物周围是否出现明显色晕。

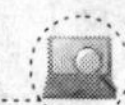

③测定人工砂中含泥量或石粉含量的试验步骤按照上述“(4)含泥量”进行。

4)结果计算和评定。

①亚甲蓝 MB 值结果计算。亚甲蓝值按下式计算，精确至 0.1。

$$MB=\frac{V}{G}\times 10$$

式中 MB——亚甲蓝值(g/kg)，表示每千克 0～2.36mm 粒级试样所消耗的亚甲蓝克数；

G——试样质量(g)；

V——所加入的亚甲蓝溶液的总量(mL)。

注：公式中的系数 10 用于将每千克试样消耗的亚甲蓝溶液体积换算成亚甲蓝质量。

②亚甲蓝快速试验结果评定。若沉淀物周围出现明显色晕，则判定亚甲蓝快速试验为合格，若沉淀物周围未出现明显色晕，则判定亚甲蓝快速试验为不合格。

③人工砂中含泥量或石粉含量计算和评定按上述“(4)含泥量”中结果计算与评定进行。

(6)泥块含量。

1)仪器设备。

①鼓风烘箱：能使温度控制在(105±5)℃；

②天平：称量 1000g，感量 0.1g；

③方孔筛：孔径为 600μm 及 1.18mm 的筛各一只；

④容器：要求淘洗试样时，保持试样不溅出(深度大于 250mm)；

⑤搪瓷盘、毛刷等。

2)试验步骤。

①按规定取样，并将试样缩分至约 5000g，放在烘箱中于(105±5)℃下烘干至恒量，待冷却至室温后，筛除小于 1.18mm 的颗粒，分为大致相等的两份备用。

②称取试样 200g，精确至 0.1g。将试样倒入淘洗容器中，注入清水，使水面高于试样面约 150mm，充分搅拌均匀后，浸泡 24h。然后用手在水中碾碎泥块，再把试样放在 600μm 筛上，用水淘洗，直至容器内的水目测清澈为止。

③保留下来的试样小心地从筛中取出，装入浅盘后，放在烘箱中于(105±5)℃下烘干至恒量，待冷却到室温后，称出其质量，精确至 0.1g。

3)结果计算与评定。

①泥块含量按下式计算，精确至 0.1%：

$$Q_b=\frac{G_1-G_2}{G_1}\times 100$$

式中 Q_b——泥块含量(%)；

G_1——1.18mm 筛筛余试样的质量(g)；

G_2——试验后烘干试样的质量(g)。

②泥块含量取两次试验结果的算术平均值作为测定值。

(7)云母含量。

1)仪器设备。

①鼓风烘箱：能使温度控制在(105±5)℃；

②放大镜：3～5 倍放大率；

③天平：称量 100g，感量 0.01g；

④方孔筛：孔径为 300μm 及 4.75mm 的筛各一只；

⑤钢针、搪瓷盘等。

2)试验步骤。

①按规定取样，并将试样缩分至约 150g，放在烘箱中于(105±5)℃下烘干至恒量，待冷却至室温后，筛除大于 4.75mm 及小于 300μm 的颗粒备用。

②称取试样 15g，精确至 0.01g。将试样倒入搪瓷盘中摊开，在放大镜下用钢针挑出全部云母，称出云母质量，精确至 0.01g。

3)结果计算与评定。

①云母含量按下式计算，精确至 0.1%：

$$Q_c = \frac{G_2}{G_1} \times 100$$

式中　Q_c——云母含量(%)；

G_1——300μm～4.75mm 颗粒的质量(g)；

G_2——云母质量(g)。

②云母含量取两次试验结果的算术平均值作为测定值。

(8)轻物质含量。

1)试剂和材料。

①氯化锌：化学纯；

②重液：向 1000mL 的量杯中加水至 600mL 刻度处，再加入 1500g 氯化锌；用玻璃棒搅拌使氯化锌全部溶解，待冷却至室温后，将部分溶液倒入 250mL 量筒中测其相对密度；若相对密度小于 2000kg/m³，则倒回 1000mL 量杯中，再加入氯化锌，待全部溶解并冷却至室温后测其密度，直至溶液密度达到 2000kg/m³ 为止。

2)仪器设备。

①鼓风烘箱：能使温度控制在(105±5)℃；

②天平：称量 1000g，感量 0.1g；

③量具：1000mL 量杯，250mL 量筒，150mL 烧杯各一只；

④密度计：测定范围为 1800～2000kg/m³；

⑤方孔筛：孔径为 4.75mm 及 300μm 的筛各一只；

⑥网篮：内径和高度均约为 70mm，网孔孔径不大于 300μm；

⑦搪瓷盘、玻璃棒、毛刷等。

3)试验步骤。

①按规定取样，并将试样缩分至约 800g，放在烘箱中于(105±5)℃下烘干至恒量，待冷却至室温后，筛除大于 4.75mm 及小于 300μm 的颗粒，分为大致相等的两份备用。

②称取试样 200g，精确至 0.1g。将试样倒入盛有重液的量杯中，用玻璃棒充分搅拌，使试样中的轻物质与砂充分分离，静置 5min 后，将浮起的轻物质连同部分重液倒入网篮中，轻物质留在网篮上，而重液通过网篮流入另一容器，倾倒重液时应避免带出砂粒，一般当重液表面与砂表面相距约 20～30mm 时即停止倾倒，流出的重液倒回盛试样的量杯中，重复上述过程，直至无轻物质浮起为止。

③用清水洗净留存于网篮中的物质，然后将它倒入已恒量的烧杯，放在烘箱中于(105±5)℃下烘干至恒量，待冷却至室温后，称出轻物质与烧杯的总质量，精确至 0.1g。

4)结果计算与评定。

①轻物质含量，按下式计算，精确至0.1%：

$$Q_d=\frac{G_2-G_3}{G_1}\times100$$

式中 Q_d——轻物质含量(%)；

G_1——300μm～4.75mm颗粒的质量(g)；

G_2——烘干的轻物质与烧杯的总质量(g)；

G_3——烧杯的质量(g)。

②轻物质含量取两次试验结果的算术平均值作为测定值。

(9)有机物含量。

1)试剂和材料。

①试剂：氢氧化钠、鞣酸、乙醇、蒸馏水；

②标准溶液：取2g鞣酸溶解于98mL浓度为10%乙醇溶液中(无水乙醇10mL加蒸馏水90mL)即得所需的鞣酸溶液。然后取该溶液25mL注入975mL浓度为3%的氢氧化钠溶液中(3g氢氧化钠溶于100mL蒸馏水中)，加塞后剧烈摇动，静置24h即得标准溶液。

2)仪器设备。

①天平：称量1000g、感量0.1g及称量100g、感量0.01g各一台；

②量筒：10mL、100mL、250mL、1000mL；

③方孔筛：孔径为4.75mm的筛一只；

④烧杯、玻璃棒、移液管等。

3)试验步骤。

①按规定取样，并将试样缩分至约500g，风干后，筛除大于4.75mm的颗粒备用。

②向250mL容量筒中装入风干试样至130mL刻度处，然后注入浓度为3%的氢氧化钠溶液至200mL刻度处，加塞后剧烈摇动，静置24h。

③比较试样上部溶液和标准溶液的颜色，盛装标准溶液与盛装试样的容量筒大小应一致。

4)结果评定。试样上部的溶液颜色浅于标准溶液颜色时，则表示试样有机物含量合格，若两种溶液的颜色接近，应把试样连同上部溶液一起倒入烧杯中，放在60～70℃的水浴中，加热2～3h，然后再与标准溶液比较，如浅于标准溶液，认为有机物含量合格；如深于标准溶液，则应配制成水泥砂浆作进一步试验。即将一份原试样用3%氢氧化钠溶液洗除有机质，再用清水淋洗干净，与另一份原试样分别按相同的配合比按《水泥胶砂强度检验方法(ISO法)》(GB/T 17671)制成水泥砂浆，测定28d的抗压强度。当原试样制成的水泥砂浆强度不低于洗除有机物后试样制成的水泥砂浆强度的95%时，则认为有机物含量合格。

(10)硫化物和硫酸盐含量。

1)试剂和材料。

①浓度为10%氯化钡溶液(将5g氯化钡溶于50mL蒸馏水中)；

②稀盐酸(将浓盐酸与同体积的蒸馏水混合)；

③1%硝酸银溶液(将1g硝酸银溶于100mL蒸馏水中，再加入5～10mL硝酸，存于棕色瓶中)。

2)仪器设备。

①鼓风烘箱：能使温度控制在(105±5)℃；

②天平：称量100g，感量为0.001g；

③高温炉：最高温度1000℃；

④方孔筛：孔径为75μm的筛一只；

⑤烧杯：300mL；

⑥量筒：20mL及100mL；

⑦粉磨钵或破碎机；

⑧定量滤纸；

⑨干燥器、瓷坩埚、搪瓷盘、毛刷等。

3)试验步骤。

①按规定取样，并将试样缩分至约150g，放在烘箱中于(105±5)℃下烘干至恒量，待冷却至室温后，粉磨全部通过75μm筛，成为粉状试样。再按四分法缩分至30～40g，放在烘箱中于(105±5)℃下烘干至恒量，待冷却至室温后备用。

②称取粉状试样1g，精确至0.001g，将粉状试样倒入300mL烧杯中，加入20～30mL蒸馏水及10mL稀盐酸，然后放在电炉上加热至微沸，并保持微沸5min，使试样充分分解后取下，用中速滤纸过滤，用温水洗涤10～12次。

③加入蒸馏水调整滤液体积至200mL，煮沸后，搅拌滴加10mL浓度为10%的氯化钡溶液，并将溶液煮沸数分钟，取下静置至少4h(此时溶液体积应保持在200mL)，用慢速滤纸过滤，用温水洗涤至氯离子反应消失(用1%硝酸银溶液检验)。

④将沉淀物及滤纸一并移入已恒量的瓷坩埚内，灰化后在800℃高温炉内灼烧30min。取出瓷坩埚，在干燥器中冷却至室温后，称出试样质量，精确至0.001g。如此反复灼烧，直至恒量。

4)结果计算与评定。

①水溶性硫化物和硫酸盐含量(以SO_3计)按下式计算，精确至0.1%：

$$Q_c=\frac{G_2\times 0.343}{G_1}\times 100$$

式中　Q_c——水溶性硫化物和硫酸盐含量(%)；

G_1——粉磨试样质量(g)；

G_2——灼烧后沉淀物的质量(g)；

0.343——硫酸钡($BaSO_4$)换算成SO_3的系数。

②硫化物和硫酸盐含量取两次试验结果的算术平均值作为测定值。若两次试验结果之差大于0.2%时，须重新试验。

(11)氯化物含量。

1)试剂和材料。

①氯化钠标准溶液$c(NaCl)=0.01mol/L$；

②硝酸银标准溶液$c(AgNO_3)=0.01mol/L$；

③5%铬酸钾指示剂溶液。

2)仪器设备。

①鼓风烘箱：能使温度控制在(105±5)℃；

②天平：称量1000g，感量0.1g；

③带塞磨口瓶：1L；

④三角瓶:300mL;

⑤移液管:50mL;

⑥滴定管:10mL 或 25mL,精度 0.1mL;

⑦容量瓶:500mL;

⑧1000mL 烧杯、滤纸、搪瓷盘、毛刷等。

3)试验步骤。

①按规定取样,并将试样缩分至约 1100g,放在烘箱中于(105±5)℃下烘干至恒量,待冷却至室温后,分为大致相等的两份备用。

②称取试样 500g,精确至 0.1g。将试样倒入磨口瓶中,用容量瓶量取 500mL 蒸馏水,注入磨口瓶,盖上塞子,摇动一次后,放置 2h,然后,每隔 5min 摇动一次,共摇动三次,使氯盐充分溶解。将磨口瓶上部已澄清的溶液过滤,然后用移液管吸取 50mL 滤液,注入三角瓶中,再加入 5%铬酸钾指示剂 1mL,用 0.01mol/L 硝酸银标准溶液滴定至呈现砖红色为终点。记录消耗的硝酸银标准溶液的毫升数,精确至 1mL。

③空白试验:用移液管移取 50mL 蒸馏水注入三角瓶内,加入 5%铬酸钾指示剂 1mL,并用 0.01mol/L 硝酸银溶液滴定至溶液呈现砖红色为止,记录此点消耗的硝酸银标准溶液的毫升数,精确至 1mL。

4)计算结果与评定。

①氯离子含量按下式计算,精确至 0.01%:

$$X=\frac{C(V-V_0)M\times 10}{m\times 1000}\times 100=\frac{C(V-V_0)M}{m}$$

式中 X——氯离子含量(%);

C——硝酸银标准溶液的实际浓度(mol/L);

V——样品滴定时消耗的硝酸银标准溶液的体积(mL);

V_0——空白试验时消耗的硝酸银标准溶液的体积(mL);

M——氯离子的摩尔质量,g/mol(M=35.5g/mol);

10——全部试样溶液与所分取试样溶液的体积比;

m——试样质量(g)。

②氯离子含量取两次试验结果的算术平均值作为测定值。

(12)坚固性。

1)硫酸钠溶液法。

①试剂和材料。

a. 10%氯化钡溶液;

b. 硫酸钠溶液:在 1L 水中(水温 30℃左右),加入无水硫酸钠(Na_2SO_4)350g,或结晶硫酸钠($Na_2SO_4\cdot H_2O$)750g,边加入边用玻璃棒搅拌,使其溶解并饱和。然后冷却至 20~25℃,在此温度下静置 48h,即为试验溶液,其密度应为 1.151~1.174g/cm^3。

②仪器设备。

a. 鼓风烘箱:能使温度控制在(105±5)℃;

b. 天平:称量 1000g,感量 0.1g;

c. 三角网篮:用金属丝制成,网篮直径和高均为 70mm,网的孔径应不大于所盛试样中最小粒径的一半；

d. 方孔筛：同上述"(3)颗粒级配"中方孔筛；

e. 容器：瓷缸，容积不小于 10L；

f. 密度计；

g. 玻璃棒、搪瓷盘、毛刷等。

③试验步骤。

a. 按规定取样，并将试样缩分至约 2000g，将试样倒入容器中，用水浸泡，淋洗干净后，放在烘箱中于(105±5)℃下烘干至恒量，待冷却至室温后，筛除大于 4.75mm 及小于 300μm 的颗粒，然后按颗粒级配规定筛分成 300～600μm，600μm～1.18mm，1.18～2.36mm 和 2.36～4.75mm 四个粒级备用。

b. 称取各粒级试样各 100g，精确至 0.1g。将不同粒级的试样分别装入网篮，并浸入盛有硫酸钠溶液的容器中，溶液的体积应不小于试样总体积的 5 倍。网篮浸入溶液时，应上下升降 25 次，以排除试样的气泡，然后静置于该容器中，网篮底面应距离容器底面约 30mm，网篮之间距离应不小于 30mm，液面至少高于试样表面 30mm，溶液温度应保持在 20～25℃。

c. 浸泡 20h 后，把装试样的网篮从溶液中取出，放在烘箱中于(105±5)℃烘 4h，至此，完成了第一次试验循环，待试样冷却至 20～25℃后，再按上述方法进行第二次循环。从第二次循环开始，浸泡与烘干时间均为 4h，共循环 5 次。

d. 最后一次循环后，用清洁的温水淋洗试样，直至淋洗试样后的水加入少量氯化钡溶液不出现白色浑浊为止，洗过的试样放在烘箱中于(105±5)℃下烘干至恒量。待冷却至室温后，用孔径为试样粒级下限的筛过筛，称出各粒级试样试验后的筛余量，精确至 0.1g。

④结果计算。

a. 各粒级试样质量损失百分率按下式计算，精确至 0.1%：

$$P_i=\frac{G_1-G_2}{G_1}\times100$$

式中　P_i——各粒级试样质量损失百分率(%)；

G_1——各粒级试样试验前的质量(g)；

G_2——各粒级试样试验后的筛余量(g)。

b. 试样的总质量损失百分率按下式计算，精确至 0.1%：

$$P=\frac{\delta_1P_1+\delta_2P_2+\delta_3P_3+\delta_4P_4}{\delta_1+\delta_2+\delta_3+\delta_4}$$

式中　P——试样的总质量损失百分率(%)；

δ_1、δ_2、δ_3、δ_4——分别为各粒级质量占试样(原试样中筛除了大于 4.75mm 及小于 300μm 的颗粒)总质量的百分率(%)；

P_1、P_2、P_3、P_4——分别为各粒级试样质量损失百分率(%)。

2)压碎指标法。

①仪器设备。

a. 鼓风烘箱：能使温度控制在(105±5)℃；

b. 天平：称量 10kg 或 1000g、感量为 1g；

c. 压力试验机：50～1000kN；

d. 受压钢模：由圆筒、底盘和加压压块组成，其尺寸如图 3-1 所示；

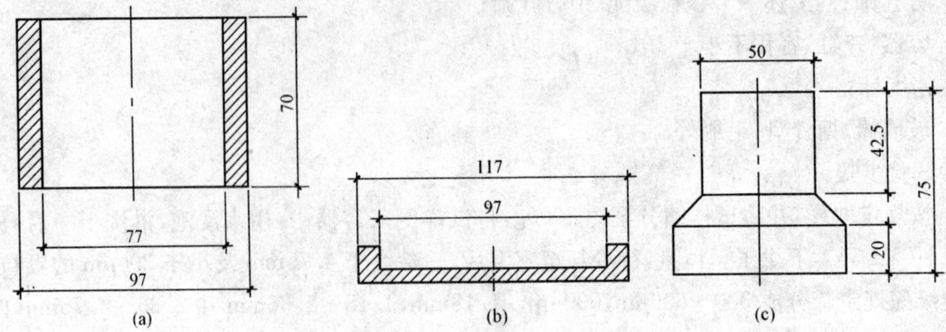

图 3-1 受压钢模示意图

(a)圆筒；(b)底盘；(c)加压块

e. 方孔筛：孔径为 4.75mm、2.36mm、1.18mm、600μm 及 300μm 的筛各一只；

f. 搪瓷盘、小勺、毛刷等。

②试验步骤。

a. 按规定取样，放在烘箱中于(105±5)℃下烘干至恒量，待冷却至室温后，筛除大于 4.75mm 及小于 300μm 的颗粒，然后按颗粒级配筛分成 300～600μm；600μm～1.18mm；1.18～2.36mm 及 2.36～4.75mm 四个粒级，每级 1000g 备用。

b. 称取单粒级试样 330g，精确至 1g。将试样倒入已组装成的受压钢模内，使试样距底盘面的高度约为 50mm。整平钢模内试样的表面，将加压块放入圆筒内，并转动一周使之与试样均匀接触。

c. 将装好试样的受压钢模置于压力机的支承板上，对准压板中心后，开动机器，以每秒钟 500N 的速度加荷。加荷至 25kN 时稳荷 5s 后，以同样速度卸荷。

d. 取下受压模，移去加压块，倒出压过的试样，然后用该粒级的下限筛(如粒级为 2.36～4.75mm 时，则其下限筛指孔径为 2.36mm 的筛)进行筛分，称出试样的筛余量和通过量，均精确至 1g。

③结果计算与评定。

a. 第 i 单级砂样的压碎指标按下式计算，精确至 1%。

$$Y_i=\frac{G_2}{G_1+G_2}\times 100$$

式中 Y_i——第 i 单粒级压碎指标值(%)；

G_1——试样的筛余量(g)；

G_2——通过量(g)。

b. 第 i 单粒级压碎指标值取三次试验结果的算术平均值作为测定值。

c. 取最大单粒级压碎指标值作为其压碎指标值。

(13)表观密度。

1)仪器设备。

①鼓风烘箱：能使温度控制在(105±5)℃；

②天平：称量 10kg 或 1000g，感量 1g；

③容量瓶：500mL；

④干燥器、搪瓷盘、滴管、毛刷等。

2)试验步骤。

①按规定取样，并将试样缩分至约660g，放在烘箱中于(105±5)℃下烘干至恒量，待冷却至室温后，分为大致相等的两份备用。

②称取试样300g，精确至1g。将试样装入容量瓶，注入冷开水至接近500mL的刻度处，用手旋转摇动容量瓶，使砂样充分摇动，排除气泡，塞紧瓶盖，静置24h。然后用滴管小心加水至容量瓶500mL刻度处，塞紧瓶塞，擦干瓶外水分，称出其质量，精确至1g。

③倒出瓶内水和试样，洗净容量瓶，再向容量瓶内注水至500mL刻度处，塞紧瓶塞，擦干瓶外水分，称出其质量，精确至1g。

3)结果计算与评定。

①砂的表观密度按下式计算，精确至10kg/m³：

$$\rho_0=\frac{G_0}{G_0+G_2-G_1}\times\rho_水$$

式中 ρ_0——表观密度(kg/m³)；

$\rho_水$——水的密度(1000kg/m³)；

G_0——烘干试样的质量(g)；

G_1——试样、水及容量瓶的总质量(g)；

G_2——水及容量瓶的总质量(g)。

②表观密度取两次试验结果的算术平均值作为测定值；如两次试验结果之差大于20 kg/m³，须重新试验。

(14)堆积密度与空隙率。

1)仪器设备。

①鼓风烘箱：能使温度控制在(105±5)℃；

②天平：称量10kg，感量1g；

③容量筒：圆柱形金属筒，内径108mm，净高109mm，壁厚2mm，筒底厚约5mm，容积为1L；

④方孔筛：孔径为4.75mm的筛一只；

⑤垫棒：直径10mm，长500mm的圆钢；

⑥直尺、漏斗或料勺、搪瓷盘、毛刷等。

2)试验步骤。

①按规定取样，用搪瓷盘装取试样约3L，放在烘箱中于(105±5)℃下烘干至恒量，待冷却至室温后，筛除大于4.75mm的颗粒，分为大致相等的两份备用。

②松散堆积密度：取试样一份，用漏斗或料勺将试样从容量筒中心上方50mm处徐徐倒入，让试样以自由落体落下，当容量筒上部试样呈堆体，且容量筒四周溢满时，即停止加料。然后用直尺沿筒口中心线向两边刮平(试验过程应防止触动容量筒)，称出试样和容量筒总质量，精确至1g。

③紧密堆积密度：取试样一份分两次装入容量筒。装完第一层后，在筒底垫放一根直径为10mm的圆钢，将筒按住，左右交替击地面各25次。然后装入第二层，第二层装满后同样方法颠实(但筒底所垫钢筋的方向与第一层时的方向垂直)后，再加试样直至超过筒口，然后用直尺沿筒口中心线向两边刮平，称出试样和容量筒总质量，精确至1g。

3)结果计算与评定。

①松散或紧密堆积密度按下式计算,精确至 10kg/m³:

$$\rho_1=\frac{G_1-G_2}{V}$$

式中 ρ_1——松散堆积密度或紧密堆积密度(kg/m³);

G_1——容量筒和试样总质量(g);

G_2——容量筒质量(g);

V——容量筒的容积(L)。

②空隙率按下式计算,精确至 1%:

$$V_0=\left(1-\frac{\rho_1}{\rho_2}\right)\times 100$$

式中 V_0——空隙率(%);

ρ_1——试样的松散(或紧密)堆积密度(kg/m³);

ρ_2——按上述表观密度公式计算的试样表观密度(kg/m³)。

③堆积密度取两次试验结果的算术平均值,精确至 10kg/m³,空隙率取两次试验结果的算术平均值作为测定值,精确至 1%。

4)容量筒的校准方法。将温度为(20±2)℃的饮用水装满容量筒,用一玻璃板沿筒口推移,使其紧贴水面。擦干筒外壁水分,然后称出其质量,精确至 1g。容量筒容积按下式计算,精确至 1mL:

$$V=G_1-G_2$$

式中 V——容量筒容积(mL);

G_1——容量筒、玻璃板和水的总质量(g);

G_2——容量筒和玻璃板质量(g)。

(15)碱集料反应。在碱集料反应试验前,应先用岩相法鉴定岩石种类及所含的活性矿物种类。

1)碱-硅酸反应。碱-硅酸反应,见表 3-8。

表 3-8 碱-硅酸反应

项 目	内 容
适用范围	适用于检验硅质集料与混凝土中的碱发生潜在碱-硅酸反应的危害性。不适用于碳酸盐类集料
仪器设备	①鼓风烘箱:能使温度控制在(105±5)℃; ②天平:称量 1000g,感量 0.1g; ③方孔筛:4.75mm,2.36mm,1.18mm,600μm,300μm 及 150μm 的筛各一只; ④比长仪:由百分表和支架组成,百分表量程为 10mm,精度 0.01mm; ⑤水泥胶砂搅拌机:符合《水泥胶砂强度检验方法(ISO 法)》(GB/T 17671)的要求; ⑥恒温养护箱或养护室:温度(40±2)℃,相对湿度 95%以上; ⑦养护筒:由耐腐蚀材料制成,应不漏水,筒内设有试件架; ⑧试模:规格为 25mm×25mm×280mm,试模两端正中有小孔,装有不锈钢质膨胀端头; ⑨跳桌、秒表、干燥器、搪瓷盘、毛刷等
环境条件	①材料与成型室的温度应保持在 20.0～27.5℃,拌合水及养护室的温度应保持在(20±2)℃; ②成型室、测长室的相对湿度不应少于 80%; ③恒温养护箱或养护室温度应保持在(40±2)℃

（续）

项 目	内 容
试件制作	①按规定取样，并将试样缩分至约 5000g，用水淋洗干净后，放在烘箱中于(105±5)℃下烘干至恒量，待冷却至室温后，筛除大于 4.75mm 及小于 300μm 的颗粒，然后按规定筛分成 150～300μm，300～600μm，600μm～1.18mm；1.8～2.36mm 和 2.36～4.75mm 五个粒级，分别存放在干燥器内备用。 ②采用碱含量(以 Na_2O 计，即 0.658K_2O+Na_2O)大于 1.2%的高碱水泥。低于此值时，掺浓度为 10%的 Na_2O 溶液，将碱含量调至水泥量的 1.2%。 ③水泥与砂的质量比为 1∶2.25，一组 3 个试件共需水泥 440g，精确至 0.1g，砂 990g(各粒级的质量按表 3-9 分别称取，精确至 0.1g)。用水量按《水泥胶砂流动度测定方法》(GB/T 2419)确定。跳桌跳动频率为 6s 跳动 10 次，流动度以 105～120mm 为准。 ④砂浆搅拌应按《水泥胶砂强度检验方法(ISO 法)》(GB/T 17671)规定完成。 ⑤搅拌完成后，立即将砂浆分两次装入已装有膨胀测头的试模中，每层捣 40 次，注意膨胀测头四周应小心捣实，浇捣完毕后用镘刀刮除多余砂浆，抹平、编号并表明测长方向
养护与测长	①试件成型完毕后，立即带模放入标准养护室内。养护(24±2)h 后脱模，立即测量试件的长度，此长度为试件的基准长度。测长应在(20±2)℃的恒温室中进行。每个试件至少重复测量两次，其算术平均值作为长度测定值，待测的试件须用湿布覆盖，以防止水分蒸发。 ②测完基准长度后，将试件垂直立于养护筒的试件架上，架下放水，但试件不能与水接触(一个养护筒内的试件品种应相同)，加盖后放入(40±2)℃的养护箱或养护室内。 ③测长龄期自测定基准长度之日起计算，14d，1 个月、2 个月、3 个月、6 个月，如有必要还可适当延长。在测长前一天，应把养护筒从(40±2)℃的养护箱或养护室内取出，放到(20±2)℃的恒温室内。测长方法与测基准长度的方法相同，测量完毕后，应将试件放入养护筒中，加盖后放回(40±2)℃的养护箱或养护室继续养护至下一个测试龄期。 ④每次测长后，应对每个试件进行挠度测量和外观检查。 挠度测量：把试件放在水平面上，测量试件与平面间的最大距离应不大于 0.3mm。 外观检查：观察有无裂缝、表面沉积物或渗出物，特别注意在空隙中有无胶体存在，并作详细记录。
计算与评定	①试件膨胀率按下式计算，精确至 0.001%： $$\Sigma_t=\frac{L_t-L_0}{L_0-2\Delta}\times 100$$ 式中 Σ_t——试件在 t 天龄期的膨胀率(%)； L_t——试件在 t 天龄期的长度(mm)； L_0——试件的基准长度(mm)； Δ——膨胀端头的长度(mm)。 ②膨胀率以 3 个试件膨胀值的算术平均值作为试验结果，精确至 0.01%。一组试件中任何一个试件的膨胀率与平均值相差不大于 0.04%，则结果有效，而对膨胀率平均值大于 0.05%时，每个试件的测定值与平均值之差小于平均值的 20%，也认为结果有效
结果判定	当半年膨胀率小于 0.10%时，判定为无潜在碱-硅酸反应危害。反之，则判定为有潜在碱-硅酸反应危害

表 3-9 碱集料反应用砂各粒级的质量

筛孔尺寸	4.75～2.36mm	2.36～1.18mm	1.18mm～600μm	600～300μm	300～150μm
质量/g	99.0	247.5	247.5	247.5	148.5

2)快速碱-硅酸反应。快速碱-硅酸反应,见表 3-10。

表 3-10 快速碱-硅酸反应

项 目	内 容
试剂和材料	①氢氧化钠:分析纯; ②蒸馏水或去离子水; ③氢氧化钠溶液:40gNaOH 溶于 900mL 水中,然后加水到 1L,所需氢氧化钠溶液总体为试件总体积的(4±0.5)倍(每一个试件的体积约为 184mL)
仪器设备	①鼓风烘箱:能使温度控制在(105±5)℃; ②天平:称量 1000g,感量 0.1g; ③方孔筛:4.75mm,2.36mm,1.18mm,600μm,300μm 及 150μm 的筛各一只; ④比长仪:由百分表和支架组成,百分表的量程为 10mm,精度 0.01mm; ⑤水泥胶砂搅拌机:符合《水泥胶砂强度检验方法(ISO 法)》(GB/T 17671)要求; ⑥高温恒温养护箱或水浴:温度保持在(80±2)℃; ⑦养护筒:由可耐碱长期腐蚀的材料制成,应不漏水,筒内设有试件架,筒的容积可以保证试件分离地浸没在体积为(2208±276)mL 水中或 1mol/L 的氢氧化钠溶液中,且不能与容器壁接触; ⑧试模:规格为 25mm×25mm×280mm,试模两端正中有小孔,装有不锈钢质膨胀端头; ⑨干燥器、搪瓷盘、毛刷等
环境条件	①材料与成型室的温度应保持在 20.0～27.5℃,拌合水及养护室的温度应保持在(20±2)℃; ②成型室、测长室的相对湿度不应少于 80%; ③高温恒温养护箱或水浴应保持在(80±2)℃
试件制作	①按规定取样,并将试样缩分至约 5000g,用水淋洗干净,放在烘箱中于(105±5)℃下烘干至恒量,待冷却至室温后,筛除大于 4.75mm 及小于 300μm 的颗粒,然后按规定筛分成 150～300μm,300～600μm,600μm～1.18mm,1.18～2.36mm 和 2.36～4.75mm 五个粒级,分别存放在干燥器内备用。 ②采用符合《通用硅酸盐水泥》(GB 175)技术要求的硅酸盐水泥,水泥中不得有结块,并在保质期内。 ③水泥与砂的质量比为 1∶2.25,水灰比为 0.47。一组 3 个试件共需水泥 440g,精确至 0.1g,砂 990g(各粒级的质量按表 3-9 分别称取,精确至 0.1g)。 ④砂浆搅拌应按《水泥胶砂强度检验方法(ISO 法)》(GB/T 17671)的规定完成。 ⑤搅拌完成后,立即将砂浆分两次装入已装有膨胀测头的试模中,每层捣 40 次,注意膨胀测头四周应小心捣实,浇捣完毕后用镘刀刮除多余砂浆,抹平、编号并表明测长方向
养护与测长	①试件成型完毕后,立即带模放入标准养护室内。养护(24±2)h 后脱模,立即测量试件的初始长度。待测的试件须用湿布覆盖,以防止水分蒸发。 ②测完初始长度后,将试件浸没于养护筒(一个养护筒内的试件品种应相同)内的水中,并保持水温在(80±2)℃的范围内(加盖放在高温恒温养护箱或水浴中),养护(24±2)h。 ③从高温恒温养护箱或水浴中拿出一个养护筒,从养护筒内取出试件,用毛巾擦干表面,立即读出试件的基准长度(从取出试件至完成读数应在 15s±5s 时间内),在试件上覆盖湿毛巾,全部试件测完基准长度后,再将所有试件分别浸没于养护筒内的 1mol/L 氢氧化钠溶液中,并保持溶液温度在(80±1)℃的范围内(加盖放在高温恒温养护箱或水浴中)。 ④测长龄期自测定基准长度之日起计算,在测基准长度后第 3d、7d、10d、14d 再分别测长,每次测长时间安排在每天近似同一时刻内,测长方法与测基准长度的方法相同,每次测长完毕后,应将试件放入原养护筒中,加盖后放回(80±1)℃的高温恒温养护箱或水浴中继续养护至下一个测试龄期。14d 后如需继续测长,可安排每过 7d 一次测长
计算与评定	同表 3-8 中"计算与判定"

（续）

项 目	内 容
结果判定	①当14d膨胀率小于0.10%时，在大多数情况下可以判定为无潜在碱-硅酸反应危害； ②当14d膨胀率大于0.20%时，可以判定为有潜在碱-硅酸反应危害； ③当14d膨胀率在0.10%～0.20%之间时，不能最终判定有潜在碱-硅酸反应危害，可按碱-硅酸反应试验方法再来判定

4. 检验规则

(1)检验分类。

1)出厂检验。

①天然砂的出厂检验项目为：颗粒级配、细度模数、松散堆积密度、含泥量、泥块含量、云母含量。

②人工砂的出厂检验项目为：颗粒级配、细度模数、松散堆积密度、石粉含量(含亚甲蓝试验)、泥块含量、坚固性。

2)型式检验。砂的型式检验项目为上述"2. 技术要求"中(1)～(4)项规定的所有技术要求，碱集料反应根据需要进行。

有下列情况之一时，应进行型式检验：

①新产品投产和老产品转产时；

②原料资源或生产工艺发生变化时；

③正常生产时，每年进行一次；

④国家质量监督机构要求检验时。

(2)组批规则。按同分类、规格、适用等级及日产量每600t为一批，不足600t亦为一批，日产量超过2000t，按1000t为一批，不足1000t亦为一批。

(3)判定规则。

1)检验(含复检)后，各项性能指标都符合相应类别规定时，可判为该产品合格。

2)上述"2. 技术要求"中(1)～(4)项若有一项性能指标不符合要求时，则应从同一批产品中加倍取样，对不符合要求的项目进行复检。复检后，该项指标符合要求时，可判该类产品合格，仍然不符合要求时，则该批产品判为不合格。

5. 标志、运输及贮存

(1)砂出厂时，供需双方在厂内验收产品，生产厂应提供产品质量合格证书，其内容包括：

1)砂类别、规格和生产厂名；

2)批量编号及供货数量；

3)检验结果、日期及执行标准编号；

4)合格证编号及发放日期；

5)检验部门及检验人员签章。

(2)砂应按类别、规格分别堆放和运输，防止人为碾压及污染产品。

(3)运输时，应认真清扫车船等运输设备并采取措施防止杂物混入和粉尘飞扬。

6. 应用

Ⅰ类宜用于强度等级大于C60的混凝土；Ⅱ类宜用于强度等级C30～C60及抗冻、抗渗或其他

要求的混凝土；Ⅲ类宜用于强度等级小于 C30 的混凝土和建筑砂浆。

二、建筑用卵石、碎石(GB/T 14685—2001)

1. 分类与规格

建筑用卵石、碎石分类与规格，见表 3-11。

表 3-11　　建筑用卵石、碎石分类与规格

项　目	内　　容
分类	(1)卵石； (2)碎石
规格	按卵石、碎石粒径尺寸分为单粒粒级和连续粒级。亦可以根据需要采用不同单粒级卵石、碎石混合成特殊粒级的卵石、碎石
类别	按卵石、碎石技术要求分为Ⅰ类、Ⅱ类、Ⅲ类
用途	Ⅰ类宜用于强度等级大于 C60 的混凝土；Ⅱ类宜用于强度等级 C30～C60 及抗冻、抗渗或其他要求的混凝土；Ⅲ类宜用于强度等级小于 C30 混凝土

2. 技术要求

(1)颗粒级配。卵石和碎石的颗粒级配应符合表 3-12 的规定。

表 3-12　　颗粒级配

公称粒径/mm		累计筛余(%) 方筛孔/mm 2.36	4.75	9.50	16.0	19.0	26.5	31.5	37.5	53.0	63.0	75.0	90
连续粒级	5～10	95～100	80～100	0～15	0								
	5～16	95～100	85～100	30～60	0～10	0							
	5～20	95～100	90～100	40～80	—	0～10	0						
	5～25	95～100	90～100	—	30～70	—	0～5	0					
	5～31.5	95～100	90～100	70～90	—	15～45	—	0～5	0				
	5～40	—	95～100	70～90	—	30～65	—	—	0～5	0			
单粒粒级	10～20		95～100	85～100		0～15	0						
	16～31.5		95～100		85～100			0～10	0				
	20～40			95～100		80～100			0～10	0			
	31.5～63				95～100			75～100	45～75		0～10	0	
	40～80					95～100			70～100		30～60	0～10	0

(2)含泥量和泥块含量。卵石、碎石的含泥量和泥块含量应符合表 3-13 的规定。

表 3-13 含泥量和泥块含量

项　目	指　标		
	Ⅰ类	Ⅱ类	Ⅲ类
含泥量(按质量计),(%)	<0.5	<1.0	<1.5
泥块含量(按质量计),(%)	0	<0.5	<0.7

(3)针片状颗粒含量。卵石和碎石的针片水颗粒含量应符合表 3-14 的规定。

表 3-14 针片状颗粒含量

项　目	指　标		
	Ⅰ类	Ⅱ类	Ⅲ类
针片状颗粒(按质量计),(%) <	5	15	25

(4)有害物质。卵石和碎石中不应混有草根、树叶、树枝、塑料、煤块和炉渣等杂物,其有害物质含量应符合表 3-15 的规定。

表 3-15 有害物质含量

项　目	指　标		
	Ⅰ类	Ⅱ类	Ⅲ类
有机物	合格	合格	合格
硫化物及硫酸盐(按SO_3质量计)(%) <	0.5	1.0	1.0

(5)坚固性。采用硫酸钠溶液法进行试验,卵石和碎石经 5 次循环后,其质量损失应符合表 3-16的规定。

表 3-16 坚固性指标

项　目	指　标		
	Ⅰ类	Ⅱ类	Ⅲ类
质量损失(%) <	5	8	12

(6)强度。

1)岩石抗压强度。在水泡和状态下,其抗压强度火成岩应不小于 80MPa,变质岩应不小于 60MPa,水成岩应不小于 30MPa。

2)压碎指标。压碎指标值应小于表 3-17 的规定。

表 3-17　　压碎指标　　%

项　目		指　标		
		Ⅰ类	Ⅱ类	Ⅲ类
碎石压碎指标	<	10	20	30
卵石压碎批标	<	12	16	16

(7)表观密度、堆积密度、空隙率。表观密度、堆积密度、空隙率应符合如下规定：表观密度大于2500kg/m^3；松散堆积密度大于1350kg/m^3；空隙率小于47%。

(8)碱集料反应。经碱集料反应试验后，由卵石、碎石制备的试件无裂缝、酥裂、胶体外溢等现象，在规定的试验龄期的膨胀率应小于0.10%。

3. 试验方法

(1)试样。

1)取样方法。

①在料堆上取样时，取样部位应均匀分布。取样前先将取样部位表层铲除，然后从不同部位抽取大致等量的石子15份(在料堆的顶部、中部和底部均匀分布的15个不同部位取得)组成一组样品。

②从皮带运输机上取样时，应用接料器在皮带运输机机尾的出料处定时抽取大致等量的石子8份，组成一组样品。

③从火车、汽车、货船上取样时，从不同部位和深度抽取大致等量的石子16份，组成一组样品。

2)试样数量。单项试验的最少取样数量应符合表3-18的规定，做几项试验时，如确能保证试样经一项试验后不致影响另一项试验的结果，可用同一试样进行几项不同的试验。

表 3-18　　单项试验取样数量　　kg

序号	试验项目	不同最大粒径(mm)下的最少取样量							
		9.5	16.0	19.0	26.5	31.5	37.5	63.0	75.0
1	颗粒级配	9.5	16.0	19.0	25.0	31.5	37.5	63.0	80.0
2	含泥量	8.0	8.0	24.0	24.0	40.0	40.0	80.0	80.0
3	泥块含量	8.0	8.0	24.0	24.0	40.0	40.0	80.0	80.0
4	针片状颗粒含量	1.2	4.0	8.0	12.0	20.0	40.0	40.0	40.0
5	有机物含量	按试验要求的粒级和数量取样							
6	硫酸盐和硫化物含量								
7	坚固性								
8	岩石抗压强度	随机选取完整石块锯切或钻取成试验用样品							
9	压碎指标值	按试验要求的粒级和数量取样							
10	表观密度	8.0	8.0	8.0	8.0	12.0	16.0	24.0	24.0
11	堆积密度与空隙率	40.0	40.0	40.0	40.0	80.0	80.0	120.0	120.0
12	碱集料反应	20.0	20.0	20.0	20.0	20.0	20.0	20.0	20.0

3)试样处理。将所取样品置于平板上,在自然状态下拌合均匀,并堆成堆体,然后沿互相垂直的两条直径把堆体分成大致相等的四份,取其中对角线的两份重新拌匀,再堆成堆体。重复上述操作,直至把样品缩分到试验所需量为止。

4)堆积密度检验所用试样可不经缩分,在拌匀后直接进行试验。

(2)试验环境和试验用筛。

1)试验环境:试验室的温度应保持在15~30℃。

2)试验用筛:应满足《金属丝编织网试验筛》(GB/T 6003.1)、《金属穿孔板试验筛》(GB/T 6003.2)中方孔筛的规定,筛孔大于4.00mm的试验筛采用穿孔板试验筛。

(3)颗粒级配。

1)仪器设备。

①鼓风烘箱:能使温度控制在(105±5)℃;

②台秤:称量10kg,感量1g;

③方孔筛:孔径为2.36mm、4.75mm、9.50mm、16.0mm、19.0mm、26.5mm、31.5mm、37.5mm、53.0mm、63.5mm、75.0mm及90mm的筛各一只,并附有筛底和筛盖(筛框内径为300mm);

④摇筛机;

⑤搪瓷盘、毛刷等。

2)试验步骤。

①按试验规定取样,并将试样缩分至略至大于表3-19规定的数量,烘干或风干后备用。

表3-19　颗粒级配试验所需试样数量

最大粒径/mm	9.5	16.0	19.0	26.5	31.5	37.5	63.0	75.0
最少试样质量/kg	1.9	3.2	3.8	5.0	6.3	7.5	12.6	16.0

②称取按表3-19规定数量的试样一份,精确到1g。将试样倒入按孔径大小从上到下组合的套筛(附筛底)上,然后进行筛分。

③将套筛置于摇筛机上,摇10min;取下套筛,按筛孔大小顺序再逐个用手筛,筛至每分钟通过量小于试样总量0.1%为止。通过的颗粒并入下一号筛中,并和下一号筛中的试样一起过筛,这样顺序进行,直至各号筛全部筛完为止。

注:当筛余颗粒的粒径大于19.0mm时,在筛分过程中,允许用手指拨动颗粒。

④称出各号筛的筛余量,精确至1g。

3)结果计算与评定。

①计算分计筛余百分率:各号筛的筛余量与试样总质量之比,计算精确至0.1%。

②计算累计筛余百分率:该号筛的筛余百分率加上该号筛以上各分计筛余百分率之和,精确至1%。筛分后,如每号筛的筛余量与筛底的筛余量之和同原试样质量之差超过1%时,须重新试验。

③根据各号筛的累计筛余百分率,评定该试样的颗粒级配。

(4)含泥量试验方法见表3-20。

表 3-20 含泥量试验方法

项　目	内　　容
仪器设备	(1)鼓风烘箱:能使温度控制在(105±5)℃; (2)天平:称量 10kg,感量 1g; (3)方孔筛:孔径为 75μm 及 1.18mm 的筛各一只; (4)容器:要求淘洗试样时,保持试样不溅出; (5)搪瓷盘,毛刷等
试验步骤	1)按规定取样,并将试样缩分至略大于表 3-21 规定的数量,放在烘箱中于(105±5)℃下烘干至恒量,待冷却至室温后,分为大致相等的两份备用。 注:恒量系指试样在烘干 1～3h 的情况下,其前后质量之差不大于该项试验所要求的称量精度。 2)称取按表 3-21 规定数量的试样一份,精确到 1g。将试样放入淘洗容器中,注入清水,使水面高于试样上表面 150mm,充分搅拌均匀后,浸泡 2h,然后用手在水中淘洗试样,使尘屑、淤泥和黏土与石子颗粒分离,把浑水缓缓倒入 1.18mm 及 75μm 的套筛上(1.18mm 筛放在 75μm 筛上面),滤去小于 75μm 的颗粒。试验前筛子的两面应先用水润湿。在整个试验过程中应小心防止大于 75μm 颗粒流失。 3)再向容器中注入清水,重复上述操作,直至容器内的水目测清澈为止。 4)用水淋洗剩余在筛上的细粒,并将 75μm 筛放在水中(使水面略高出筛中石子颗粒的上表面)来回摇动,以充分洗掉小于 75μm 的颗粒,然后将两只筛上筛余的颗粒和清洗容器中已经洗净的试样一并倒入搪瓷盘中,置于烘箱中于(105±5)℃下烘干至恒量,待冷却至室温后,称出其质量,精确至 1g
结果计算与评定	(1)含泥量按下式计算,精确至 0.1%: $Q_a=\frac{G_1-G_2}{G_1}\times 100$ 式中 Q_a——含泥量(%); G_1——试验前烘干试样的质量(g); G_2——试验后烘干试样的质量(g)。 (2)含泥量取两次试验结果的算术平均值作为测定值

表 3-21 含泥量试验所需试样数量

最大粒径/mm	9.5	16.0	19.0	26.5	31.5	37.5	63.0	75.0
最少试样量/kg	2.0	2.0	6.0	6.0	10.0	10.0	20.0	20.0

(5)泥块含量试验方法见表 3-22。

表 3-22 泥块含量试验方法

项　目	内　　容
仪器设备	(1)鼓风烘箱:能使温度控制在(105±5)℃; (2)天平:称量 10kg,感量 1g; (3)方孔筛:孔径为 2.36mm 及 4.75mm 筛各一只; (4)容器:要求淘洗试样时,保持试样不溅出; (5)搪瓷盘,毛刷等
试验步骤	(1)按规定取样,并将试样缩分至略大于表 3-21 规定的数量,放在烘箱中于(105±5)℃下烘干至恒量,待冷却至室温后,筛除小于 4.75mm 的颗粒,分为大致相等的两份备用。 (2)称取按表 3-21 规定数量的试样一份,精确到 1g。将试样放入淘洗容器中,注入清水,使水面高于试样上表面。充分搅拌均匀后,浸泡 24h。然后用手在水中碾碎泥块,再把试样放在 2.36mm 筛上,用水淘洗,直至容器内的水目测清澈为止。 (3)保留下来的试样小心地从筛中取出,装入搪瓷盘后,放在烘箱中于(105±5)℃下烘干至恒量,待冷却至室温后,称出其质量,精确到 1g

（续）

项　目	内　容
结果计算与评定	1)泥块含量按式计算,精确至0.1%； $$Q_b=\frac{G_1-G_2}{G_1}\times100$$ 式中　Q_b——泥块含量(%)； G_1——4.75mm筛筛余试样的质量(g)； G_2——试验后烘干试样的质量(g)。 2)泥块含量取两次试验结果的算术平均值作为测定值

(6)针片状颗粒含量。

1)仪器设备。

①针状规准仪与片状规准仪(图3-2和图3-3)。

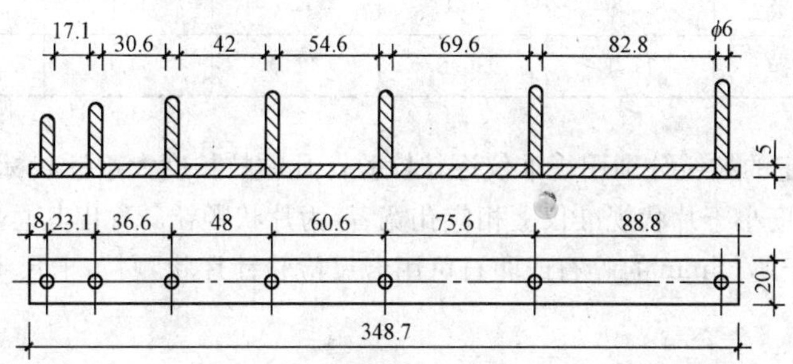

图3-2　针状规准仪(mm)

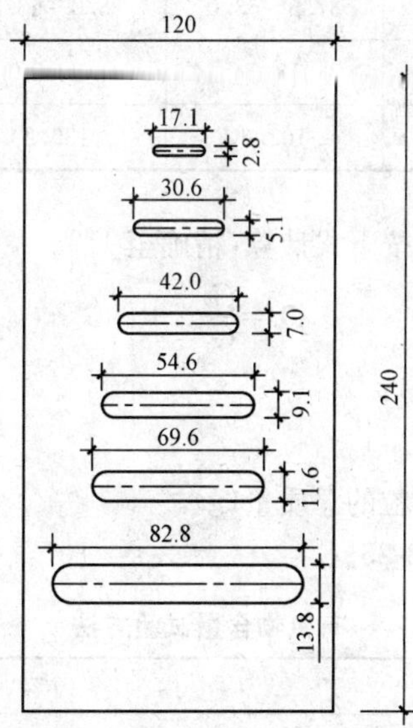

图3-3　片状规准仪(3mm钢板做基板)(mm)

②台秤:称量10kg,感量1g。

③方孔筛：孔径为4.75mm，9.50mm，16.0mm，19.0mm，26.5mm，31.5mm及37.5mm的筛各一个。

2)试验步骤。

①按规定取样，并将试样缩分至略大于表3-23规定的数量，烘干或风干后备用。

表3-23　针、片状颗粒含量试验所需试样数量

最大粒径/mm	9.5	16.0	19.0	26.5	31.5	37.5	63.0	75.0
最少试样质量/kg	0.3	1.0	2.0	3.0	5.0	10.0	10.0	10.0

②称取按表3-23规定数量的试样一份，精确到1g。然后按表3-24规定的粒级进行筛分。

表3-24　针、片状颗粒含量试验的粒级划分及其相应的规准仪孔宽或间距　mm

石子粒级	4.75～9.50	9.50～16.0	16.0～19.0	19.0～26.5	26.5～31.5	31.5～37.5
片状规准仪相对应孔宽	2.8	5.1	7.0	9.1	11.6	13.8
针状规准仪相对应间距	17.1	30.6	42.0	54.6	69.6	82.8

③按表3-24规定的粒级分别用规准仪逐粒检验。凡颗粒长度大于针状标准仪上相应间距者，为针状颗粒；颗粒厚度小于片状规准仪上相应孔宽者，为片状颗粒。称出其总质量，精确至1g。

④石子粒径大于37.5mm的碎石或卵石可用卡尺检验针片状颗粒，卡尺卡口的设定宽度应符合表3-25的规定。

表3-25　大于37.5mm颗粒针、片状颗粒含量试验的粒级划分及其相应的卡尺卡口设定宽度　mm

石子粒级	37.5～53.0	53.0～63.0	63.0～75.0	75.0～90.0
检验片状颗粒的卡尺卡口设定宽度	18.1	23.2	27.6	33.0
检验针状颗粒的卡尺卡口设定宽度	108.6	139.2	165.6	198.0

4)结果计算。针片状颗粒含量按下式计算，精确至1%。

$$Q_c=\frac{G_2}{G_1}\times 100$$

式中　Q_c——针、片状颗粒含量(%)；

G_1——试样的质量(g)；

G_2——试样中所含针片状颗粒的总质量(g)。

(7)有机物含量试验方法见表3-26。

表3-26　有机物含量试验方法

项　目	内　容
试剂和材料	(1)试剂：氢氧化钠、鞣酸、乙醇、蒸馏水； (2)标准溶液：取2g鞣酸溶解于98mL浓度为10%乙醇溶液中(无水乙醇10mL加蒸馏水90mL即得所需的鞣酸溶液)，然后取该溶液25mL注入975mL浓度为3%的氢氧化钠溶液中(3g氢氧化钠溶于100mL蒸馏水中)，加塞后剧烈摇动，静置24h即得标准溶液

（续）

项 目	内 容
仪器设备	(1)台秤：称量 10kg，感量 10g； (2)天平：称量 1kg，感量 1g 及称量 100g，感量 0.01g 各一台； (3)量筒：100mL 及 1000mL； (4)方孔筛：孔径为 19.0mm 的筛一只； (5)烧杯、玻璃棒、移液管等
试验步骤	(1)按规定取样，筛除大于 19.0mm 以上的颗粒，然后缩分至约 1.0kg，风干后备用。 (2)向 1000mL 容量筒中装入风干试样至 600mL 刻度处，然后注入浓度为 3%的氢氧化钠溶液至 800mL 刻度处，剧烈搅动后静置 24h。 (3)比较试样上部溶液和标准溶液的颜色，盛装标准溶液与盛装试样的容量筒大小应一致
结果评定	试样上部的溶液颜色浅于标准溶液颜色时，则表示试样有机物含量合格，若两种溶液的颜色接近，应把试样连同上部溶液一起倒入烧杯中，放在 60～70℃的水浴中，加热 2～3h，然后再与标准溶液比较，如浅于标准溶液，认为有机物含量合格；如深于标准溶液，则应配制成混凝土作进一步试验。即将一份原试样用 3%氢氧化钠溶液洗除有机质，再用清水淋洗干净，与另一份原试样分别按相同的配合比制成混凝土，测定 28d 的抗压强度。当原试样制成的混凝土强度不低于淘洗试样制成的混凝土强度的 95%时，则认为有机物含量合格

(8)硫化物和硫酸盐含量试验方法，见表 3-27。

表 3-27 硫化物和硫酸盐含量试验方法

项 目	内 容
试剂和材料	(1)浓度为 10%氯化钡溶液(将 5g 氯化钡溶于 50mL 蒸馏水中)； (2)稀盐酸(将浓盐酸与同体积的蒸馏水混合)； (3)1%硝酸银溶液(将 1g 硝酸银溶于 100mL 蒸馏水中，再加入 5～10mL 硝酸，存于棕色瓶中)。 (4)定量滤纸
仪器设备	(1)鼓风烘箱：能使温度控制在(105±5)℃； (2)台秤：称量 10kg，感量 10g； (3)天平：称量 1kg，感量为 1g 及称量 100g，感量为 0.01g 各一台； (4)高温炉：最高温度 1000℃； (5)方孔筛：孔径为 75μm 的筛一只； (6)烧杯：300mL； (7)量筒：20mL 及 100mL； (8)粉磨钵或破碎机； (9)干燥器、瓷坩埚、搪瓷盘、毛刷等

（续）

项　目	内　　容
试验步骤	(1)按规定取样，筛除大于37.5mm的颗粒，然后缩分至约1.0kg。风干后粉磨，筛除大于75μm的颗粒。将小于75μm的粉状试样再按四分法缩分至30～40g，放在烘箱中于(105±5)℃下烘干至恒量，待冷却至室温后备用。 (2)称取粉状试样1g，精确至0.001g。将粉状试样倒入300mL烧杯中，加入20～30mL蒸馏水及10mL稀盐酸，然后放在电炉上加热至微沸，并保持微沸5min，使试样充分分解后取下，用中速滤纸过滤，用温水洗涤10～12次。 (3)加入蒸馏水调整滤液体积至200mL，煮沸后，搅拌滴加10mL浓度为10%的氯化钡溶液，并将溶液煮沸数分钟，取下静置至少4h(此时溶液体积应保持在200mL)，用慢速滤纸过滤，用温水洗涤至氯离子反应消失(用1%硝酸银溶液检验)。 (4)将沉淀物及滤纸一并移入已恒量的瓷坩埚内，灰化后在800℃高温炉内灼烧30min。取出瓷坩埚，在干燥器中冷却至室温后，称出试样质量，精确至0.001g。如此反复灼烧，直至恒量
结果计算	(1)水溶性硫化物和硫酸盐含量(以SO_3)计，按下式计算，精确至0.1%： $$Q_d=\frac{G_2\times 0.343}{G_1}\times 100$$ 式中　Q_d——水溶性硫化物和硫酸盐含量(%)； G_1——粉磨试样质量(g)； G_2——灼烧后沉淀物的质量(g)； 0.343——硫酸钡($BaSO_4$)换算成SO_3的系数。 (2)硫化物和硫酸盐含量取两次试验结果的算术平均值作为测定值。若两次试验结果之差大于0.2%时，须重新试验

(9)材料坚固性试验方法，见表3-28。

表3-28　坚固性试验方法

项　目	内　　容
试剂和材料	(1)10%氯化钡溶液； (2)硫酸钠溶液：在1L水中(水温30℃左右)，加入无水硫酸钠(Na_2SO_4)350g，或结晶硫酸钠($Na_2SO_4\cdot H_2O$)750g，边加入边用玻璃棒搅拌，使其溶解并饱和。然后冷却至20～25℃，在此温度下静置48h，即为试验溶液，其密度应为1.151～1.174g/cm^3
仪器设备	(1)鼓风烘箱：能使温度控制在(105±5)℃； (2)台秤：称量10kg，感量10g； (3)天平：称量1kg，感量1g； (4)三脚网篮：用金属丝制成，网篮直径为100mm，高为150mm，网的孔径为2～3mm； (5)方孔筛：同仪器设备要求； (6)容器：瓷缸，容积不小于50L； (7)密度计； (8)玻璃棒、搪瓷盘、毛刷等

（续）

项目	内容
试验步骤	(1)按规定取样，并将试样缩分至可满足表3-29规定的数量，用水淋洗干净，放在烘箱中于(105±5)℃下烘干至恒量，待冷却至室温后，筛除小于4.75mm的颗粒，然后按颗粒级配规定进行筛分后备用。 (2)按表3-29规定数量称取的试样，精确至1g，将不同粒级的试样分别装入网篮，并浸入盛有硫酸钠溶液的容器中，溶液的体积应不小于试样总体积的5倍。网篮浸入溶液时，应上下升降25次，以排除试样的气泡，然后静置于该容器中，网篮底面应距离容器底面约30mm，网篮之间距离应不小于30mm，液面至少高于试样表面30mm，溶液温度应保持在20～25℃。 (3)浸泡20h后，把装试样的网篮从溶液中取出，放在烘箱中于(105±5)℃烘4h，至此，完成了第一次试验循环，待试样冷却至20～25℃后，再按上述方法进行第二次循环。从第二次循环开始，浸泡与烘干时间均为4h，共循环5次。 (4)最后一次循环后，用清洁的温水淋洗试样，直至淋洗试样后的水加入少量氯化钡溶液不出现白色浑浊为止，洗过的试样放在烘箱中于(105±5)℃下烘干至恒量。待冷却至室温后，用孔径为试样粒级下限的筛过筛，称出各粒级试样试验后的筛余量，精确至0.1g
结果计算	(1)各粒级试样质量损失百分率按下式计算，精确至0.1%： $$P_i=\frac{G_1-G_2}{G_1}\times100$$ 式中 P_i——各粒级试样质量损失百分率(%)； G_1——各粒级试样试验前的质量(g)； G_2——各粒级试样试验后的筛余量(g)。 (2)试样的总质量损失百分率按下式计算，精确至1%： $$P=\frac{\partial_1P_1+\partial_2P_2+\partial_3P_3+\partial_4P_4+\partial_5P_5}{\partial_1+\partial_2+\partial_3+\partial_4+\partial_5}$$ 式中 P——试样的总质量损失率(%)； ∂_1、∂_2、∂_3、∂_4、∂_5——分别为各粒级质量占试样(原试样中筛除了小于4.75mm颗粒)总质量的百分率(%)； P_1、P_2、P_3、P_4、P_5——分别为各粒级试样质量损失百分率(%)

表3-29　坚固性试验所需的试样数量

石子粒级/mm	4.75～9.50	9.50～19.0	19.0～37.5	37.5～63.0	63.0～75.0
试样量/g	500	1000	1500	3000	3000

(10)岩石抗压强度。岩石抗压强度试验方法见表3-30。

表3-30　岩石抗压强度试验方法　MPa

项目	内容
仪器设备	(1)压力试验机：量程1000kN；示值相对误差2%； (2)钻石机或锯石机； (3)岩石磨光机； (4)游标卡尺和角尺等

（续）

<table>
<tr><th>项　目</th><th>内　容</th></tr>
<tr><td>试件</td><td>(1)立方体试件尺寸：50mm×50mm×50mm；
(2)圆柱体试件尺寸：ϕ50mm×50mm；
(3)试件与压力机压头接触的两个面要磨光并保持平行，6个试件为一组。对有明显层理的岩石，应制作两组，一组保持层理与受力方向平行，另一组保持层理与受力方面垂直，分别测试</td></tr>
<tr><td>试验步骤</td><td>(1)用游标卡尺测定试件尺寸，精确至0.1mm，并计算顶面和底面的面积。取顶面和底面的算术平均值作为计算抗压强度所用的截面积。将试件浸没于水中浸泡48h。
(2)从水中取出试件，擦干表面，放在压力机上进行强度试验，加荷速度为0.5～1MPa/s</td></tr>
<tr><td>结果计算与评定</td><td>(1)试件抗压强度按下式计算，精确至0.1MPa：
$$R=\frac{F}{A}$$
式中　R——抗压强度(MPa)；
F——破坏荷载(N)；
A——试件的截面积(mm^2)。
(2)岩石抗压强度取6个试件试验结果的算术平均值，并给出最小值，精确至1MPa。
(3)对存在明显层理的岩石，应分别给出受力方向平行层理的岩石抗压强度与受力方向垂直层理的岩石抗压强度。
注：仲裁检验时，以ϕ50mm×50mm圆柱体试件的抗压强度为准</td></tr>
</table>

(11)压碎指标值试验方法，见表3-31。

表3-31　压碎指标值试验方法

<table>
<tr><th>项　目</th><th>内　容</th></tr>
<tr><td>仪器设备</td><td>(1)压力试验机：量程300kN，示值相对误差2%；
(2)台秤：称量10kg，感量10g；
(3)天平：称量1kg，感量1g；
(4)受压试模(压碎值测定仪，见图3-4)；
(5)方孔筛：孔径分别为2.36mm、9.50mm及19.0mm的筛各一只；
(6)垫棒：ϕ10mm，长500mm圆钢</td></tr>
<tr><td>试验步骤</td><td>(1)按规定取样，风干后筛除大于19.0mm及小于9.50mm的颗粒，并去除针片状颗粒，分为大致相等的三份备用。
(2)称取试样3000g，精确至1g。将试样分两层装入圆模(置于底盘上)内，每装完一层试样后，在底盘下面垫放一直径为10mm的圆钢，将筒按住，左右交替颠击地面各25次，两层颠实后，平整模内试样表面，盖上压头。
注1. 当试样中粒径在9.50～19.0mm之间的颗粒不足时，允许将粒径大于19.0mm的颗粒破碎成粒径在9.50～19.0mm之间的颗粒用作压碎指标试验。
2. 当圆模装不下3000g试样时，以装至距圆模上口10mm为准。
(3)把装有试样的模子置于压力机上，开动压力试验机，按1kN/s速度均匀加荷至200kN并稳荷5s。然后卸荷。取下加压头，倒出试样，用孔径2.36mm的筛筛除被压碎的细粒，称出留在筛上的试样质量，精确至1g</td></tr>
</table>

（续）

项目	内容
结果计算与评定	(1)压碎指标值按下式计算,精确至 0.1%: $$Q_e=\frac{G_1-G_2}{G_1}\times 100$$ 式中 Q_e——压碎指标值(%); G_1——试样的质量(g); G_2——压碎试验后筛余的试样质量(g)。 (2)压碎指标值取三次试验结果的算术平均值作为测定值

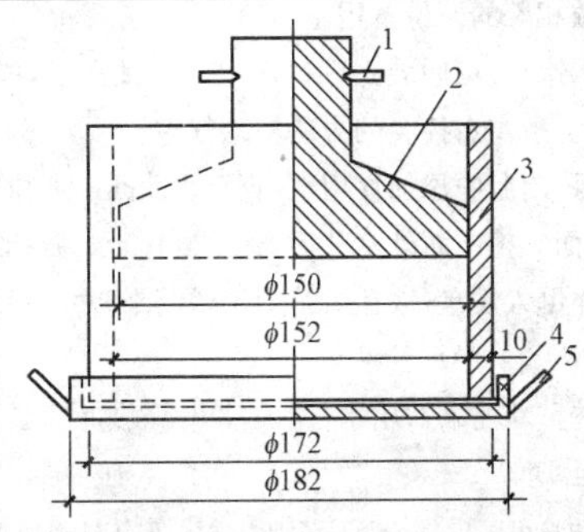

图 3-4 压碎值测定仪

1—把手;2—加压头;3—圆模;4—底盘;5—手把

(12)表观密度试验方法,见表 3-32。

表 3-32 表观密度试验方法

项目		内容
液体比重天平法	仪器设备	(1)鼓风烘箱:能使温度控制在(105±5)℃; (2)台秤:称量 5kg,感量 5g;其型号及尺寸应能允许在臂上悬挂盛试样的吊篮,并能将吊篮放在水中称量; (3)吊篮:直径和高度均为 150mm,由孔径为 1～2mm 的筛网或钻有 2～3mm 孔洞的耐锈蚀金属板制成; (4)方孔筛:孔径为 4.75mm 的筛一只; (5)盛水容器:有溢流孔; (6)温度计,搪瓷盘,毛巾等
	试验步骤	(1)按规定取样,并缩分至略大于表 3-33 规定的数量,风干后筛除小于 4.75mm 的颗粒,然后洗刷干净,分为大致相等的两份备用。 (2)取试样一份装入吊篮,并浸入盛水的容器中,液面至少高出试样表面 50mm。浸水 24h 后,移放到称量用的盛水容器中,并用上下升降吊篮的方法排气泡(试样不得露出水面)。吊篮每升降一次约 1s,升降高度为 30～50mm。 (3)测定水温后(此时吊篮应全浸在水中),准确称出吊篮及试样在水中的质量,精确至 5g。称量时盛水容器中水面的高度由容器的溢流孔控制。 (4)提起吊篮,将试样倒入浅盘,放在烘箱中于(105±5)℃下烘干至恒量,待冷却至室温后,称出其质量,精确至 5g。 (5)称出吊篮在同样温度得水中的质量,精确至 5g。称量时盛水容器的水面高度仍由溢流孔控制。 注:试验时各项称量可以在 15～25℃范围内进行,但从试样加水静止的 2h 起至试验结束,其温度变化不应超过 2℃

（续）

项目		内容
广口瓶法	仪器设备	(1)鼓风烘箱：能使温度控制在(105±5)℃； (2)天平：称量 2kg，感量 1g； (3)广口瓶：1000mL，磨口，带玻璃片； (4)方孔筛：孔径为 4.75mm 的筛一只； (5)温度计、搪瓷盘、毛巾等
	试验步骤	(1)按规定取样，并缩分至略大于表 3-33 规定的数量，风干后筛除小于 4.75mm 的颗粒，然后洗刷干净，分为大致相等的两份备用。 (2)将试样浸水饱和，然后装入广口瓶中。装试样时，广口瓶应倾斜放置，注入饮用水，用玻璃片覆盖瓶口。以上下左右摇晃的方法排除气泡。 (3)气泡排尽后，向瓶中添加饮用水，直至水面凸出瓶口边缘。然后用玻璃片沿瓶口迅速滑行，使其紧贴瓶口水面。擦干瓶外水分后，称出试样、水、瓶和玻璃片总质量，精确至 1g。 (4)将瓶中试样倒入浅盘，放在烘箱中于(105±5)℃下烘干至恒量，待冷却至室温后，称出其质量，精确至 1g。 (5)将瓶洗净并重新注入饮用水，用玻璃片紧贴瓶口水面，擦干瓶外水分后，称出水、瓶和玻璃片总质量，精确至 1g。 注：试验时各项称量可以在 15～25℃范围内进行，但从试样加水静止的 2h 起至试验结束，其温度变化不应超过 2℃
结果计算与评定		(1)表观密度按下式计算，精确至 10kg/m³： $\rho_0=\left(\frac{G_0}{G_0+G_2-G_1}\right)\times\rho_{水}$ 式中 ρ_0——表观密度(kg/m³)； G_0——烘干后试样的质量(g)； G_1——试样、水、瓶和玻璃片的总质量(g)； G_2——水、瓶、和玻璃片的总质量(g)； $\rho_{水}$——1000kg/m³。 (2)表观密度取两次试验结果的算术平均值，两次试验结果之差大于 20kg/m³，须重新试验。对颗粒材质不均匀的试样，如两次试验结果之差超过 20kg/m³，可取四次试验结果的算术平均值

表 3-33　表观密度试验所需试样数量

最大粒径/mm	小于 26.5	31.5	37.5	63.0	75.0
最少试样质量/kg	2.0	3.0	4.0	6.0	6.0

(13)体积密度与空隙度试验方法，见表 3-34。

表 3-34　体积密度与空隙度试验方法

项目	内容
仪器设备	(1)台秤：称量 10kg，感量 10g； (2)磅称：称量 50kg 或 100kg，感量 50g； (3)容量筒：容量筒规格见表 3-35； (4)垫棒：直径 16mm，长 600mm 的圆钢； (5)直尺，小铲等

（续）

项 目	内 容
试验步骤	(1)按规定取样，烘干或风干后，拌匀并把试样分为大致相等两份备用。 (2)松散堆积密度。取试样一份，用小铲将试样从容量筒口中心上方50mm处徐徐倒入，让试样以自由落体落下，当容量筒上部试样呈堆体，且容量筒四周溢满时，即停止加料。除去凸出容量口表面的颗粒，并以合适的颗粒填入凹陷部分，使表面稍凸起部分和凹陷部分的体积大致相等（试验过程应防止触动容量筒），称出试样和容量筒总质量。 (3)紧密堆积密度。取试样一份分为三次装入容量筒。装完第一层后，在筒底垫放一根直径为16mm的圆钢，将筒按住，左右交替颠击地面各25次，再装入第二层，第二层装满后用同样方法颠实（但筒底所垫钢筋的方向与第一层时的方向垂直），然后装入第三层，如法颠实。试样装填完毕，再加试样直至超过筒口，用钢尺沿筒口边缘刮去高出的试样，并用适合的颗粒填平凹处，使表面稍凸起部分与凹陷部分的体积大致相等。称取试样和容量筒的总质量，精确至10g
结果计算与评定	(1)松散或紧密堆积密度按下式计算，精确至$10kg/m^3$： $$\rho_1=\frac{G_1-G_2}{V}$$ 式中 ρ_1——松散堆积密度或紧密堆积密度(kg/m^3)； G_1——容量筒和试样的总质量(g)； G_2——容量筒质量(g)； V——容量筒的容积(L)。 (2)空隙率按下式计算，精确至1%： $$V_0=\left(1-\frac{\rho_1}{\rho_2}\right)\times 100$$ 式中 V_0——空隙率(%)； ρ_1——按上述"1)"中公式计算的松散(或紧密)堆积密度(kg/m^3)； ρ_2——按表3-32公式计算的表观密度(kg/m^3)。 (3)堆积密度取两次试验结果的算术平均值，精确至$10kg/m^3$。空隙率取两次试验结果的算术平均值，精确至1%
容量筒的校准方法	将温度为(20±2)℃的饮用水装满容量筒，用一玻璃板沿筒口推移，使其紧贴水面。擦干筒外壁水分，然后称出其质量，精确至10g。容量筒容积按下式计算，精确至1mL： $$V=G_1-G_2$$ 式中 V——容量筒容积(mL)； G_1——容量筒、玻璃板和水的总质量(g)； G_2——容量筒和玻璃板质量(g)

表3-35　容量筒的规格要求

最大粒径/mm	容量筒容积/L	容量筒规格		
		内径/mm	净高/mm	壁厚/mm
9.5,16.0,19.0,26.5	10	208	294	2
31.5,37.5	20	294	294	3
53.0,63.0,75.0	30	360	294	4

(14)碱集料反应。在碱集料反应试验前，应先用岩相法鉴定岩石种类及所含的活性矿物种类。

1)碱-硅酸反应试验，见表3-8。

2)快速碱-硅反应试验见表 3-10。

3)碱-碳酸盐反应试验,见表 3-36。

表 3-36　　碱-碳酸盐反应试验

项　目	内　　容
适用范围	适用于检验碳酸盐类集料与混凝土中的碱发生潜在碱-碳酸盐反应的危害性。不适用于硅质集料
试剂和材料	(1)氢氧化钠:化学纯; (2)氢氧化钠溶液 $c(NaOH)=1mol/L$:将$(40\pm1)g$ NaOH 溶解于 1L 蒸馏水中; (3)蒸馏水
仪器设备	(1)圆筒钻机(ϕ9mm); (2)测长仪:量程 25～50mm,精度 0.01mm; (3)养护瓶:由耐碱材料制成,能盖严以避免溶液变质; (4)锯石机、磨片机
试验步骤	(1)将一块岩石按其层理方向水平放置(如岩石层理不清,可任意放置),再按三个相互垂直的方向钻切三个岩石圆柱体[$\phi(9\pm1)$mm,长(35 ± 5)mm]试件,试件两端面应磨光,互相平行且垂直于圆柱体主轴,并保持干净显露岩面本色。 (2)试件编号后,放入盛有蒸馏水的养护瓶中,置于(20±2)℃的恒温室内,每隔 24h 取出擦干表面,进行测长,直到前后两次测得的长度变化率之差≤0.02 为止,以最后一次测得的长度为基准长度。 (3)再将试件浸入盛有 1mol/L 氢氧化钠溶液的养护瓶中,液面高出岩石柱不少于 10mm,且每个试件的平均需液量应不少于 50mL,同一容器中不得浸泡不同品种的试件。盖严养护瓶,置于(20±2)℃的恒温室内。溶液每六个月更换一次。 (4)将试件从氢氧化钠溶液中取出,用蒸馏水洗净,擦干表面,在(20±2)℃恒温室内测长,测定的周期为 7d、14d、21d、28d、56d、84d,如有需要,以后可每 4 周测长一次,一年后,每 12 周测长一次。注意观察在碱液浸泡过程中,试件的分裂,弯曲,断裂等变化,并及时记录
结果计算与评定	(1)膨胀率按下式计算,精确至 0.001%。 $$\sum t=\frac{L_t-L_0}{L_0-2\Delta}\times100\%$$ 式中　$\sum_t$——试件在 t 天龄期的膨胀率(%); L_t——试件在 t 天龄期的长度(mm); L_0——试件的基准长度(mm); Δ——膨胀端头的长度(mm)。 (2)同块岩石所取的试件,取膨胀率最大的一个测值作为岩样的膨胀率。 (3)结果判定:试件浸泡 84d 的膨胀率,如超过 0.01%,则判定该岩石样品具有潜在碱-碳酸盐反应危害

4. 检验规则

(1)检验分类。

1)出厂检验。卵石和碎石的出厂检验项目为:颗粒级配、含泥量、泥块含量、针片状含量。

2)型式检验。卵石和碎石的型式检验项目为上述“2.(1)～(6)”所规定的所有要求,碱集料反应根据需要进行。

有下列情况之一时,应进行型式检验:

①新产品投产和老产品转产时;

②原料资源或生产工艺发生变化时;

③正常生产时，每年进行一次；

④国家质量监督机构要求检验时。

(2)组批规则。按同品种、规格、适用等级及日产量每600t为一批，不足600t亦为一批，日产量超过2000t，按1000t为一批，不足1000t亦为一批。日产量超过5000t，按2000t为一批，不足2000t亦为一批。

(3)判定规则。

1)检验(含复检)后，各项性能指标都符合规范的相应类别规定时，可判为该产品合格。

2)上述"2.(1)～(6)"中若有一项性能指标不符合要求时，则应从同一批产品中加倍取样，对不符合标准要求的项目进行复检。复检后，该项指标符合要求时，可判该类产品合格，仍然不符合要求时，则该批产品判为不合格。

5. 标志、储存和运输

(1)卵石、碎石出厂时，供需双方在厂内验收产品，生产厂应提供产品质量合格证书，其内容包括：

1)类别、规格和生产厂名；

2)批量编号及供货数量；

3)检验结果、日期及执行标准编号；

4)合格证编号及发放日期；

5)检验部门及检验人员签章。

(2)卵石、碎石应按类别、规格分别堆放和运输，防止人为碾压及污染产品。

(3)运输时，应认真清扫车船等运输设备并采取措施防止杂物混入和粉尘飞扬。

三、混凝土外加剂(GB 8076—2008)

1. 定义及特点

混凝土外加剂是混凝土工艺学的一项新技术，由于混凝土外加剂应用广泛，目前已被称为混凝土的第五组成材料，其特点是品种多、掺量小。

2. 代号

采用以下代号表示下列各种外加剂的类型：

早强型高性能减水剂：HPWR-A；

标准型高性能减水剂：HPWR-S；

缓凝型高性能减水剂：HPWR-R；

标准型高效减水剂：HWR-S；

缓凝型高效减水剂：HWR-R；

早强型普通减水剂：WR-A；

标准型普通减水剂：WR-S；

缓凝型普通减水剂：WR-R；

引气减水剂：AEWR；

泵送剂：PA；

早强剂：Ac；

缓凝剂：Re；

引气剂：AE。

3. 技术要求

(1)受检混凝土性能指标。

掺外加剂混凝土性能应符合表3-37的要求。

表 3-37 受检混凝土性能标准

项目		外加剂品种												
		高性能减水剂 HPWR			高效减水剂 HWR		普通减水剂 WR			引气减水剂 AEWR	泵送剂 PA	早强剂 Ac	缓凝剂 Re	引气剂 AE
		早强型 HPWR-A	标准型 HPWR-S	缓凝型 HPWR-S	标准型 HWR-S	缓凝型 HPWR-S	早强型 HPWR-A	标准型 HPWR-S	缓凝型 HPWR-S					
减水率(%)，≥		25	25	25	14	14	8	8	8	10	12	—	—	6
泌水率比(%)，≤		50	60	70	90	100	95	100	100	70	70	100	100	70
含气量(%)		≤6.0	≤6.0	≤6.0	≤3.0	≤4.5	≤4.0	≤4.0	≤5.5	≤3.0	≤5.5	—	—	≥3.0
凝结时间之差/min	初凝	−90～+90	−90～+120	＞+90	−90～+120	＞+90	−90～+90	−90～+120	＞+90	−90～+120	—	−90～+90	＞+90	−90～+120
	终凝			—		—			—			—	—	
1h 经时变化量	坍落度/mm	—	≤80	≤60	—	—	—	—	—	—	≤80	—	—	—
	含气量(%)	—	—	—						−1.5～+1.5	—			−1.5～+1.5
抗压强度比(%)，≥	1d	180	170	—	140	—	135	—	—	—	—	135	—	—
	3d	170	160	—	130	—	130	115	—	115	—	130	—	95
	7d	145	150	140	125	128	110	115	110	110	115	110	100	95
	28d	130	140	130	120	120	100	110	110	110	110	100	100	90
收缩率比(%)，≤	28d	110	110	110	135	135	135	135	135	135	135	135	135	135
相对耐久性(200 次)(%)，≥		—	—	—	—	—	—	—	—	80	—	—	—	80

注：1. 表中抗压强度比、收缩率比、相对耐久性为强制性指标，其余为推荐性指标。
2. 除含气量和相对耐久性外，一月中所列数据为掺外加剂混凝土与基准混凝土的差值或比值；
3. 凝结时间之差性能指标中的“－”号表示提前，“＋”号表示延缓。
4. 相对耐久性(200 次)性能指标中的“≥80”表示将 28d 龄期的受检混凝土试件快速冻融循环 200 次后，动弹性模量保留值≥80%。
5. 1h 含气量经时变化量指标中的“－”号表示含气量朝增加，“＋”号表示含气量减少。
6. 其他品种的外加剂是否需要测定相对耐久性指标，由供、需双方协商确定。
7. 当用户对泵送剂等产品有特殊要求时，需要进行的补充试验项目、试验方法及指标，由供需双方协商决定。

(2)匀质性指标。匀质性指标应符合表 3-38 的要求。

表 3-38　匀质性指标

项　　目	指　　标
氯离子含量(%)	不超过生产厂控制值
总碱量(%)	不超过生产厂控制值
含固量(%)	$S>25\%$时,应控制在 $0.95S\sim1.05S$; $S\leqslant25\%$时,应控制在 $0.90S\sim1.10S$
含水率(%)	$W>25\%$时,应控制在 $0.95W\sim1.10W$; $W\leqslant5\%$时,应控制在 $0.80W\sim1.20W$
密度/(g/cm³)	$D>1.1$ 时,应控制在 $D\pm0.03$; $D\leqslant1.1$ 时,应控制在 $D\pm0.02$
细　　度	应在生产厂控制范围内
pH 值	应在生产厂控制范围内
硫酸钠含量(%)	不超过生产厂控制值

注:1. 生产厂应在相关的技术资料中标明产品匀质性指标的控制值。

2. 对相同和不同批次之间的匀质性和等效性的其他要求,可由供需双方商定。

3. 表中的 S、W、和 D 分别为含固量、含水率和密度的生产厂控制值。

4. 试验方法

(1)材料。

1)采用《混凝土外加剂》(GB 8076—2008)附录 A 规定的水泥。

2)砂。符合《建筑用砂》(GB/T 14684)中Ⅱ区要求的中砂,但细度模数为 2.6～2.9,含泥量小于1%。

3)石子。符合《建筑用卵石、碎石》(GB/T 14685)要求的公称粒径为 5～20mm 的碎石或卵石,采用二级配,其中 5～10mm 占 40%,10～20mm 占 60%,满足连续级配要求,针片状物质含量小于10%,空隙率小于 47%,含泥量小于 0.5%。如有争议,以碎石结果为准。

4)水。符合《混凝土用水标准》(JGJ 63)混凝土拌合用水的要求。

5)外加剂。需要检测的外加剂。

(2)配合比。基准混凝土配合比按《普通混凝土配合比设计规程》(JGJ 55)进行设计。掺非引气型外加剂的受检混凝土和其对应的基准混凝土的水泥、砂、石的比例相同。配合比设计应符合以下规定:

1)水泥用量:掺高性能减水剂或泵送剂的基准混凝土和受检混凝土的单位水泥用量为 360kg/m³;掺其他外加剂的基准混凝土和受检混凝土单位水泥用量为 330kg/m³。

2)砂率:掺高性能减水剂或泵送剂的基准混凝土和受检混凝土的砂率均为 43%～47%;掺其他外加剂的基准混凝土和受检混凝土的砂率为 36%～40%;但掺引气减水剂或引气剂的受检混凝土的砂率应比基准混凝土的砂率低 1%～3%。

3)外加剂掺量:按生产厂家指定掺量。

4)用水量:掺高性能减水剂或泵送剂的基准混凝土和受检混凝土的坍落度控制在(210±10)mm,用水量为坍落度在(210+10)mm 时的最小用水量;掺其他外加剂的基准混凝土和受检混凝土的坍落度控制在(80±10)mm。

用水量包括液体外加剂、砂、石材料中所含的水量。

(3)混凝土搅拌。采用符合《混凝土试验用搅拌机》(JG 244)要求的公称容量为 60L 的单卧轴式强制搅拌机。搅拌机的拌合量应不少于 20L,不宜大于 45L。

外加剂为粉状时,将水泥、砂、石、外加剂一次投入搅拌机,干拌均匀,再加入拌合水,一起搅拌 2min。外加剂为液体时,将水泥、砂、石一次投入搅拌机,干拌均匀,再加入掺有外加剂的拌合水一起搅拌 2min。

出料后,在铁板上用人工翻拌至均匀,再行试验。各种混凝土试验材料及环境温度均应保持在(20±3)℃。

(4)试件制作及试验所需试件数量。

1)试件制作。混凝土试件制作及养护按《普通混凝土拌合物性能试验方法标准》(GB/T 50080)进行,但混凝土预养温度为(20±3)℃。

2)试验项目及数量。试验项目及所需数量见表 3-39。

表 3-39　　试验项目及所需数量

<table>
<tr><th colspan="2" rowspan="2">项　目</th><th rowspan="2">外加剂类别</th><th rowspan="2">试验类别</th><th colspan="4">试验所需数量</th></tr>
<tr><th>混凝土拌合批数</th><th>每批取样数目</th><th>基准混凝土总取样数目</th><th>受检混凝土总取样数目</th></tr>
<tr><td colspan="2">减水率</td><td>除早强剂、缓凝剂外的各种外加剂</td><td rowspan="6">混凝土拌合物</td><td>3</td><td>1次</td><td>3次</td><td>3次</td></tr>
<tr><td colspan="2">泌水率比</td><td rowspan="3">各种外加剂</td><td>3</td><td>1个</td><td>3个</td><td>3个</td></tr>
<tr><td colspan="2">含气量</td><td>3</td><td>1个</td><td>3个</td><td>3个</td></tr>
<tr><td colspan="2">凝结时间差</td><td>3</td><td>1个</td><td>3个</td><td>3个</td></tr>
<tr><td rowspan="2">1h经时变化量</td><td>坍落度</td><td>高性能减水剂、泵送剂</td><td>3</td><td>1个</td><td>3个</td><td>3个</td></tr>
<tr><td>含气量</td><td>引气剂、引气减水剂</td><td>3</td><td>1个</td><td>3个</td><td>3个</td></tr>
<tr><td colspan="2">抗压强度比</td><td rowspan="2">各种外加剂</td><td rowspan="2">硬化混凝土</td><td>3</td><td>6、9或12块</td><td>18、27或36块</td><td>18、27或36块</td></tr>
<tr><td colspan="2">收缩率比</td><td>3</td><td>1条</td><td>3条</td><td>3条</td></tr>
<tr><td colspan="2">相对耐久性</td><td>引气减水剂、引气剂</td><td>硬化混凝土</td><td>3</td><td>1条</td><td>3条</td><td>3条</td></tr>
</table>

注:1. 试验时,检验同一种外加剂的三批混凝土的制作宜在开始试验一周内的不同日期完成。对比的基准混凝土和受检混凝土应同时成型。

2. 试验龄期参考表 3-37 试验项目栏。

3. 试验前后应仔细观察试样,对有明显缺陷的试样和试验结果都应舍去。

5. 检验规则

(1)取样及批号。

1)点样和混合样。点样是在一次生产产品时所取得的一个试样。混合样是三个或更多的点样等量均匀混合而取得的试样。

2)批号。生产厂应根据产量和生产设备条件,将产品分批编号。掺量大于 1%(含 1%)同品种的外加剂每一批号为 100t,掺量小于 1%的外加剂每一批号为 50t。不足 100t 或 50t 的也应按一个批量计,同一批号的产品必须混合均匀。

3)取样数量。每一批号取样量不少于 0.2t 水泥所需用的外加剂量。

(2)试样及留样。每一批号取样应充分混匀,分为两等份,其中一份按表 3-37 和表 3-38 规定的项目进行试验，另一份密封保存半年，以备有疑问时，提交国家指定的检验机关进行复验或仲裁。

(3)检验分类。

1)出厂检验。每批号外加剂的出厂检验项目，根据其品种不同按表 3-40 规定的项目进行检验。

表 3-40　　外加剂测定项目

测定项目	外加剂品种													备注
	高性能减水剂 HPWR			高效减水剂 HWR		普通减水剂 WR			引气减水剂 AEWR	泵送剂 PA	早强剂 Ac	缓凝剂 Re	引气剂 AE	
	早强型 HPWR-A	标准型 HPWR-S	缓凝型 HPWR-R	标准型 HPWR-S	缓凝型 HWR-R	早强型 WR-A	标准型 WR-S	缓凝型 WR-R						
含固量														液体外加剂必测
含水率														粉状外加剂必测
密度														液体外加剂必测
细度														粉状外加剂必测
pH 值	√	√	√	√	√	√	√		√	√	√	√	√	
氯离子含量	√	√	√	√	√	√	√	√	√	√	√	√	√	每 3 个月至少一次
硫酸钠含量				√	√	√			√					每 3 个月至少一次
总碱量	√	√	√	√	√	√	√	√	√	√	√	√	√	每年至少一次

2)型式检验。型式检验项目包括全部性能指标。有下列情况之一者,应进行型式检验:

①新产品或老产品转厂生产的试制定型鉴定;

②正式生产后,如材料、工艺有较大改变,可能影响产品性能时;

③正常生产时,每年至少进行一次检验;

④产品长期停产后,恢复生产时;

⑤出厂检验结果与上次型式检验结果有较大差异时;

⑥国家质量监督机构提出进行型式试验要求时。

(4)判定规则。

1)出厂检验判定。型式检验报告在有效期内,且出厂检验结果符合表3-38的要求,可判定为该批产品检验合格。

2)型式检验判定。产品经检验,匀质性检验结果符合表3-38的要求;各种类型外加剂受检混凝土性能指标中,高性能减水剂及泵送剂的减水率和坍落度的经时变化量,其他减水剂的减水率、缓凝型外加剂的凝结时间差、引气型外加剂的含气量及其经时变化量、硬化混凝土的各项性能符合表3-37的要求,则判定该批号外加剂合格。如不符合上述要求时,则判该批号外加剂不合格。其余项目可作为参考指标。

(5)复验。复验以封存样进行。如使用单位要求现场取样,应事先在供货合同中规定,并在生产和使用单位人员在场的情况下于现场取混合样,复验按照型式检验项目检验。

6. 包装与贮存

(1)包装。粉状外加剂可采用有塑料袋衬里的编织袋包装;液体外加剂可采用塑料桶、金属桶包装。包装净质量误差不超过1%。液体外加剂也可采用槽车散装。

所有包装容器上均应在明显位置注明以下内容:产品名称及类型、代号、执行标准、商标、净质量或体积、生产厂名及有效期限。生产日期和产品批号应在产品合格证上予以说明。

(2)贮存。外加剂应存放在专用仓库或固定的场所妥善保管,以易于识别,便于检查和提货为原则。搬运时应轻拿轻放,防止破损,运输时避免受潮。

四、混凝土配合比设计

1. 普通混凝土配合比设计

(1)设计原则。

1)满足结构设计和施工进度所要求的混凝土强度等级。

2)保证混凝土拌合物具有良好的和易性,以满足施工条件的要求。

3)保证混凝土具有良好的耐久性,满足抗冻、抗渗、抗腐蚀等要求,从而使混凝土达到经久耐用的使用目的。

4)在保证上述质量和施工方便的前提下,尽量节约水泥,合理使用原材料,从而降低工程成本,取得良好的经济效益。

(2)配制强度的确定。配制强度按下式计算:

$$f_{cu,0} \geq f_{cu,k} + 1.645\sigma$$

式中 $f_{cu,0}$——混凝土配制强度(MPa);

$f_{cu,k}$——混凝土立方体抗压强度标准值(MPa)。

1）当施工单位具有近期的同一品种混凝土强度资料时，其混凝土强度标准差σ应按下式计算。

$$\sigma=\sqrt{\frac{\sum_{i=1}^{N}f_{cu,i}^{2}-N\mu^{2}}{N-1}}$$

式中　$f_{cu,i}$——统计周期内同一品种混凝土第i组试件的强度值（MPa）；

f_{cu}——统计周期内同一品种混凝土N组强度的平均值（MPa）；

N——统计周期内同一品种混凝土试件的总组数，$N\geqslant25$。

同一品种混凝土，系指混凝土强度等级相同且生产工艺和配合比基本相同的混凝土。

预拌混凝土厂和预制混凝土构件厂，统计周期取1个月；现场拌制混凝土的施工单位，统计周期可根据实际情况确定，但不宜超过3个月。

当混凝土强度等级为C20或C25时，如计算得到的$\sigma<2.5$MPa，取$\sigma=2.5$MPa；当混凝土强度等级高于C25时，如计算得到的$\sigma<3.0$MPa，取$\sigma=3.0$MPa。

2）当施工单位不具有近期的同一品种混凝土强度资料时，其混凝土强度标准差σ可参考表3-41取用。

表3-41　　混凝土强度标准差

混凝土强度等级	低于C20	C20～C35	高于C35
σ(MPa)	4.0	5.0	6.0

当遇有下列情况时应提高混凝土配制强度：

①现场条件与试验室条件有显著差异时。

②C30级及其以上强度等级的混凝土，采用非统计方法评定时。

（3）水灰比计算。当混凝土强度等级小于C60时，以混凝土配制强度$f_{cu,0}$、水泥实测强度和集料种类，按下式计算水灰比。

$$W/C=\frac{\alpha_a f_{ce}}{f_{cu,0}+\alpha_a\alpha_b f_{ce}}$$

式中　α_a、α_b——回归系数，可按表3-42采用；

f_{ce}——水泥28d抗压强度实测值，MPa。

表3-42　　回归系数

系数＼石子品种	碎　石	卵　石
α_a	0.46	0.48
α_b	0.07	0.33

当无水泥28d抗压强度实测值时，f_{ce}值可按下式确定。

$$f_{ce}=\gamma_c f_{ce,g}$$

式中　γ_c——水泥强度等级值的富余系数，可按实际统计资料确定；

$f_{ce,g}$——水泥强度等级值（MPa）；

f_{ce}值也可根据3d强度或快测强度推定28d强度关系式推定。

当进行混凝土配合比设计时，混凝土的最大水灰比和最小水泥用量，应符合表3-43的规定。如计算所得的水灰比值大于规定时，则应按规定的最大水灰比值选取。

表3-43　　混凝土的最大水灰比和最小水泥用量

环境条件		结构物类别	最大水灰比			最小水泥用量/(kg/m³)		
			素混凝土	钢筋混凝土	预应力混凝土	素混凝土	钢筋混凝土	预应力混凝土
干燥环境		正常的居住或办公用房屋内部件	不作规定	0.65	0.60	200	260	300
潮湿环境	无冻害	高湿度的室内部件 室外部件 在非侵蚀性土和(或)水中的部件	0.70	0.60	0.60	225	280	300
潮湿环境	有冻害	经受冻害的室外部件 在非侵蚀性土和(或)水中且经受冻害的部件 高温度且经受冻害的室内部件	0.55	0.55	0.55	250	280	300
有冻害和除冰剂的潮湿环境		经受冻害和除冰剂作用的室内和室外部件	0.50	0.50	0.50	300	300	300

注：1. 当用活性掺合料取代部分水泥时，表中的最大水灰比及最小水泥用量即为替代前的水灰比和水泥用量。

2. 配制C15级及其以下等级的混凝土，可不受本表限制。

(4)用水量的选取。

1)塑性和干硬性混凝土用水量的确定。

①水灰比在0.4～0.80范围时，根据粗集料的品种、粒径及施工要求的混凝土拌合物稠度，其用水量可按表3-44、表3-45选取。

表3-44　　塑性混凝土的用水量　　kg/m³

拌合物稠度		卵石最大粒径/mm				碎石最大粒径/mm			
项目	指标	10	20	31.5	40	16	20	31.5	40
坍落度/mm	10～30	190	170	160	150	200	185	175	165
	35～50	200	180	170	160	210	195	185	175
	55～70	210	190	180	170	220	205	195	185
	75～90	215	195	185	175	230	215	205	195

注：1. 本表用水量系采用中砂时的平均值。采用细砂时，每立方米混凝土用水量可增加5～10kg；采用粗砂时，则可减少5～10kg。

2. 本表适用于水灰比在0.40～0.80范围内的普通混凝土。水灰比小于0.40的混凝土以及采用特殊成形工艺的混凝土用水量应通过试验确定。

3. 掺用各种外加剂或掺合料时，用水量应相应调整。

表 3-45 干硬性混凝土的用水量 kg/m^3

拌合物稠度		卵石最大粒径(mm)			碎石最大粒径(mm)		
项 目	指 标	10	20	40	16	20	40
维勃稠度(s)	16～20	175	160	145	180	170	155
	11～15	180	165	150	185	175	160
	5～10	185	170	155	190	180	165

②水灰比小于0.4的混凝土以及特殊成形工艺的混凝土用水量应通过试验确定。

2)流动性和大流动性混凝土的用水量宜按下列步骤计算。

①以表3-44中坍落度90mm的用水量为基础,按坍落度每增加20mm用水量增加5kg,计算出未掺外加剂时的混凝土的用水量。

②掺外加剂时的混凝土用水量可按下式计算。

$$m_{W_a}=m_{W_o}(1-\beta)$$

式中 m_{W_a}——掺外加剂混凝土每立方米混凝土的用水量(kg);

m_{W_o}——未掺外加剂混凝土每立方米混凝土的用水量(kg);

β——外加剂的减水率(%),可经试验确定。

(5)水泥用量的确定。每立方米混凝土用水量选定后,可根据W/C或C/W值计算水泥用量。

$$m_{C_o}=\frac{m_{W_o}}{W/C}=m_{W_o}\times C/W$$

(6)砂率的选取。选取砂率(β_s)有三种方法。

1)可根据本单位对所用材料的使用经验来选用。

2)坍落度为10～60mm的混凝土砂率,可根据粗集料品种、粒径及水灰比按表3-46选取。

表 3-46 混凝土的砂率 %

水灰比(W/C)	卵石最大粒径(mm)			碎石最大粒径(mm)		
	10	20	40	16	20	40
0.40	26～32	25～31	24～30	30～35	29～34	27～32
0.50	30～35	29～34	28～33	33～38	32～37	30～35
0.60	33～38	32～37	31～36	36～41	35～40	33～38
0.70	36～41	35～40	34～39	39～44	38～43	36～41

注:1. 本表数值系中砂的选用砂率,对细砂或粗砂,可相应地减少或增大砂率。

2. 只用一个单粒级粗集料配制混凝土时,砂率应适当增大,对薄壁构件,砂率取偏大值。

3. 坍落度大于60mm的混凝土砂率,可经试验确定,也可在表3-46的基础上,按坍落度每增大20mm,砂率增大1%的幅度予以调整,坍落度小于10mm的混凝土,其砂率应经试验确定。

3)通过试验确定合理砂率或按公式计算砂率。计算砂率的基本原则是用砂子填充石子空隙,并稍有富余,推导如下。

$$\beta_s=\frac{m_{s,0}}{m_{s,0}+m_{g,0}}=\frac{\rho_s V_s}{\rho_s V_s+\rho_g V_g}a$$
$$=\frac{\rho_s V_g P}{\rho_s V_g P+\rho_g V_g}a=\frac{\rho_s V_g P}{V_s(\rho_g P+\rho_g)}a$$
$$=\frac{\rho_s P}{\rho_s P+\rho_g}a$$

用砂子体积来填充石子空隙，即

$$V_s=V_g P$$

式中　β_s——砂率(%)；

$m_{s,0}$、$m_{g,0}$——分别为每立方米混凝土中砂、石用量(kg)；

ρ_s、ρ_g——分别为砂、石的表观密度(kg/m³)；

V_s、V_g——分别为砂、石的体积(m³)；

P——石子的空隙率(%)；

a——砂浆的剩余系数，又称拨开系数，是表示在混凝土拌合物中砂浆的体积应该比石子空隙体积大，混凝土的流动性因此得到保证。由于砂浆的富余，使石子被隔开；减少混凝土拌合物内部阻力。计算公式：$a=\frac{\text{砂浆体积}}{\text{石子空隙体积}}$，一般 a 取值为 1.1～1.4。

(7)砂、石用量确定。计算砂、石用量常用的方法有两种，即体积法和重量法。

1)当采用体积法时，应按下式计算。

$$\frac{m_{c0}}{\rho_c}+\frac{m_{g0}}{\rho_g}+\frac{m_{s0}}{\rho_s}+\frac{m_{w0}}{\rho_w}+0.01\alpha=1$$

$$\beta_s=\frac{m_{s0}}{m_{g0}+m_{s0}}\times100\%$$

式中　m_{c0}、m_{g0}、m_{s0}、m_{w0}——分别为每立方米混凝土的水泥、石子、砂、水的用量(kg)；

ρ_c、ρ_g、ρ_s、ρ_w——分别为水泥的密度，可取 2900～3100kg/m³，石、砂表观密度(kg/m³)，水的密度，可取 1000kg/m³；

α——混凝土的含气量百分数，在不使用引气型外加剂时，α 可取 1；

β_s——砂率(%)；

1——1m³ 混凝土拌合物的体积。

解以上两关系的联立方程，即可得到 m_{s0} 和 m_{g0} 用量。

2)当采用重量法时，应按下式计算。

$$m_{c0}+m_{g0}+m_{s0}+m_{w0}=m_{cp}$$

$$\beta_s=\frac{m_{s0}}{m_{g0}+m_{s0}}\times100\%$$

式中　m_{cp}——每立方米混凝土拌合物的假定质量(kg)，其值可取 2350～2450kg。其余符号同体积法。

(8)配合比试配。

1)进行混凝土配合比试配时应采用工程中实际使用的原材料。混凝土的搅拌方法，宜与生产时使用的方法相同。

2)混凝土配合比试配时，每盘混凝土的最小搅拌量应符合表 3-47 的规定；当采用机械搅拌时，其搅拌量不应小于搅拌机额定搅拌量的 1/4。

表 3-47　混凝土试配的最小搅拌量

集料最大粒径/mm	拌合物数量/L
31.5 及以下	15
40	25

3)按计算的配合比进行试配时，首先应进行试拌，以检查拌合物的性能。当试拌得出的拌合物坍落度或维勃稠度不能满足要求，或粘聚性和保水性不好时，应在保证水灰比不变的条件下相应调整用水量或砂率，直到符合要求为止。然后提出供混凝土强度试验用的基准配合比。

4)混凝土强度试验时至少应采用三个不同的配合比。当采用三个不同的配合比时，其中一个应为确定的基准配合比，另外两个配合比的水灰比，宜较基准配合比分别增加和减少 5%；用水量应与基准配合比相同，砂率可分别增加和减少 1%。

当不同水灰比的混凝土拌合物坍落度与要求值的差超过允许偏差时，可通过增、减用水量进行调整。

5)制作混凝土强度试验试件时，应检验混凝土拌合物的坍落度或维勃稠度、粘聚性、保水性及拌合物的表观密度，并以此结果作为代表相应配合比的混凝土拌合物的性能。

6)进行混凝土强度试验时，每种配合比至少应制作一组(三块)试件，标准养护到 28d 时试压。

需要时可同时制作几组试件，供快速检验或较早龄期试压，以便提前定出混凝土配合比供施工使用。但应以标准养护 28d 强度或按现行国家标准《粉煤灰混凝土应用技术规范》(GBJ 146)等规定的龄期强度的检验结果为依据调整配合比。

(9)配合比的确定与调整。

1)根据试验得出的混凝土强度与其相对应的灰水比(C/W)关系，用作图法或计算法求出与混凝土配制强度($f_{cu,0}$)相对应的灰水比，并应按下列原则确定每立方米混凝土的材料用量。

①用水量(m_w)应在基准配合比用水量的基础上，根据制作强度试件时测得的坍落度或维勃稠度进行调整确定。

②水泥用量(m_c)应以用水量乘以选定出来的灰水比计算确定。

③粗集料和细集料用量(m_g 和 m_s)应在基准配合比的粗集料和细集料用量的基础上，按选定的灰水比进行调整后确定。

2)经试配确定配合比后，尚应按下列步骤进行校正。

①根据确定的材料用量按下式计算混凝土的表观密度计算值 $\rho_{c,c}$。

$$\rho_{c,c}=m_c+m_g+m_s+m_w$$

②应按下式计算混凝土配合比校正系数 δ。

$$\delta=\frac{\rho_{c,t}}{\rho_{c,c}}$$

式中　$\rho_{c,t}$——混凝土表观密度实测值(kg/m^3)；

$\rho_{c,c}$——混凝土表观密度计算值(kg/m^3)。

③当混凝土表观密度实测值与计算值之差的绝对值不超过计算值的 2%时，按本方法确定的配合比应为确定的设计配合比；当两者之差超过 2%时，应将配合比中每项材料用量均乘以校正系数 δ 值，即为确定的混凝土设计配合比。

混凝土设计配合比的材料用量如下：

$$m_{w0}=m_w \times \delta$$
$$m_{c0}=m_c \times \delta$$
$$m_{s0}=m_s \times \delta$$
$$m_{g0}=m_g \times \delta$$

3)根据本单位常用的材料，可设计出常用的混凝土配合比备用；在使用过程中，应根据原材料情况及混凝土质量检验的结果予以调整。但遇有下列情况之一时，应重新进行配合比设计。

①对混凝土性能指标有特殊要求时。

②水泥、外加剂或矿物掺合料品种、质量有显著变化时。

③该配合比的混凝土生产间断半年以上时。

(10)施工配合比确定。混凝土设计配合比的材料用量都是以干燥状态为基准的，现场施工的砂、石材料多为露天存放，含有一定的水分，如实测砂子含水率为 $a\%$，石子实测含水率为 $b\%$，则换算成施工配合比为：

水泥 $m'_{c0}=m_{c0}$

砂子 $m'_{s0}=m_{s0}(1+a\%)$

石子 $m'_{g0}=m_{g0}(1+b\%)$

水 $m'_{w0}=m_{w0}-m_{s0}\times a\%-m_{g0}\times b\%$

水灰比为 m'_{w0}/m'_{c0}

施工配合比确定如下：

$m'_{c0}:m'_{s0}:m'_{g0}:m'_{w0}$ 或分别写出各种材料用量即可。

2. 特殊要求混凝土配合比设计

(1)抗渗混凝土。

1)原材料要求。

①粗集料宜采用连续级配，其最大粒径不宜大于 40mm，含泥量不得大于 1.0%，泥块含量不得大于 0.5%。

②细集料的含泥量不得大于 3.0%，泥块含量不得大于 1.0%。

③外加剂宜采用防水剂、膨胀剂、引气剂、减水剂或引气减水剂。

④抗渗混凝土宜掺用矿物掺合料。

2)配合比设计。

①抗渗混凝土配合比的计算方法和试配步骤除应遵守普通混凝土配合比设计的规定外，尚应符合下列规定。

a. 每立方米混凝土中的水泥和矿物掺合料总量不宜小于 320kg。

b. 砂率宜为 35%～45%。

c. 供试配用的最大水灰比应符合表 3-48 的规定。

表 3-48　　抗渗混凝土的最大水灰比

抗渗等级 \ 混凝土等级	C20～C30	C30 以上
P6	0.60	0.55
P8～P12	0.55	0.50
P12 以上	0.50	0.45

②掺用引气剂的抗渗混凝土，其含气量宜控制在 3%～5%。

③进行抗渗混凝土配合比设计时，尚应增加抗渗性能试验；并应符合下列规定。

a. 试配要求的抗渗水压值应比设计值提高 0.2MPa。

b. 试配时，宜采用水灰比最大的配合比做抗渗试验，其试验结果应符合下式的要求。

$$P_t \geqslant \frac{P}{10} + 0.2$$

式中　P_t——6 个试件中 4 个未出现渗水时的最大水压值（MPa）；

P——设计要求的抗渗等级值。

c. 掺引气剂的混凝土还应进行含气量试验，试验结果应符合上述“b.”条的规定。

(2)抗冻混凝土。

1)原材料要求。

①应选用硅酸盐水泥或普通硅酸盐水泥，不宜使用火山灰质硅酸盐水泥。

②宜选用连续级配的粗集料，其含泥量不得大于 1.0%，泥块含量不得大于 0.5%。

③细集料含泥量不得大于 3.0%，泥块含量不得大于 1.0%。

④抗冻等级 F100 及以上的混凝土所用的粗集料和细集料均应进行坚固性试验，并应符合现行行业标准《普通混凝土用砂、石质量及检验方法标准》(JGJ 52)的规定。

⑤抗冻混凝土宜采用减水剂，对抗冻等级 F100 及以上的混凝土应掺引气剂，掺用后混凝土的含气量应符合《普通混凝土配合比设计规程》(JGJ 55—2000)第 4.0.5 条的规定。

2)配合比设计。

①抗冻混凝土配合比的计算方法和试配步骤除应遵守普通混凝土配合比设计的规定外，供试配用的最大水灰比尚应符合表 3-49 的规定。

表 3-49　抗冻混凝土的最大水灰比

抗冻等级	无引气剂时	掺引气剂时
F50	0.55	0.60
F100	—	0.55
F150 及以上	—	0.50

②进行抗冻混凝土配合比设计时，尚应增加抗冻融性能试验。

(3)高强混凝土。

1)原材料要求。

①应选用质量稳定、强度等级不低于 42.5 级的硅酸盐水泥或普通硅酸盐水泥。

②对强度等级为 C60 级的混凝土，其粗集料的最大粒径不应大于 31.5mm，对强度等级高于 C60 级的混凝土，其粗集料的最大粒径不应大于 25mm；针片状颗粒含量不宜大于 5.0%，含泥量不应大于 0.5%，泥块含量不宜大于 0.2%；其他质量指标应符合现行行业标准《普通混凝土用砂、石质量及检验方法标准》(JGJ 52)的规定。

③细集料的细度模数宜大于 2.6，含泥量不应大于 2.0%，泥块含量不应大于 0.5%。其他质量指标应符合现行行业标准《普通混凝土用砂、石质量及检验方法标准》(JGJ 52)的规定。

④配制高强混凝土时应掺用高效减水剂或缓凝高效减水剂。

⑤配制高强混凝土时应掺用活性较好的矿物掺合料，且宜复合使用矿物掺合料。

2)配合比设计。

①高强混凝土配合比的计算方法和步骤除应按普通混凝土配合比设计规程进行外，尚应符合

下列规定。

a. 基准配合比中的水灰比，可根据现有试验资料选取。

b. 配制高强混凝土所用砂率及所采用的外加剂和矿物掺合料的品种、掺量，应通过试验确定。

c. 计算高强混凝土配合比时，其用水量可按《普通混凝土配合比设计规程》(JGJ 55)规定确定。

d. 高强混凝土的水泥用量不应大于 550kg/m³；水泥和矿物掺合料的总量不应大于600kg/m³。

②高强混凝土配合比的试配与确定的步骤应按普通混凝土配合比设计规程规定进行。当采用三个不同的配合比进行混凝土强度试验时，其中一个应为基准配合比，另外两个配合比的水灰比，宜较基准配合比分别增加和减少2％～3％。

③高强混凝土设计配合比确定后，尚应用该配合比进行不少于 6 次的重复试验进行验证，其平均值不应低于配制强度。

(4)泵送混凝土。

1)原材料要求。

①泵送混凝土应选用硅酸盐水泥、普通硅酸盐水泥、矿渣硅酸盐水泥和粉煤灰硅酸盐水泥，不宜采用火山灰质硅酸盐水泥。

②粗集料宜采用连续级配，其针片状颗粒含量不宜大于 10％；粗集料的最大粒径与输送管径之比宜符合表 3-50 的规定。

表 3-50　粗集料的最大粒径与输送管径之比

石子品种	泵送高度/m	粗集料最大粒径与输送管径比
碎　石	＜50	≤(1∶3.0)
	50～100	≤(1∶4.0)
	＞100	≤(1∶5.0)
卵　石	＜50	≤(1∶2.5)
	50～100	≤(1∶3.0)
	＞100	≤(1∶4.0)

③泵送混凝土宜采用中砂，其通过 0.315mm 筛孔的颗粒含量不应少于 15％。

④泵送混凝土应掺用泵送剂或减水剂，并宜掺用粉煤灰或其他活性矿物掺合料，其质量应符合国家现行有关标准的规定。

2)配合比设计。

①泵送混凝土试配时要求的坍落度值应按下式计算。

$$T_t = T_P + \Delta T$$

式中　T_t——试配时要求的坍落度值；

T_P——入泵时要求的坍落度值；

ΔT——试验测得在预计时间内的坍落度损失值。

②泵送混凝土配合比的计算和试配步骤除应按普通混凝土配合比设计规定进行外，尚应符合下列规定。

a. 泵送混凝土的用水量与水泥和矿物掺合料的总量之比不宜大于 0.60。

b. 泵送混凝土的水泥和矿物掺合料的总量不宜小于 300kg/m³。

c. 泵送混凝土的砂率宜为 35％～45％。

d. 掺用引气型外加剂时，其混凝土含气量不宜大于4%。

(5)大体积混凝土。

1)原材料要求。

①水泥应选用水化热低和凝结时间长的水泥，如低热矿渣硅酸盐水泥、中热硅酸盐水泥、矿渣硅酸盐水泥、粉煤灰硅酸盐水泥、火山灰质硅酸盐水泥等；当采用硅酸盐水泥或普通硅酸盐水泥时，应采取相应措施延缓水化热的释放。

②粗集料宜采用连续级配，细集料宜采用中砂。

③大体积混凝土应掺用缓凝剂、减水剂和减少水泥水化热的掺合料。

2)配合比设计。

①大体积混凝土在保证混凝土强度及坍落度要求的前提下，应提高掺合料及集料的含量，以降低每立方米混凝土的水泥用量。

②大体积混凝土配合比的计算和试配步骤应按普通混凝土配合比设计的规定进行，并宜在配合比确定后进行水化热的验算或测定。

第二节 砂 浆

一、砌筑砂浆配合比设计(JGJ 98—2000)

1. 砌筑砂浆配合比计算

砌筑砂浆配合比计算与确定，应按下列步骤进行。

(1)计算砂浆试配强度 $f_{m,0}$。砂浆试配强度，可按下式计算。

$$f_{m,0}=f_2+0.645\sigma$$

式中 $f_{m,0}$——砂浆试配强度，MPa，精确至0.1MPa；

f_2——砂浆设计强度(即砂浆抗压强度平均值)(MPa)；

σ——砂浆现场强度标准差，MPa，精确至0.01MPa。

$$\sigma=\sqrt{\frac{\sum_{i=1}^{n}f_{m,i}^2-n\mu_{f_m}^2}{n-1}}$$

式中 $f_{m,i}$——统计周期内同一品种砂浆第 i 组试件的强度(MPa)；

μ_{f_m}——统计周期内同一品种砂浆 n 组试件强度的平均值(MPa)；

n——统计周期内同一品种砂浆试件的总组数，$n\geqslant25$。

当不具有近期统计资料时，砂浆现场强度标准差 σ 可按表3-51取用。

表3-51 砂浆强度标准差 σ 选用值 MPa

施工水平＼砂浆强度等级	M2.5	M5	M7.5	M10	M15	M20
优良	0.50	1.00	1.50	2.00	3.00	4.00
一般	0.62	1.25	1.88	2.50	3.75	5.00
较差	0.75	1.50	2.25	3.00	4.50	6.00

(2)计算每立方米砂浆中的水泥用量Q_c。每立方米砂浆中的水泥用量,应按下式计算。

$$Q_c=\frac{1000(f_{m,0}-\beta)}{\alpha \cdot f_{ce}}$$

式中 Q_c——每立方米砂浆中的水泥用量,kg/m³,精确至1kg;

$f_{m,0}$——砂浆试配强度,MPa,精确至0.1MPa;

f_{ce}——水泥实测强度,MPa,精确至0.1 MPa;

α、β——砂浆的特征系数,其中$\alpha=3.03$,$\beta=-15.9$。

注:各地区也可用本地区试验资料确定α、β值,统计用的试验组数不得少于30组。

在无法取得水泥的实测强度时,可按下式计算f_{ce}。

$$f_{ce}=\gamma_c \cdot f_{ce,k}$$

式中 $f_{ce,k}$——水泥强度等级对应的强度值;

γ_c——水泥强度等级富余系数,该值应按实际统计资料确定。无统计资料时,γ_c取1.0。

当计算出水泥砂浆中的水泥用量不足200 kg/m³时,应按200 kg/m³采用。

(3)计算掺加料用量Q_D。水泥混合砂浆中掺加料用量,应按下式计算。

$$Q_D=Q_A-Q_C$$

式中 Q_D——每立方米砂浆的掺加料用量,kg/m³,精确至1 kg,石灰膏、黏土膏使用时的稠度为(120±5) mm,当石膏稠度不在上述范围内时,应按表3-52选取相应的换算系数;

Q_C——每立方米砂浆的水泥用量,kg/m³,精确至1kg;

Q_A——每立方米砂浆中胶结料和掺加料的总量(kg/m³)精确至1kg,一般应在300~350kg/m³之间。

表3-52　石灰膏不同稠度时的换算系数

石灰膏稠度/mm	120	110	100	90	80	70	60	50	40	30
换算系数	1.00	0.99	0.97	0.95	0.93	0.92	0.90	0.88	0.87	0.86

(4)确定砂用量Q_S。每立方米砂浆中的砂用量,应以干燥状态(含水率小于0.5%)的堆积密度值作为计算值,单位以kg/m³计。

(5)选用用水量Q_W。每立方米砂浆中的用水量Q_W,可根据经验或按表3-53选用。

表3-53　每立方米砂浆中用水量选用值

砂浆品种	水泥混合砂浆	水泥砂浆
用水量/(kg/m³)	250~300	270~330

注:1. 水泥混合砂浆中的用水量,不包括石灰膏或黏土膏中的水。

2. 当采用细砂或粗砂时,用水量分别取上限或下限。

3. 稠度小于70mm时,用水量可小于下限。

4. 施工现场气候炎热或干燥季节,可酌量增加水量。

(6)砂浆试配。按计算砂浆配合比进行试拌,测定砂浆的稠度和分层度,若不能满足要求,则应调整用水量或掺加料,直到符合要求为止。然后确定为试配时的砂浆基准配合比。

试配时至少应采用三个不同的配合比,其中一个为基准配合比,另外两个配合比的水泥用量按基准配合比分别增加及减少10%,在保证稠度、分层度合格的条件下,可将用水量或掺加料用量作相应调整。

(7)配合比确定。三个不同的配合比,经调整后,应按《建筑砂浆基本性能试验方法标准》

(JGJ/T 70)的规定成形试件,测定砂浆强度等级,并选定符合强度要求的且水泥用量较少的砂浆配合比。

2. 砌筑砂浆见证取样试验

(1)取样方法和试块留置。

1)砌筑砂浆强度试验以同一强度等级、同台搅拌机、同种原材料及配合比为一检验批(基础砌体可按一个检验批计),且不超过 250m^3 砌体为一取样单位。

2)每一取样单位留置标准养护试块不少于两组(每组六个试块)。

3)每一取样单位还应制作同条件养护试块不少于一组。

4)试样要有代表性,每组试块的试样必须取自同一次拌制的砌筑砂浆拌合物。

①施工中取试样应在使用地点的砂浆槽、砂浆运送车或搅拌机出料口,至少从三个不同部位抽取,数量应多于试验用料的 1～2 倍。

②试验室拌制砂浆进行试验所用材料应与现场材料一致。材料称量精确度:水泥、外加剂为±0.5%;砂、石灰膏、黏土膏、粉煤灰和磨细生石灰粉为±1%。搅拌时可用机械或人工拌合,用搅拌机搅拌时,其搅拌量不宜少于搅拌机容量的 20%,搅拌时间不宜少于 2min。

(2)试块制作与养护。

1)制作砌筑砂浆试件时,将无底试模放在预先铺有吸水性较好的纸的普通砖上(砖的吸水率不小于 10%,含水率不大于 2%),试模内壁事先涂刷薄层机油或脱模剂。

2)放于砖上的纸,应为湿的新闻纸(或其他未粘过胶凝材料的纸),纸的大小要以能盖过砖的四边为准,砖的使用面要求平整,凡砖四个垂直面粘过水泥或其他胶结材料后,不允许再使用。

3)向试模内一次注满砂浆,用捣棒均匀由外向里按螺旋方向插捣 25 次,为了防止低稠度砂浆插捣后,可能留下孔洞,允许用油灰刀沿模壁插数次,使砂浆高出试模顶面 6～8mm。

4)当砂浆表面开始出现麻斑状态时(约 15～30min)将高出部分的砂浆沿试模顶面削去抹平。

5)试件制作后应在(20±5)℃温度环境下停置一昼夜(24h±2h),当气温较低时,可适当延长时间,但不应超过两昼夜,然后对试件进行编号并拆模。试件拆模后,应在标准养护条件下,继续养护至 28d,然后进行试压。

6)标准养护的条件是:

①水泥混合砂浆应为温度(20±3)℃,相对湿度 60%～80%;

②水泥砂浆和微沫砂浆应为温度(20±3)℃,相对湿度 90%以上;

③养护期间,试件彼此间隔不少于 10mm。

(3)砂浆强度等级评定。砂浆试件养护 28d 时进行送检,试验前,擦干净试块表面,然后进行试压。以 6 个试件测值的算术平均值作为该组试件的抗压强度值,精确至 0.1MPa;当 6 个试件的最大值或最小值与平均值之差超过 20%时,以中间 4 个试件的平均值作为该组试件的抗压强度值。

同一验收批砂浆试块抗压强度平均值必须大于或等于设计强度等级所对应的立方体抗压强度;同一验收批砂浆试块抗压强度的最小一组平均值必须大于或等于设计强度等级所对应的立方体抗压强度的 0.75 倍。

注:砌筑砂浆的验收批,同一类型、强度等级的砂浆试块应不少于 3 组。当同一验收批只有一组试块时,该组试块抗压强度的平均值必须大于或等于设计强度等级所对应的立方体抗压强度。

(4)其他检测方法。当施工中或验收时出现下列情况,可采用现场检验方法对砂浆和砌体强度进行原位检测或取样检测,并判定其强度。

1)砂浆试块缺乏代表性或试块数量不足。

2)对砂浆试块的试验结果有怀疑或有争议。

3)砂浆试块的试验结果,不能满足设计要求。

二、建筑保温砂浆(GB/T 20473—2006)

1. 概念

以膨胀珍珠岩或膨胀硅石、胶凝材料为主要成分,掺加其他功能组分制成的用于建筑物墙体绝热的干拌混合物,使用时需加适当面层。

2. 分类与标记

(1)分类。产品按其干密度可分为Ⅰ型和Ⅱ型。

(2)产品标记。

1)产品标记的组成。产品标记由三部分组成:型号、产品名称、标准号。

2)标记示例。

示例1:Ⅰ型建筑保温砂浆的标记为:

Ⅰ建筑保温砂浆 GB/T 20473—2006

示例2:Ⅱ型建筑保温砂浆的标记为:

Ⅱ建筑保温砂浆 GB/T 20473—2006

3. 技术要求

(1)外观质量。外观应为均匀、干燥无结块的颗粒状混合物。

(2)堆积密度。Ⅰ型应不大于 $250kg/m^3$,Ⅱ型应不大于 $350kg/m^3$。

(3)石棉含量。应不含石棉纤维。

(4)放射性。天然放射性核素镭-266、钍-232、钾-40 的放射性比活度应同时满足 $I_{Ra} \leqslant 1.0$ 和 $I_r \leqslant 1.0$。

(5)分层度。加水后拌合物的分层度应不大于 20mm。

(6)硬化后的物理力学性能。硬化后的物理力学性能应符合表 3-54 的要求。

表 3-54 硬化后的物理力学性能

项目	技术要求	
	Ⅰ型	Ⅱ型
干密度/(kg/m^3)	240~300	301~400
抗压强度/MPa	≥0.20	≥0.40
导热系数(平均温度 25℃)/[W/(m·K)]	≤0.070	≤0.085
线收缩率(%)	≤0.30	≤0.30
压剪黏结强度/kPa	≥50	≥50
燃烧性能级别	应符合《建筑材料及制品燃烧性能分级》(GB 8624)规定的 A 级要求	应符合《建筑材料及制品燃烧性能分级》(GB 8624)规定的 A 级要求

(7)抗冻性。当用户有抗冻性要求时,15 次冻融循环后质量损失率应不大于 5%,抗压强度损失率应不大于 25%。

(8)软化系数。当用户有耐水性要求时,软化系数应不小于 0.50。

4. 试验方法

建筑保温砂浆试验方法见表 3-55。

表 3-55　建筑保温砂浆试验方法

项　目	内　　容
外观质量	目测产品外观是否均匀、有无结块
堆积密度	按《建筑保温砂浆》(GB/T 20473—2006)附录 A 的规定进行
石棉含量	《环境标志产品技术要求　轻质墙体板材》(HJ/T 223)的规定进行
放射性	按《建筑材料放射性核素限量》(GB 6566)的规定进行
分层度	按《建筑保温砂浆》(GB/T 20473—2006)附录 B 制备拌合物，按《建筑砂浆基本性能试验方法标准》(JGJ/T 70)的规定进行
干密度	(1)试件的制备。 1)试模内壁涂刷薄层脱模剂。 2)按制备的拌合物一次注满试模，并略高于其上表面，用捣棒均匀由外向里按螺旋方向轻轻插捣 25 次，插捣时用力不应过大，尽量不破坏其保温骨料。为防止可能留下孔洞，允许用油灰刀沿模壁插捣数次或用橡皮锤轻轻敲击试模四周，直至插捣棒留下的空洞消失，最后将高出部分的拌合物沿试模顶面削去抹平。至少成型 6 个三联试模，18 块试件。 3)试件制作后用聚乙薄膜覆盖，在(20±5)℃温度环境下静停(48±4)h，然后编号拆模。拆模后应立即在(20±3)℃、相对湿度(60～80)%的条件下养护至 28d(自成型时算起)，或按生产商规定的养护条件及时间，生产商规定的养护时间自成型时算起不得多于 28d。 4)养护结束后将试件从养护室取出并在(105±5)℃或生产商推荐的温度下烘至恒重，放入干燥器中备用。恒重的判据为恒温 3h 两次称量试件的质量变化率小于 0.2%。 (2)干密度的测定。从制备的试件中取 6 块试件，按《无机硬质绝热制品试验方法》(GB/T 5486)中规定进行干密度的测定，试验结果以 6 块试件检测值的算术平均值表示
抗压强度	检验干密度后的 6 个试件，按《无机硬质绝热制品试验方法》(GB/T 5486)的规定进行抗压强度试验。以 6 个试件检测值的算术平均值作为抗压强度值 σ_0
导热系数	按《建筑保温砂浆》(GB/T 20473—2006)附录 B 制备拌合物，然后制备符合导热系数测定仪要求尺寸的试件。导热系数试验按《绝热材料稳态热阻及有关特征的测定　防护热板法》(GB/T 10294)的规定进行，允许按《绝热材料稳态热阻及有关特性的测定　热流计法》(GB/T 10295)、《非金属固体材料导热系数的测定　热线法》(GB/T 10297)规定进行。如有异议，以《绝热材料稳态热阻及有关特征的测定　防护热板法》(GB/T 10294)作为仲裁检验方法
线收缩率	按《建筑砂浆基本性能试验方法标准》(JGJ/T 70)的规定进行，试验结果取龄期为 56d 的收缩率值
压剪黏结强度	按《硅酸盐复合绝热涂料》(GB/T 17371)的规定进行。用制备的拌合物制作试件，在(20±3)℃、相对湿度(60～80)%的条件下养护至 28d(自成型时算起)，或按生产商规定的养护条件及时间，生产商规定的养护时间自成型时算起不得多于 28d
燃烧性能级别	按《建筑材料不燃性试验方法》(GB/T 5464)规定进行
抗冻性能	按《建筑保温砂浆》(GB/T 20473—2006)附录 C.2 制备 6 块试件，按《建筑砂浆基本性能试验方法标准》(JGJ/T 70—2009)中第 9 章的规定进行抗冻性试验，冻融循环次数为 15 次。其中抗压强度试验按《无机硬质绝热制品试验方法》(GB/T 5486)规定进行

（续）

项　目	内　　容
软化系数	按《建筑保温砂浆》(GB/T 20473—2006)附录C.2制备6块试件，浸入温度为(20±5)℃的水中，水面应高出试件20mm以上，试件间距应大于5mm，48h后从水中取出试样，用拧干的湿毛巾擦去表面附着水，按《无机硬质绝热制品试验方法》(GB 5486)规定进行抗压强度试验，以6个试件检测值的算术平均值作为浸水后的抗压强度值σ_1。 软化系数按下式计算： $$\varphi=\sigma_1/\sigma_0$$ 式中　φ——软化系数，精确至0.01； σ_0——抗压强度(MPa)； σ_1——浸水后抗压强度(MPa)

5. 检验规则

建筑保温砂浆检验规则，见表3-56。

表3-56　建筑保温砂浆检验规则

项　目	内　　容
出厂检验	产品出厂时，必须进行出厂检验。出厂检验项目为外观质量、堆积密度、分层度
型式检验	有下列情况之一时，应进行型式检验。型式检验项目包括上述“3. 技术要求”中全部项目。 (1)新产品投产或产品定型鉴定时； (2)正式生产后，原材料、工艺有较大的改变，可能影响产品性能时； (3)正常生产时，每年至少进行一次。压剪黏结强度每半年至少进行一次，燃烧性能级别每两年至少进行一次； (4)出厂检验结果与上次型式检验有较大差异时； (5)产品停产六个月后恢复生产时； (6)国家质量监督机构提出进行型式检验要求时
组批	以相同原料、相同生产工艺、同一类型、稳定连续生产的产品300m^{3}为一个检验批。稳定连续生产3d产量不足300m^{3}亦为一个检验批
抽样	抽样应有代表性，可连续取样，也可从20个以上不同堆放部位的包装袋中取等量样品并混匀，总量不少于40L
判定规则	出厂检验或型式检验的所有项目若全部合格则判定该批产品合格；若有一项不合格，则判该批产品不合格

6. 包装、标志及贮存

(1)包装。应采用具有防潮性能的包装袋。

(2)标志。在包装袋上或合格证中应标明：产品标记、生产商名称及详细地址、批量、生产日期或批号、保质期以及按《包装储运图示标志》(GB/T 191)规定标明“怕雨”等标志。

(3)贮存。应贮存在干燥通风的库房内，不得受潮和混入杂物，避免重压。

三、墙体饰面砂浆(JC/T 1024—2007)

1. 概念

墙体饰面砂浆是以无机胶凝材料、填料、添加剂和/或骨料所组成的用于建筑墙体表面及顶棚装饰的材料，代号为 DRP。

2. 分类和标记

(1)分类。

1)按主要胶凝材料分为：

①水泥基墙体饰面砂浆(C)；

②石膏基墙体饰面砂浆(G)。

2)按使用部位分为：

①外墙饰面砂浆(E)；

②内墙(包括顶棚)饰面砂浆(I)。

(2)标记。产品按下列顺序标记：产品名称、代号、类别、标准号。

如：水泥基外墙饰面砂浆标记为：DRP C E JC/T 1024—2007。

3. 技术要求

(1)外观应为干粉状物，且均匀、无结块、无杂物。

(2)物理力学性能应符合表 3-57 的要求。

表 3-57　　物理力学性能

序号	项目		技术指标 E	技术指标 I
1	可操作时间	30min	刮涂无障碍	
2	初期干燥抗裂性		无裂纹	
3	吸水量/g	30min ≤	2.0	
		240min ≤	5.0	
4	强度/MPa	抗折强度 ≥	2.50	
		抗压强度 ≥	4.50	
		拉伸黏结原强度 ≥	0.50	
		老化循环拉伸黏结强度≥	0.50	—
5	抗泛碱性		无可见泛碱，不掉粉	—
6	耐沾污性(白色或浅色)	立体状/级 ≤	2	—
7	耐候性(750h)	≤	1级	—

注：抗泛碱性、耐候性、耐沾污性试验仅适用于外墙饰面砂浆。

4. 试验方法

(1)试验条件。空气温度(23±2)℃，相对湿度(50±5)%，试验区循环风速低于 0.2m/s。

(2)试验前样品处理。试验样品应在贮存期内，所有试验材料(包括试验用水)应在标准试验条件下放置至少 24h。

(3)试料养护时间的允许偏差应符合表 3-58 的规定。

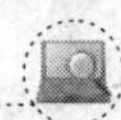

表 3-58 养护时间允许偏差

养护时间	允许偏差
24h	±0.5h
7d	±3h
14d	±6h
28d	±12h

(4)砂浆搅拌程序。砂浆所需的拌合配比应根据生产厂商的使用说明书确定。若提供的是配比的比值范围，应当采用其平均值。至少应准备 5kg 的干粉，采用符合《行星式水泥胶砂搅拌机》(JC/T 681)要求的行星式水泥胶砂搅拌机。在(104±5)r/min 低速旋转以及(62±5)r/min 行星式运动的情况下搅拌。

拌合按下列步骤进行(生产厂商有具体说明的除外)：

1)将水或液体倒入锅中；

2)将干粉撒入低速搅拌的搅拌器内搅拌 15s；

3)取出搅拌叶；

4)60s 内清理搅拌叶和搅拌锅壁上的砂浆；

5)重新放入搅拌时，再搅拌 75s 完成。

(5)可操作时间。

1)标准混凝土板。符合《陶瓷墙地砖胶黏剂》(JC/T 547—2005)中附录 A 的规定。

2)试验步骤。按要求搅拌砂浆，在标准试验条件下将搅拌好的砂浆存放在搅拌锅中，30min 后用抹刀对砂浆进行梳理，握住抹刀与混凝土板约成 60°的角度，与混凝土板一边成直角，平行地抹至混凝土板另一边(直线移动)。

(6)初期干燥抗裂性。

1)仪器。

①石棉水泥平板：符合《纤维水泥平板》(JC/T 412)要求；

②风洞：符合《复层建筑涂料》(GB/T 9779)的要求。

2)试验步骤。按生产厂商提出的方法，将产品说明书中规定用量的饰面砂浆涂布于符合《纤维水泥平板》(JC/T 412)的石棉水泥平板表面，指触干后，将其置于风洞内的试架上面，试件与气流方向平行，放置 6h 后取出，用肉眼观察试件表面有无裂纹出现。同时，制作两个试件做平行试验。

(7)吸水量。

1)仪器。

①三联试模：符合《水泥胶砂强度检验方法(ISO 法)》(GB/T 17671)的要求；

②平底盘子：最小深度 20mm，能够容纳 3 个特测试件的平底盘子；

③隔板：3 个 1mm 厚的硬质塑料片(例如聚四氟乙烯)，尺寸为(40±0.1)mm×(40±0.1)mm。

2)试件制备。把隔板插入三联试模的中间，与三联模较小的面相平行。按照《水泥胶砂强度检验方法》(GB/T 17671—1999)成型六个饰面砂浆试件，在标准试验条件下养护 5d 后脱模，继续养护 16d，用中性的密封材料涂抹于试件的四个长方形面上加以密封。再在标准试验条件下养护 7d。

3)试验步骤。称取每个试件的质量，精确到 0.01g。之后，把试件垂直放在平底盘子里，使未密封的中间成型面朝下，浸入水中(5～10)mm，见图 3-5。试件相互独立。30min 时，从水中取出试件，用挤干的湿布迅速地擦去表面的水分，称量并记录。之后，把试件再放入盘子里，240min 时重复上述操作。

4)结果计算。每个试件的吸水量按下式计算，精确到0.1g：

$$W_{ab}=m_i-m_d$$

式中　W_{ab}——吸水量(g)；

m_d——浸水前试件的质量(g)；

m_i——规定时间浸水后试件的质量(g)。

吸水量取六个试验结果的算术平均值作为测定值。

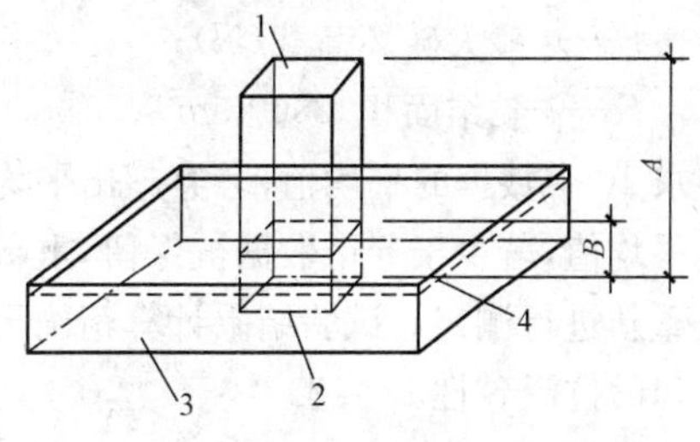

图3-5　吸水量试验示意图
1—试件；2—试件断面；3—平底盘子；4—水面；A—约80mm；B—浸入深度(5～10)mm

(8)抗折、抗压强度试验。按《水泥胶砂强度检验方法(ISO法)》(GB/T 17671)成型试件。在标准试验条件下养护5d，然后脱模，继续养护23d，取3个试件的抗折强度算术平均值为试验结果，精确到0.01MPa；用抗折试验后的试件进行抗压强度测定，取6个试件测定值的算术平均值为试验结果，精确到0.01MPa。

(9)拉伸黏结强度。

1)黏结强度成型框。由钢质材料制成的厚度为5mm的钢质平板(图3-6)，表面平整光滑。孔尺寸：50mm×50mm。孔尺寸精确至±0.1mm。

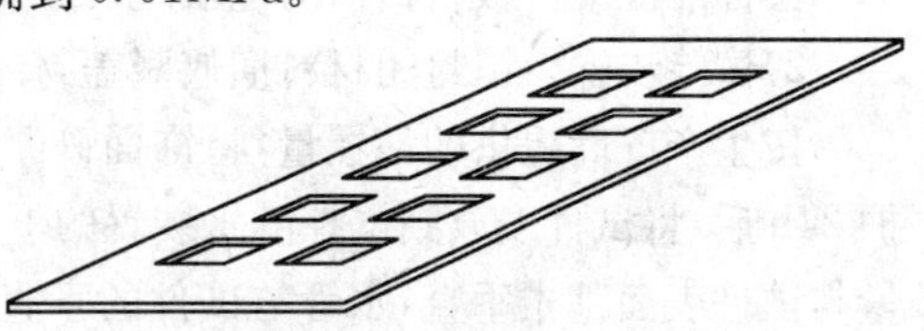
图3-6　黏结强度成型框

2)试件制备。将成型框放在标准混凝土板成型面上，制备砂浆，倒入成型框中，抹平，10个试件为一组。

3)拉伸黏结原强度。脱模后的试件在标准试验条件下养护至27d龄期，用适宜的高强黏结剂将拉伸接头黏结在砂浆成型面上，继续养护24h后测定拉伸黏结原强度。

4)老化循环后的黏结强度。根据拉伸黏结原强度制备试件，在标准试验条件下养护至7d龄期。将试件在下述两种试验条件下分别进行四次循环。两项试验之间，试件至少在标准试验条件中放置48h。

①冷热循环试验步骤。

a. 将试件表面温度加热达到(60±2)℃，保持8h±15min；

b. 将试件在标准试验条件下放置(30±2)min；

c. 将试件放置在空气温度为(−15±1)℃的冰柜中保持15h±15min；

d. 将试件在标准试验条件下放置(30±2)min。

②冻融循环试验步骤。

a. 将试件的成型面浸入(20±2)℃水中约5mm，保持8h±15min；

b. 将试件在标准试验条件下放置(30±2)min；

c. 将试件放置在空气温度为(−15±1)℃的冰柜中保持15h±15min；

d. 将试件在标准试验条件下放置(30±2)min。

在最后一次循环后取出试件，在标准试验条件下用适宜的高强胶黏剂将拉拔接头粘在成型面上。取出试件后的24h内，测定老化循环后的拉伸黏结强度。

5)结果计算与评定。拉伸黏结强度按下式计算：

$$P=\frac{F}{S}$$

式中　P——拉拔黏结强度(MPa)；

F——最大破坏荷载(N)；

S——黏结面积，2500mm^2。

求10个数据的平均值；舍弃超出平均值±20%范围的数据；若仍有5个或更多数据被保留，求新的平均值；若少于5个数据被保留，重新试验；如果破坏模式为高强黏结剂与拉拔头之间界面破坏应重新进行测定。试验结果计算精确至0.1MPa。

(10)抗泛碱性。

1)仪器设备与材料。

①电热鼓风干燥箱：温控器灵敏度为±1℃。

②电控淋水装置：水平安装的内径为30mm的PVC管，沿PVC管长度方向每隔40mm带有一个直径为3mm的径向圆孔，所有圆孔均排列在一条直线上，PVC管通过定时电磁阀与自来水管连接。

③封闭材料：采用固体含量约33%、玻璃化温度(−7～6)℃、pH值6.0～7.0的苯乙烯丙烯酸酯乳液。

④标准混凝土板：符合《陶瓷墙地砖胶黏剂》(JC/T 547—2005)中附录A的规定。

2)试验步骤。用封闭材料横遮竖盖封闭标准混凝土板表面(除背面外)，晾干备用。

按生产厂商提供的涂覆量，将饰面砂浆涂布于两块标准混凝土板表面，在标准试验条件下养护24h后，将试件安放到电控淋水装置的下方，放置的倾斜角为(60±5)°，PVC管的开孔方向与流量与试件表面基本垂直，水管与试件的垂直距离为(15±2)cm，将自来水的流量调节到300mL/s，连续喷淋10min，然后将试件放到(50±2)℃电热鼓风干燥箱中烘干4h，取出放在标准试验条件下冷却至室温，再连续喷淋10min。循环21次后，检查试件表面有无可见泛碱，用干净的手指轻搓表面，检查是否掉粉。

(11)耐沾污性。将饰面砂浆涂布于符合《纤维水泥平板》(JC/T 412)要求的石棉水泥平板表面，尺寸为150mm×70mm×(4～6)mm，在标准试验条件下养护28d后，按照《建筑涂料涂层耐沾污性试验方法》(GB/T 9780—2005)中规定的浸渍法进行测试。涂覆量按生产厂商提供的用量进行。

(12)耐候性。将饰面砂浆涂布于符合《纤维水泥平板》(JC/T 412)要求的石棉水泥平板表面，尺寸为150mm×70mm×(4～6)mm，在标准试验条件下养护28d后，按照《色漆和清漆　人工气候老化和人工辐射曝露滤过的氙弧辐射》(GB/T 1865)进行测试，按照《色漆和清漆　涂层老化的评级方法》(GB/T 1766)评定变色等级。涂覆量按生产厂商提供的用量进行。

5. 检验规则

墙体饰面砂浆检验规则，见表3-59。

表3-59　墙体饰面砂浆检验规则

项目	内容
检验分类	(1)出厂检验。出厂检验项目包括：外观、可操作时间、初期干燥抗裂性。 (2)型式检验。型式检验项目包括技术要求规定的项目，有下列情况之一时应进行型式检验： 1)新产品投产与定型鉴定； 2)正常生产条件下，每半年至少进行一次，耐候性两年一次； 3)产品主要原料及用量或生产工艺有重大变更； 4)停产半年以上恢复生产时； 5)出厂检验结果与上次型式检验有较大差异时； 6)国家技术监督机构提出型式检验时

（续）

项 目	内 容
批量与抽样	(1)批量:同一类别的50t产品为一批,不足50t产品也以一批计。 (2)抽样:从同一批量中随机抽取样品10kg混合均匀。抽取样品等分为两等份:一份试验,一份备用
判定规则	产品按试验方法进行试验,试验结果若均符合技术要求的要求时,即判为合格。若有一项不符合标准规定,则该批产品判为不合格品

6. 标志与包装

(1)标志。产品外包装上应包括:

1)生产厂名、地址;

2)商标;

3)产品标记;

4)产品颜色或色号;

5)产品净质量;

6)使用说明;

7)生产日期或批号;

8)贮存与运输注意事项;

9)贮存期。

(2)包装。产品宜采用纸塑复合包装袋包装。

7. 运输与贮存

运输与贮存时,不同类别、规格的产品应分别堆放,不应混杂。避免日晒雨淋,保持阴凉干燥,防止碰撞。

在正常运输与贮存条件下,贮存期自生产日起至少六个月,贮存期自产品生产之日起计。

8. 应用

(1)石膏基墙体饰面砂浆(G),用于内墙表面和顶棚装饰。

(2)水泥基墙体饰面砂浆(C),用于内外墙体表面和顶棚装饰。

四、聚合物水泥防水砂浆(JC/T 984—2005)

1. 概念与特点

聚合物水泥防水砂浆是指以水泥、细骨料为主要原材料,以聚合物和添加剂等为改性材料并以适当配比混合而成的防水材料,代号PCMW。

2. 分类与标记

(1)分类。产品按聚合物改性材料的状态分为干粉类(Ⅰ类)和乳液类(Ⅱ类)。

1)Ⅰ类:由水泥、细骨料和聚合物干粉、添加剂等组成;

2)Ⅱ类:由水泥、细骨料的粉状材料和聚合物乳液、添加剂等组成。

(2)标记。产品按下列顺序标记:名称、类别、标准号。

如:Ⅰ类聚合物水泥防水砂浆标记为:PCMW I JC/T 984—2005

3. 技术要求

(1)外观。Ⅰ类产品外观为均匀、无结块。Ⅱ类产品外观:液料经搅拌后均匀无沉淀,粉料均匀、无结块。

(2)物理力学性能。聚合物水泥防水砂浆的物理力学性能应符合表3-60的要求。

表 3-60 物理力学性能

序号	项目			干粉类(Ⅰ类)	乳液类(Ⅱ类)
1	凝结时间①	初凝/min	≥	45	45
		终凝/h	≤	12	24
2	抗渗压力/MPa	7d	≥	1.0	
		28d	≥	1.5	
3	抗压强度/MPa	28d	≥	24.0	
4	抗折强度/MPa	28d	≥	8.0	
5	压折比		≤	3.0	
6	黏结强度/MPa	7d	≥	1.0	
		28d	≥	1.2	
7	耐碱性:饱和 $Ca(OH)_2$ 溶液,168h			无开裂、剥落	
8	耐热性:100℃水,5h			无开裂、剥落	
9	抗冻性—冻融循环:(−15～+20℃),25 次			无开裂、剥落	
10	收缩率(%)	28d	≤	0.15	

① 凝结时间项目可根据用户需要及季节变化进行调整。

4. 试验方法

聚合物水泥防水砂浆试验方法,见表 3-61。

表 3-61 聚合物水泥防水砂浆试验方法

项目		内容
标准试验条件		试验室试验及干养护条件:温度(20±2)℃,相对湿度 45%～70%。 养护室养护条件:温度(20±2)℃,相对湿度≥95%
试样的状态调节		试验前样品及所有器具应在试验室试验条件下放置至少 24h
配合比		聚合物水泥防水砂浆检验时,水和各组分的用量应按生产厂家推荐的配合比进行,并在各项试验中,保持同一个配合比
搅拌		在试验中采用符合《行星式水泥胶砂搅拌机》(JC/T 681)的行星式水泥胶砂搅拌机低速搅拌或采用人工搅拌,Ⅰ类材料搅拌时按规定比例称量粉料和水,将水倒入搅拌锅内,然后将粉料徐徐加入到水中进行搅拌。Ⅱ类材料按规定比例称量粉料,将粉料搅拌均匀,然后加入到液料中搅拌均匀,如需要加水的,应先将乳液与水搅拌均匀。搅拌时间由厂家指定,但必须自加水起在 3min 内完成
成型与养护	成型	抗压、抗折试件的成型:将制备的砂浆分两次装入试模用插捣棒从边上向中间插捣 25 次,最后保持砂浆高出试模 5mm,将高出的砂浆压实,刮平。试件成型后立即放入养护室养护,24h(从加水开始计算时间)脱模。如经 24h 养护,会因脱膜对强度造成损害的,可以延迟 24h 脱模
	7d 龄期砂浆试件的养护	脱模后试件立即在温度为 20℃±2℃的不流动水中继续养护至 3d 龄期,再放入试验室干养护至 7d 龄期
	28d 龄期砂浆试件的养护	脱模后试件立即在温度为 20℃±2℃的不流动水中养护至 7d 龄期,再放入试验室干养护至 28d 龄期

（续）

项　目	内　　　　容
外观	用目测方法检查
凝结时间	(1)Ⅰ类产品。按《水泥标准稠度用水量、凝结时间、安定性检验方法》(GB/T 1346)进行，试样采用被检验的聚合物水泥防水砂浆材料取代该标准中的水泥。 (2)Ⅱ类产品。按聚合物改性水泥砂浆凝结时间的测试方法规定进行，加水后10min进行第一次测定
抗渗压力	配合比、搅拌、成型与养护要求成型，试件养护至7d、28d龄期
抗压强度与抗折强度	配合比、搅拌、成型与养护要求成型，试件养护至28d龄期。按《水泥胶砂强度检验方法(ISO法)》(GB/T 17671)进行试验
压折比计算	压折比按下式计算： $$压折比=\frac{R_c}{R_f}$$ 式中　R_c——28d抗压强度(MPa)； R_f——28d抗折强度(MPa)。 压折比计算结果应精确至0.1
黏结强度	按配合比、搅拌要求配料、搅拌，成型及试验按《混凝土界面处理剂》(JC/T 907)进行。但40mm×40mm×10mm的普通水泥砂浆块用被测聚合物水泥防水砂浆样品替代，采用橡胶或硅酮密封材料制成的成型模框(图3-7)，将成型框放在70mm×70mm×20mm的普通水泥砂浆基块上，将制备好的试样倒入成型模框中，抹平，放置24h后脱膜。共成型试件两组，每组5块，按规定分别养护7d龄期和28d龄期进行试验
耐碱性	按配合比、搅拌要求配料、搅拌混合，将制备好的试样倒入成型模框中，抹平，放置24h后脱膜，按成型与养护要求养护至7d龄期，按《建筑防水涂料试验方法》(GB/T 16777)规定的饱和$Ca(OH)_2$溶液中浸泡168h，取出试件，观察有无开裂、剥落、试件尺寸为70mm×70mm×20mm，每组3块试件
耐热性	按配合比、搅拌要求搅拌混合，将制备好的试样倒入成型模框中，抹平，放置24h后脱膜，按成型与养护要求养护至7d龄期，置于沸煮箱中煮5h，取出试件观察，有无开裂、剥落。试件尺寸为70mm×70mm×20mm，每组3块试件
抗冻性—冻融循环	按配合比、搅拌要求配料、搅拌混合，将制备好的试样倒入成型模框中，抹平，放置24h后脱膜，按成型与养护要求养护至7d龄期。按相关规定进行试验后，取出试件，观察有无开裂、剥落。试件尺寸为70mm×70mm×20mm，每组3块试件
收缩率	按配合比、搅拌要求配料、搅拌混合，按《水泥散装设备　汽车用水泥散装机》(JC/T 608)进行成型养护和测试，龄期为28d

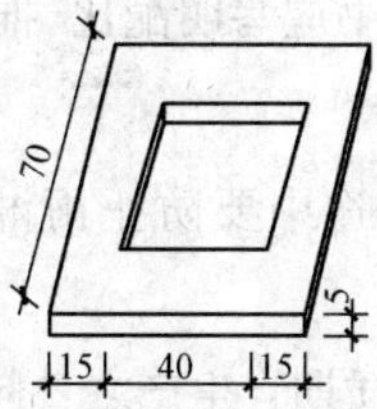

图3-7　黏结强度试件成型模框

5. 检验规则

聚合物水泥防水砂浆检验规则，见表3-62。

表3-62 聚合物水泥防水砂浆检验规则

项目	内容
检验分类	(1)出厂检验项目。出厂检验项目为外观、凝结时间、抗渗压力(7d)、黏结强度(7d)。 (2)型式检验项目。型式检验项目为上述"3.技术要求"规定的全部项目。 有下列情况之一时，需进行型式检验： 1)新产品投产或产品定型鉴定时； 2)正常生产时，每年进行一次； 3)原材料、配方或生产工艺有较大改变时； 4)出厂检验与上次型式检验有较大差异时； 5)国家质量监督检验机构提出要求时
组批	对同一类别产品，每50t为一批，不足50t亦可按一批计
抽样	在每批产品或生产线中随机抽取不少于6个(组)的样品。样品总质量不少于25kg。检验前应将所取样品充分混合均匀，先进行外观检验，外观检验合格后再按表3-60物理力学性能要求检验
判定规则	(1)外观检查：样品符合外观要求，判为外观合格。 (2)将外观合格的样品按试验方法测试，凝结时间、抗渗压力、抗压强度、抗折强度、压折比、黏结强度、收缩率符合表3-60要求，则判定为单项合格。耐碱性、耐热性、冻融循环每组3块试件均符合表3-60中的指标要求，则判定为单项合格。所有项目均符合以上技术要求，则判定该批产品合格。若性能指标中有一项不符合要求，允许在同批样品中，对不合格项进行复检。若复检符合规定，则判该批产品合格；若仍不符合规定，则判该批产品不合格

6. 标志与包装

(1)标志。包装上应有标志标明产品名称、标记、商标、净质量、生产日期或批号、生产单位、地址和电话。

(2)包装。Ⅰ类产品可用5kg、10kg、25kg、50kg袋装，也可用塑料桶包装。

Ⅱ类产品液料用密封性较好塑料桶或内衬塑料袋密封的塑料桶包装。粉料用袋装，也可用塑料桶包装。

包装中应附产品合格证和使用说明书。产品合格证的编写应符合《工业产品保证文件 总则》(GB/T 14436)的规定，产品使用说明书应写明配比、推荐用水量、施工注意事项等内容。

7. 运输与贮存

(1)产品按一般运输方式运输，运输途中要防止雨淋、防冻、包装损坏。贮存时严格防潮、防冻。

(2)在正常贮存、运输条件下、产品保质期自生产之日起为六个月。

8. 应用

防水砂浆适用于不受振动和具有一定刚度的混凝土或砖石砌体工程，应用于地下室、水塔、水池等防水工程。

防水砂浆可以采用普通水泥砂浆，通过人工多层抹压法，以减少内部连通毛细孔隙，增大密实度，达到防水效果。也可以掺加防水剂来制作防水砂浆。常用的防水剂有氯化物金属盐类防水剂、水玻璃防水剂和金属皂类防水剂等。在水泥砂浆中掺入防水剂，可促使砂浆结构密实，填充和堵塞毛细管道和孔隙，提高砂浆的抗渗能力。

第四章

墙体材料

第一节　砌墙砖

一、烧结普通砖(GB 5101—2003)

1. 概念与特性

凡通过高温焙烧而制得的砖统称为烧结砖。孔隙率小于15%的烧结砖称为烧结普通砖。

烧结普通砖的生产和使用在我国已有3000多年历史。如今,在建设工程使用的墙体材料中,烧结普通砖仍占有很重要的地位。虽然烧结普通砖存在诸多不足,但由于其价格低廉、工艺简单、设计和施工技术成熟,因此,在今后相当长的时间内,特别是在农村建设中,烧结普通砖仍然是重要的墙体材料之一。

2. 分类与等级

(1)分类。按主要原料烧结普通砖可分为黏土砖(N)、页岩砖(Y)、煤矸石砖(M)和粉煤灰砖(F)。

(2)等级。烧结普通砖根据抗压强度分为MU30、MU25、MU20、MU15、MU10五个强度等级。强度、抗风化性能和放射性物质合格的砖,根据尺寸偏差、外观质量、泛霜和石灰爆裂分为优等品(A)、一等品(B)、合格品(C)三个质量等级。优等品适用于清水墙和装饰墙,一等品、合格品可用于混水墙。中等泛霜的砖不能用于潮湿部位。

3. 规格与产品标记

(1)规格。砖的外形为直角六面体,其公称尺寸为:长240mm、宽115mm、高53mm。常用配砖规格:175mm×115mm×53mm,装饰砖的主规格同烧结普通砖,配砖、装饰砖的其他规格由供需双方协商确定。

(2)产品标记。砖的产品标记按产品名称、类别、强度等级、质量等级和标准编号顺序编写。如烧结普通砖,强度等级MU15,一等品的黏土砖,其标记为:

烧结普通砖 N　MU15　B　GB 5101。

4. 技术要求

(1)尺寸允许偏差。烧结普通砖尺寸允许偏差应符合表4-1的规定。

表 4-1　　尺寸允许偏差　　mm

公称尺寸	优等品		一等品		合格品	
	样本平均偏差	样本极差≤	样本平均偏差	样本极差≤	样本平均偏差	样本极差≤
240	±2.0	6	±2.5	7	±3.0	8
115	±1.5	5	±2.0	6	±2.5	7
53	±1.5	4	±1.6	5	±2.0	6

(2)外观质量。烧结普通砖的外观质量应符合表 4-2 的规定。

表 4-2　　烧结普通砖外观质量　　mm

项　目		优等品	一等品	合格品
两条面高度差　≤		2	3	4
弯曲　≤		2	3	4
杂质凸出高度　≤		2	3	4
缺棱掉角的三个破坏尺寸　不得同时大于		5	20	30
裂纹长度≤	1)大面上宽度方向及其延伸至条面的长度	30	60	80
	2)大面上长度方向及其延伸至顶面的长度或条顶面上水平裂纹的长度	50	80	100
完整面[①]　不得少于		两条面和两顶面	一条面和一顶面	—
颜色		基本一致	—	—

注:为装饰而施加的色差,凹凸纹、拉毛、压花等不算作缺陷。

① 凡有下列缺陷之一者,不得称为完整面。

a. 缺损在条面或顶面上造成的破坏面尺寸同时大于 10mm×10mm。

b. 条面或顶面上裂纹宽度大于 1mm,其长度超过 30mm。

c. 压陷、粘底、焦花在条面或顶面上的凹陷或凸出超过 2mm,区域尺寸同时大于 10mm×10mm。

(3)强度等级。烧结普通砖的强度应符合表 4-3 的规定。

表 4-3　　强度等级　　MPa

强度等级	抗压强度平均值 $\overline{f}$≥	变异系数 δ≤0.21	变异系数 δ>0.21
		强度标准值 f_k≥	单块最小抗压强度值 f_{min}≥
MU30	30.0	22.0	25.0
MU25	25.0	18.0	22.0
MU20	20.0	14.0	16.0
MU15	15.0	10.0	12.0
MU10	10.0	6.5	7.5

(4)抗风化性能。

1)风化区的划分,见表4-4。

表 4-4　　风化区的划分

严重风化区		非严重风化区	
1. 黑龙江省	11. 河北省	1. 山东省	12. 台湾省
2. 吉林省	12. 北京市	2. 河南省	13. 广东省
3. 辽宁省	13. 天津市	3. 安徽省	14. 广西壮族自治区
4. 内蒙古自治区		4. 江苏省	15. 海南省
5. 新疆维吾尔自治区		5. 湖北省	16. 云南省
6. 宁夏回族自治区		6. 江西省	17. 西藏自治区
7. 甘肃省		7. 浙江省	18. 上海市
8. 青海省		8. 四川省	19. 重庆市
9. 陕西省		9. 贵州省	20. 香港地区
10. 山西省		10. 湖南省	21. 澳门地区
		11. 福建省	

2)严重风化区中的1、2、3、4、5地区的砖必须进行冻融试验,其他地区砖的抗风化性能符合表4-5的规定时,可不做冻融试验,否则必须进行冻融试验。

表 4-5　　抗风化性能

<table>
<tr><th rowspan="3">砖种类</th><th colspan="4">严重风化区</th><th colspan="4">非严重风化区</th></tr>
<tr><th colspan="2">5h沸煮吸水率(%),≤</th><th colspan="2">饱和系数,≤</th><th colspan="2">5h沸煮吸水率(%),≤</th><th colspan="2">饱和系数,≤</th></tr>
<tr><th>平均值</th><th>单块最大值</th><th>平均值</th><th>单块最大值</th><th>平均值</th><th>单块最大值</th><th>平均值</th><th>单块最大值</th></tr>
<tr><td>黏土砖</td><td>18</td><td>20</td><td rowspan="2">0.85</td><td rowspan="2">0.87</td><td>19</td><td>20</td><td rowspan="2">0.88</td><td rowspan="2">0.90</td></tr>
<tr><td>粉煤灰砖①</td><td>21</td><td>23</td><td>23</td><td>25</td></tr>
<tr><td>页岩砖</td><td rowspan="2">16</td><td rowspan="2">18</td><td rowspan="2">0.74</td><td rowspan="2">0.77</td><td rowspan="2">18</td><td rowspan="2">20</td><td rowspan="2">0.78</td><td rowspan="2">0.80</td></tr>
<tr><td>煤矸石砖</td></tr>
</table>

① 粉煤灰掺入量(体积比)小于30%时,按黏土砖规定判定。

3)冻融试验后的砖,每块砖样不允许出现裂纹、分层、掉皮、缺棱、掉角等冻坏现象,质量损失不得大于2%。

(5)每块砖样应符合下列规定:优等品,无泛霜;一等品,不允许出现中等泛霜;合格品,不允许出现严重泛霜。

(6)石灰爆裂。

1)优等品:不允许出现最大破坏尺寸大于2mm的爆裂区域。

2)一等品:

①最大破坏尺寸大于2mm且小于等于10mm的爆裂区域,每组砖样不得多于15处。

②不允许出现最大破坏尺寸大于10mm的爆裂区域。

3)合格品:

①最大破坏尺寸大于 2mm 且小于等于 15mm 的爆裂区域，每组砖样不得多于 15 处，其中大于 10mm 的不得多于 7 处。

②不允许出现最大破坏尺寸大于 15mm 的爆裂区域。

(7)其他：产品中不允许有欠火砖、酥砖和螺旋纹砖。砖的放射性物质应符合《建筑材料放射性核素限量》(GB 6566)的规定。

5. 试验方法

烧结普通砖的试验方法见表 4-6。

表 4-6　试验方法

<table>
<tr><th colspan="2">项　目</th><th>内　容</th></tr>
<tr><td colspan="2">尺寸偏差</td><td>检验样品数为 20 块，按《砌墙砖试验方法》(GB/T 2542)规定的检验方法进行。其中每一尺寸测量不足 0.5mm 按 0.5mm 计，每一方向尺寸以两个测量值的算术平均值表示。
样本平均偏差是 20 块试样同一方向 40 个测量尺寸的算术平均值减去其公称尺寸的差值，样本极差是抽检的 20 块试件中同一方向 40 个测量尺寸中最大测量值与最小测量值之差值</td></tr>
<tr><td colspan="2">外观质量</td><td>按《砌墙砖试验方法》(GB/T 2542)规定的检验方法进行。颜色的检验：抽试样 20 块，装饰面朝上随机分两排并列，在自然光下距离试样 2m 处目测</td></tr>
<tr><td rowspan="2">强度</td><td>强度试验</td><td>按《砌墙砖试验方法》(GB/T 2542)规定的方法进行。其中试样数量为 10 块，加荷速度为(5±0.5)kN/s。试验后按下式分别计算出强度变异系数 δ、标准差 s。
$$\delta=\frac{s}{\overline{f}} \qquad s=\sqrt{\frac{1}{9}\sum_{i=1}^{10}(f_i-\overline{f})^2}$$
式中　δ——砖强度变异系数，精确至 0.01；
s——10 块试样的抗压强度标准差(MPa)，精确至 0.01；
$\overline{f}$——10 块试样的抗压强度平均值(MPa)，精确至 0.01；
f_i——单块试样抗压强度测定值(MPa)，精确至 0.01</td></tr>
<tr><td>结果计算与评定</td><td>(1)平均值—标准值方法评定。变异系数 $\delta\leqslant0.21$ 时，按表 4-3 中抗压强度平均值 $\overline{f}$、强度标准值 f_k 评定砖的强度等级。
样本量 $n=10$ 时的强度标准值按下式计算。
$$f_k=\overline{f}-1.8s$$
式中　f_k——强度标准值(MPa)，精确至 0.01。
(2)平均值—最小值方法评定。变异系数 $\delta>0.21$ 时，按表 4-3 中抗压强度平均值 $\overline{f}$、单块最小抗压强度值 f_{min} 评定砖的强度等级，单块最小抗压强度值精确至 0.1MPa</td></tr>
<tr><td colspan="2">冻融试验</td><td>试样数量为 5 块，按《砌墙砖检验方法》(GB/T 2542)规定的试验方法进行</td></tr>
<tr><td colspan="2">石灰爆裂、泛霜、吸水率和饱和系数试验</td><td>按《砌墙砖检验方法》(GB/T 2542)规定的试验方法进行</td></tr>
<tr><td colspan="2">放射性物质</td><td>按《建筑材料放射性核素限量》(GB 6566)规定的试验方法进行</td></tr>
</table>

6. 检验规则

烧结普通砖的检验规则，见表 4-7。

表 4-7 **烧结普通砖的检验规则**

项目		内容
检验分类	出厂检验	出厂检验项目为:尺寸偏差、外观质量和强度等级。每批出厂产品必须进行出厂检验,外观质量检验在生产厂内进行
	型式检验	型式检验项目包括技术要求的全部项目。有下列之一情况者,应进行型式检验。 (1)新厂生产试制定型检验; (2)正式生产后,原材料、工艺等发生较大的改变,可能影响产品性能时; (3)正常生产时,每半年进行一次(放射性物质一年进行一次); (4)出厂检验结果与上次型式检验结果有较大差异时; (5)国家质量监督机构提出进行型式检验时
批量		检验批的构成原则和批量大小按《砌墙砖检验规则》(JC/T 466)规定。3.5～15 万块为一批,不足 3.5 万块按一批计
抽样		(1)外观质量检验的试样采用随机抽样法,在每一检验批的产品堆垛中抽取。 (2)尺寸偏差检验和其他检验项目的样品用随机抽样法从外观质量检验后的样品中抽取。 (3)抽样数量按表 4-8 进行
判定规则	尺寸偏差	尺寸偏差符合表 4-1 相应等级规定,判尺寸偏差为该等级。否则,判不合格
	外观质量	外观质量采用《砌墙砖检验规则》(JC/T 466)二次抽样方案,根据表 4-2 规定的质量指标,检验出其中不合格品数 d_1,按下列规则判定: $d_1\leqslant 7$ 时,外观质量合格; $d\geqslant 11$ 时,外观质量不合格; $d_1>7$,且 $d_1<11$ 时,需再次从该产品批中抽样 50 块检验,检查出不合格品数 d_2,按下列规则判定: $(d_1+d_2)\leqslant 18$ 时,外观质量合格; $(d_1+d_2)\geqslant 19$ 时,外观质量不合格
	强度	强度的试验结果应符合表 4-3 的规定。低于 MU10 判不合格
	抗风化性能	抗风化性能应符合表 4-5 的规定。否则,判不合格
	石灰爆裂和泛霜	石灰爆裂和泛霜试验结果应分别符合上述“4. 技术要求”中“(5)、(6)”相应等级的规定。否则,判不合格
	放射性物质	放射性物质应符合《建筑材料放射性核素限量》(GB 6566)的规定。否则,判不合格,并停止该产品的生产和销售
	总判定	(1)出厂检验质量等级的判定按出厂检验项目和在时效范围内最近一次型式检验中的抗风化性能、石灰爆裂及泛霜项目中最低质量等级进行判定。其中有一项不合格,则判为不合格。 (2)型式检验质量等级的判定中,强度、抗风化性能和放射性物质合格,按尺寸偏差、外观质量、泛霜、石灰爆裂检验中最低质量等级判定。其中有一项不合格则判该批产品质量不合格。 (3)外观检验中有欠火砖、酥砖和螺旋纹砖则判该批产品不合格

表 4-8　抽样数量　块

序号	检验项目	抽样数量
1	外观质量	$50(n_1=n_2=50)$
2	尺寸偏差	20
3	强度等级	10
4	泛霜	5
5	石灰爆裂	5
6	吸水率和饱和系数	5
7	冻融	5
8	放射性	4

7. 标志、包装、运输及贮存

(1)标志。产品出厂时,必须提供产品质量合格证。产品质量合格证主要内容包括:生产厂名、产品标记、批量及编号、证书编号、本批产品实测技术性能和生产日期等,并由检验员和承检单位签章。

(2)包装。根据用户需求按品种、强度、质量等级、颜色分别包装,包装应牢固,保证运输时不会摇晃碰坏。

(3)运输。产品装卸时要轻拿轻放,避免碰撞摔打。

(4)贮存。产品应按品种、强度等级、质量等级分别整齐堆放,不得混杂。

8. 应用

烧结普通砖在土建工程中主要用作墙体材料,用来砌筑各种承重墙体和非承重墙体。烧结普通砖也可砌筑砖柱、拱、烟囱、筒拱式过梁和基础等,可与轻混凝土、保温隔热材料等配合使用。在砖砌体中配置适当的钢筋或钢丝网,可作为薄壳结构、钢筋砖过梁等。碎砖可作为混凝土、集料和碎砖三合土的原材料。

二、烧结多孔砖(GB 13544—2000)

1. 概念与特点

一般来说,多孔砖的孔洞率超过25%,孔尺寸小而多,且为竖向孔的砖称为多孔砖。孔洞率大于35%,孔尺寸大而少,且为水平孔的砖称为空心砖。多孔砖使用时孔洞方向平行于受力方向;空心砖的孔洞则垂直于受力方向。

由于墙体材料逐渐向轻质化、多功能方向发展。近年来逐渐推广和使用多孔砖(Fired Perforated Bricks)和空心砖(Fired Hollow Bricks),不仅可减少黏土的消耗量大约20%~30%,节约耕地;而且,墙体的自重至少减轻30%~35%,降低造价近20%,保温隔热性能和吸声性能有较大提高。

2. 分类

烧结多孔砖分类,见表 4-9。

表 4-9　烧结多孔砖分类

项　目	内　　容
分类	按主要原料砖分为黏土砖(N),页岩砖(Y),煤矸石砖(M)和粉煤灰砖(F)
规格	(1)砖的外型为直角六面体,其长度、宽度、高度尺寸应符合下列要求:290,240,190,180,175,140,115,90。 (2)其他规格尺寸由供需双方协商确定
孔洞尺寸	砖的孔洞尺寸应符合表 4-10 的规定

（续）

项　目	内　　容
质量等级	(1)根据抗压强度分为MU30、MU25、MU20、MU15、MU10五个强度等级。 (2)强度和抗风化性能合格的砖，根据尺寸偏差、外观质量、孔型及孔洞排列。泛霜、石灰爆裂分为优等品(A)、一等品(B)和合格品(C)三个质量等级
产品标记	(1)砖的产品标记按产品名称、品种、规格、强度等级、质量等级和标准编号顺序编写。 (2)规格尺寸290mm×140mm×90mm、强度等级MU25、优等品的黏土砖，其标记为：烧结多孔砖N 290×140×90　25A　GB 13544

表 4-10　孔洞尺寸

圆孔直径	非圆孔内切圆直径	手抓孔
≤22	≤15	(30～40)×(75～85)

3. 技术要求

(1)尺寸允许偏差应符合表4-11的规定。

表 4-11　尺寸允许偏差　mm

尺　寸	优等品		一等品		合格品	
	样本平均偏差	样本极差≤	样本平均偏差	样本极差≤	样本平均偏差	样本极差≤
290、240	±2.0	6	±2.5	7	±3.0	8
190、180、175、140、115	±1.5	5	±2.0	6	±2.5	7
90	±1.5	4	±1.7	5	±2.0	6

(2)外观质量应符合表4-12的规定。

表 4-12　外观质量　mm

项　目	优等品	一等品	合格品
1)颜色(一条面和一顶面)	一致	基本一致	—
2)完整面　不得少于	一条面和一顶面	一条面和一顶面	—
3)缺棱掉角的三个破坏尺寸不得同时大于	15	20	30
4)裂纹长度　不大于			
①大面上深入孔壁15mm以上宽度方向及其延伸到条面的长度	60	80	100
②大面上深入孔壁15mm以上长度方向及其延伸到顶面的长度	60	100	120
③条面面上的水平裂纹	80	100	120
5)杂质在砖面上造成的凸出高度　不大于	3	4	5

注：1. 为装饰而施加的色差、凹凸纹、拉毛、压花等不算缺陷。

2. 凡有下列缺陷之一者，不能称为完整面：

a. 缺损在条面或顶面上造成的破坏面尺寸同时大于20mm×30mm。

b. 条面或顶面上裂纹宽度大于1mm，其长度超过70mm。

c. 压陷、焦花、粘底在条面或顶面上的凹陷或凸出超过2mm，区域尺寸同时大于20mm×30mm。

(3)强度等级应符合表4-3的规定。

(4)孔型孔洞率及孔洞排列应符合表4-13的规定。

表4-13　孔型孔洞率及孔洞排列

产品等级	孔　型	孔洞率(%)　≥	孔洞排列
优等品	矩形条孔或矩形孔	25	交错排列,有序
一等品	矩形条孔或矩形孔	25	交错排列,有序
合格品	矩形孔或其他孔形	25	—

注:1. 所有孔宽b应相等,孔长$L \leqslant 50$mm。

2. 孔洞排列上下、左右应对称,分布均匀,手抓孔的长度方向尺寸必须平行于砖的条面。

3. 矩形孔的孔长L、孔宽b满足式$L \geqslant 3b$时,为矩形条孔。

(5)泛霜每块砖样应符合下列规定:优等品,无泛霜;一等品,不允许出现中等泛霜;合格品,不允许出现严重泛霜。

(6)石灰爆裂。

1)优等品:不允许出现最大破坏尺寸大于2mm的爆裂区域。

2)一等品:

①最大破坏尺寸大于2mm,且小于等于10mm的爆裂区域,每组砖样不得多于15处;

②不允许出现最大破坏尺寸大于10mm的爆裂区域。

3)合格品:

③最大破坏尺寸大于2mm且小于等于15mm的爆裂区域,每组砖样不得多于15处,其中大于10mm的不得多于7处;

④不允许出现最大破坏尺寸大于15mm的爆裂区域。

(7)抗风化性能。

1)风化区的划分见表4-4。

2)严重风化区中的1、2、3、4、5地区的砖必须进行冻融试验,其他地区砖的抗风化性能符合表4-14规定时可不做冻融试验,否则必须进行冻融试验。

表4-14　抗风化性能

项目 / 砖种类	严重风化区				非严重风化区			
	5h沸煮吸水率(%)≤		饱和系数≤		5h沸煮吸水率(%)≤		饱和系数≤	
	平均值	单块最大值	平均值	单块最大值	平均值	单块最大值	平均值	单块最大值
黏土砖	21	23	0.85	0.87	23	25	0.88	0.90
粉煤灰砖	23	25	0.85	0.87	30	32	0.88	0.90
页岩砖	16	18	0.74	0.77	18	20	0.78	0.80
煤矸石砖	19	23	0.74	0.77	21	23	0.78	0.80

注:粉煤灰掺入量(体积比)小于30%时,按黏土砖判定。

(8)其他:冻融试验后,每块砖样不允许出现裂纹、分层、掉皮、缺棱、掉角等冻坏现象。产品中不允许有欠火砖、酥砖和螺旋纹砖。

4. 试验方法

烧结多孔砖试验方法，见表4-15。

表4-15 烧结多孔砖试验方法

<table>
<tr><th>项　目</th><th>内　　容</th></tr>
<tr><td>尺寸偏差</td><td>检验样品数为20块，其方法按《砌墙砖试验方法》(GB/T 2542)进行。其中每一尺寸测量不足0.5mm按0.5mm计，每一方向尺寸以两个测量值的算术平均值表示。
样本平均偏差是20块试样同一方向40个测量尺寸的算术平均值减去其公称尺寸的差值，样本极差是抽检的20块试样中同一方向40个测量尺寸中最大测量值与最小测量值之差值</td></tr>
<tr><td>外观质量</td><td>检验按《砌墙砖试验方法》(GB/T 2542)进行。颜色的检验：抽试样20块，条面朝上随机分两排并列，在自然光下距离试样2m处目测</td></tr>
<tr><td>强度等级</td><td>(1)强度等级试验按《砌墙砖试验方法》(GB/T 2542)规定进行，其中试样数量为10块。试验后按下式分别计算出强度变异系数 δ，标准差 s。
$\delta=\frac{s}{\overline{f}}$　　$s=\sqrt{\frac{1}{9}\sum_{i=1}^{10}(f_i-\overline{f})^2}$
式中　δ——强度变异系数，精确至0.01；
s——10块试样的抗压强度标准差，精确至0.01MPa；
$\overline{f}$——10块试样的抗压强度平均值，精确至0.01MPa；
f_i——单块试样抗压强度测定值，精确至0.01MPa。
(2)结果计算与评定。
1)平均值—标准值方法评定。变异系数 $\delta\leqslant 0.21$ 时，按表4-3中抗压强度平均值 $\overline{f}$、强度标准值 f_k 指标评定砖的强度等级，精确至0.01MPa。
样本量 $n=10$ 时的强度标准值按下式计算。
$f_k=\overline{f}-1.8s$
式中　f_k——强度标准值，精确至0.1MPa。
2)平均值—最小值方法评定。变异系数 $\delta>0.21$，按表4-3中抗压强度平均值 $\overline{f}$，单块最小抗压强度值 f_{min} 评定砖的强度等级，精确至0.1MPa</td></tr>
<tr><td>孔型孔洞率及孔洞排列</td><td>孔型孔洞率及孔洞排列取5块试样，试验方法按《砌墙砖试验方法》(GB/T 2542)进行</td></tr>
<tr><td>泛霜、石灰爆裂、吸水率和饱和系数</td><td>泛霜、石灰爆裂、吸水率和饱和系数试验按《砌墙砖试验方法》(GB/T 2542)进行</td></tr>
<tr><td>冻融试验</td><td>试验数量为5块，其方法按《砌墙砖试验方法》(GB/T 2542)进行</td></tr>
</table>

5. 检验规则

烧结多孔砖检验规则，见表4-16。

表 4-16　　烧结多孔砖检验规则

<table>
<tr><th colspan="2">项　目</th><th>内　容</th></tr>
<tr><td rowspan="2">检验分类</td><td>出厂检验</td><td>产品出厂必须进行出厂检验，出厂检验项目包括尺寸偏差、外观质量和强度等级。产品经出厂检验合格后方可出厂</td></tr>
<tr><td>型式检验</td><td>型式检验项目包括上述“3. 技术要求”的全部项目。有下列之一情况者，应进行型式检验。
(1)新厂生产试制定型检验；
(2)正式生产后，原材料、工艺等发生较大的改变，可能影响产品性能时；
(3)正常生产时，每半年进行一次；
(4)出厂检验结果与上次型式检验结果有较大差异时；
(5)国家质量监督机构提出进行型式检验时</td></tr>
<tr><td colspan="2">批量</td><td>检验批的构成原则和批量大小按《砌墙检验规则》(JC/T 466)规定。3.5～15 万块为一批，不足 3.5 万块按一批计</td></tr>
<tr><td colspan="2">抽样</td><td>(1)外观质量检验的试样采用随机抽样法，在每一检验批的产品堆垛中抽取。
(2)其他检验项目的样品用随机抽样法从外观质量检验后的样品中抽取。
(3)抽样数量按表 4-17 进行</td></tr>
<tr><td rowspan="7">判定规则</td><td>尺寸偏差</td><td>尺寸偏差应符合表 4-11 相应等级规定</td></tr>
<tr><td>外观质量</td><td>外观质量采用《砌墙砖检验规则》(JC/T 466)两次抽样方案，根据表 4-12 规定的外观质量指标，检查出其中不合格品数 d_1，按下列规则判定：
$d_1 \leqslant 7$ 时，外观质量合格；
$d_1 \geqslant 11$ 时，外观质量不合格；
$d_1 > 7$，且 $d_1 < 11$ 时，需再次从该产品批中抽样 50 块检验，检查出不合格品数 d_1，按下列规则判定：
$(d_1+d_2) \leqslant 18$ 时，外观质量合格；
$(d_1+d_2) \geqslant 19$ 时，外观质量不合格</td></tr>
<tr><td>强度等级</td><td>强度等级的试验结果应符合表 4-3 的规定</td></tr>
<tr><td>孔型孔洞率及孔洞排列</td><td>孔型孔洞率及孔洞排列应符合表 4-13 相应等级的规定</td></tr>
<tr><td>泛霜和石灰爆裂</td><td>泛霜和石灰爆裂试验结果应分别符合上述“3. 技术要求”中“(5)、(6)”相应等级的规定</td></tr>
<tr><td>抗风化性能</td><td>抗风化性能应符合上述“3. 技术要求”中“(7)”的相关规定</td></tr>
<tr><td>总判定</td><td>(1)出厂检验质量等级的判定。按出厂检验项目和在时效范围内最近一次型式检验中的孔型孔洞率及孔洞排列、石灰爆裂、泛霜、抗风化性能等项目中最低质量等级进行判定，其中有一项不合格，则判为不合格。
(2)型式检验质量等级的判定。强度和抗风化性能合格，按尺寸偏差、外观质量、孔型孔洞率及孔洞排列、泛霜、石灰爆裂检验中最低质量等级判定。其中有一项不合格则判该批产品质量不合格。
(3)外观检验中有欠火砖、酥砖或螺旋纹砖则判该批产品不合格</td></tr>
</table>

表 4-17 抽样数量

序号	检验项目	抽样数量/块
1	外观质量	50($n_2=n_1=50$)
2	尺寸偏差	20
3	强度等级	10
4	孔型孔洞率及孔洞排列	5
5	泛霜	5
6	石灰爆裂	5
7	吸水率和饱和系数	5
8	冻融	5

6. 标志与包装

(1)标志。产品出厂时,必须提供产品质量合格证,产品质量合格证主要内容包括:生产厂名、产品标记、批量及编号、证书编号、本批产品实测技术性能和生产日期等,并由检验员和单位签章。

(2)包装。根据用户需求按品种、强度、质量等级、颜色分别包装,包装应牢固,保证运输时不会摇晃破坏。

7. 运输与贮存

(1)运输。产品装卸时要轻拿轻放,避免碰撞摔打。

(2)贮存。产品应按品种、强度等级、质量等级分别整齐堆放,不得混杂。

8. 应用

烧结多孔砖主要用于砌筑六层以下的砖混结构的承重墙体。其中优等品用于墙体装饰和清水墙,一等品和合格品用于混水墙,中等泛霜的砖不得用于潮湿部位。

三、烧结空心砖和空心砌块(GB 13545—2003)

1. 概念与特点

烧结空心砖是以黏土、页岩、粉煤灰、煤矸石等为主要原料,经焙烧而成的孔洞率大于或等于35%的砖。其自重较轻,强度低,主要用于非承重墙和填充墙体。孔洞多为矩形孔或其他孔型,数量少而尺寸大,孔洞平行于受压面。

2. 分类

烧结空心砖和空心砌块分类,见表 4-18。

表 4-18 烧结空心砖和空心砌块的分类

项 目	内 容
类别	按主要原料分为黏土砖和砌块(N)、页岩砖和砌块(Y)、煤矸石砖和砌块(M)、粉煤灰砖和砌块(F)
规格	(1)砖和砌块的外形为直角六面体(图 4-1),其长度、宽度、高度尺寸应符合下列要求(mm):390,290,240,190,180(175),140,115,90。 (2)其他规格尺寸由供需双方协商确定

（续）

项　目	内　　　　　容
等级	(1)抗压强度分为：MU10.0、MU7.5、MU5.0、MU3.5、MU2.5。 (2)体积密度分为：800级、900级、1000级、1100级。 (3)强度、密度、抗风化性能和放射性物质合格的砖和砌块，根据尺寸偏差、外观质量、孔洞排列及其结构、泛霜、石灰爆裂、吸水率分为优等品(A)、一等品(B)和合格品(C)三个质量等级
产品标记	砖和砌块的产品标记按产品名称、类别、规格、密度等级、强度等级、质量等级和标准编号顺序编写。如： 规格尺寸290mm×190mm×90mm，密度等级800，强度等级MU7.5，优等品的页岩空心砖，其标记为：烧结空心砖 Y(290×190×90)　800　MU7.5A　GB 13545 又如： 规格尺寸290mm×290mm×190mm、密度等级1000、强度等级MU3.5、一等品的黏土空心砌块，其标记为：烧结空心砌块 N(290×290×190)　1000　MU3.5B　GB 13545

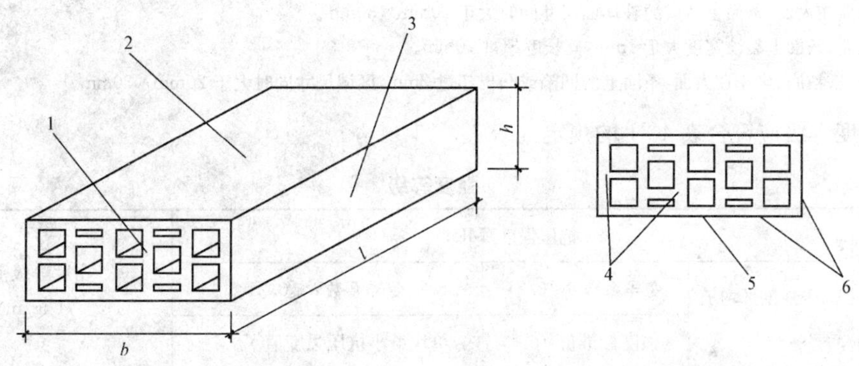

图4-1　烧结空心砖和空心砌块

1—顶面；2—大面；3—条面；4—肋；5—壁；6—外壁；l—长度；b—宽度；h—高度

3. 技术要求

(1)尺寸允许偏差应符合表4-19的规定。

表4-19　　尺寸允许偏差　　mm

尺　寸	优等品		一等品		合格品	
	样本平均偏差	样本极差≤	样本平均偏差	样本极差≤	样本平均偏差	样本极差≤
>300	±2.5	6.0	±3.0	7.0	±3.5	8.0
200～300	±2.0	5.0	±2.5	6.0	±3.0	7.0
100～200	±1.5	4.0	±2.0	5.0	±2.5	6.0
<100	±1.5	3.0	±1.7	4.0	±2.0	5.0

(2)砖和砌块的外观质量符合表4-20的规定。

表 4-20　外观质量　mm

项　目		优等品	一等品	合格品
1)弯曲	≤	3	4	5
2)缺棱掉角的三个破坏尺寸不得	同时 >	15	30	40
3)垂直度差	≤	3	4	5
4)未贯穿裂纹长度	≤			
①大面上宽度方向及其延伸到条面的长度		不允许	100	120
②大面上长度方向或条面上水平面方向的长度		不允许	120	140
5)贯穿裂纹长度				
①大面上宽度方向及其延伸到条面的长度		不允许	40	60
②壁、肋沿长度方向、宽度方向及其水平方向的长度		不允许	40	60
6)肋、壁内残缺长度	≤	不允许	40	60
7)完整面	不少于	一条面和一大面	一条面或一大面	

注:凡有下列缺陷之一者,不能称为完整面:

1. 缺损在大面、条面上造成的破坏面尺寸同时大于 20mm×30mm。
2. 大面、条面上裂纹宽度大于 1mm,其长度超过 70mm。
3. 压陷、粘底、焦花在大面、条面上的凹陷或凸出超过 2mm,区域尺寸同时大于 20mm×30mm。

(3)强度等级应符合表 4-21 的规定。

表 4-21　强度等级

强度等级	抗压强度/MPa			密度等级范围/(kg/m³)
	抗压强度平均值 $\overline{f}\geqslant$	变异系数 $\delta\leqslant0.21$	变异系数 $\delta\leqslant0.21$	
		强度标准值 $f_k\geqslant$	单块最小抗压强度值 $f_{min}\geqslant$	
MU10.0	10.0	7.0	8.0	≤1100
MU7.5	7.5	5.0	5.8	
MU5.0	5.0	3.5	4.0	
MU3.5	3.5	2.5	2.8	
MU2.5	2.5	1.6	1.8	≤800

(4)密度等级应符合表 4-22 的规定。

表 4-22　密度等级　kg/m³

密度等级	5 块密度平均值
800	≤800
900	801～900
1000	901～1000
1100	1001～1100

(5)孔洞率和孔洞排数应符合表 4-23 的规定。

表 4-23　孔洞排列及其结构

等　级	孔洞排列	孔洞排数/排		孔洞率(%)
		宽度方向	高度方向	
优等品	有序交错排列	$b \geqslant 200$mm　≥7 $b < 200$mm　≥5	≥2	≥40
一等品	有序排列	$b \geqslant 200$mm　≥5 $b < 200$mm　≥4	≥2	
合格品	有序排列	≥3	—	

注:b 为宽度的尺寸。

(6)泛霜。每块砖和砌块应符合下列规定:优等品,无泛霜,一等品,不允许出现中等泛霜;合格品,不允许出现严重泛霜。

(7)石灰爆裂。每组砖和砌块应符合下列规定:

1)优等品:不允许出现最大破坏尺寸大于 2mm 的爆裂区域。

2)一等品:

①最大破坏尺寸大于 2mm 且小于等于 10mm 的爆裂区域,每组砖和砌块不得多于 15 处。

②不允许出现最大破坏尺寸大于 10mm 的爆裂区域。

3)合格品:

①最大破坏尺寸大于 2mm 且小于等于 15mm 的爆裂区域,每组砖和砌块不得多于 15 处,其中大于 10mm 的不得多于 7 处。

②不允许出现最大破坏尺寸大于 15mm 的爆裂区域。

(8)吸水率。每组砖和砌块的吸水率平均值应符合表 4-24 规定。

表 4-24　吸水率　%

等　级	吸水率　≤	
	黏土砖和砌块、页岩砖和砌块、煤矸石砖和砌块	粉煤灰砖和砌块①
优等品	16.0	20.0
一等品	18.0	22.0
合格品	20.0	24.0

① 粉煤灰掺入量(体积比)小于 30%时,按黏土砖和砌块规定判定。

(9)抗风化性能。

1)风化区的划分,见表 4-4。

2)严重风化区中的 1、2、3、4、5 地区的砖和砌块必须进行冻融试验,其他地区砖和砌块的抗风化性能符合表 4-25 规定时可不做冻融试验,否则必须进行冻融试验。

表 4-25 抗风化性能

分类	饱和系数 ≤			
	严重风化区		非严重风化区	
	平均值	单块最大值	平均值	单块最大值
黏土砖和砌块 粉煤灰砖和砌块	0.85	0.87	0.88	0.90
页岩砖和砌块 煤矸石砖和砌块	0.74	0.77	0.78	0.80

3)冻融试验后，每块砖或砌块不允许出现分层、掉皮、缺棱、掉角等冻坏现象，冻后裂纹长度不大于表 4-20 中“4)、5)”项合格品的规定。

(10)欠火砖、酥砖。产品中不允许有欠火砖、酥砖。

(11)放射性物质。原材料中掺入煤矸石、粉煤灰及其他工业废渣的砖和砌块，应进行放射性物质检测，放射性物质应符合《建筑材料放射性核素限量》(GB 6566)的规定。

4. 试验方法

烧结空心砖和空心砌块试验方法，见表 4-26。

表 4-26 烧结空心砖和空心砌块试验方法

项目	内容
尺寸偏差	检验样品数为 20 块，其方法按《砌墙砖试验方法》(GB/T 2542)规定进行。其中每一尺寸测量不足 0.5mm 按 0.5mm 计。样本平均偏差是 20 块试样同一方向 40 个测量尺寸的算术平均值减去其公称尺寸的差值，样本极差是抽检的 20 块试样中同一方向 40 个测量尺寸中最大测量值与最小测量值之差值
外观质量	(1)垂直度差。砖或砌块各面之间构成的夹角不等于 90°时须测量垂直度差，测量方法见图 4-2。直角尺精度一级。 (2)外观质量中其他项目检验按《砌墙砖试验方法》(GB/T 2542)规定进行
强度	(1)强度以大面抗压强度结果表示，试验按《砌墙砖试验方法》(GB/T 2542)规定进行。 (2)强度变异系数、标准差。 强度变异系数 δ、标准差 s 按下式分别计算。 $\delta=\frac{s}{\overline{f}}$ $s=\sqrt{\frac{1}{9}\sum_{i=1}^{10}(f_i-\overline{f})^2}$ 式中 δ——砖和砌块强度变异系数，精确至 0.01； s——10 块试样的抗压强度标准差(MPa)，精确至 0.01； $\overline{f}$——10 块试样的抗压强度平均值(MPa)，精确至 0.01； f_i——单块试样抗压强度测定值(MPa)，精确至 0.01。 (3)结果计算与评定。 1)平均值—标准值方法评定。 强度变异系数 $\delta\leqslant0.21$ 时，按表 4-21 中抗压强度平均值$\overline{f}$、强度标准值 f_k 评定砖和砌块的强度等级。 样本量 $n=10$ 时的强度标准值按下式计算。 $f_k=\overline{f}-1.8s$ 式中 f_k——强度标准值(MPa)，精确至 0.01。 2)平均值—最小值方法评定。 强度变异系数 $\delta>0.21$ 时，按表 4-21 中抗压强度平均值$\overline{f}$、单块最小抗压强度值 f_{min} 评定砖和砌块的强度等级，单块最小抗压强度值精确至 0.1MPa

（续）

项　目	内　容
密度、泛霜和石灰爆裂	密度、泛霜和石灰爆裂试验按《砌墙砖试验方法》(GB/T 2542)的规定进行
孔洞排列及其结构	孔洞排列及其结构试验方法按《砌墙砖试验方法》(GB/T 2542)的规定进行
吸水率和饱和系数	吸水率和饱和系数按《砌墙砖试验方法》(GB/T 2542)的规定进行，吸水率以5块试验的3h沸煮吸水率的算术平均值表示，饱和系数以5块试样的算术平均值表示
冻融试验	冻融试验方法按《砌墙砖试验方法》(GB/T 2542)的规定进行，结果评定以单块试样的外观破坏现象表示
放射性物质	放射性物质检验按《建筑材料放射性核素限量》(GB 6566)的规定进行

5. *检验规则*

烧结空心砖和空心砌块检验规则，见表4-27。

表4-27　烧结空心砖和空心砌块检验规则

项　目		内　容
分类检验	出厂检验	产品出厂必须进行出厂检验。出厂检验项目包括尺寸偏差、外观质量、强度等级和密度等级，产品经出厂检验合格后方可出厂
	型式检验	型式检验项目包括上述“3. 技术要求”的全部项目。有下列之一情况者，应进行型式检验。 (1)新厂生产试制定型检验； (2)正式生产后，原材料、工艺等发生较大的改变，可能影响产品性能时； (3)正常生产时，每半年进行一次； (4)出厂检验结果与上次型式检验结果有较大差异时； (5)国家质量监督机构提出进行型式检验时。 放射性物质的检测在产品投产前或原料发生重大变化时进行一次
批量		检验批的构成原则和批量大小按《砌墙砖检验规则》(JC/T 466)规定。3.5～15万块为一批，不足3.5万块按一批计
抽样		(1)外观质量检验的样品采用随机抽样法，在每一检验批的产品堆垛中抽取。 (2)其他检验项目的样品用随机抽样法从外观质量检验后的样品中抽取。 (3)抽样数量按表4-28进行
判定规则	尺寸偏差	尺寸偏差应符合表4-19相应等级规定，否则，判不合格
	外观质量	外观质量采用《砌墙砖检验规则》(JC/T 466)两次抽样方案，根据表4-20规定的质量指标，检查出其中不合格品数 d_1，按下列规则判定： $d_1 \leqslant 7$ 时，外观质量合格； $d_1 \geqslant 11$ 时，外观质量不合格； $d_1 > 7$，且 $d_1 < 11$ 时，需再次从该产品中抽样50块进行检验，检查出不合格品数 d_2，按下列规则判定： $(d_1 + d_2) \leqslant 18$ 时，外观质量合格； $(d_1 + d_2) \geqslant 19$ 时，外观质量不合格
	强度和密度	强度和密度的试验结果应分别符合表4-21和表4-22的规定。否则，判不合格
	孔洞排列及其结构	孔洞排列及其结构应符合表4-23相应等级的规定。否则，判不合格

（续）

项目		内容
判定规则	泛霜和石灰爆裂	泛霜和石灰爆裂结果应分别符合上述“3. 技术要求”中“(6)、(7)”相应等级的规定。否则，判不合格
	吸水率	吸水率试验结果应符合上述“3. 技术要求”中“(8)”相应等级的规定。否则，判不合格
	抗风化性能	抗风化性能应符合上述“3. 技术要求”中“(9)”的规定。否则，判不合格
	放射性物质	煤矸石、粉煤灰砖以及掺用工业废渣的砖和砌块放射性物质应符合上述“3. 技术要求”中“(10)”的规定。否则，应停止该产品的生产和销售
	总判定	(1)外观检验的样品中有欠火砖、酥砖则判该批产品不合格。 (2)出厂检验质量等级的规定。按出厂检验项目和在时效范围内最近一次型式检验中的孔洞排列及其结构、石灰爆裂、泛霜、抗风化性能等项目中最低质量等级进行判定。其中有一项不符合标准要求，则判为不合格。 (3)型式检验质量等级的判定。强度、密度、抗风化性能和放射性物质合格的产品，按尺寸偏差、外观质量、孔洞排列及其结构、泛霜、石灰爆裂、吸水率检验中最低质量等级判定。其中有一项不符合标准要求，则判该批产品不合格

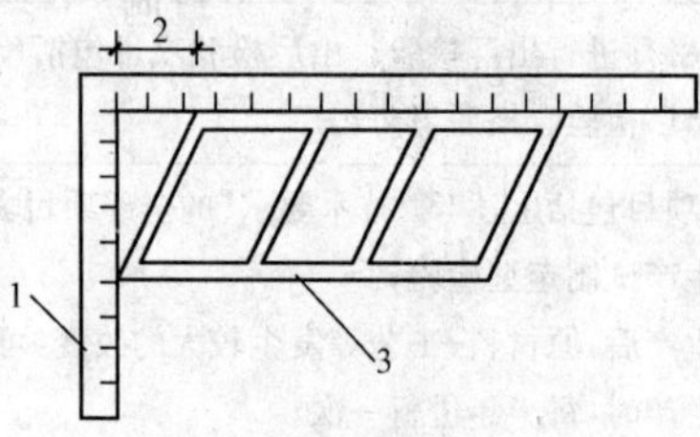

图 4-2　垂直度差测量方法

1—直角尺；2—垂直度差；3—砖或砌块

表 4-28　抽样数量　块

序号	检验项目	抽样数量
1	外观质量	50($n_1=n_2=50$)
2	尺寸偏差	20
3	强度	10
4	密度	5
5	孔洞排列及其结构	5
6	泛霜	5
7	石灰爆裂	5
8	吸水率和饱和系数	5
9	冻融	5
10	放射性物质	3

6. 标志与包装

(1)标志。产品出厂时,必须提供产品质量合格证。产品质量合格证主要内容包括:生产厂名、产品标记、批量及编号、证书编号、本批产品实测技术性能和生产日期等,并由检验员和单位签章。

(2)包装。根据用户需求按类别、强度等级、密度等级、质量等级、颜色分别包装,包装应牢固,保证运输时不会摇晃碰坏。

7. 运输与贮存

(1)运输。产品装卸时要轻拿轻放,避免碰撞摔打。

(2)贮存。产品应按类别、强度等级、密度等级、质量等级分别整齐堆放,不得混杂。

8. 应用

烧结空心砖主要用于非承重的填充墙和隔墙。

四、蒸压灰砂砖(GB 11945—1999)

1. 概念与特点

蒸压灰砂砖是以石灰、砂为原料,加水拌合,经坯料制备、压制成型和蒸压养护而成的实心砖。其外形、规格尺寸与烧结黏土砖相同,体积密度为 1800～1900kg/m^3,热导体约为 0.61W/(m·K)。

2. 分类

蒸压灰砂砖的分类,见表 4-29。

表 4-29　蒸压灰砂砖的分类

项　目	内　　容
颜色	根据灰砂砖的颜色分为:彩色的(Co)、本色的(N)
规格	(1)砖的外形为直角六面体。 (2)砖的公称尺寸。长度 240mm,宽度 115mm,高度 53m。生产其他规格尺寸产品,由用户与生产厂协商确定
等级	(1)强度级别。根据抗压强度和抗折强度分为 MU25,MU20,MU15,MU10 四级。 (2)质量等级。根据尺寸偏差和外观质量、强度及抗冻性分为: 1)优等品(A); 2)一等品(B); 3)合格品(C)
产品标记	采用产品名称(LSB)、颜色、强度级别、产品等级、标准编号的顺序进行,示例如下: 强度级别为 MU20,优等品的彩色灰砂砖:LSB　Co　20A　GB 11945

3. 技术要求

(1)尺寸偏差和外观。尺寸偏差和外观应符合表 4-30 的规定。

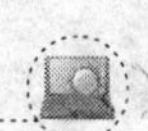

表 4-30　　尺寸偏差和外观　　mm

<table>
<tr><th colspan="4" rowspan="2">项　目</th><th colspan="3">指　标</th></tr>
<tr><th>优等品</th><th>一等品</th><th>合格品</th></tr>
<tr><td colspan="2" rowspan="3">尺寸允许偏差/mm</td><td>长度</td><td>L</td><td>±2</td><td rowspan="3">±2</td><td rowspan="3">±3</td></tr>
<tr><td>宽度</td><td>B</td><td>±2</td></tr>
<tr><td>高度</td><td>H</td><td>±1</td></tr>
<tr><td rowspan="3">缺棱掉角</td><td colspan="2">个数/个</td><td>不多于</td><td>1</td><td>1</td><td>2</td></tr>
<tr><td colspan="2">最大尺寸/mm</td><td>不得大于</td><td>10</td><td>15</td><td>20</td></tr>
<tr><td colspan="2">最小尺寸/mm</td><td>不得大于</td><td>5</td><td>10</td><td>10</td></tr>
<tr><td colspan="3">对应高度差/mm</td><td>不得大于</td><td>1</td><td>2</td><td>3</td></tr>
<tr><td rowspan="3">裂纹</td><td colspan="2">条数/条</td><td>不多于</td><td>1</td><td>1</td><td>2</td></tr>
<tr><td colspan="2">大面上宽度方向及其延伸到条面的长度/mm</td><td>不得大于</td><td>20</td><td>50</td><td>70</td></tr>
<tr><td colspan="2">大面上长度方向及其延伸到顶面上的长度或条、顶面水平裂纹的长度/mm</td><td>不得大于</td><td>30</td><td>70</td><td>100</td></tr>
</table>

(2)颜色。颜色应基本一致,无明显色差,但对本色灰砂砖不作规定。

(3)抗压强度和抗折强度。抗压强度和抗折强度应符合表 4-31 的规定。

表 4-31　　力学性能　　MPa

强度级别	抗压强度		抗折强度	
	平均值 ≥	单块值 ≥	平均值 ≥	单块值 ≥
MU25	25.0	20.0	5.0	4.0
MU20	20.0	16.0	4.0	3.2
MU15	15.0	12.0	3.3	2.6
MU10	10.0	8.0	2.5	2.0

注:优等品的强度级别不得小于 MU15。

(4)抗冻性。抗冻性应符合表 4-32 的规定。

表 4-32　　抗冻性指标

强度级别	冻后抗压强度/MPa　平均值 ≥	单块砖的干质量损失(%) ≤
MU25	20.0	2.0
MU20	16.0	2.0
MU15	12.0	2.0
MU10	8.0	2.0

注:优等品的强度级别不得小于 MU15。

4. 试验方法

(1)技术要求中各项指标按《砌墙砖试验方法》(GB/T 2542)中有关试验方法的规定进行。

(2)颜色：从批量中随机抽 36 块灰砂砖，平放在地上，在自然光照下，距离样品 1.5m 处目测，无明显色差。

5. 检验规则

蒸压灰砂砖检验规则，见表 4-33。

表 4-33　蒸压灰砂砖检验规则

项　目	内　容
检验分类	(1)产品检验分出厂检验和型式检验。 (2)每批出厂产品必须进行出厂检验。 (3)当产品有下列情况之一时应进行型式检验： 1)新厂生产试制定型检验； 2)正式生产后，原材料、工艺等发生较大改变，可能影响产品性能时； 3)正常生产时，每半年应进行一次； 4)出厂检验结果与上次型式检验结果有较大差异时； 5)国家质量监督机构提出进行型式检验时
检验项目	(1)出厂检验项目包括尺寸偏差和外观质量、颜色、抗压强度和抗折强度。 (2)型式检验项目包括上述“3. 技术要求”中全部项目
批量	同类型的灰砂砖每 10 万块为一批，不足 10 万块亦为一批
抽样	(1)尺寸偏差和外观质量检验的样品用随机抽样法从堆场中抽取。其他检验项目的样品用随机抽样法从尺寸偏差和外观质量检验合格的样品中抽取。 (2)抽样数量按表 4-34 进行
判定规则	(1)尺寸偏差和外观质量。尺寸偏差和外观质量采用二次抽样方案，根据表 4-30 规定的质量指标，检查出其中不合格品块数 d_1，按下列规则判定： $d_1 \leqslant 5$ 时，尺寸偏差和外观质量合格； $d_1 \geqslant 9$ 时，尺寸偏差和外观质量不合格； $d_1 > 5$，且 $d_1 < 9$ 时，需再次从该产品批中抽样 50 块检验，检查出不合格品数 d_2，按下列规则判定： $(d_1 + d_2) \leqslant 12$ 时，尺寸偏差和外观质量合格； $(d_1 + d_2) \geqslant 13$ 时，尺寸偏差和外观质量不合格。 (2)颜色抽检样品应无明显色差判为合格。 (3)抗压强度和抗折强度级别由试验结果的平均值和最小值按表 4-31 判定。 (4)抗冻性如符合表 4-32 相应强度级别时判为符合该级别，否则判不合格。 (5)总判定。 1)每一批出厂产品的质量等级按出厂检验项目的检验结果和抗冻性检验结果综合判定。 2)每一型式检验的质量等级按全部检验项目的检验结果综合判定。 3)抗冻性和颜色合格，按尺寸偏差、外观质量和强度级别中最低的质量等级判定，其中有一项不合格判该批产品不合格

表 4-34 抽样数量 块

序　号	项　目	抽样数量/块
1	尺寸偏差和外观质量	50($n_1=n_2=50$)
2	颜色	36
3	抗折强度	5
4	抗压强度	5
5	抗冻性	5

6. 出厂、堆放及运输

(1)出厂产品应有产品合格证,产品合格证包括:

1)生产厂名;

2)商标;

3)产品标记;

4)本批产品测定结果和生产日期。

(2)灰砂砖应存放3d以后出厂,产品贮存、堆放应做到场地平整、分级分等、整齐稳妥。

(3)产品运输、装卸时,严禁摔、掷、翻斗卸货。

7. 应用

强度等级大于MU15的砖可用于基础及其他建筑部位。MU10砖可用于砌筑防潮层以上的墙体。长期使用温度高于200℃以及承受急冷、急热或有酸性介质侵蚀的建筑部位应避免使用灰砂砖。

五、粉煤灰砖(JC 239—2001)

1. 概念与特点

粉煤灰砖是以粉煤灰和石灰为主要原料,掺入适量石膏或炉渣等,经配料、拌合、压制成型,高压或常压蒸汽养护而成的实心砖。其外形尺寸与烧结黏土砖相同。呈深灰色,体积、密度约为1500kg/m^3。

2. 分类

粉煤灰砖的分类、规格、等级及产品标记,见表4-35。

表 4-35 粉煤灰砖的分类、规格、等级及产品标记

项　目	内　容
类别	砖的颜色分为本色(N)和彩色(Co)
规格	砖的外形为直角六面体。砖的公称尺寸为:长240mm、宽115mm、高53mm
等级	(1)强度等级分为MU30、MU25、MU20、MU15、MU10。 (2)质量等级根据尺寸偏差、外观质量、强度等级、干燥收缩分为优等品(A)、一等品(B)、合格品(C)
产品标记	粉煤灰砖产品标记按产品名称(FB)、颜色、强度等级、质量等级、标准编号顺序编号。如:强度等级为20级,优等品的彩色粉煤灰砖标记为:FB　Co　20　A　JC 239—2001

3. 技术要求

(1)尺寸偏差和外观应符合表4-36的规定。

表4-36 尺寸偏差和外观 mm

<table>
<tr><th rowspan="2">项目</th><th></th><th colspan="3">指标</th></tr>
<tr><th></th><th>优等品(A)</th><th>一等品(B)</th><th>合格品(C)</th></tr>
<tr><td>尺寸允许偏差:
长
宽
高</td><td></td><td>
±2
±2
±1</td><td>
±3
±3
±2</td><td>
±4
±4
±3</td></tr>
<tr><td>对应高度差</td><td>≤</td><td>1</td><td>2</td><td>3</td></tr>
<tr><td>缺棱掉角的最小破坏尺寸</td><td>≤</td><td>10</td><td>15</td><td>20</td></tr>
<tr><td>完整面</td><td>不少于</td><td>两条面和一顶面或两顶面和一条面</td><td>一条面和一顶面</td><td>一条面和一顶面</td></tr>
<tr><td>裂纹长度
1)大面上宽度方向的裂纹(包括延伸到条面上的长度)
2)其他裂纹</td><td>
≤
≤</td><td>
30
50</td><td>
50
70</td><td>
70
100</td></tr>
<tr><td>层裂</td><td></td><td colspan="3">不允许</td></tr>
</table>

注:在条面或顶面上破坏面的两个尺寸同时大于10mm和20mm者为非完整面。

(2)强度等级应符合表4-37的规定,优等品砖的强度等级应不低于MU15。

表4-37 粉煤灰砖强度指标 MPa

强度等级	抗压强度		抗折强度	
	10块平均值 ≥	单块值 ≥	10块平均值 ≥	单块值 ≥
MU30	30.0	24.0	6.2	5.0
MU25	25.0	20.0	5.0	4.0
MU20	20.0	16.0	4.0	3.2
MU15	15.0	12.0	3.3	2.6
MU10	10.0	8.0	2.5	2.0

(3)抗冻性应符合表4-38的规定。

表4-38 抗冻性

<table>
<tr><th>强度等级</th><th>抗压强度/MPa 平均值 ≥</th><th>单块砖的干质量损失(%) ≤</th></tr>
<tr><td>MU30</td><td>24.0</td><td rowspan="5">2.0</td></tr>
<tr><td>MU25</td><td>20.0</td></tr>
<tr><td>MU20</td><td>16.0</td></tr>
<tr><td>MU15</td><td>12.0</td></tr>
<tr><td>MU10</td><td>8.0</td></tr>
</table>

(4)干燥收缩值:优等品和一等品应不大于 0.65mm/m;合格品应不大于 0.75mm/m。

(5)碳化性能。碳化系数 $K_c \geqslant 0.8$。

4. 试验方法

粉煤灰砖(JC 239)技术要求中规定的各项指标的试验按《砌墙砖试验方法》(GB/T 2542)的规定进行;其中色差的试验方法为:取 36 块粉煤灰砖,平放在地上,在自然光照下,距离样品 1.5m 处目测,无明显色差。

5. 检验规则

粉煤灰砖检验规则,见表 4-39。

表 4-39　　粉煤灰砖检验规则

项　目		内　　容
检验分类		(1)出厂检验:出厂检验的项目包括尺寸偏差和外观、色差、强度等级。 (2)型式检验:型式检验项目为上述"3. 技术要求"的全部项目。当产品有下列情况之一时应进行型式检验: 1)新厂生产试制定型鉴定时; 2)正式生产后原材料、工艺等有较大改变时; 3)正常生产时,每半年进行一次; 4)产品停产三个月以上,恢复生产时; 5)出厂检验结果与上次型式检验有较大差异时; 6)国家质量监督机构提出进行型式检验时
批　量		每 10 万块为一批,不足 10 万块按一批计
抽样		(1)尺寸偏差和外观质量检验的样品用随机抽样法从每一检验批的产品中抽取。其他检验项目的样品用随机抽样法从尺寸偏差和外观质量检验合格的样品中抽取。 (2)抽样数量按表 4-40 进行
判定规则	尺寸偏差和外观质量	尺寸偏差和外观质量采用二次抽样方案。首先抽取第一样本($n_1=50$),根据表 4-36 规定的质量指标,检查出其中不合格品数 d_1,按下列规则判定: (1)$d_1 \leqslant 5$ 时,尺寸偏差和外观质量合格; (2)$d_1 \geqslant 9$ 时,尺寸偏差和外观质量不合格; (3)$d_1 > 5$,且 $d_1 < 9$ 时,需对第二样本($n_2=50$)进行检验,检查出不合格品数 d_2。 按下列规定判定: (4)$(d_1+d_2) \leqslant 12$ 时,尺寸偏差和外观质量合格; (5)$(d_1+d_2) \geqslant 13$ 时,尺寸偏差和外观质量不合格
	色差	彩色粉煤灰砖的色差符合不显著规定时判为合格
	强度等级	强度等级符合表 4-37 相应规定时判为合格,且确定相应等级;否则判不合格
	抗冻性	抗冻性符合表 4-38 相应规定时判为合格,否则判不合格
	干燥收缩	干燥收缩值符合上述"3. 技术要求"中"(4)"的规定时判为合格,且确定相应等级,否则判不合格
	碳化性能	碳化性能符合上述"3. 技术要求"中"(5)"的规定时判为合格,否则判不合格
	总判定	各项检验结果均符合上述"3. 技术要求"相应等级时,则判该批产品符合该等级

表 4-40　抽样数量

序　号	检验项目	抽样数量/块
1	尺寸偏差和外观质量	100($n_1=n_2=50$)
2	色差	36
3	强度等级	10
4	抗冻性	10
5	干燥收缩	3
6	碳化性能	15

6. 标志与包装

(1)标志。出厂产品应有明显的标志。产品出厂时必须提供产品质量合格证。产品合格证主要包括生产企业名称、产品标记、商标、批量编号、证书编号,并由检验员或承检单位签章。

(2)包装。粉煤灰砖应妥善包装,符合环保有关要求。

7. 运输与贮存

(1)运输。产品运输、装卸时,不得抛、掷、翻斗卸货。

(2)贮存。粉煤灰砖应存放三天后出厂。产品贮存、堆放应做到场地平整、分等分级、整齐稳妥。

8. 应用

粉煤灰砖可用于工业与民用建筑的墙体和基础,但用于基础或易受冻融和干湿交替作用的建筑部位的砖,强度等级必须为 MU15 以上。粉煤灰砖不得用于长期受热(200℃以上)、受急冷急热交替作用和有酸性介质侵蚀的建筑部位。用粉煤灰砖砌筑的建筑物,应适当增设圈梁及收缩缝,以免或减少收缩缝的产生。

六、炉渣砖(JC/T 525—2007)

1. 概念与特点

炉渣砖是以炉渣(煤渣)和石灰为主要原料,掺入适量的石膏或电石渣等材料,经混合,搅拌,成型,蒸汽养护等制成的实心砖。其尺寸规格和普通的砖相同,呈黑灰色,体积密度为 1500～2000kg/m^3,吸水率为 6%～19%。

2. 分类

炉渣砖的分类,见表 4-41。

表 4-41　炉渣砖的分类

项　目	内　容
强度等级	分为 MU25、MU20、MU15 三等级
产品规格	(1)砖的外型为直角六面体。 (2)砖的公称尺寸为:长度 240mm,宽度 115mm,高度 53mm。其他规格尺寸由供需双方协商确定
产品标记	按产品名称(LZ)、强度等级以及标准编号顺序进行编写

3. 技术要求

(1)尺寸允许偏差应符合表 4-42 的规定。

表 4-42　尺寸允许偏差　mm

项　目	长度	宽度	高度
合格品	±2.0	±2.0	±2.0

(2)外观质量应符合表 4-43 的规定。

表 4-43　外观质量　mm

项　目			合格品
弯曲		≤	2.0
缺棱掉角	个数/个	≤	1
	三个方向投影尺寸的最小值	≤	10
完整面		不少于	一条面和一顶面
裂缝长度 1)大面上宽度方向及其延伸到条面的长度 2)大面上长度方向及其延伸到顶面上的长度或条、顶面水平裂纹的长度		 ≤ ≤	 30 50
层裂			不允许
颜色			基本一致

(3)强度等级应符合表 4-44 的规定。

表 4-44　强度等级　kPa

强度等级	抗压强度平均值 f≥	变异系数 δ≤0.21	变异系数 δ≥0.21
		强度标准值 f_k　≥	单块最小抗压强度 f_{min}　≥
MU25	25.0	19.0	20.0
MU20	20.0	14.0	16.0
MU15	15.0	10.0	12.0

(4)抗冻性应符合表 4-45 的规定。

表 4-45　抗冻性

强度等级	冻后抗压强度 MPa　平均值　≥	单块砖的干质量损失(%)　≤
MU25	22.0	2.0
MU20	16.0	2.0
MU15	12.0	2.0

(5)碳化性能应符合表 4-46 的规定。

表 4-46　碳化性能

强度等级	碳化后强度/MPa　平均值　≥
MU25	22.0
MU20	16.0
MU15	12.0

(6)干燥收缩率应不大于0.06%。

(7)耐火极限不小于2.0h。

(8)抗渗性。用于清水墙的砖，其抗渗性应满足表4-47的规定。

表4-47　抗渗性

项　目	指　标
水面下降高度	三块中任一块不大于10mm

(9)放射性应符合《建筑材料放射性核素限量》(GB 6566)的要求。

4. 试验方法

炉渣砖的试验方法见表4-48。

表4-48　炉渣砖的试验方法

项　目	内　容
尺寸允许偏差	按《砌墙砖试验方法》(GB/T 2542)的规定进行。其中每一尺寸测量不足0.5mm按0.5mm计，每一方向尺寸以两个测量值的算术平均值表示
外观质量	按《砌墙砖试验方法》(GB/T 2542)的规定进行。颜色的检验：20块试样条面朝上随机分两排并列，在自然光下距离试样2m处目测
强度等级	按《砌墙砖试验方法》(GB/T 2542)的规定进行
干燥收缩率、抗冻性、碳化性能与抗渗性	按《混凝土小型空心砌块试验方法》(GB/T 4111)的规定进行
耐火极限	按《建筑构件耐火试验方法　第1部分：通用要求》(GB/T 9978.1)的规定进行
放射性	按《建筑材料放射性核素限量》(GB 6566)的规定进行

5. 检验规则

炉渣砖检验规则，见表4-49。

表4-49　炉渣砖检验规则

项目		内　容
检验分类	出厂检验	产品必须进行出厂检验。出厂检验项目包括尺寸偏差、外观质量和强度等级，每批产品经出厂检验合格后方可出厂
	型式检验	型式检验项目包括上述"3. 技术要求"的全部项目。有下列之一情况者，应进行型式检验。 (1)新厂生产试制定型检验； (2)正式生产后，原材料、工艺等发生较大的改变，可能影响产品性能时； (3)正常生产时，每半年进行一次； (4)出厂检验结果与上次型式检验结果有较大差异时； (5)国家质量监督机构提出进行型式检验时
批量		检验批的构成原则和批量大小按《砌墙砖检验规则》(JC/T 466)规定。3.5～1.5万块为一批，当天产量不足1.5万块按一批计

（续）

项 目	内 容
抽样	(1)外观质量检验的试样采用随机抽样法，在每一检验批的产品堆垛中抽取。 (2)尺寸允许偏差和其他检验项目的样品用随机抽样法从外观质量检验合格的样品中抽取。 (3)抽样数量按表 4-50 的规定进行
判定规则	(1)尺寸允许偏差。样本平均偏差符合表 4-42 规定，判尺寸允许偏差为合格。否则，判不合格。 (2)外观质量。外观质量采用《砌墙砖检验规则》(JC/T 466)二次抽样方案，根据表4-43规定的质量指标，检查出其中不合格品数 d_1，按下列规则判定： $d_1 \leqslant 7$ 时，外观质量合格； $d_1 \geqslant 11$ 时，外观质量不合格； $d_1 > 7$ 且 $d_1 < 11$ 时，需再次从该产品批中抽样 50 块检验，检查出不合格品数 d_2，按下列规则判定： $(d_1+d_2) \leqslant 18$ 时，外观质量合格； $(d_1+d_2) \geqslant 19$ 时，外观质量不合格。 (3)颜色抽检样品应基本一致，判为合格。 (4)强度的试验结果符合表 4-44 的规定，判强度合格，且定相应等级。否则，判不合格。 (5)干燥收缩率应符合相关的规定。 (6)抗冻性应符合表 4-45 的规定。 (7)碳化性能应符合表 4-46 的规定。 (8)用于清水墙的砖，其抗渗性应符合表 4-47 的规定。 (9)放射性应符合《建筑材料放射性核素限量》(GB 6566)的规定。 (10)总判定。 1)每一批出厂产品的质量等级按出厂检验项目的检验结果和上次型式检验结果综合判定。 2)每一型式检验的质量等级全部检验项目的检验结果综合判定。 3)干燥收缩率、抗冻性、碳化性能、抗渗性、放射性、尺寸偏差、外观质量和颜色合格，按强度判定强度等级，其中有一项不合格判该批产品不合格

表 4-50　　抽样数量

序号	检验项目	抽样数量/块
1	外观质量	50($n_1=n_2=50$)(从中随机抽 20 块检测)
2	尺寸允许偏差	20
3	强度等级	10
4	干燥收缩	5
5	抗冻性	5
6	碳化性能	5
7	耐火极限	按《建筑构件耐火试验　第 1 部分：通用要求》(GB/T 9978.1)要求
8	抗渗性	3
9	放射性	4

6. 标志、包装

(1)标志。产品出厂时,必须提供产品质量合格证。产品质量合格证主要内容包括:生产厂名、产品标记、批量及编号、证书编号、本批产品实测技术性能和生产日期等,并由检验员和承检单位签章。

(3)包装。按品种、强度等级、颜色分别包装,包装应牢固,保证运输时不会摇晃碰坏。

7. 运输与贮存

(1)运输。产品运输和装卸时要轻拿轻放,避免碰撞摔打。

(2)贮存。产品应按品种、强度等级分别整齐堆放,不得混杂。

8. 应用

炉渣砖可用于一般建筑工程的内墙和非承重墙,但不得用于受高温、受急冷急热交替作用和有酸性介质侵蚀的建筑部位。

七、混凝土实心砖(GB/T 21144—2007)

1. 概念

混凝土实心砖是以水泥、骨料以及根据需要加入的掺合料、外加剂等,经加水搅拌、成型、养护制成的砖。砖的各部位名称,见图 4-3。

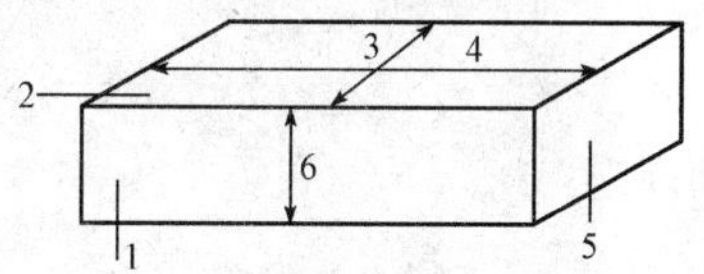

图 4-3　混凝土实心砖

1—条面;2—大面;3—宽度(B);4—长度(L);5—顶面;6—高度(H)

2. 分类

混凝土实心砖的规格、等级、代号和标记,见表 4-51。

表 4-51　混凝土实心砖规格、等级、代号和标记

项目	内容
规格	砖主规格尺寸为:240mm×115mm×53mm。其他规格由供需双方协商确定
密度等级	按混凝土自身的密度分为 A 级(≥2100kg/m^3)、B 级(1681～2099kg/m^3)和 C 级(≤1680kg/m^3)三个密度等级
强度等级	砖的抗压强度分为 MU40、MU35、MU30、MU25、MU20、MU15 六个等级
代号和标记	(1)混凝土实心砖的代号为 SCB。 (2)产品按下列顺序进行标记:代号、规格尺寸、强度等级、密度等级和标准编号。 如:规格为 240mm×115mm×53mm、抗压强度等级 MU25、密度等级 B 级、合格的混凝土砖: SCB　240×115×53　MU25　B　GB/T 21144—2007

3. 原材料

混凝土实心砖的原材料，见表4-52。

表4-52 混凝土实心砖原材料

项目	内容
水泥	水泥应符合《通用硅酸盐水泥》(GB 175)的规定
细骨料	细骨料应符合《建筑用砂》(GB/T 14684)的规定
粗骨料	(1)碎石、卵石应符合《建筑用卵石、碎石》(GB/T 14685)规定，其最大粒径不宜大于15mm。 (2)轻骨料应符合《轻集料及其试验方法　第一部分：轻集料》(GB/T 17431.1)的规定。 (3)重矿渣应符合《混凝土用高炉重矿渣碎石》(YB/T 4178)的规定
掺合料	粉煤灰应符合《用于水泥和混凝土中的粉煤灰》(GB/T 1596)的规定，矿渣粉应符合《用于水泥和混凝土中的粒化高炉矿渣粉》(GB/T 18046)的规定
外加剂	应符合《混凝土外加剂》(GB 8076)的规定
水	应符合《混凝土用水标准》(JGJ 63)的规定
放射性核素限量	所用原料均应符合《建筑材料放射性核素限量》(GB 6566)的要求

4. 技术要求

(1)尺寸偏差应符合表4-53的规定。

表4-53 尺寸允许偏差 mm

项目	长度	宽度	高度
标准值	−1～+2	−2～+2	−1～+2

(2)外观质量应符合表4-54的规定。

表4-54 外观质量 mm

项目		标准值
成形面高度差	≤	2
弯曲	≤	2
缺棱掉角的三个方向投影尺寸	不得同时大于	10
裂纹长度的投影尺寸	≤	20
完整面*	不得少于	一条面和一顶面

* 凡有下列缺陷之一者，不得称为完整面：

1. 缺损在条面或顶面上造成的破坏尺寸同时大于10mm×10mm。
2. 条面或顶面上裂纹宽度大于1mm，其长度超过30mm。

(3)密度等级应符合表4-55的规定。

表 4-55　密度等级　kg/m³

密度等级	3 块平均值
A 级	≥2100
B 级	1681～2099
C 级	≤1680

(4)强度等级应符合表 4-56 的规定。密度等级为 B 级和 C 级的砖，其强度等级应不小于 MU15；密度等级为 A 级的砖，其强度等级应不小于 MU20。

表 4-56　抗压强度　kPa

强度等级	抗压强度	
	平均值　≥	单块最小值　≥
MU40	40.0	35.0
MU35	35.0	30.0
MU30	30.0	26.0
MU25	25.0	21.0
MU20	20.0	16.0
MU15	15.0	12.0

(5)根据混凝土砖密度等级，吸水率应符合表 4-57 的规定。

表 4-57　最大吸水率　%

不同密度级混凝土砖的最大吸水率(3 块平均值)		
≥2100kg/m³(A 级)	1681～2099kg/m³(B 级)	≤1680kg/m³(C 级)
≤11	≤13	≤17

(6)干燥收缩率和相对含水率应符合表 4-58 的规定。

表 4-58　干燥收缩率和相对含水率　%

干燥收缩率	相对含水率平均值		
	潮湿	中等	干燥
≤0.050	≤40	≤35	≤30

注：1. 相对含水率即混凝土实心砖的含水率与吸水率之比：

$$w=\frac{w_1}{w_2}\times 100$$

式中　w——混凝土实心砖的相对含水率(%)；

w_1——混凝土实心砖的含水率(%)；

w_2——混凝土实心砖的吸水率(%)。

2. 使用地区的湿度条件

潮湿——系指年平均相对湿度大于 75%的地区；

中等——系指年平均相对湿度 50%～75%的地区；

干燥——系指年平均相对湿度小于 50%的地区。

(7)抗冻性能应符合表 4-59 的规定。

表 4-59　抗冻性　%

使用条件	抗冻指标	质量损失	强度损失
夏热冬暖地区	F15	≤5	≤25
夏热冬冷地区	F25		
寒冷地区	F35		
严寒地区	F50		

(8)碳化系数应不小于 0.80;软化系数应不小于 0.80。

5. 试验方法

混凝土实心砖试验方法,见表 4-60。

表 4-60　混凝土实心砖试验方法

项　目	内　容
尺寸偏差和外观质量	尺寸偏差和外观质量按《砌墙砖试验方法》(GB/T 2542)进行
密度级	密度试验按《混凝土小型空心砌块试验方法》(GB/T 4111)进行
强度	强度试验按《混凝土实心砖》(GB/T 21144—2007)附录 A 的规定进行
干燥收缩率及相对含水率	试验方法按《混凝土小型空心砌块试验方法》(GB/T 4111)进行。干燥收缩率试验的测定标距为 150mm
最大吸水率	试验方法按《混凝土小型空心砌块试验方法》(GB/T 4111)进行
碳化系数	试验方法按《混凝土实心砖》(GB/T 21144—2007)附录 B 进行
软化系数	试验方法按《混凝土实心砖》(GB/T 21144—2007)附录 C 进行
抗冻性	试验方法按《混凝土小型空心砌块试验方法》(GB/T 4111)进行

6. 检验规则

混凝土实心砖检验规则,见表 4-61。

表 4-61　混凝土实心砖检验规则

项　目		内　容
检验分类	出厂检验	出厂检验项目为:尺寸偏差、外观质量、强度等级、密度等级、最大吸水率和相对含水率
	型式检验	型式检验项目包括上述"4. 技术要求"的全部项目。有下列之一情况者,应进行型式检验。 (1)新厂生产试制定型检验; (2)正式生产后,原材料、工艺等发生较大的改变,可能影响产品性能时; (3)正常生产时,每半年进行一次; (4)产品停产三个月以上恢复生产时; (5)出厂检验结果与上次型式检验结果有较大差异时; (6)国家质量监督机构提出进行型式检验时

（续）

项　目	内　　容
组批规则	检验批的构成原则和批量大小按《砌墙砖检验规则》(JC/T 466)规定，用同一种原材料、同一工艺生产、相同质量等级的10万块为一批，不足10万块亦按一批计
抽样	(1)尺寸偏差和外观质量检验的试样采用随机抽样法，在检验批的产品堆垛中抽取50块进行检验。 (2)其他检验项目的样品用随机抽样法从外观质量检验合格的样品中抽取如下数量的砖进行其他项目检验，如样品数量不足时，再在该批砖中补抽砖样(外观质量和尺寸偏差检验合格)进行项目检验。 1)强度　10块 2)密度　3块 3)干燥收缩率、相对含水率　3块 4)最大吸水率　3块 5)抗冻性能　10块 6)碳化系数　10块 7)软化系数　10块
判定规则	(1)尺寸偏差和外观质量采用《砌墙砖检验规则》(JC/T 466)二次抽样方案，根据表4-53、表4-54规定的质量指标，检查出其中不合格品数d_1，按下列规则判定： $d_1 \leqslant 7$时，尺寸偏差和外观质量合格； $d_1 \geqslant 11$时，尺寸偏差和外观质量不合格； $d_1 > 7$，且$d_1 < 11$时，需再次从该产品批中抽样50块检验，检查出不合格品数d_2，按下列规则判定： $(d_1+d_2) \leqslant 18$时，尺寸偏差和外观质量合格； $(d_1+d_2) \geqslant 19$时，尺寸偏差和外观质量不合格。 (2)密度、强度、干燥收缩率和相对含水率、抗冻性、碳化系数、软化系数检验结果，分别符合表4-55～表4-59及上述“4. 技术要求”中“(8)”指标时，则判该批产品相应等级合格；其中有一项不合格，则判该批产品相应等级不合格

7. 产品合格证、堆放及运输

(1)砖出厂时，宜适当包装，并提供产品质量合格证书，内容包括：

1)厂名和商标；

2)批量编号和砖数量(块)；

3)产品标记和检验结果；

4)产品质量合格证书编号；

5)生产日期；

6)检验部门和检验人员签章。

(2)砖应按规格、等级分批分别堆放，不得混堆。

(3)砖在堆放、运输时，应采取防雨措施。

(4)装卸时，严禁碰撞、扔摔，应轻码轻放，禁止翻斗倾卸。

(5)产品养护、堆放龄期不足28d不得出厂。

八、混凝土路面砖[JC/T 446—2000(2009)]

1. 概念与特点

以水泥和集料为主要原料，经加工、振动加压或其他成型工艺制成的，用于铺设城市道路人行道、城市广场等的混凝土路面及地面工程的块板等。其表面可以是有面层（料）的或无面层（料）的，本色的或彩色的路面砖。

2. 分类

混凝土路面砖的分类见表4-62。

表4-62 混凝土路面砖的分类

项目	内容
品种	按路面砖形状分为普通型路面砖和联锁型路面砖
代号	(1)道路型路面砖代号为N。 (2)联锁型路面砖代号为S
规格	路面砖的规格尺寸见表4-63。路面砖的规格尺寸也可根据用户的要求确定
等级	(1)抗压强度等级分为C_c30、C_c35、C_c40、C_c50、C_c60。 (2)抗折强度等级分为$C_f3.5$、$C_f4.0$、$C_f5.0$、$C_f6.0$。 (3)质量等级：符合规定强度等级的路面砖，根据外观质量、尺寸偏差和物理性能分为优等品(A)、一等品(B)和合格品(C)
标记	(1)按产品代号、规格尺寸、强度、质量等级和编号顺序进行标记。 (2)普通型路面砖规格为250mm×250mm×60mm，抗压强度等级C_c40，合格品的标记示例： N 250×250×60 C_c40 C JC/T 446—2000

表4-63 规格尺寸 mm

项目	内容
边长	100,150,200,250,300,400,500
厚度	50,60,80,100,120

3. 一般规定

(1)原材料。

1)水泥应符合《通用硅酸盐水泥》(GB 175)、《白色硅酸盐水泥》(GB/T 2015)中规定的矿渣硅酸盐水泥。

2)细集料应符合《建筑用砂》(GB 14684)的规定。

3)粗集料应符合《建筑用卵石、碎石》(GB 14685)的规定。

4)硬质工业废渣骨料、石粉、石屑应符合下列要求：

①烧失量不大于8%；

②不含有影响混凝土性能的有害成分及其他夹杂物。

5)粉煤灰应符合《用于水泥和混凝土中的粉煤灰》(GB/T 1596)的规定。

6)外加剂应符合《混凝土外加剂》(GB 8076)的规定。

7)颜料应符合《混凝土和砂浆用颜料及其试验方法》(JC/T 539)的规定。

8)水应符合《混凝土用水标准》(JGJ 63)的规定。

(2)路面砖表面应有必要的防滑功能,以保障行人及车辆的安全。

(3)路面砖的外露表面应平整,宜有倒角。

(4)路面砖饰面层的厚度不应小于5mm;表面花纹图案的沟槽深度不得超过面层(料)的厚度。

4. 技术要求

(1)路面砖的外观质量应符合表4-64的规定。

表4-64 外观质量 mm

项目			优等品	一等品	合格品
正面粘皮及缺损的最大投影尺寸		≤	0	5	10
缺棱掉角的最大投影尺寸		≤	0	10	20
裂纹	非贯穿裂纹长度最大投影尺寸	≤	0	10	20
	贯穿裂纹		不允许		
分层			不允许		
色差、杂色			不明显		

(2)路面砖的尺寸允许偏差应符合表4-65的规定。

表4-65 尺寸允许偏差 mm

项目	优等品	一等品	合格品
长度、宽度	±2.0	±2.0	±2.0
厚度	±2.0	±3.0	±4.0
厚度差	≤2.0	≤3.0	≤3.0
平整度	≤1.0	≤2.0	≤2.0
垂直度	≤1.0	≤2.0	≤2.0

(3)根据路面边长与厚度比值,选择做抗压强度或抗折强度试验,其力学性能须符合表4-66的规定。

表4-66 力学性能 MPa

边长/厚度	<5		≥5		
抗压强度等级	平均值 ≥	单块最小值 ≥	抗折强度等级	平均值 ≥	单块最小值 ≥
C_c30	30.0	25.0	$C_f3.5$	3.50	3.00
C_c35	35.0	30.0	$C_f4.0$	4.00	3.20
C_c40	40.0	35.0	$C_f5.0$	5.00	4.20
C_c50	50.0	42.0	$C_f6.0$	6.00	5.00
C_c60	60.0	50.0	—	—	—

(4)路面砖物理性能须符合表4-67的规定。

表4-67 物理性能

质量等级	耐磨性		吸水率(%)	抗冻性
	磨坑长度/mm ≤	耐磨度 ≥	≤	
优等品	28.0	1.9	5.0	冻融循环试验后,外观质量须符合表4-77的规定;强度损失不得大于20.0%
一等品	32.0	1.5	6.5	
合格品	35.0	1.2	8.0	

注:磨坑长度与耐磨度两项试验只做一项即可。

5. 试验方法

混凝土路面砖试验方法见表4-68。

表4-68 混凝土路面砖试验方法

项目		内容
外观质量	量具	砖用卡尺(图4-4)或精度不低于0.5mm其他量具
	测量方法	(1)正面粘皮及缺损。测量正面粘皮及缺损处对应路面砖边的长、宽两个投影尺寸,精确至0.5mm(图4-5)。 (2)缺棱掉角。测量缺棱、掉角处对应路面砖棱边的长、宽、厚三个投影尺寸,精确至0.5mm(图4-6)。 (3)裂纹。测量裂纹所在面上的最大投影长度;若裂纹由一个面延伸至其他面时,测量其延伸的投影长度之和,精确至0.5mm(图4-7)。 (4)分层。对路面砖的侧面进行目测检验。 (5)色差、杂色。在平坦地面上,将路面砖铺成不小于1m²的正方形,在自然光照或功率不低于40W日光灯下,距1.5m处用肉眼观察检验
规格尺寸	测量方法	(1)长度、宽度、厚度和厚度差。测量矩形路面砖长度和宽度时,分别测量路面砖正面离角部10mm处对应平行侧面(图4-8),分别测量两个长度值和宽度值;联锁型路面砖测量由供货方提供路面砖标识尺寸的长度、宽度。厚度分别测量路面砖宽度中间距边缘10mm处。两厚度测量值之差为厚度差(图4-8)。测量值分别精确至0.5mm。 (2)平整度。砖用卡尺支角任意放置在路面砖正面四周边缘部位,滑动砖用卡尺中间测量尺,测量路面砖表面上最大凸凹处,精确至0.5mm(图4-9)。 (3)垂直度。使砖用卡尺尺身紧贴路面砖的正面,一个支角顶住砖底的棱边,从尺身上读出路面砖正面对应棱边的偏离数值作为垂直度偏差,每一棱边测量两次,记录最大值,精确至0.5mm(图4-10)
力学性能		抗压强度试验和抗折强度试验按[JC/T 446—2000(2009)]附录A规定进行

（续）

项　目	内　　容
物理性能	(1)耐磨性。磨坑长度试验按《无机地面材料耐磨性能试验方法》(GB/T 12988)的规定进行。耐磨度试验按《混凝土及其制品耐磨性试验方法(滚珠轴承法)》(GB/T 16925)的规定进行。 (2)吸水率。 1)试验设备。 ①天平:称量 10kg,感量 5g; ②烘箱:能使温度控制在 150℃±5℃。 2)试件。试件数量为 5 块,取整块路面砖。当质量大于 5kg 时,可从整块路面砖上砌取(4.5±0.5)kg 的部分路面砖。 3)试验步骤。将试件置于温度为 105℃±5℃的烘箱内烘干,每间隔 4h 将试件取出分别称量一次,直至两次称量差小于 0.1%时,视为试件干燥质量(m_0)。 将试件冷却至室温后侧向直立在水槽中,注入温度为(20±10)℃的洁净水,将试件浸没水中,使水面高出试件约 20mm。 浸水 $24^{+0.25}_{0}$h,将试件从水中取出,用拧干的湿毛巾擦去表面附着水,分别称量一次,直至前后两次称量差小于 0.1%时,为试件吸水 24h 质量(m_1)。 4)结果计算与评定。 吸水率按下式计算: $$w=\frac{m_1-m_0}{m_0}\times 100$$ 式中　w——吸水率(%); m_1——试件吸水 24h 的质量(g); m_0——试件干燥的质量(g); 结果以 5 块试件的平均值表示,计算精确至 0.1%。 (3)抗冻性。 1)试验设备。 ①冷冻箱(室):装有试件后能使冷冻箱(室)内温度保持在-15^{0}_{-5}℃范围以内; ②水槽:装有试件后能使水温度保持 20℃±10℃范围以内。 2)试件。试件数量为 10 块,其中 5 块进行冻融试验;5 块用作对比试件。 3)试验步骤。试件应进行外观检查,将缺损、裂纹处作标记,并记录其缺陷情况。随后放入温度为 20℃±10℃的水中浸泡 24h。浸泡时水面应高出试件约 20mm。 从水中取出试件,用拧干的湿毛巾擦去表面附着水,即可放入预先降温至-15^{0}_{-5}℃的冷冻箱(室)内,试件间隔不小于 20mm。待温度重新达到−15℃时计算冻结时间,每次从装完试件到温度达到−15℃所需时间不应大于 2h。在−15℃下的冻结时间按试件厚度而定:厚度小于 60mm 的试件为不少于 3h;厚度大于或等于 60mm 的试件为不少于 4h。然后,取出试件立即放入 20℃±10℃水中融解 2h。该过程为一次冻融循环。依此法进行 25 次冻融循环。 完成 25 次冻融循环后,从水中取出试件,用拧干的湿毛巾擦去表面附着水,检查并记录试件表面剥落、分层、裂纹及裂纹延长的情况,然后按抗压强度和抗折强度试验方法进行强度试验。 4)结果计算。冻融试验后强度损失率按下式计算: $$\Delta R=\frac{R-R_D}{R}\times 100$$ 式中　ΔR——冻融循环后的强度损失率(%); R——按照冻融试验前,试件强度试验结果的平均值(MPa); R_D——按照冻融试验后,试件强度试验结果的平均值(MPa)。 试验结果计算精确至 0.1%

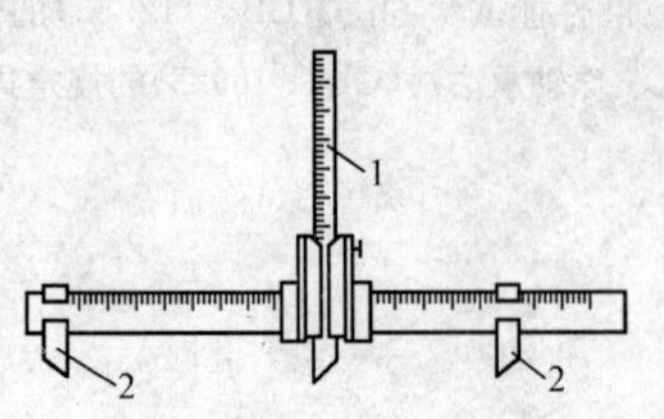

图 4-4　砖用卡尺
1—垂直尺；2—支脚

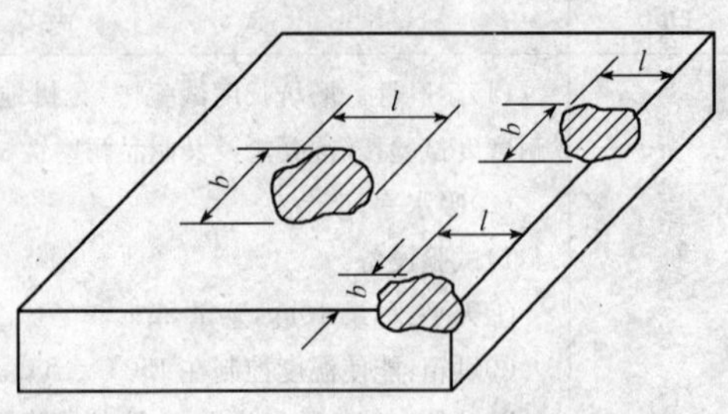

图 4-5　正面粘皮及缺损测量方法
l—长度方向投影尺寸；b—宽度方向投影尺寸

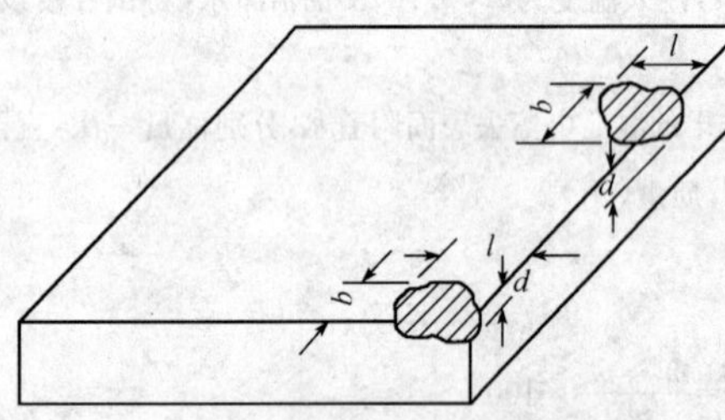

图 4-6　缺棱、掉角尺寸的测量
l—长度方向投影尺寸；b—宽度方向投影尺寸；
d—厚度方向的投影尺寸

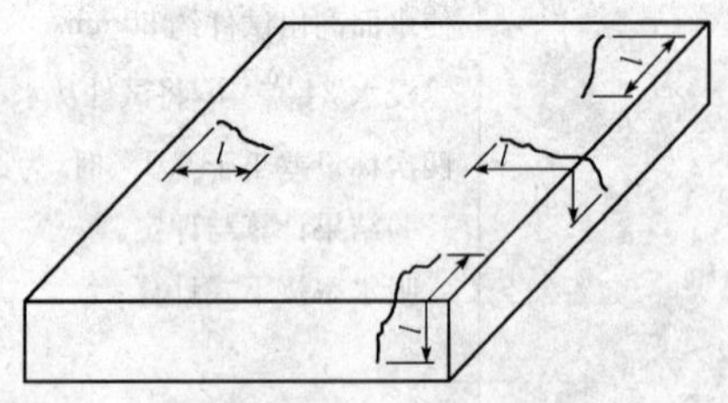

图 4-7　裂纹长度的测量
l—裂纹投影尺寸

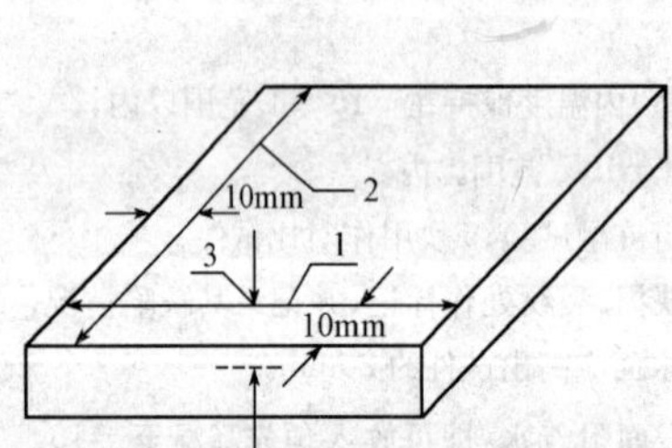

图 4-8　长度、宽度、厚度的测量
1—长度；2—宽度；3—厚度

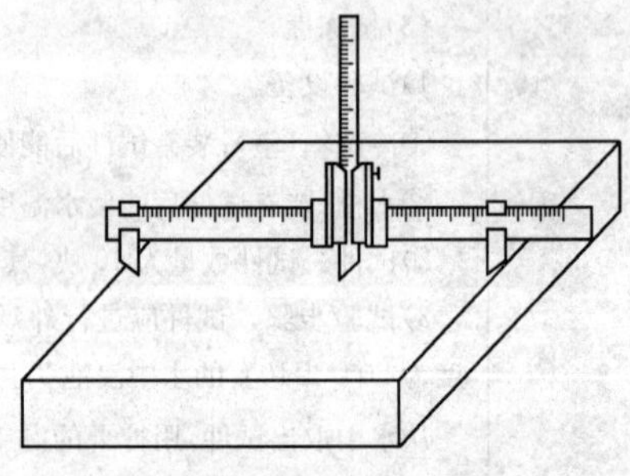
图 4-9　平整度的测量

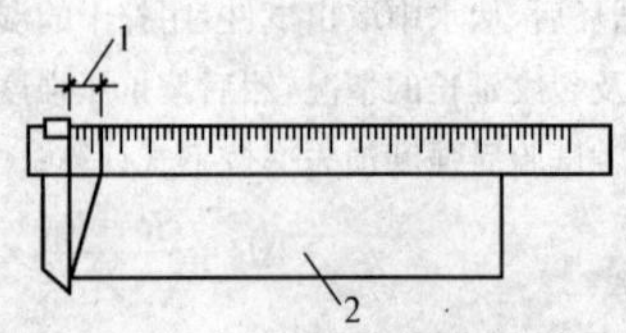

图 4-10　垂直度的测量
1—垂直度；2—路面砖

6. 检验规则

混凝土路面砖检验规则，见表 4-69。

表 4-69 混凝土路面砖检验规则

项目		内容
检验分类		(1)出厂检验项目：外观质量、尺寸偏差、强度、吸水率。 (2)型式检验项目：对规定的产品技术要求进行全部检验。 有下列情况之一时，应进行型式检验： 1)新产品或老产品转厂生产的试制定型鉴定； 2)生产中如品种、原材料、混凝土配合比、工艺有较大改变，设备大修时； 3)正常生产时，每半年进行一次； 4)出厂检验结果与上次型式检验结果有较大差异时； 5)产品长期停产后，恢复生产时； 6)国家质量监督机构提出进行型式检验的要求时
批量		每批路面砖应为同一类别、同一规格、同一等级，每 20000 块为一批；不足 20000 块，亦按一批计；超过 20000 块，批量由供需双方商定
抽样		(1)外观质量检验的试件，抽样前预先确定好抽样方法，按随机抽样法从每批产品中抽取 50 块路面砖，使所抽取的试件具有代表性。 (2)规格尺寸检验的试件，从外观质量检验合格的试件中按随机抽样法抽取 10 块路面砖。 (3)物理、力学性能检验的试件，按随机抽样法从外观质量及尺寸检验合格的试件中抽取 30 块路面砖(其中 5 块备用)。 物理、力学性能试验试件的龄期为不少于 28d
判定规则	外观质量	在 50 块试件中，根据不合格试件的总数(K_1)及二次抽样检验中不合格(包括第一次检验不合格试件)的总数(K_2)进行判定。 若 $K_1 \leqslant 3$，可验收，若 $K_1 \geqslant 7$，拒绝验收；若 $4 \leqslant K_1 \leqslant 6$，则允许按上述“抽样”项中“(1)”规定进行第二次抽样检验。 若 $K_2 \leqslant 8$ 可验收；若 $K_2 \geqslant 9$ 拒绝验收
	尺寸偏差	在 10 块试件中，根据不合格试件的总数(K_1)及二次抽样检验中不合格(包括第一次检验不合格试件)的总数(K_2)进行判定。 若 $K_1 \leqslant 1$，可验收；$K_1 \geqslant 3$，拒绝验收；$K_1 = 2$，则允许按上述“抽样”项中“(2)”规定进行第二次抽样检验。 若 $K_2 = 2$，可验收；$K_2 \geqslant 3$，拒绝验收
	物理力学性能	经检验，各项物理、力学性能符合某一等级规定时，判该项为相应等级。 若两种耐磨性结果有争议，以《无机地面材料耐磨性能试验方法》(GB/T 12988)试验结果为最终结果
	总判定	所有项目的检验结果都符合某一等级规定时，判为相应等级；有一项不符合合格品等级规定时，判为不合格品

7. 标志、使用说明书

(1)标志。出厂产品中，至少有 0.5% 的路面砖应有明显的标志。产品出厂时，必须提供产品质量合格证。产品合格证主要包括生产企业名称、产品标记、商标、批量编号、证书编号，并由检验员或承检单位签章。

(2)使用说明书。为方便使用,供方应提供路面砖的使用说明书,说明现场施工方法和要求及参考使用数量。

8. 包装、运输及贮存

(1)包装。用吊装托架装运时,应捆扎牢固。亦可不用吊装托架散装。

(2)运输。产品装、卸时应轻拿轻放,严禁抛、掷。运输时应避免碰撞。

(3)贮存。路面砖贮存场地应平整、坚实。应按品种、规格、质量等级分别堆放。散装堆垛高度不得超过1.5m。

9. 应用

混凝土路面砖主要用于人行道、车行道、公园小道、停车场及地面受力较大的场合,如港口集装箱码头、机场停机坪等场所。

第二节 墙用砌块

一、普通混凝土小型空心砌块(GB 8239—1997)

1. 概念与组成

普通混凝土小型空心砌块是混凝土小型空心砌块中的主要品种之一,它是以水泥、粗集料(石子)、细集料(砂)、水为主要原材料,必要时加入外加剂,按一定比例(质量比)计量配料、搅拌、成型、养护而成的砌块。

2. 砌块各部位名称

砌块各部位名称,见图4-11。

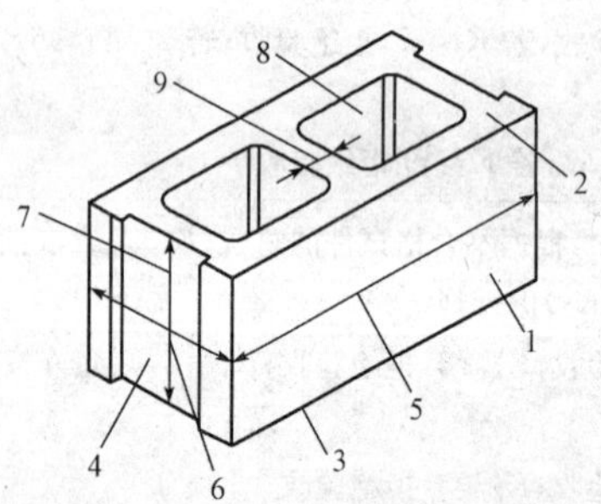

图4-11 砌块各部位的名称

1—条面;2—坐浆面(肋厚较小的面);3—铺浆面(肋厚较大的面);4—顶面;5—长度;6—宽度;7—高度;8—壁;9—肋

3. 等级与标记

(1)等级。

1)按其尺寸偏差,外观质量分为:优等品(A),一等品(B)及合格品(C)。

2)按其强度等级分为:MU3.5,MU5.0,MU7.5,MU10.0,MU15.0,MU20.0。

(2)标记。按产品名称(代号NHB),强度等级,外观质量等级和标准编号的顺序进行标记。如强度等级为MU7.5,外观质量为优等品(A)的砌块,其标记为:NHB MU7.5A GB 8239。

4. 原材料

(1)水泥:宜采用符合《通用硅酸盐水泥》(GB/T 175)规定的水泥。

(2)细集料:应符合《建筑用砂》(GB/T 14684)的规定。

(3)粗集料:可采用碎石、卵石和重矿渣,碎石、卵石应符合《建筑用卵石、碎石》(GB/T 14685)的规定,重矿渣应符合《混凝土用高炉重矿碎石》(YB/T 4178)的规定,其最大粒径为10mm,如采用石屑等破碎石材,小于0.15mm的细石粉含量不应大于20%。

(4)外加剂:应符合《混凝土外加剂》(GB 8076)的规定。

5. 技术要求

(1)规格。

1)规格尺寸。主规格尺寸为390mm×190mm×190mm,其他规格尺寸可由供需双方协商。

2)最小外壁厚应不小于30mm,最小肋厚应不小于25mm。

3)空心率应不小于25%。

4)尺寸允许偏差应符合表4-70要求。

表4-70　尺寸允许偏差　mm

项　目	优等品(A)	一等品(B)	合格品(C)
长度	±2	±3	±3
宽度	±2	±3	±3
高度	±2	±3	+3 −4

(2)外观质量应符合表4-71的规定。

表4-71　外观质量　mm

项　目			优等品(A)	一等品(B)	合格品(C)
弯曲/mm		≤	2	2	3
掉角缺棱	个数/个	不多于	0	2	2
	三个方向投影尺寸的最小值/mm	≤	0	20	30
裂纹延伸的投影尺寸累计/mm		≤	0	20	30

(3)强度等级应符合表4-72的规定。

表4-72　强度等级　MPa

强度等级	砌块抗压强度,≥	
	平均值	单块最小值
MU3.5	3.5	2.8
MU5.0	5.0	4.0
MU7.5	7.5	6.0
MU10.0	10.0	8.0
MU15.0	15.0	12.0
MU20.0	20.0	16.0

(4)相对含水率应符合表 4-73 的规定。

表 4-73 相对含水率 %

使用地区	潮湿	中等	干燥
相对含水率不大于	45	40	35

注:1. 潮湿——系指年平均相对湿度大于 75%的地区。
2. 中等——系指年平均相对湿度 50%~75%的地区。
3. 干燥——系指年平均相对湿度小于 50%的地区。

(5)抗渗性:用于清水墙的砌块,其抗渗性应满足表 4-74 的规定。

表 4-74 抗渗性 mm

项目	指标
水面下降高度	三块中任一块不大于 10

(6)抗冻性。应符合表 4-75 的规定。

表 4-75 抗冻性

使用环境条件		抗冻标号	指标
非采暖地区		不规定	—
采暖地区	一般环境	D15	强度损失≤25% 质量损失≤5%
	干湿交替环境	D25	

注:非采暖地区指最冷月份平均气温高于-5℃的地区;采暖地区指最冷月份平均气温低于或等于-5℃的地区。

6. 试验方法

试验方法按《混凝土小型空心砌块试验方法》(GB/T 4111)进行。

7. 检验规则

普通混凝土小型空心砌块检验规则,见表 4-76。

表 4-76 普通混凝土小型空心砌块检验规则

项目	内容
分类检验	(1)出厂检验。检验项目为:尺寸偏差、外观质量、强度等级、相对含水率,用于清水墙的砌块尚应检验抗渗性。 (2)型式检验。检验项目为技术要求中的全部项目。有下列情况之一者,必须进行型式检验: 1)新产品的试制定型鉴定; 2)正常生产后,原材料、配比及生产工艺改变时; 3)正常生产经过半年时; 4)产品停产三个月以上恢复生产时; 5)出厂检验结果与上次型式检验有较大差异时; 6)国家质量监督机构提出进行型式检验要求时
组批规则	砌块按外观质量等级和强度等级分批验收,它以同一种原材料配制成的相同外观质量等级、强度等级和同一工艺生产的 10000 块砌块为一批,每月生产的块数不足 10000 块者亦按一批

（续）

项　目	内　　　容
抽样规则	(1)每批随机抽取 32 块做尺寸偏差和外观质量检验。 (2)从尺寸偏差和外观质量检验合格的砌块中抽取如下数量进行其他项目检验： 1)强度等级　5 块； 2)相对含水率　3 块； 3)抗渗性　3 块； 4)抗冻性　10 块； 5)空心率　3 块
判定规则	(1)若受检砌块的尺寸偏差和外观质量均符合表 4-70 和表 4-71 的相应指标时，则判该砌块符合相应等级。 (2)若受检的 32 块砌块中，尺寸偏差和外观质量的不合格数不超过 7 块时，则判该批砌块符合相应等级。 (3)当所有项目的检验结果均符合各项技术要求的等级时，则判该批砌块为相应等级

8. 产品合格证

砌块出厂时，生产厂应提供产品质量合格证书，其内容包括：

(1)厂名和商标。

(2)批量编号和砌块数量(块)。

(3)产品标记和检验结果。

(4)合格证编号。

(5)检验部门和检验人员签章。

9. 产品堆放和运输

(1)砌块应按规格、等级分批分别堆放，不得混杂。

(2)砌块堆放运输及砌筑时应有防雨措施。

(3)砌块装卸时，严禁碰撞，扔摔；应轻码轻放，不许翻斗倾卸。

10. 应用

普通混凝土小型空心砌块可用于多层建筑的内墙和外墙。这种砌块在砌筑时一般不宜浇水，但在气候特别干燥炎热时，可在砌筑前稍喷水湿润。砌块因失水而产生的收缩会导致墙体开裂，为了控制砌块建筑的墙体裂缝，其相对含水率应符合表 4-73 的规定；用于清水墙的砌块，还应满足抗渗性要求。

二、蒸压加气混凝土砌块(GB 11968—2006)

1. 概念

蒸压加气混凝土砌块是以钙质材料(水泥、石灰等)和硅质材料(砂、矿渣、粉煤灰等)以及加气剂(粉)等，经配料、搅拌、浇筑、发气(由化学反应形成孔隙)、预养切割、蒸汽养护等工艺过程制成的多孔硅酸盐砌块，代号 ACB。

2. 分类

(1)规格。砌块的规格尺寸，见表 4-77。

表 4-77　砌块的规格尺寸　mm

长度 L	宽度 B	高度 H
600	100　120　125 150　180　200 240　250　300	200　240　250　300

注：如需要其他规格，可由供需双方协商解决。

(2)砌块按强度和干密度分级。

1)强度级别有：A1.0，A2.0，A2.5，A3.5，A5.0，A7.5，A10 七个级别。

2)干密度级别有：B03，B04，B05，B06，B07，B08 六个级别。

(3)砌块等级。砌块按尺寸偏差与外观质量、干密度、抗压强度和抗冻性分为：优等品(A)、合格品(B)两个等级。

(4)砌块产品标记。示例：强度级别为 A3.5、干密度级别为 B05、优等品、规格尺寸为 600mm×200mm×250mm 的蒸压加气混凝土砌块，其标记为：

ACB　A3.5　B05　600×200×250A　GB 11968—2006

3. 原材料

(1)水泥应符合《通用硅酸盐水泥》(GB 175)的规定。

(2)生石灰应符合《硅酸盐建筑制品用生石灰》(JC/T 621)的规定。

(3)粉煤灰应符合《硅酸盐建筑制品用粉煤灰》(JC/T 409)的规定。

(4)砂应符合《硅酸盐建筑制品用砂》(JC/T 622)的规定。

(5)铝粉应符合《加气混凝土用铝粉膏》(JC/T 407)的规定。

(6)石膏、外加剂应符合相应标准规定。

(7)掺用工业废渣时，废渣的放射性水平应符合《建筑材料放射性核素限量》(GB 6566)的规定。

4. 技术要求

(1)砌块的尺寸允许偏差和外观质量应符合表 4-78 的规定。

表 4-78　尺寸偏差和外观　mm

<table>
<tr><th colspan="3" rowspan="2">项　　目</th><th colspan="2">指　标</th></tr>
<tr><th>优等品(A)</th><th>合格品(B)</th></tr>
<tr><td colspan="2" rowspan="3">尺寸允许偏差/mm</td><td>长度　L</td><td>±3</td><td>±4</td></tr>
<tr><td>宽度　B</td><td>±1</td><td>±2</td></tr>
<tr><td>高度　H</td><td>±1</td><td>±2</td></tr>
<tr><td rowspan="3">缺棱掉角</td><td>最小尺寸/mm</td><td>不得></td><td>0</td><td>30</td></tr>
<tr><td>最大尺寸/mm</td><td>不得></td><td>0</td><td>70</td></tr>
<tr><td>大于以上尺寸的缺棱掉角个数，/个</td><td>不多于</td><td>0</td><td>2</td></tr>
<tr><td rowspan="3">裂纹长度</td><td colspan="2">贯穿一棱二面的裂纹长度不得大于裂纹所在面的裂纹方向尺寸总和的</td><td>0</td><td>1/3</td></tr>
<tr><td colspan="2">任一面上的裂纹长度不得大于裂纹方向尺寸的</td><td>0</td><td>1/2</td></tr>
<tr><td>大于以上尺寸的裂纹条数/条</td><td>不多于</td><td>0</td><td>2</td></tr>
<tr><td colspan="2">爆裂、粘模和损坏深度/mm</td><td>不得></td><td>10</td><td>30</td></tr>
</table>

（续）

项　　　目	指　标	
	优等品(A)	合格品(B)
平面弯曲	不允许	
表面疏松、层裂	不允许	
表面油污	不允许	

(2)砌块的抗压强度应符合表4-79的规定。

表4-79　　砌块的立方体抗压强度　　MPa

强度级别	立方体抗压强度	
	平均值　≥	单组最小值　≥
A1.0	1.0	0.8
A2.0	2.0	1.6
A2.5	2.5	2.0
A3.5	3.5	2.8
A5.0	5.0	4.0
A7.5	7.5	6.0
A10.0	10.0	8.0

(3)砌块的干密度应符合表4-80的规定。

表4-80　　干密度　　kg/m^3

干密度级别		B03	B04	B05	B06	B07	B08
干密度	优等品(A)　≤	300	400	500	600	700	800
	合格品(B)　≤	325	425	525	625	725	825

(4)砌块的强度级别应符合表4-81的规定。

表4-81　　强度级别

干密度级别		B03	B04	B05	B06	B07	B08
强度级别	优等品(A)	A1.0	A2.0	A3.5	A5.0	A7.5	A10.0
	合格品(B)			A2.5	A3.5	A5.0	A7.5

(5)砌块的干燥收缩、抗冻性和导热系数(干套)应符合表4-82的规定。

表4-82　　干燥收缩、抗冻性和导热系数

干密度级别			B03	B04	B05	B06	B07	B08
干燥收缩值*	标准法/(mm/m)　≤		0.50					
	快速法/(mm/m)　≤		0.80					
抗冻性	质量损失(%)　≤		5.0					
	冻后强度/MPa　≥	优等品(A)	0.8	1.6	2.8	4.0	6.0	8.0
		合格品(B)			2.0	2.8	4.0	6.0
导热系数(干态)/[W/(m·K)]　≤			0.10	0.12	0.14	0.16	0.18	0.20

*规定采用标准法、快速法测定砌块干燥收缩值，若测定结果发生矛盾不能判定时，则以标准法测定的结果为准。

5. 检验方法

蒸压加气混凝土砌块检验方法，见表 4-83。

表 4-83 蒸压加气混凝土砌块检验方法

项　目	内　　容
尺寸、外观检测方法	(1)量具：采用钢直尺、钢卷尺、深度游标卡尺，最小刻度为 1mm。 (2)尺寸测量：长度、高度、宽度分别在两个对应面的端部测量，各量两个尺寸(图 4-12)。测量值大于规格尺寸的取最大值，测量值小于规格尺寸的取最小值。 (3)缺棱、掉角：缺棱或掉角个数，目测；测量砌块破坏部分对砌块的长、高、宽三个方向的投影面积尺寸(图 4-6)。 (4)裂纹：裂纹条数，目测；长度以所在面最大的投影尺寸为准，见图 4-13 中 l。若裂纹从一面延伸至另一面，则以两个面上的投影尺寸之和为准，见图 4-13 中$(b+h)$和$(l+h)$。 (5)平面弯曲：测量弯曲面的最大缝隙尺寸(图 4-14)。 (6)爆裂、粘模和损坏深度：将钢直尺平放在砌块表面，用深度游标卡尺垂直于钢直尺，测量其最大深度。 (7)砌块表面油污、表面疏松、层裂：目测
物理力学性能试验方法	(1)立方体抗压强度的试验按《蒸压加气混凝土性能试验方法》(GB/T 11969)的规定进行。 (2)干密度的试验按《蒸压加气混凝土性能试验方法》(GB/T 11969)的规定进行。 (3)干燥收缩值的试验按《蒸压加气混凝土性能试验方法》(GB/T 11969)的规定进行。 (4)抗冻性的试验按《蒸压加气混凝土性能试验方法》(GB/T 11969)的规定进行。 (5)导热系数的试验按《绝热材料稳态热阻及有关特性的测定　防护热板法》(GB/T 10294)的规定进行。取样方法按《蒸压加气混凝土性能试验方法》(GB/T 11969)的规定进行

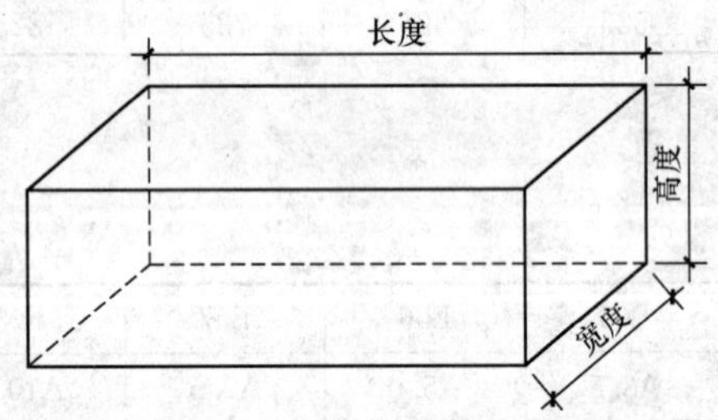

图 4-12　尺寸测量示意图

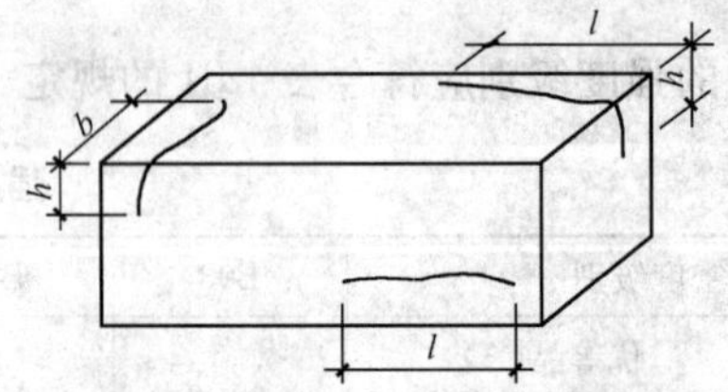

图 4-13　裂纹长度测量示意图

l——长度方向的投影尺寸；h——高度方向的投影尺寸；
b——宽度方向的投影尺寸。

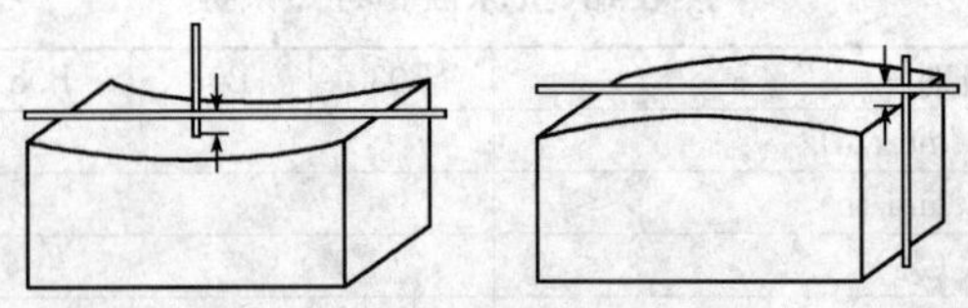

图 4-14　平面弯曲测量示意图

6. 检验规则

蒸压加气混凝土砌块检验规则，见表4-84。

表4-84　蒸压加气混凝土砌块检验规则

项目		内容
出厂检验	检验项目	出厂检验的项目包括：尺寸偏差、外观质量、立方体抗压强度、干密度
出厂检验	抽掉规则	(1)同品种、同规格、同等级的砌块，以10000块为一批，不足10000块亦为一批，随机抽取50块砌块，进行尺寸偏差、外观检验。 (2)从外观与尺寸偏差检验合格的砌块中，随机抽取6块砌块制作试件，进行如下项目检验： 1)干密度　3组9块； 2)强度级别　3组9块
出厂检验	判定规则	(1)若受检的50块砌体中，尺寸偏差和外观质量不符合表4-78规定的砌块数量不超过5块时，判定该批砌块符合相应等级；若不符合表4-78规定的砌块数量超过5块时，判定该批砌块不符合相应等级。 (2)以3组干密度试件的测定结果平均值判定砌块的干密度级别，符合表4-80规定时则判定该批砌块合格。 (3)以3组抗压强度试件测定结果按表4-79判定其强度级别。当强度和干密度级别关系符合表4-81规定，同时，3组试件中各个单组抗压强度平均值全部大于表4-81规定的此强度级别的最小值时，判定该批砌块符合相应等级；若有1组或1组以上此强度级别的最小值时，判定该批砌块不符合相应等级。 (4)出厂检验中受检验产品的尺寸偏差、外观质量、立方体抗压强度、干密度各项检验全部符合相应等级的技术要求规定时，判定为相应等级；否则降等或判定为不合格
型式检验	型式检验情况	有下列情况之一时，进行型式检验： (1)新厂生产试制定型鉴定； (2)正式生产后，原材料、工艺等有较大改变，可能影响产品性能时； (3)正常生产时，每年应进行一次检查； (4)产品停产三个月以上，恢复生产时； (5)出厂检验结果与上次型式检验有较大差异时； (6)国家质量监督机构提出进行型式检验的要求时
型式检验	抽样规则	(1)在受检验的一批产品中，随机抽取80块砌体，进行尺寸偏差和外观检验。 (2)从外观与尺寸偏差检验合格的砌块中，随机抽取17块砌块制作试件，进行如下项目检验： 1)干密度　3组9块； 2)强度级别　5组15块； 3)干燥收缩　3组9块； 4)抗冻性　3组9块； 5)导热系数　1组2块

（续）

项目		内容
型式检验	判定规则	(1)若受检的80块砌块中，尺寸偏差和外观质量不符合表4-78规定的砌块数量不超过7块的，判定该批砌块符合相应等级；若不符合表4-84规定的砌块数量超过7块时，判定该批砌块不符合相应等级。 (2)以3组干密度试件的测定结果平均值判定砌块的干密度级别，符合表4-80规定时则判定该批砌块合格。 (3)以5组抗压强度试件测定结果按表4-79判定其强度级别。当强度和干密度级别关系符合表4-81规定，同时，5组试件中各个单组抗压强度平均值全部大于表4-81规定的此强度级别的最小值时，判定该批砌块符合相应等级；若有1组或1组以上此强度级别的最小值时，判定该批砌块不符合相应等级。 (4)干燥收缩测定结果，当其单组最大值符合表4-82规定时，判定该项合格。 (5)抗冻性测定结果，当质量损失单组最大值和冻后强度单组最小值符合表4-82规定的相应等级时，判定该批砌块符合相应等级，否则判定不符合相应等级。 (6)导热系数符合表4-82的规定，判定此项指标合格，否则判定该批砌块不合格。 (7)型式检验中受检验产品的尺寸偏差、外观质量、立方体抗压强度、干密度、干燥收缩值、抗冻性、导热系数各项检验全部符合相应等级的技术要求规定时，判定为相应等级；否则降等或判定为不合格

7. 产品质量证明书

出厂产品应有产品质量证明书。证明书应包括：生产厂名、厂址、商标、产品标记、本批产品主要技术性能和生产日期。

8. 堆放与运输

(1)堆放。砌块应存放5d以上方可出厂。砌块贮存堆放应做到：场地平整，同品种、同规格、同等级，做好标记，整齐稳妥，宜有防雨措施。

(2)运输。产品运输时，宜成垛绑扎或有其他包装。保温隔热用产品必须捆扎加塑料薄膜封包。运输装卸时，宜用专用机具，严禁摔、掷、翻斗车自翻自卸货。

9. 应用

蒸压加气混凝土砌块是应用较多的一种轻型墙体材料，具有自重轻、抗震性强、保温、隔热、隔声性能好，传热慢和耐久性好等优点，因此，常用于低层建筑的承重墙，多层建筑的间隔墙和高层框架结构的填充墙，也可用于一般工业建筑的墙体和屋面结构。这种砌块的缺点是耐水性和耐腐蚀性差。

三、粉煤灰砌块[JC 238—1991(1996)]

1. 概念

粉煤灰砌块是以粉煤灰、石灰、石膏和集料等为原料，经加水搅拌，振动成形，蒸汽养护而制成的密实砌块。

2. 产品规格、等级及标记

产品规格、等级及标记，见表4-85。

表 4-85 产品规格、等级及标记

项目	内容
规格	(1)砌块的主规格外形尺寸为 880mm×380mm×240mm;880mm×430mm×240mm。 (2)砌块端面应加灌浆槽,坐浆面宜设抗剪槽。 注:生产其他规格砌块,可由供需双方协商确定
等级	(1)砌块的强度等级按其立方体试件的抗压强度分为 10 级和 13 级。 (2)砌块按其外观质量、尺寸偏差和干缩性能分为一等品(B)和合格品(C)
标记	砌块按其产品名称、规格、强度等级、产品等级和标准编号顺序进行标记。如: (1)砌块的规格尺寸为 880mm×380mm×240mm,强度等级为 10 级,产品等级为一等品(B)时,标记为:FB880×380×240-10 B-JC 238 (2)砌块的规格尺寸为 880mm×430mm×240mm,强度等级为 13 级,产品等级为合格品(C)时,标记为:FB880×430×240-13 C-JC 238

3. 技术要求

(1)砌块的外观质量和尺寸偏差应符合表 4-86 的规定。

表 4-86 外观质量和尺寸允许偏差 mm

<table>
<tr><th colspan="3" rowspan="2">项目</th><th colspan="2">指标</th></tr>
<tr><th>一等品(B)</th><th>合格品(C)</th></tr>
<tr><td rowspan="9">外观质量</td><td colspan="2">表面疏松</td><td colspan="2">不允许</td></tr>
<tr><td colspan="2">贯穿面棱的裂缝</td><td colspan="2">不允许</td></tr>
<tr><td colspan="2">任一面上的裂缝长度,不得大于裂缝方向砌块尺寸的</td><td colspan="2">1/3</td></tr>
<tr><td colspan="2">石灰团、石膏团</td><td colspan="2">直径大于 5 的,不允许</td></tr>
<tr><td colspan="2">粉煤灰团、空调和爆裂</td><td>直径大于 30 的不允许</td><td>直径大于 50 的不允许</td></tr>
<tr><td colspan="2">局部突起高度 ≤</td><td>10</td><td>15</td></tr>
<tr><td colspan="2">翘曲 ≤</td><td>6</td><td>8</td></tr>
<tr><td colspan="2">缺棱掉角在长、宽、高三个方向上投影的最大值 ≤</td><td>30</td><td>50</td></tr>
<tr><td>高低差</td><td>长度方向
宽度方向</td><td>6
4</td><td>8
6</td></tr>
<tr><td colspan="2">尺寸允许偏差</td><td>长度
高度
宽度</td><td>+4,−6
+4,−6
±3</td><td>+5,−10
+5,−10
+6</td></tr>
</table>

(2)砌块的立方体抗压强度、碳化后强度、抗冻性和密度应符合表 4-87 的规定。

表 4-87　立方体抗压强度、碳化后强度、抗冻性能和密度

项　目	指　标	
	10 级	13 级
抗压强度/MPa	3 块试件平均值不小于 10.0 单块最小值 8.0	3 块试件平均值不小于 13.0 单块最小值 10.5
人工碳化后强度/MPa	不小于 6.0	不小于 7.5
抗冻性	冻融循环结束后，外观无明显疏松、剥落或裂缝，强度损失不大于 20%	
密度/(kg/m^2)	不超过设计密度 10%	

(3)砌块的干缩值应符合表 4-88 的规定。

表 4-88　干缩值　mm/m

一等品(B)	合格品(C)
≤0.75	≤0.90

4. 检验方法

粉煤灰砌块检验方法，见表 4-89。

表 4-89　粉煤灰砌块检验方法

项　目		内　容
外观检查和尺寸测量	工具	(1)钢尺和钢卷尺、直角尺，精度 1mm。 (2)钢尺或木直尺：长度超过 1m，精度 1mm。 (3)小锤
	外观检查	(1)砌块各部位的名称，如图 4-15 所示。 (2)表面疏松。目测或用小锤检查砌块表面有无膨胀、结构松散等现象。 (3)裂缝。 1)肉眼检查有无贯穿一面二棱的裂缝。见图 4-16(a)中的任一条。 2)用尺测量各面上的裂缝长度。精确至 1mm，见图 4-16(b)。 (4)石灰团、石膏团、粉煤灰团、空洞、爆裂、局部突起。用肉眼观察，并用尺测量其直径的大小。 (5)翘曲。将直尺沿棱边贴放，量出最大弯曲或突出处尺寸。精确至 1mm，见图 4-17。 (6)缺棱掉角。测量砌块破坏部分对砌块长、高、宽三个方向的投影尺寸，精确至 1mm，见图 4-18。 (7)高低差。 1)砌块长度方向的高低差值：测某一端面两棱边与相对应的端面两棱边的高低差值，见图 4-19(a)。 2)砌块宽度方向的高低差值：测某一侧面两棱边与相对应的侧面两棱边的高低差值，见图 4-19(b)
	尺寸测量	长度：立模砌块在侧面的中间测量。平模砌块在坐浆面或铺浆面的中间测量；高度：在端面的两侧测量； 宽度：在端面的中间测量。每项在对应两面各测一次，取最大值，精确至 1mm

（续一）

项目		内容
密度	设备	台秤：最大称量 10kg，感量 1g
	试验步骤	(1)取做抗压强度试验的 3 块试件，经蒸养结束出池后，称其质量，精确至 0.01kg。 (2)测量试件尺寸，精确至 1mm，计算试件体积
	结果计算	密度 $r(kg/m^3)$ 按下式计算： $$r=\frac{W}{v}$$ 式中 W——试件质量(kg)； v——试件体积(m^3)。 取 3 个试件计算结果的算术平均值，精确至 1kg
抗压强度	试验设备	(1)压力试验机：精度（示值的相对误差）应小于 2%，其量程应能使试件的预期破坏荷载值不小于全量程的 20%，也不大于全量程的 80%。 (2)试模：边长为 200mm（或 150mm，或 100mm）的立方体试模 3 个，试模的质量要求应符合《普通混凝土力学性能试验方法标准》(GB/T 50081)的规定
	试件制作	在生产过程中，每一蒸养池按随机抽样方法，抽取混合料，制作 3 个立方体试件与砌块同池养护
	试验步骤	抗压试验时，将试件置于压力机加压板的中央，承压面应与成型时的顶面垂直，以每秒 0.2～0.3MPa 的加荷速度加荷至试件破坏
	结果计算	(1)每块试件的抗压强度(R)按下式计算，精确至 0.1MPa。 $$R=\frac{P}{F}$$ 式中 P——破坏荷载(N)； F——承压面积(mm^2)。 (2)抗压强度取 3 个试件的算术平均值。以边长为 200mm 的立方体试作为标准试件，当采用边长为 150mm 立方体试件时，结果须乘以 0.95 折算系数；采用边长为 100mm 立方体试件时，结果须乘以 0.90 折算系数。 (3)试件须在蒸养结束后 24～36h 内进行抗压试验。如在热池揭盖 30min 内进行抗压试验（热压），其结果须乘以 1.12 折算系数
人工碳化后强度	试验仪器设备及试剂	(1)二氧化碳气瓶：盛压缩二氧化碳气用； (2)碳化箱：采用常压密封容器，内部有多层放试块的搁板； (3)二氧化碳气体分析仪； (4)1%酚酞乙醇溶液：用浓度为 70%的乙醇配制； (5)碳化试验装置：如图 4-20 所示； (6)抗压强度检验设备同抗压强度中试验设备，取边长为 100mm 的立方体试模 15 个

（续二）

<table>
<tr><th colspan="2">项　目</th><th>内　　容</th></tr>
<tr><td rowspan="2">人工碳化后强度</td><td>试验步骤</td><td>(1)取实际生产的混合料，制作边长为100mm的立方体试件15块。
(2)蒸养拆模后24～36h内取5块试件做抗压试验。
(3)其余10块试件在室内放置7d，然后放人二氧化碳(CO_2)浓度为60%以上的碳化箱内，试验期间，碳化箱内的湿度始终控制在90%以下。
(4)从第4周开始，每周取1块试件劈开，用1%酚酞乙醇溶液检查碳化程度，当试件中心不呈现红色时，则认为试件已全部碳化。
(5)将已全部碳化的5个试件，于室内放置24～36h，按抗压强度中试验步骤的规定作抗压试验，并按抗压强度中结果计算与评定的规定计算</td></tr>
<tr><td>结果计算</td><td>(1)人工碳化系数K_c按下式计算：
$$K_c=\frac{R_c}{R_1}$$
式中　R_c——试件人工碳化后强度，取5块碳化后试件强度的算术平均值(MPa)；
R_1——对比试件强度，取5块碳化前试件强度的算术平均值(MPa)。
(2)砌块的人工碳化后强度，是有人工碳化系数K_c，乘以每蒸养池试件的抗压强度，取3块试件的平均值，精确至0.1MPa</td></tr>
<tr><td rowspan="3">抗冻性</td><td>设备</td><td>(1)冷藏室或冰箱，最低温度需达－20℃；
(2)水池或水箱；
(3)试模：边长为100mm的立方体试模10个</td></tr>
<tr><td>试验步骤</td><td>(1)取实际生产的混合料，制作边长为100mm的立方体试件10块。
(2)蒸养拆模24h后将试件放入10～20℃的水中，其间距20mm，水面高出试件20mm以上。
(3)试件浸泡48h后取出，检查并记录外观情况，然后将5块做冻融试验，5块进行抗压强度试验。
(4)试件应在冰箱或冷冻室达到－15℃以下时放人，其间距不小于20mm，试件在－15℃以下冻8h，然后取出放入10～20℃的水中融化4h，作为一次冻融循环，反复进行15次。
(5)冻融循环结束后，取出试件检查并记录外观情况，按规定进行抗压强度试验</td></tr>
<tr><td>结果计算</td><td>抗压强度损失率K_m(%)按计算：
$$K_m=\frac{R_2-R_m}{R_2}\times 100$$
式中　R_2——浸泡48h的5块对比试件抗压强度平均值(MPa)；
R_m——冻融循环15次后的5块试件抗压强度平均值(MPa)</td></tr>
<tr><td>干缩值（快造试验方法）</td><td>仪器设备</td><td>(1)收缩试模：卧式收缩膨胀仪；
(2)收缩头：见图4-21；
(3)水池、带鼓风的烘箱；
(4)无水氯化钙</td></tr>
</table>

（续三）

项　目		内　　容
干缩值（快速试验方法）	试验步骤	(1)在收缩试模两端设埋收缩头的预留孔。 (2)取实际生产的混合料，制作尺寸为 100mm×100mm×515mm 的试件 3 块。 (3)蒸养拆模后，检查收缩头预留孔位置是否准确。如果不符合要求，须作修理，或重新制作试件。用水泥净浆或合成树脂将收缩头固定在预留孔中。 (4)24h 后将试件放入(20±2)℃的水池中，浸泡 48h 后取出，用湿布擦去表面水，擦净收缩头上的水分，立即用收缩膨胀仪测定初始长度，记下初始百分表读数，精确至 0.01mm。 (5)将上述试件放入温度为(50±2)℃的带鼓风的烘箱中，干燥 2d；然后在此烘箱中放入盛有氯化钙饱和溶液的瓷盘（3 块试件需放无水氯化钙 1kg，水 500mL，溶液的暴露面积为 $0.2m^2$ 以上），并应保持瓷盘内溶液中有氯化钙固相存在，烘箱内温度应保持(50±2)℃，相对湿度达到 30%±2%。10d 后，每隔 10d 取出试件一次，于(20±3)℃的室内放置 2h 后，用收缩膨胀仪测定其长度，记下百分表读数，直至两次所测长度变化值小于 0.01mm 为止，此值即为试件干燥后长度（百分表读数）。 (6)在每次测量前后，收缩膨胀仪必须用标准杆校对零位读数。标准杆和试件放入收缩膨胀仪的位置，在每次测量时应保持一致
	结果计算	干缩值 S(mm/m)按下式计算： $$S=\frac{L_1-L_2}{500}\times 1000$$ 式中　L_1——试件初始长度（百分表读数）(mm)； L_2——试件干燥后长度（百分表读数）(mm)； 500——试件长度(mm)。 取 3 个试件计算结果的算术平均值，精确至 0.01mm/m

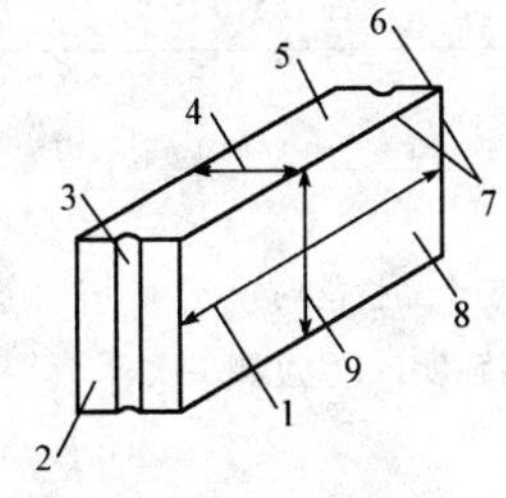

图 4-15　砌块各部位名称

1—长度；2—端面；3—灌浆槽；4—宽度；5—生浆面（或铺浆面）；6—角；7—棱；8—侧面；9—高度

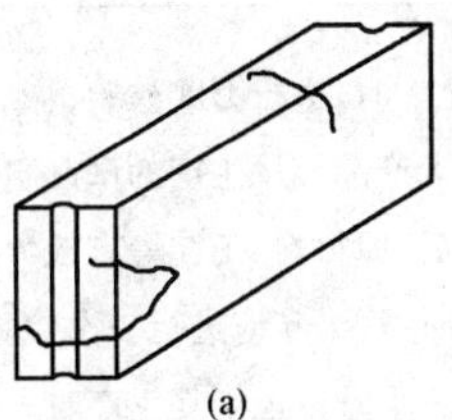

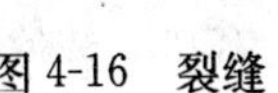

图 4-16　裂缝

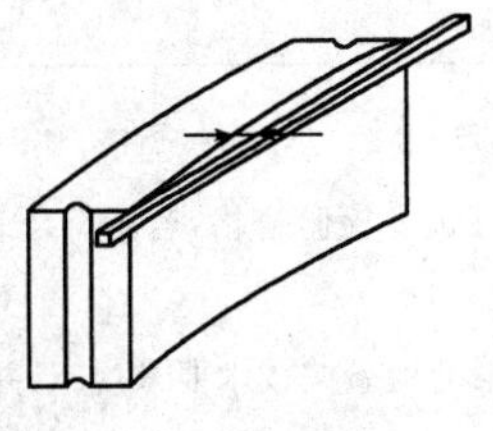

图 4-17　翘曲

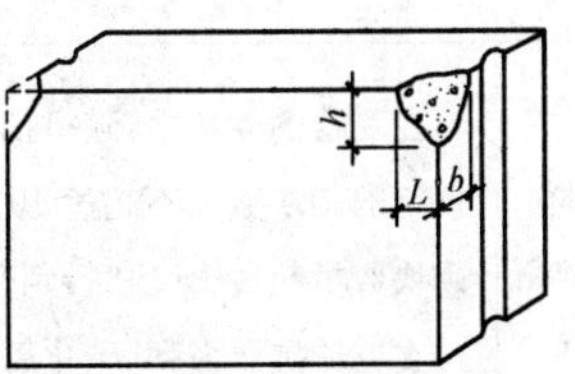

图 4-18　缺棱掉角

L—长度方向的投影尺寸；h—高度方向的投影尺寸；b—宽度方向的投影尺寸

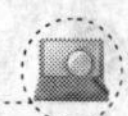

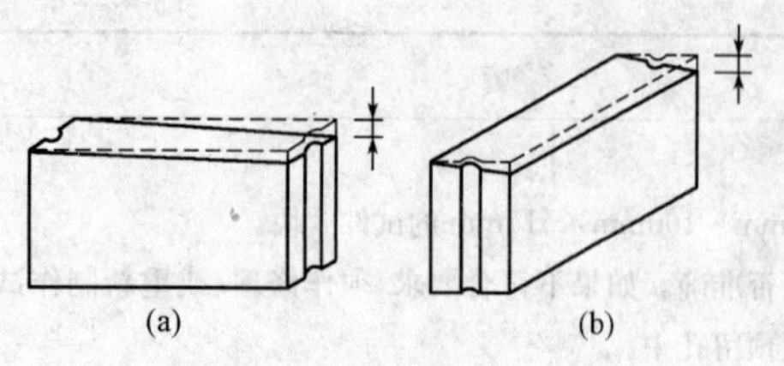

图 4-19 高低差

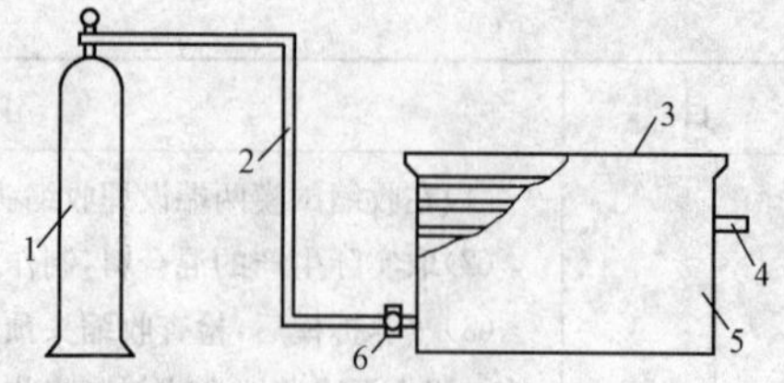

图 4-20 碳化试验装置

1—二氧化碳钢瓶；2—橡皮管；3—箱盖；4—接气体分析仪；5—碳化箱；6—进气口

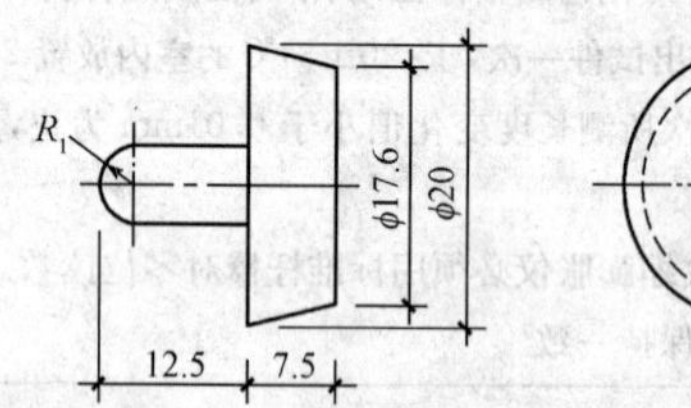

图 4-21 收缩头

5. 检验规则

粉煤灰砌块检验规则，见表 4-90。

表 4-90 **粉煤灰砌块检验规则**

<table>
<tr><th colspan="2">项 目</th><th>内 容</th></tr>
<tr><td rowspan="3">型式检验</td><td>检验条件</td><td>有下列情况之一时，进行型式检验：
(1)新产品或老产品转厂生产的试制定型鉴定；
(2)正式生产后，原材料、工艺等有较大改变，可能影响产品性能时；
(3)正常生产时，每半年应进行一次检验；人工碳化后强度，每季度测一次；
(4)产品停产三个月以上恢复生产时；
(5)出厂检验结果与上次型式检验有较大差异时；
(6)国家质量监督机构提出型式检验的要求时</td></tr>
<tr><td>检验项目</td><td>型式检验项目包括尺寸偏差、外观质量、密度、抗压强度、人工碳化后强度、抗冻性和干缩值</td></tr>
<tr><td>抽样与判定</td><td>在受检的砌块中，随机抽取 100 块砌块，进行外观质量检验与尺寸偏差测量，其中不符合表4-86规定的砌块数量不超过 10 块时，判受检产品外观和尺寸偏差检验合格，若不符合表 4-86 规定的砌块数量超过 10 块时，判受检产品不合格。
立方体抗压强度、碳化后强度、抗冻性能、密度、干缩值的检验按技术要求规定，并按表 4-87、表 4-88 进行判定</td></tr>
</table>

（续）

<table>
<tr><th colspan="2">项　目</th><th>内　容</th></tr>
<tr><td rowspan="2">出厂检验</td><td>检查项目</td><td>出厂检验项目包括尺寸偏差、外观质量、密度、抗压强度</td></tr>
<tr><td>抽样与判定</td><td>(1)砌块在出池时应逐块检查。砌块的外观和尺寸偏差符合表 4-86 的相应等级时，判为相应等级，有一项不符合规定时，判为不符合相应等级。
(2)以每一蒸养池为一批，制作 3 块立方体试件。
(3)按表 4-87 中密度测定立方体试件的密度，作为该池砌块的密度。
按表 4-87 中抗压强度试验步骤进行抗压强度试验，所得 3 块试件的立方体强度符合表 4-87 中 13 级规定的要求时，判该批砌块的强度等级为 13 级；如果符合 10 级规定的要求，判该批砌块的强度等级为 10 级；如果不符合 10 级规定的要求，则判该批砌块不合格</td></tr>
<tr><td colspan="2">复验</td><td>(1)当用户对生产厂的出厂检验结果有异议时，可会同生产厂委托产品质量监督检验机构进行复验，复验项目可以是表 4-86、表 4-87 和表 4-88 所列的全部或一部分。
(2)产品性能的复验，是以 200m² 为一批，抽样检测。
(3)外观和规格尺寸偏差的复验，按随机抽样法抽取 50 块砌块，按表 4-86 中的各项逐块进行检验。若其中不符合一等品的砌块少于 5 块时，判该批砌块为一等品；如果不符合合格品规定要求的砌块少于 5 块，判该批砌块为合格品；若超过 5 块，判该批砌块为不合格品。
(4)砌块的立方体抗压强度、碳化后强度、干缩值和抗冻性的复验，有三种方法：
1)立方体抗压强度每池留 3 块试件；碳化后强度、干缩值和抗冻性在每次型式检验时，留下与型式检验数量相同的试件；在所留的试件上注明成型日期，以便复验时进行检验；试件保存半年；
2)从外观检验合格的砌块中随机抽取砌块，按上述各项的规定切割成所需要的试件，进行相应的试验；
3)直接用外观检验合格的砌块进行抗压强度试验。
复验采用哪一种方法由厂方、用户和质量检测监督站共同协商决定。
复验结果符合表 4-87 和表 4-88 中该项规定的判为该项合格，反之则判该项不合格。
(5)已出厂砌块的缺棱、掉角、断裂，不予复验</td></tr>
</table>

6. 产品质量合格证、运输及贮存

(1)砌块应有产品质量合格证。合格证应注明：生产厂名、商标、产品标记、产品等级、强度等级、生产日期等。

(2)砌块必须有等级标记、生产厂标志和生产日期。

(3)砌块从出池之日算起，须存放 20 天方能出厂。

(4)砌块装卸、运输时，应避免碰撞、摔打，不许翻斗倾卸。

7. 应用

粉煤灰砌块耐水、耐蚀和耐高温性差，适用于一般工业与民用建筑的墙体和基础。

四、粉煤灰混凝土小型空心砌块(JC/T 862—2008)

1. 概念

粉煤灰混凝土小型空心砌块是指以粉煤灰、水泥、集料、水为主要组分（也可加入外加剂）制成的混凝土小型空心砌块。

2. 产品分类

粉煤灰混凝土小型空心砌块分类，见表 4-91。

表 4-91 粉煤灰混凝土小型空心砌块分类

项　目	内　　容
分类	按砌块孔的排数分为：单排孔(1)、双排孔(2)和多排孔(D)三类
规格	主规格尺寸为 390mm×190mm×190mm，其他规格尺寸可由供需双方商定
等级	(1)按砌块密度等级分为：600、700、800、900、1000、1200 和 1400 七个等级。 (2)按砌块抗压强度分为：MU3.5、MU5、MU7.5、MU10、MU15 和 MU20 六个等级
标记	(1)产品按下列顺序进行标记：代号(FHB)、分类、规格尺寸、密度等级、强度等级、标准编号。 (2)如规格尺寸为 390mm×190mm×190mm、密度等级为 800 级、强度等级为 MU5 的双排孔砌块的标记： FHB2　390×190×190　800　MU5　JC/T 862—2008

3. 原材料

原材料主要有水泥粉煤灰、集料、外加剂和水等，见表 4-92。

表 4-92 原材料

项　目	内　　容
水泥	应符合《通用硅水盐水泥》(GB 175)的规定。水泥用量应不低于原材料干重量的 10%
粉煤灰	应符合《用于水泥和混凝土中的粉煤灰》(GB/T 1596)和《建筑材料放射性核素限量》(GB 6566)的规定，对含水率不作规定，但应满足生产工艺要求。粉煤灰用量应不低于原材料干重量的 20%，也不高于原材料干重量的 50%
集料	各种集料的最大粒径不宜大于 10mm。 (1)砂：应符合《建筑用砂》(GB/T 14684)的规定。 (2)卵石和碎石：应符合《建筑用卵石、碎石》(GB/T 14685)的规定。 (3)轻集料：应符合《轻集料及其试验方法》(GB/T 17431)的规定。 (4)重矿渣集料：应符合《混凝土用高炉重矿渣碎石》(YB/T 4178)的规定。 (5)炉底渣、灰渣混排时，0.16mm 筛筛余部分的烧失量应不大于 15%。 (6)石屑：小于 0.16mm 的细石粉含量应不大于 20%
外加剂	应符合《混凝土外加剂》(GB 8076)的规定
水	应符合《混凝土用水标准》(JGJ 63)的规定

4. 技术要求

(1)尺寸允许偏差和外观质量应符合表 4-93 的规定。

表 4-93 尺寸允许偏差和外观质量　mm

项　目		指　标
尺寸允许偏差/mm	长度	±2
	宽度	±2
	高度	±2

（续）

项目		指标
最小外壁厚/mm ≥	用于承重墙体	30
	用于非承重墙体	20
肋厚/mm ≥	用于承重墙体	25
	用于非承重墙体	15
缺棱掉角	个数，/个 不多于	2
	三个方向投影的最小值，/mm ≤	20
裂缝延伸投影的累计尺寸/mm ≤		20
弯曲/mm ≤		2

(2)密度等级应符合表 4-94 的规定。

表 4-94　　密度等级　　kg/m^3

密度等级	600	700	800	900	1000	1200	1400
砌块块体密度的范围	≤600	610～700	710～800	810～900	910～1000	1010～1200	1210～1400

(3)强度等级应符合表 4-72 的规定。

(4)干燥收缩率应不大于 0.060%。

(5)相对含水率应符合表 4-58 的规定。

(6)抗冻性应符合表 4-59 的规定。

(7)碳化系数和软化系数。碳化系数应不小于 0.80；软化系数应不小于 0.80。

(8)放射性应符合《建筑材料放射性核素限量》(GB 6566)的规定。

5. 试验方法

砌块各项性能指标试验按《混凝土小型空心砌块试验方法》(GB/T 4111)的规定进行。放射性试验按《建筑材料放射性核素限量》(GB 6566)的规定进行。

6. 检验规则

粉煤灰混凝土小型空型砌块检验规则见表 4-95。

表 4-95　　粉煤灰混凝土小型空心砌块检验方法

项目	内容
分类检验	(1)出厂检验。出厂检验项目：尺寸偏差、外观质量、密度等级、强度等级、相对含水率。 (2)型式检验。上述“4. 技术要求”中的全部项目。有下列情况之一者，必须进行型式检验： 1)新产品的试制定型鉴定； 2)正常生产后，原材料、配比及生产工艺改变时； 3)正常生产时，每半年至少进行一次(碳化系数、抗冻性和放射性检验每年一次)； 4)产品停产三个月以上恢复生产时； 5)出厂检验结果与上次型式检验有较大差异时； 6)国家质量监督机构提出进行型式检验要求时
组批规则	以用同一种粉煤灰、同一种集料与水泥、同一生产工艺制成的相同密度等级、相同强度等级的 10000 块砌块为一批，每月生产的砌块数不足 10000 块者亦以一批计

（续）

项　目	内　　　容
抽样规则	(1)出厂检验时，每批随机抽取32块进行尺寸偏差和外观质量检验；再从尺寸偏差和外观质量检验合格的砌块中，随机抽取8块，5块进行强度等级检验，3块进行密度等级和相对含水率检验。 (2)型式检验时，每批随机抽取64块，其中32块进行尺寸偏差、外观质量检验；从尺寸偏差和外观质量检验合格的砌块中抽取如下数量进行其他项目检验： 1)强度等级：5块； 2)密度等级和相对含水率：3块； 3)干燥收缩率：3块； 4)抗冻性：10块； 5)软化系数：10块； 6)碳化系数：12块； 7)放射性：按《建筑材料放射性核素限量》(GB 6566)进行
判定规则	(1)若受检的32块砌块中，尺寸偏差和外观质量的不合格数不超过7块，则判该批砌块尺寸偏差和外观质量合格。否则为不合格。 (2)当所有项目的检验结果均符合上述"4. 技术要求"中各项要求时，则判该批产品合格。 (3)产品的放射性超过《建筑材料放射性核素限量》(GB 6566)规定时，应停止生产与销售

7. 产品合格证、贮存及运输

(1)砌块应在厂内养护28d龄期后方可出厂，并应提供产品质量合格证书，其内容包括：

1)厂名与商标；

2)合格证编号、生产和出厂日期；

3)产品标记；

4)性能检验结果；

5)批量编号与砌块数量(块)；

6)检验部门与检验人员签字盖章。

(2)砌块应按规格、密度等级、强度等级分别贮存。

(3)砌块宜采用塑料布包装，砌块贮存、运输及砌筑时应有防雨措施。

(4)砌块装卸时，严禁碰撞、扔摔，应轻码轻放，不许翻斗车倾卸。

8. 特点与应用

粉煤灰混凝土小型空心砌块特点与应用体现在以下几方面：

(1)有较好的后期强度储备。由于粉煤灰的火山灰效应在相当长的时间内还继续作用，因此后期强度不断增长，一般90d龄期强度比28d的要增长80%～100%。

(2)有较好的韧性。粉煤灰小型空心砌块的材料弹性模量为混凝土的10%，泊桑系数比混凝土大50%，因此，相比之下有较好的韧性，不易脆裂。这不仅有利于建筑物抗震时不易发生墙体脆性破坏，而且电锯切割开槽、冲击钻钻孔、人工钻凿洞时，均不易引起砌块破损，有利于装修及暗埋管线，同时运输装卸过程中也不易损坏。

(3)有良好的保温性能和抗渗性。190系列的单排孔粉煤灰小型空心砌块的保温性能超过240黏土砖墙。此外，经过多处的工程使用证明，粉煤灰砌块的外墙面，包括东山墙，很少产生渗漏现象。

(4)具有良好的经济效益和社会效益。粉煤灰小型砌块所用原料中，粉煤灰和炉渣等工业废料占80％，在生产工艺利用中粉煤灰自身的部分热能，水泥用量比同强度的混凝土小型空心砌块少30％，因而成本很低。粉煤灰小型空心砌块的使用地区，其售价一般比当地黏土砖便宜10％～20％。

五、轻集料混凝土小型空心砌块(GB/T 15229—2002)

1. 概念与组成

轻集料混凝土小型空心砌块是由浮石、煤渣等轻集料拌合物，经砌块成型机成型，养护制成的一种轻质墙体材料。

2. 产品分类

轻集料混凝土小型空心砌块分类，见表4-96。

表4-96　轻集料混凝土小型空心砌块分类

项　目	内　容
类别	按砌块孔的排数分为五类：实心(0)、单排孔(1)、双排孔(2)、三排孔(3)和四排孔(4)
等级	(1)按砌块密度等级分为八级：500、600、700、800、900、1000、1200、1400。 注：实心砌块的密度等级不应大于800。 (2)按砌块强度等级分为六级：1.5、2.5、3.5、5.0、7.5、10.0。 (3)按砌块尺寸允许偏差和外观质量，分为两个等级：一等品(B)、合格品(C)
标记	(1)产品标记：轻集料混凝土小型空心砌块(LHB)按产品名称、类别、密度等级、强度等级、质量等级和标准编号的顺序进行标记。 (2)标记示例：密度等级为600级、强度等级为1.5级、质量等级为一等品的轻集料混凝土三排孔小砌块。其标记为：LHB(3)　600 1.5B　GB/T 15229—2002

3. 原材料

轻集料混凝土小型空心砌块原材料，见表4-97。

表4-97　轻集料混凝土小型空心砌块原材料

项　目	内　容
水泥	符合《通用硅酸盐水泥》(GB 175)的要求
轻集料	(1)最大粒径不宜大于10mm。 (2)粉煤灰陶粒、黏土陶粒、页岩陶粒、天然轻集料、超轻陶粒、自燃煤矸石轻集料和煤渣应符合《轻集料及其试验方法　第1部分：轻集料》(GB/T 17431.1)的要求；其中，煤渣的含碳量不大于10％；煤渣在两粒混凝土中的渗量，不应大于轻粗集料总量的30％。 (3)膨胀珍珠岩符合《膨胀珍珠岩》(JC/T 209)，但膨胀珍珠岩的堆积密度不宜低于80kg/m³。 (4)非煅烧粉煤灰轻集料除符合《轻集料及其试验方法　第1部分：轻集料》(GB/T 17431.1)的要求外，SO_2含量应小于1％；烧失量小于15％
普通砂	符合《普通混凝土用砂、石质量及检验方法标准》(JGJ 52)的要求
掺合料	(1)粉煤灰符合《用于水泥和混凝土中的粉煤灰》(GB/T 1596)的要求。 (2)磨细矿渣粉应符合《用于水泥和混凝土中的粒化高炉矿渣粉》(GB/T 18046)的要求
外加剂	符合《混凝土外加剂》(GB 8076)的要求

4. 技术要求

(1)规格尺寸。

1)主规格尺寸为390mm×190mm×190mm,其他规格尺寸可由供需双方商定。

2)尺寸允许偏差应符合表4-98要求。

表 4-98 规格尺寸偏差 mm

项目	一等品	合格品
长度	±2	±3
宽度	±2	±3
高度	±2	±3

注:1. 承重砌块最小外壁厚不应小于30mm,肋厚不应小于25mm。

2. 保温砌块最小外壁厚和肋厚不宜小于20mm。

(2)外观质量应符合表4-99的要求。

表 4-99 外观质量 mm

项目名称		一等品	合格品
缺棱掉角个数	不多于	0	2
三个方向投影的最小尺寸/mm	≤	0	30
裂缝延伸投影的累计尺寸/mm	≤	0	30

(3)密度等级应符合表4-100的要求。

表 4-100 密度等级

密度等级	500	600	700	800	900	1000	1200	1400
砌块干燥表观密度的范围	≤500	510~600	610~700	710~800	810~900	910~1000	1010~1200	1210~1400

(4)强度等级符合表4-101的要求者为一等品,密度等级范围不满足要求者为合格品。

表 4-101 强度等级

强度等级	砌块抗压强度		密度等级范围 ≤
	平均值 ≥	最小值	
1.5	1.5	1.2	600
2.5	2.5	2.0	800
3.5	3.5	2.8	1200
5.0	5.0	4.0	
7.5	7.5	6.0	1400
10.0	10.0	8.0	

(5)吸水率、相对含水率和干缩率。

1)吸水率不应大于 20%。

2)干缩率和相对含水率应符合表 4-102 的要求。

表 4-102　干缩率和相对含水率　%

干缩率%	相对含水率(%)		
	潮湿	中等	干燥
≤0.03	45	40	35
0.03～0.015	40	35	30
0.015～0.065	35	30	25

注:1. 相对含水率即砌块出厂含水率与吸水率之比:

$$W=\frac{w_1}{w_2}\times 100。$$

式中　W——砌块的相对含水率(%);

w_1——砌块出厂时的含水率(%);

w_2——砌块的吸水率(%)。

2. 使用地区的湿度条件:

潮湿——系指年平均相对湿度大于 75%的地区;

中等——系指年平均相对湿度 50%～75%的地区;

干燥——系指年平均相对湿度小于 50%的地区

(6)碳化系数和软化系数。加入粉煤灰等火山灰质掺合料的小砌块,其碳化系数不应小于 0.8;软化系数不应小于 0.75。

(7)抗冻性。应符合表 4-103 的要求。

表 4-103　抗冻性能

使用条件	抗冻等级	质量损失(%)	强度损失(%)
非采暖地区	F15	≤5	≤25
采暖地区:相对湿度≤60%	F25		
相对湿度>60%	F35		
水位变化、干湿循环或粉煤灰掺量≥取代水泥质量 50%时	≥F50		

注:1. 非采暖地区指最冷月份平均气温高于−5℃的地区;采暖地区系指最冷月份平均气温低于或等于−5℃的地区。

2. 抗冻性合格的砌块的外观质量也应符合“4. 技术要求”中“(2)”的要求。

(8)放射性。掺工业废渣的砌块其放射性应符合《建筑材料放射性核素限量》(GB 6566)要求。

5. 试验方法

砌块各项性能指标的试验,按《混凝土小型空心砌块试验方法》(GB/T 4111—1997)有关规定进行,其中,按其第 7 章进行干燥收缩试验时,试件浸水时间应为 48h。放射性试验按《建筑材料放射性核素限量》(GB 6566)的规定进行。

6. 检验规则

轻集料混凝土小型空心砌块检验规则,见表 4-104。

表 4-104 轻集料混凝土小型空心砌块检验规则

项　目	内　　容
检验分类	(1)出厂检验的检验项目为:尺寸偏差、外观质量、密度、强度、吸水率和相对含水率。 (2)型式检验的检验项目除上述"4. 技术要求"中"(1)"外,尚应进行干缩率、抗冻性、放射性、碳化系数和软化系数等项目。 有下列之一情况者,必须进行型式检验: 1)所采用的轻集料品种或产地变化时; 2)正常生产三个月时(抗冻性、放射性和干缩率检验每年一次); 3)砌块用的轻集料混凝土的强度等级或密度等级改动时; 4)砌块的生产工艺变化时; 5)产品停产三个月以上恢复生产时; 6)国家监督检验机构提出检验要求时
组批规则	砌块按密度等级和强度等级分批验收。以同一品种轻集料配制成的相同密度等级、相同强度等级、质量等级和同一生产工艺制成的 1 万块砌块为一批;每月生产的砌块数不足 1 万块者亦以一批论
抽样规则	抽检数量:每批随机抽取 32 块做尺寸偏差和外观质量检验,再从尺寸偏差和外观质量检验合格的砌块中,随机抽取如下数量进行其他项目的检验: (1)强度:5 块; (2)密度、含水率、吸水率和相对含水率:3 块; (3)干缩率:3 块; (4)抗冻性:10 块; (5)放射性:按《建筑材料放射性核素限量》(GB 6566)进行
判定规则	(1)判定所有检验结果均符合上述"4. 技术要求"各项要求中某一等级指标时,称为该等级。 (2)检验后,如有以下情况者可以进行复检: 1)按表 4-98 和表 4-99 检验的尺寸偏差和外观质量各项指标,32 个砌块中有 7 块不合格者; 2)除表 4-98 和表 4-99 指标外的其他性能指标有一项不合格者; 3)用户对生产厂家的出厂检验结果有异议时。 (3)复检的抽检数量和检验项目应与前一次检验相同。 (4)复检后,若符合相应等级指标要求时,则可判定为该等级;若不符合要求时,则判定该批产品为不合格

7. 产品合格证、堆放和运输

(1)产品合格证。砌块出厂时,生产厂应提供产品质量合格证书,其内容包括:

1)厂名与商标;

2)合格证编号及出厂日期;

3)产品标记;

4)性能检验结果;

5)批量编号与砌块数量(块);

6)检验部门与检验人员签字盖章。

(2)产品堆放和运输。

1)砌块应按密度等级和强度等级、质量等级分批堆放,不得混杂。

2)砌块装卸时,严禁碰撞、扔摔,应轻码轻放,不许用翻斗车倾卸。

3)砌块堆放和运输时应有防雨、防潮和掺水措施。

六、装饰混凝土砌块(JC/T 641—2008)

1. 产品分类

装饰混凝土砌块分类，见表 4-105。

表 4-105　装饰混凝土砌块分类

项　目	内　　容
分类	(1)按装饰效果分为彩色砌块、劈裂砌块、凿毛砌块、条纹砌块、磨光砌块、鼓形砌块、模塑砌块、露集料砌块、仿旧砌块。 (2)按用途分为砌体装饰砌块(代号 M_q)和贴面装饰砌块(代号 F_q)
等级	(1)砌体装饰砌块按抗压强度分为 MU10、MU15、MU20、MU25、MU30、MU35、MU40 七个等级。 (2)装饰砌块按抗渗性分为普通型(P)和防水型(F)
规格	装饰砌块的基本尺寸见表 4-106
标记	产品按下列顺序进行标记：产品装饰效果名称、类型、规格尺寸($L\times B\times H$)、强度等级、抗渗性、标准编号。如： (1)规格尺寸 390mm×190mm×190mm、强度等级为 MU10、防水型劈裂砌体装饰砌块的标记为： 劈裂砌块 M_q　390×190×190　MU10　F　JC/T 641—2008 (2)规格尺寸 390mm×240mm×50mm、普通型凿毛贴面装饰砌块的标记为： 凿毛砌块 F_q　390×240×50　P　JC/T 641—2008

表 4-106　基本尺寸　mm

长度 L	390,290,190	
宽度 B	砌体装饰砌块 M_q	290,240,190,140,90
	贴面装饰砌块 F_q	30～90
高度 H	190,90	

注：其他规格尺寸可由供需双方商定。

2. 一般规定

装饰混凝土砌块一般规定，见表 4-107。

表 4-107　装饰混凝土砌块一般规定

项　目	内　　容
水泥	水泥应符合《通用硅酸盐水泥》(GB 175)、《白色硅酸盐水泥》(GB/T 2015)的规定
细集料	细集料应符合《建筑用砂》(GB/T 14684)的规定
粗集料	(1)碎石、卵石应符合《建筑用卵石、碎石》(GB/T 14685)的规定。 (2)重矿渣应符合《混凝土用高炉重矿渣碎石》(YB/T 4178)的规定
轻集料	应符合《轻集料及其试验方法》(GB/T 17431)的规定
色质集料	可采用天然或人工的色质集料

（续）

项　目	内　　　容
掺合料	粉煤灰应符合《用于水泥和混凝土中的粉煤灰》(GB/T 1596)的规定，高炉矿渣粉应符合《用于水泥和混凝土中的粒化高炉矿渣粉》(GB/T 18046)的规定
外加剂	应符合《混凝土外加剂》(GB 8076)的规定
颜料	应符合《混凝土和砂浆用颜料及其试验方法》(JC/T 539)的规定
水	应符合《混凝土用水标准》(JGJ 63)的规定
其他	(1)装饰砌块采用分层布料工艺生产时，加工后饰面层的最小厚度不宜小于10mm。 (2)装饰砌块含有孔洞时，表面经过二次加工后，外壁最薄处应不小于20mm，最小肋厚应不小于25mm

3. 技术要求

(1)外观质量应符合表4-108的规定。

表4-108　　外观质量　　mm

项　目				指标
弯曲/mm			≤	2
裂纹	装饰面			无
	其他面	裂纹延伸的投影长度累计不超过长度尺寸的百分数(%)		5.0
		条数,/条	不多于	1
缺棱掉角	装饰面	长度不超过边长的百分数(%)		1.5
		棱个数,/个	不多于	1
		相邻两边长度不超过边长百分率(%)		0.77
		角个数,/个	不多于	1
	其他面	长度不超过边长的百分数(%)		5.0
		棱角个数,/个	不多于	2

注：经两次饰面加工和有特殊装饰要求的装饰砌块，不受此规定限制。

(2)尺寸允许偏差应符合表4-109的规定。

表4-109　　尺寸允许偏差　　mm

项　目	指　标
长度、高度和宽度	±2.0

注：经两次饰面加工和有特殊装饰要求的装饰砌块，不受此规定限制。

(3)颜色、花纹。

1)单色装饰砌块的装饰面颜色应基本一致，无明显色差。

2)双色或多色装饰砌块装饰面的颜色、花纹，应满足供需双方预先约定的要求。色质饱和度、混色程度等，应基本一致。

(4)砌体装饰砌块的抗压强度应符合表4-110的规定。贴面装饰砌块强度以抗折强度表示，平均值应不小于4.0MPa，单块最小值应不小于3.2MPa。

表 4-110　抗压强度　MPa

强度等级	抗压强度	
	平均值　≥	单块最小值　≥
MU10	10.0	8.0
MU15	15.0	12.0
MU20	20.0	16.0
MU25	25.0	20.0
MU30	30.0	24.0
MU35	35.0	28.0
MU40	40.0	32.0

(5)干燥收缩率应不大于0.045%。

(6)砌体装饰砌块相对含水率应符合表4-111的规定。

表 4-111　相对含水率

使用地区	潮湿	中等	干燥
相对含水率　≤	40	35	30

注：同表4-58注。

(7)装饰砌块的抗渗性应符合表4-112的规定。

表 4-112　抗渗性　mm

项　目	指　标	
	普通型(P)	防水型(F)
水面下降高度	—	≤10

(8)抗冻性应符合表4-113的规定。

表 4-113　抗冻性　%

使用条件	抗冻指标	质量损失率	强度损失率
夏热冬暖地区	F15	≤5	≤20
夏热冬冷地区	F35		
寒冷地区	F50		
严寒地区	F75		

(9)软化系数不应小于0.80。

(10)放射性应符合《建筑材料放射性核素限量》(GB 6566)的规定。

4. 试验方法

装饰混凝土砌块试验方法见表 4-114。

表 4-114 装饰混凝土砌块

项目	内容
一般要求	外观质量、尺寸偏差、抗压强度、干燥收缩率、相对含水率、抗冻性、软化系数等试验按《混凝土小型空心砌块试验方法》(GB/T 4111)进行
色泽、花纹	从批量中随机抽取装饰砌块，组成 $1m^2$ 的装饰面，在自然光照下，距离样品 1.5m 处目测，观察有无明显色差。将订货时商定样品与产品并列放置，观察颜色、花纹差异
抗折强度	抗折强度试验按《装饰混凝土砌块》(JC/T 641—2008)附录 A 进行
抗渗性	抗渗性试验按《装饰混凝土砌块》(JC/T 641—2008)附录 B 进行
放射性	放射性试验按《装饰混凝土砌块》(JC/T 641)进行

5. 检验规则

装饰混凝土砌块检验规则，见表 4-115。

表 4-115 装饰混凝土砌块检验规则

项目		内容
检验分类	出厂检验	出厂检验项目：外观质量、尺寸偏差、强度等级和相对含水率。对防水型装饰砌块，还须检验抗渗性
	型式检验	检验项目：技术要求中的全部项目。有下列情况之一者，必须进行型式检验： (1)新产品的试制定型鉴定； (2)正常生产后，原材料、配比及生产工艺改变时； (3)正常生产时，每半年至少进行一次(放射性一年进行一次)； (4)产品停车三个月以上恢复生产时； (5)出厂检验结果与上次型式检验有较大差异时； (6)国家质量监督机构提出进行型式检验要求时
组批规则		以用同一批原材料、同一生产工艺生产的同一强度等级和花色品种的 5000 块装饰砌块为一批，不足 5000 块者亦按一批计
抽样规则		(1)每批随机抽取 50 块做尺寸偏差、外观质量、颜色和花纹检验。 (2)从尺寸偏差和外观质量检验合格的装饰砌块中抽取如下数量进行其他项目检验： 1)强度等级：5 块； 2)干缩率：3 块； 3)相对含水率：3 块； 4)抗冻性：10 块； 5)抗渗性：3 块； 6)软化系数：10 块； 7)放射性：3 块
判定规则		(1)若受检的 50 块装饰砌块中，外观质量和尺寸偏差不符合表 4-108 和表 4-109 规定的试件数量不超过 7 块，则判该批装饰砌块尺寸偏差和外观质量合格。否则为不合格。 (2)当受检装饰砌块的颜色、花纹符合上述“3. 技术要求”中“(3)”颜色花纹要求时，则判该批装饰砌块颜色和花纹合格。否则为不合格。 (3)当所有项目的检验结果均符合各项要求时，则判该批装饰砌块合格。 (4)产品的放射性超过标准规定时，应停止生产与销售

6. 产品分格证、堆放及运输

(1)装饰砌块应在厂内养护28d龄期后方可出厂，并应提供产品质量合格证书，内容包括：

1)厂名和商标；

2)合格证编号、生产和出厂日期。

3)产品标记；

4)性能检验结果；

5)批量编号与装饰砌块数量(块)；

6)检验部门与检验人员签字盖章。

(2)装饰砌块应按规格、花色、强度等级分批分别堆放，不得混杂。堆放期间，不得弄脏饰面。

(3)砌块宜采用塑料布包装，装饰砌块在堆放、运输及砌筑时应有防雨措施。

(4)装运时要靠紧挤实。用吊车托架运输时，应捆扎牢固，避免碰撞擦伤装饰面。装卸时，严禁碰撞、扔摔；应轻码轻放，禁止翻斗车倾卸。

七、泡沫混凝土砌块(JC/T 1062—2007)

1. 概念与特点

用物理方法将泡沫剂水溶液制备成泡沫，再将泡沫加入到由水泥基胶凝材料、集料、掺合料、外加剂和水等制成的料浆中，经混合搅拌、浇筑成型、自然或蒸汽养护而成的轻质多孔混凝土砌块。也称发泡混凝土砌块。

2. 产品分类

(1)规格。砌块的规格尺寸，见表4-116。其他规格尺寸由供需双方协商确定。

表4-116　砌块的规格尺寸　mm

长　度	宽　度	高　度
400,600	100,150,200,250	200,300

(2)分类。

1)按砌块立方体抗压强度分为A0.5,A1.0,A1.5,A2.5,A3.5,A5.0,A7.5七个等级。

2)按砌块干表观密度分为B03,B04,B05,B06,B07,B08,B09,B10八个等级。

3)按砌块尺寸偏差和外观质量分为一等品(B)和合格品(C)两个等级。

(3)标记。产品按下列顺序进行标记：代号、强度等级、密度等级、规格尺寸、质量等级、标准编号。如强度等级为A3.5、密度等级为B08、规格尺寸为600mm×250mm×200mm、质量等级为一等品的泡沫混凝土砌块，其标记为：

FCB　A3.5　B08　600×250×200B　JC/T 1062—2007

3. 原材料

泡沫混凝土砌块原材料，见表4-117。

表 4-117　泡沫混凝土砌块原材料

项　目	内　　容
水泥	应符合《通用硅酸盐水泥》(GB 175)和《硫铝酸盐水泥》(GB 20472)的规定
集料	(1)轻集料应符合《轻集料及其试验方法　第1部分:轻集料》(GB/T 17431.1)的规定。 (2)膨胀珍珠岩应符合《膨胀珍珠岩》(JC/T 209)的规定。 (3)砂应符合《建筑用砂》(GB/T 14684)的规定。 (4)膨胀聚苯乙烯泡沫颗粒:堆积密度8.0～21.0kg/m³,粒度(5mm筛孔筛余)不超过5%
掺合料	(1)粉煤灰应符合《用于水泥和混凝土中的粉煤灰》(GB/T 1596)的规定。 (2)磨细矿渣粉应符合《建筑用砂》(GB/T 14684)的规定。 (3)生石灰应符合《硅酸盐建筑制品用生石灰》(JC/T 621)的规定。 (4)采用其他活性矿物粉料作掺合料时,应符合国家相关标准规范的要求。 (5)掺加工业废渣时,废渣的放射性水平应符合《建筑材料放射性核素限量》(GB 6566)的规定
外加剂	应符合《混凝土外加剂》(GB 8076)的规定
泡沫剂	利用泡沫剂制备的泡沫应具有良好的稳定性,并且气孔孔径大小均匀
水	应符合《混凝土用水标准》(JGJ 63)的规定

4. 技术要求

(1)尺寸允许偏差应符合表4-118的规定。

表 4-118　尺寸允许偏差　mm

项　目	指标	
	一等品(B)	合格品(C)
长　度	±4	±6
宽　度	±3	+3/−4
高　度	±3	+3/−4

(2)外观质量应符合表4-119的规定。

表 4-119　外观质量　mm

项　目			指标	
			一等品(B)	合格品(C)
缺棱掉角	最小尺寸/mm	≤	30	30
	最大尺寸/mm	≤	70	70
	大于以上尺寸的缺棱掉角个数,/个	不多于	1	2
平面弯曲不得大于/mm			3	5
裂纹	贯穿一棱二面的裂纹长度不大于裂纹所在面的裂纹方向尺寸总和的		1/3	1/3
	任一面上的裂纹长度不得大于裂纹方向尺寸的		1/3	1/2
	大于以上尺寸的裂纹条数,/条	不多于	0	2
粘模和损坏深度/mm		≤	20	30
表面疏松、层裂			不允许	
表面油污			不允许	

(2)强度等级应符合表 4-120 的规定。

表 4-120　　立方体抗压强度　　MPa

强度等级	立方体抗压强度	
	平均值　≥	单组最小值　≥
A0.5	0.5	0.4
A1.0	1.0	0.8
A1.5	1.5	1.2
A2.5	2.5	2.0
A3.5	3.5	2.8
A5.0	5.0	4.0
A7.5	7.5	6.0

(4)密度等级应符合表 4-121 的规定。

表 4-121　　密度等级　　kg/m^3

密度等级	B03	B04	B05	B06	B07	B08	B09	B10
干表观密度　≤	330	430	530	630	730	830	930	1030

(5)干燥收缩值和导热系数。干燥收缩值和导热系数应符合表 4-122 的规定。

表 4-122　　干燥收缩值和导热系数

密度等级	B03	B04	B05	B06	B07	B08	B09	B10
干燥收缩值(快速法)/(mm/m)　≤	—					0.90		
导热系数(干态)/[W/(m·K)]　≤	0.08	0.10	0.12	0.14	0.18	0.21	0.24	0.27

(6)抗冻性。根据工程需要或环境条件,需要抗冻性的场合,其产品抗冻性应符合表 4-123 要求。

表 4-123　　抗冻性　　%

使用条件	抗冻指标	质量损失率不大于	强度损失率不大于
夏热冬暖地区	F15	5	20
夏热冬冷地区	F25		
寒冷地区	F35		
严寒地区	F50		

(7)碳化系数。碳化系数应不小于 0.80。

5. 试验方法

泡沫混凝土砌块试验方法,见表 4-124。

表 4-124 泡沫混凝土砌块试验方法

项目	内容
试验条件	(1)所有试样从养护龄期满 28d 的砌块上割取或直接采用。试样尺寸、数量和取样方法按《蒸压加气混凝土性能试验方法》(GB/T 11969)的规定进行。 (2)试验前,试样应在温度为(23±5)℃,空气相对湿度为(60±10)%的条件下放置 24h
尺寸、外观	(1)量具:采用钢直尺、钢卷尺、深度游标卡尺,最小刻度为 1mm。 (2)尺寸测量:长度、宽度、高度分别在两个对应面的端部测量,各量两个尺寸(图 4-12)。测量值大于规格尺寸的取最大值,测量值小于规格尺寸的取最小值。 (3)缺棱掉角:缺棱或掉角个数,目测;测量砌块破坏部分对砌块的长、高、宽三个方向的投影面积尺寸(图 4-6)。 (4)裂纹:裂纹条数,目测;长度以所在面最大的投影尺寸为准,见图 4-13 中 l。若裂纹从一面延伸至另一面,则以两个面上的投影尺寸之和为准,见图 4-13 中$(b+h)$和$(l+h)$。 (5)平面弯曲:测量弯曲面的最大缝隙尺寸,见图 4-14。 (6)粘模和损坏深度:将钢直尺平放在砌块表面,用深度游标卡尺垂直于钢直尺,测量其最大深度。 (7)砌块表面油污、表面疏松、层裂:目测
物理力学性能试验方法	(1)立方体抗压强度按《蒸压加气混凝土性能试验方法》(GB/T 11969—2008)的规定进行。 (2)干表观密度按《蒸压加气混凝土性能试验方法》(GB/T 11969)的规定进行。 (3)干燥收缩值按《蒸压加气混凝土性能试验方法》(GB/T 11969)的规定进行。 (4)抗冻性按《蒸压加气混凝土性能试验方法》(GB/T 11969)的规定进行。 (5)碳化系数按《蒸压加气混凝土性能试验方法》(GB/T 11969)的规定进行。 (6)导热系数按《绝热材料稳态热阻及有关特性的测定 防护热板法》(GB/T 10294)的规定进行

6. 检验规则

泡沫混凝土砌块检验规则,见表 4-125。

表 4-125 泡沫混凝土砌块检验规则

项目		内容
出厂检验	检验项目	检验项目包括:尺寸偏差、外观质量、立方体抗压强度、干表观密度
	组批和抽样	(1)同品种、同规格、同等级的砌块,以 500m³ 为一批,不足 500m³ 亦为一批,随机抽取 50 块砌块,进行尺寸偏差、外观检验。 (2)从尺寸偏差与外观检验合格的砌块中,随机抽取 6 块砌块,制作 3 组试件进行立方体抗压强度检验,制作 3 组试件进行干表观密度检验
	判定规则	(1)若受检的 50 块砌块中,尺寸偏差与外观质量不符合表 4-118 和表 4-119 规定的砌块数量不超过 5 块时,判定该批砌块符合相应等级;否则判定该批砌块不符合相应等级。 (2)以 3 组试件立方体抗压强度平均值与其中 1 组试件立方体抗压强度最小平均值,按表 4-120 规定判定强度等级。 (3)以 3 组试件干表观密度平均值按表 4-121 判定其密度等级

（续）

项目		内容
型式检验	进行型式检验要求	有下列情况之一时，进行型式检验： (1)新厂生产试制定型鉴定； (2)正式生产后，原材料、工艺等有较大改变，可能影响产品性能时； (3)正常生产时，每半年至少进行一次(抗冻性一年进行一次)； (4)产品停产三个月以上，恢复生产时； (5)出厂检验结果与上次型式检验有较大差异时； (6)国家质量监督机构提出进行型式检验要求时
	抽样规则	(1)在受检验的一批产品中，随机抽取80块砌块，进行尺寸偏差和外观检验。 (2)从尺寸偏差与外观检验合格的砌块中，随机抽取17块砌块制作试件，进行如下项目检验： 1)干表观密度　3组9块； 2)强度等级　5组15块； 3)干燥收缩　3组9块； 4)抗冻性　3组9块； 5)碳化系数　5组15块； 6)导热系数　1组2块
	判定规定	(1)若受检的80块砌块中，尺寸偏差和外观不符合表4-118和表4-119规定的砌块数量不超过7块时，判该批砌块符合相应等级；若不符合表4-118和表4-119规定的砌块数量超过7块时，判该批砌块不符合相应等级。 (2)以3组干表观密度试件的测定结果平均值按表4-121判定砌块的密度等级。 (3)以5组抗压强度试件测定结果按表4-120判定其强度等级。当5组试件中各个单组抗压强度平均值全部大于表4-120规定的此强度等级的最小值时，判该批砌块符合相应等级；若有1组或1组以上小于此强度等级的最小值时，判该批砌块不符合相应等级。 (4)干燥收缩测定结果，当其单组最大值符合表4-122规定时，判定该项合格。 (5)抗冻性测定结果，当质量损失率单组最大值和强度损失率单组最大值符合表4-123规定时，判定该批砌块抗冻性合格，否则判定该批砌块不合格。 (6)导热系数符合表4-122的规定，判定此项指标合格，否则判该批砌块不合格。 (7)型式检验中受检验产品的尺寸偏差、外观质量、立方体抗压强度、干表观密度、干燥收缩值、抗冻性、导热系数各项检验全部符合相应等级的技术要求规定时，判为相应等级。否则判为不合格

7. 产品合格证、堆放及运输

(1)砌块出厂时，生产厂应提供产品质量合格证书，其内容包括：

1)生产厂名与商标；

2)合格证编号、生产日期、出厂日期；

3)产品标记；

4)性能检验结果；

5)批量编号与砌块数量(块)；

6)检验部门与检验人员签字盖章。

(2)砌块必须存放28d方可出厂。砌块贮存堆放应做到：场地平整，并设有养护喷淋装置和防

晒设施。同品种、同规格、同等级做好标记，码放整齐稳妥，不得混杂。14d后不得喷淋，宜有防雨措施。

(3)产品运输时，宜成垛绑扎或有其他包装。绝热用产品宜捆扎加塑料薄膜封包。运输装卸时，宜用专用机具，严禁摔、掷、翻斗车自翻卸货。

7. 运输与贮存

(1)产品在装卸时应轻搬轻放，严禁碰撞，防止损伤。

(2)产品运输过程中应立放贴紧，榫槽向下，并设有防雨措施。

(3)产品应贮存在地面平整、坚实、干燥的仓库内，堆放时榫槽向下。

8. 应用

石膏砌块为轻质微孔结构，能有效减轻建筑物自重，降低基础造价，提高抗震能力，增加房屋有效使用面积，多用于内隔墙。

第三节 墙用板材

一、纸面石膏板(GB/T 9775—2008)

1. 概念与特点

纸面石膏板是以建筑石膏为主要原料，掺入适量轻骨料、纤维增强材料和外加剂构成芯材，并与护面纸牢固地黏结在一起的建筑板材。

纸面石膏板具有质轻、强度较高、防火、隔声、保温等物理性能，而且还具有可锯、可刨、可钉、可用螺钉紧固与良好的机工使用性能。

2. 产品分类

(1)板材种类与代号。纸面石膏板按其功能分为：普通纸面石膏板、耐水纸面石膏板、耐火纸面石膏板以及耐水耐火纸面石膏板四种。

1)普通纸面石膏板(代号P)。以建筑石膏为主要原料，掺入适量纤维增强材料和外加剂等，在与水搅拌后，浇筑于护面纸的面纸与背纸之间，并与护面纸牢固地黏结在一起的建筑板材。

2)耐水纸面石膏板(代号S)。以建筑石膏为主要原料，掺入适量纤维增强材料和耐水外加剂等，在与水搅拌后，浇筑于耐水护面纸的面纸与背纸之间，并与耐水护面纸牢固地黏结在一起，旨在改善防水性能的建筑板材。

3)耐火纸面石膏板(代号H)。以建筑石膏为主要原料，掺入无机耐火纤维增强材料和外加剂等，在与水搅拌后，浇筑于护面纸的面纸与背纸之间，并与护面纸牢固地黏结在一起，旨在提高防火性能的建筑板材。

4)耐水耐火纸面石膏板(代号SH)。以建筑石膏为主要原料，掺入耐水外加剂和无机耐火纤维增强材料等，在与水搅拌后，浇筑于耐水护面纸的面纸与背纸之间，并与耐水护面纸牢固地粘结在一起，旨在改善防水性能和提高防火性能的建筑板材。

(2)棱边形状与代号。纸面石膏板按棱边形状分为：矩形(代号J)、倒角形(代号D)、楔形(代号C)和圆形(代号Y)四种(图4-22～图4-25)，也可根据用户要求生产其他棱边形状的板材。

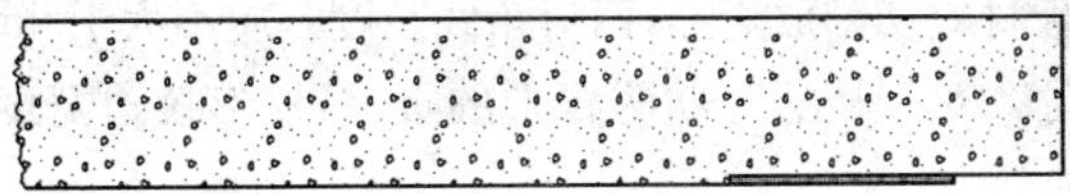

图 4-22　矩形棱边

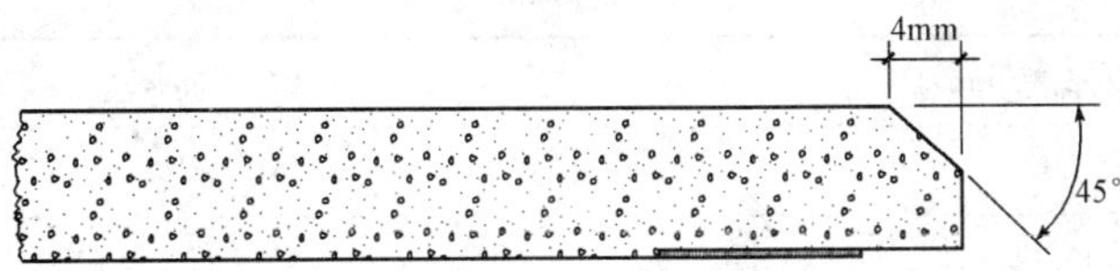

图 4-23　倒角形棱边

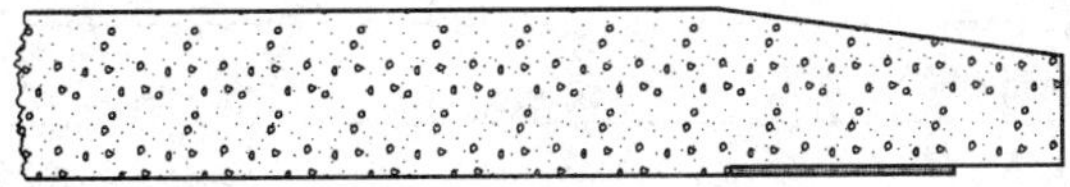

图 4-24　楔形棱边

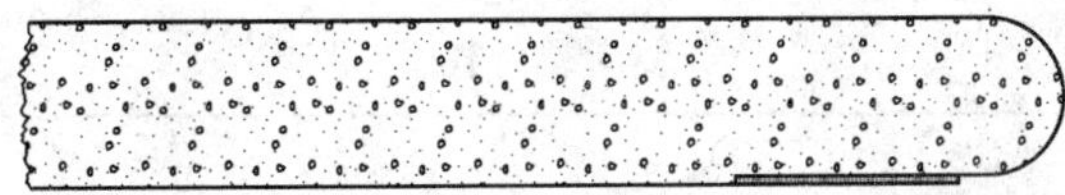

图 4-25　圆形棱边

(3)规格尺寸。

1)板材的公称长度为 1500mm、1800mm、2100mm、2400mm、2440mm、2700mm、3000mm、3300mm、3600mm 和 3660mm。

2)板材的公称宽度为 600mm、900mm、1200mm 和 1220mm。

3)板材的公称厚度为 9.5mm、12.0mm、15.0mm、18.0mm、21.0mm、和 25.0mm。

(4)标记。标记的顺序依次为:产品名称、板类代号、棱边形状代号、长度、宽度、厚度以及标准编号。如:长度为 3000mm、宽度为 1200mm、厚度为 12.0mm、具有楔形棱边形状的普通纸面石膏板,标记为:纸面石膏板 PC3000×1200×12.0 GB/T 9775—2008。

3. 技术要求

(1)外观质量。纸面石膏板板面平整,不应有影响使用的波纹、沟槽、亏料、漏料和划伤、破损、污痕等缺陷。

(2)尺寸偏差。板材的尺寸偏差应符合表 4-126 的规定。

表 4-126　　**尺寸偏差**　　mm

项　目	长　度	宽　度	厚　度	
			9.5	≥12.0
尺寸偏差	−6～0	−5～0	±5	±0.6

(3)对角线长度差。板材应切割成矩形，两对角线长度差应不大于5mm。

(4)楔形棱边断面尺寸。对于棱边形状为楔形的板材，楔形棱边宽度应为30～80mm，楔形棱边深度应为0.6～1.9mm。

(5)面密度。板材的面密度应不大于表4-127的规定。

表4-127 面密度

板材厚度/mm	面密度/(kg/m²)
9.5	9.5
12.0	12.0
15.0	15.0
18.0	18.0
21.0	21.0
25.0	25.0

(6)断裂荷载。板材的断裂荷载应不小于表4-128的规定。

表4-128 断裂荷载

板材厚度/mm	断裂荷载/N			
	纵　向		横　向	
	平均值	最小值	平均值	最小值
9.5	400	360	160	140
12.0	520	460	200	180
15.0	650	580	250	220
18.0	770	700	300	270
21.0	900	810	350	320
25.0	1100	970	420	380

(7)硬度。板材的棱边硬度和端头硬度应不小于70N。

(8)抗冲击性。经冲击后，板材背面应无径向裂纹。

(9)护面纸与芯材黏结性。护面纸与芯材应不剥离。

(10)吸水率(仅适用于耐水纸面石膏板和耐水耐火纸面石膏板)。板材的吸水率应不大于10%。

(11)表面吸水量(仅适用于耐水纸面石膏板和耐水耐火纸面石膏板)。板材的表面吸水量应不大于160g/cm^2。

(12)遇火稳定性(仅适用于耐火纸面石膏板和耐水耐火纸面石膏板)。板材的遇火稳定性时间应不少于20min。

4. 试验方法

纸面石膏板试验方法，见表4-129。

表4-129　纸面石膏板试验方法

项　目	内　　容
试验设备及仪器	(1)钢卷尺：最大量程5000mm，分度值1mm。 (2)钢直尺：最大量程1000mm，分度值1mm。 (3)板厚测定仪：最大量程30mm，分度值0.01mm。 (4)楔形棱边深度测定仪：最大量程10mm，分度值0.01mm。 (5)电子秤：感量1g。 (6)电子天平：感量0.01g。 (7)电热鼓风干燥箱：最高温度300℃，控温器灵敏度±1℃。 (8)板材抗折试验机：最大量程2000N，精度1级。 (9)压力试验机：最大量程2000N，精度1级。 (10)抗冲击性试验仪：钢球直径50mm，钢球质量510g。 (11)护面纸与芯材黏结性试验仪：荷载质量3kg。 (12)纸张表面吸收重量测定仪：圆筒内径113mm。 (13)遇火稳定性测定仪：喷火头直径(40±1)mm，喷火孔直径(2.5±0.1)mm，最高温度900℃，精度1级。 (14)受潮挠度试验箱：可调至温度(32±2)℃、相对湿度(90±3)%
试验条件	对于进行面密度、断裂荷载、硬度、抗冲击性、护面纸与芯材黏结性以及吸水率测定的实验室应满足温度(25±5)℃，相对湿度(50±5)%的试验环境条件。对于进行表面吸水量测定的试验室应满足温度(25±5)℃，相对湿度(50±3)%的试验环境条件
试样与试件	以五张板材为一组试样，依次进行外观质量、尺寸偏差、对角线长度差、楔形棱边断面尺寸测定后，在距板材四周大于100mm处(除进行端头硬度、棱边硬度测定的试件外)按表4-130规定的方向、尺寸以及数量切取试件，并予以编号，供其余各项试验用。 对于将进行端头硬度测定的试件，在板材任一端头按表4-130的规定切取试件，但距棱边应大于100mm。对于将进行棱边硬度测定的试件，在板材两棱边侧按表4-130的规定各取一个试件，但距端头应大于100mm
试件的处理	用于断裂荷载(兼做面密度)、硬度、抗冲击性、护面纸与芯材黏结性、吸水率以及遇火稳定性测定的试件，应预先放置于电热鼓风干燥箱中，在(40±2)℃的温度条件下烘干至恒重(试件在24h的质量变化率应小于0.5%)，并在温度(25±5)℃，相对湿度(50±5)%的实验室条件下冷却至室温，然后进行测定。用于表面吸水量测定的试件，应预先放置于电热鼓风干燥箱中，在(40±2)℃的温度条件下烘干至恒重(试件在24h的质量变化率应小于0.1%)，并在温度(25±5)℃，相对湿度(50±3)%的实验室环境条件下放置24h，然后进行测定

（续一）

项目		内容
试验步骤	外观质量的检查	在光照明亮的条件下，在距试样 0.5m 处进行检查，记录每张板材上影响使用的外观质量情况，以 5 张板材中缺陷最严重的那张板材的情况作为该组试样的外观质量
	长度的测定	在每张板材上测定三个长度值。测点分布于距棱边 50mm 处以及对称轴上（图 4-26）。测定时，板材平整放置，钢卷尺与板材棱边平行。 记录每张板材上的 3 个长度值，分别计算测定长度值与公称长度值的偏差，并以 5 张板材中的最大偏差值作为该组试样的长度偏差，精确至 1mm
	宽度的测定	在每张板材上测定 3 个宽度值。测点发布于距端头 30mm 处和对称轴上（图 4-27）。测定时，板材平整放置，钢卷尺与板材棱边相垂直。如果板材为倒角形的棱边形状，则应测定板材背面的宽度。 记录每张板材上 3 个宽度值，分别计算测定宽度值与公称宽度值的偏差，并以 5 张板材中的最大偏差值作为该组试样的宽度偏差，精确至 1mm。
	厚度的测定	在每张板材的任一端头的宽度方向上等距离布置 6 个测点，且测点距板材的端头不小于 25mm，距板材的棱边不小于 80mm（图 4-28）。采用板厚测定仪进行测量。 记录每张板材上 6 个厚度值，分别计算测定厚度值与公称厚度值的偏差，并以 5 张板材中的最大偏差值作为该组试样的厚度偏差，精确至 0.1mm
	对角线长度差的测定	用钢卷尺测量板材上两个对角线的长度，记录每张板材上两个对角线长度值，计算出两个对角线长度的差值，并以五张板材中的最大对角线长度差值作为该组试样的对角线长度差，精确至 1mm
	楔形棱边宽度的测定	在距板材端头 300mm 处的棱边侧旁测定四个值。把钢直尺横立，放置于板材的正面，并使其垂直于板材的棱边。钢直尺的端头与板材的棱边对齐。测定板材棱边边缘与钢直尺和板材正面接触点间的距离（图 4-29）。 记录每张板材上四个测定值，计算其平均值，并以五张板材中距规定楔形棱边宽度中间值的最大偏离的宽度平均值作为该组试样的楔形棱边宽度。精确至 1mm
	楔形棱边深度的测定	在距板材端头 300mm 处的棱边侧旁测定四个值。把楔形棱边深度测定仪放置于板材正面，当仪器测量头距板材棱边 10mm 时，即可从仪器上读得数据（图 4-30）。 记录每张板材上四个测定值，计算其平均值，并以 5 张板材中距规定楔形棱边深度中间值的最大偏离的深度平均值作为该组试样的楔形棱边深度。精确至 0.1mm
	面密度的测定	把经过处理的 10 个用于测定断裂荷载的试件，放置于电子秤上予以称量。根据其面积计算每张板材上两个试件面密度的平均值。以 5 张板材的平均值中的最大值作为该组试样的面密度，精确至 0.1kg/m^2
	断裂荷载的测定	将已测定后的 10 个试件，随即进行断裂荷载的测定。把试件放置于板材抗折试验机的支座上。其中，纵向断裂荷载试件（试件代号 Z）正面朝下放置；横向断裂荷载试件（试件代号 H）正面朝上放置。支座中心距 350mm。在跨距中央，通过加荷辊沿平行于下支座的方向施加荷载，加荷速度控制在 (4.2±0.8)N/s，直至试件断裂。记录板材荷载最大值，并计算 5 张板材的断裂荷载平均值。以 5 张板材的平均值以及最小值作为该组试样的断裂荷载。精确至 1N

（续二）

项目		内容
试验步骤	棱边硬度的测定	(1)端头硬度的测定。把经处理后的试件横向垂直侧立，然后用夹具夹紧。在试件厚度中心线上按图 4-31 布置 3 个测点。由压力试验机以(4.2±0.8)N/s 的加荷速度，通过钢针(图 4-32)向试件加荷，直至钢针插入深度达到 13mm 时。记录每个试件在试验过程中的 3 个硬度最大值，并以 5 个试件硬度最大值的平均值作为该组试样的端头硬度值，精确至 1N。 (2)棱边硬度的测定。把经处理后的试件在图 4-31 规定的 3 个测点上，去除棱边护面纸，使棱边芯材暴露。再按照端头硬度测定的方法测定 10 个试件的棱边硬度最大值。并以 10 个试件硬度最大值的平均值作为该组试样的棱边硬度值，精确至 1N
	抗冲击性的测定	在抗冲击性试验仪的底盘内装有细度为 0.5mm 的砂子，并用刮尺刮平。把经处理后的试件正面朝上，平放置于砂子表面。使钢球从表 4-131 所规定的高度自由落在试件的两对角线交叉点上(图 4-33)。取出试件，记录试件背面裂纹情况，以 5 张板材最严重情况作为该组试样的抗冲击性的结果
	护面纸与芯材黏结性的测定	经处理后的试件，在纵向距端头 20mm 处切割一道缝，但不得破坏另一面的护面纸(图 4-34)。对于测定面纸与芯材黏结性的试件(代号 M)，切缝在试件的背面；对于测定将纸与芯材黏结性的试件(代号 D)，切缝在试件的正面。然后把试件固定在护面纸与芯材黏结性试验仪的上夹具中(图 4-35)。在试件沿切缝弯折的端头处拧上下夹具，逐渐增加荷载，直至护面纸撕离。记录每张板材面纸以及背纸与芯材黏结的状况，以 5 张板材最严重情况作为该组试样的护面纸与芯材黏结性的结果
	吸水率的测定	试件经处理后，用电子秤称量试件质量(G_1)，然后浸入温度为(25±5)℃的水中。试件用支架悬置，不与水槽底部紧贴，试件上表面距水面 30mm。浸水 2h 后取出试件，用半湿毛巾吸去试件表面附着水分，称量试件质量(G_2)。记录每个试件在浸水前和浸水后的质量，并按下式计算吸水率： $$W_1=\frac{G_2-G_1}{G_1}\times 100$$ 式中 W_1——吸水率(%)； G_1——试件浸水前的质量(g)； G_2——试件浸水后的质量(g)。 以 5 个试件中最大值作为该组试样的吸水率，精确至 1%
	表面吸水量的测定	试件经处理后，在规定的实验室试验条件下进行测定。测定试件正面的表面吸水量。用电子天平称量试件质量(G_3)，然后把试件固定于纸张表面吸收重量测定仪上。在纸张表面吸收重量测定仪的圆筒内，注入温度为(25±5)℃的水，高度为 25mm。翻转圆筒时开始计时，静置 2h。转正圆筒后，取下试件，用中性滤纸吸去试件表面的附着水分。然后在电子天平上称量试件质量(G_4)，精确至 0.01g。记录每个试件在表面吸水前和吸水后的质量，按下式计算表面吸水量： $$W_2=\frac{G_4-G_3}{S}$$ 式中 W_2——表面吸水量(g/m^2)； G_3——表面吸水前试件的质量(g)； G_4——表面吸水后试件的质量(g)； S——表面吸水面积(m^2)。 以 5 个试件中的最大值作为该组试样的表面吸水量，精确至 $1g/m^2$

（续三）

<table>
<tr><th colspan="2">项 目</th><th>内 容</th></tr>
<tr><td rowspan="3">试验步骤</td><td>遇火稳定性的测定</td><td>试件按图 4-36 钻孔，再经过表 4-132 处理。用支杆将试件竖直悬挂于两个喷火口中间，喷火口与试件的表面垂直。用液化石油气作为热源向遇火稳定性测定仪的两只燃烧器供气，燃烧器喷火口距板面为 30mm。按表 4-132 的规定在试件下端悬挂荷载(图 4-37)，点燃燃烧器。用两支镍铬-镍硅热电偶在距板面 5mm 处测量温度。试验初期应在不使试件晃动的情况下，去除掉落在热电偶上的、已炭化的护面纸。通过调节，在 3min 内把温度控制在(800±30)℃，试验过程中一直保持此温度。从试件遇火开始计时，至试件断裂破坏。记录每个试件被烧断的时间，以 5 个试件中最小值作为该组试样的遇火稳定性。精确至 1min</td></tr>
<tr><td>受潮挠度的测定</td><td>受潮挠度的测定按《纸面石膏板》(GB/T 9775—2008)附录 B 规定进行</td></tr>
<tr><td>剪切力的测定</td><td>剪切力的测定按《纸面石膏板》(GB/T 9775—2008)附录 C 规定进行</td></tr>
</table>

表 4-130　　试件规格

试件用途	试件代号	纵向尺寸/mm	横向尺寸/mm	每张板材上切取试件数量/个
纵向断裂荷载(兼做面密度)	Z	400	300	1
横向断裂荷载(兼做面密度)	H	300	400	1
端头硬度	T	75	300	1(两端头任取 1)
棱边硬度	L	300	75	2(两棱边各取 1)
抗冲击性	K	300	300	1
面纸与芯材黏结性	M	120	50	1
背纸与芯材黏结性	D	120	50	1
遇火稳定性	Y	300	50	1
吸水率	S	300	300	1
表面吸水量	B	125	125	1

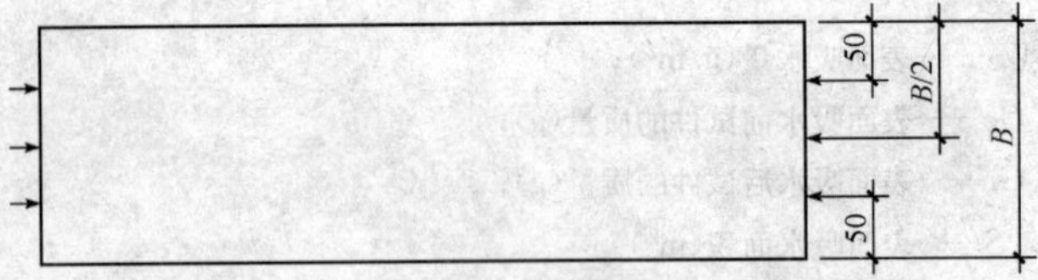

图 4-26　长度的测定位置图(mm)

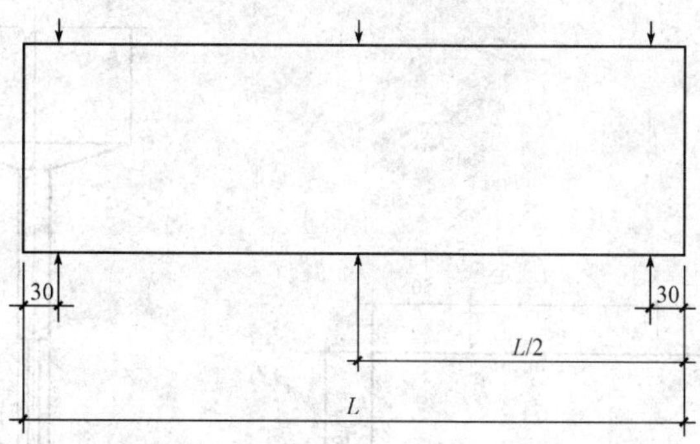

图 4-27　宽度的测定位置图(mm)

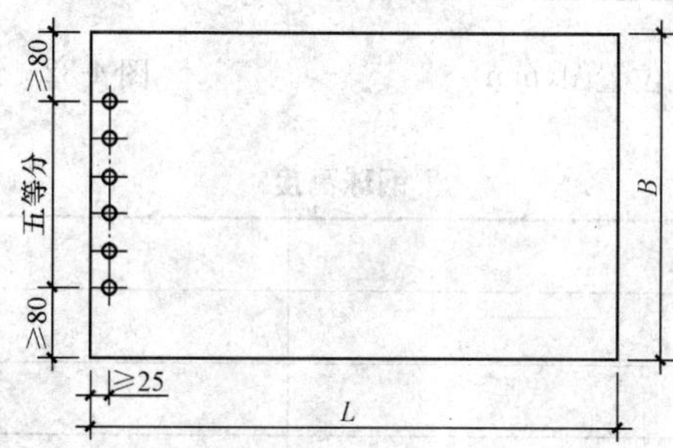

图 4-28　厚度的测定位置图(mm)

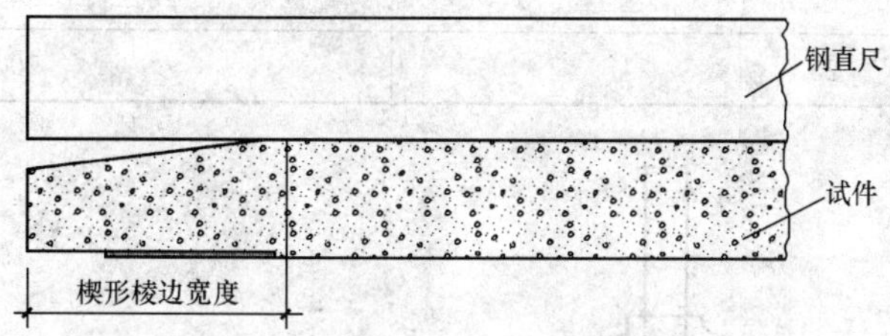

图 4-29　楔形棱边宽度的测定位置图

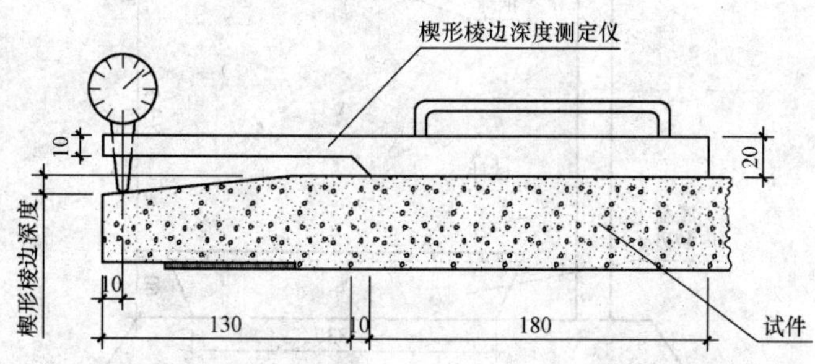

图 4-30　楔形棱边深度的测定位置图(mm)

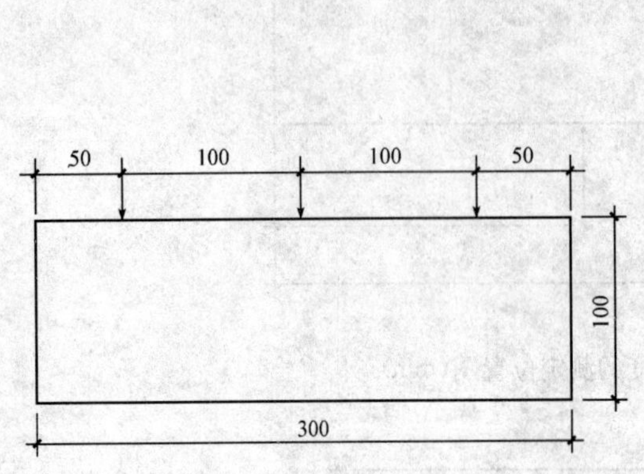

图 4-31 测点位置图(mm)

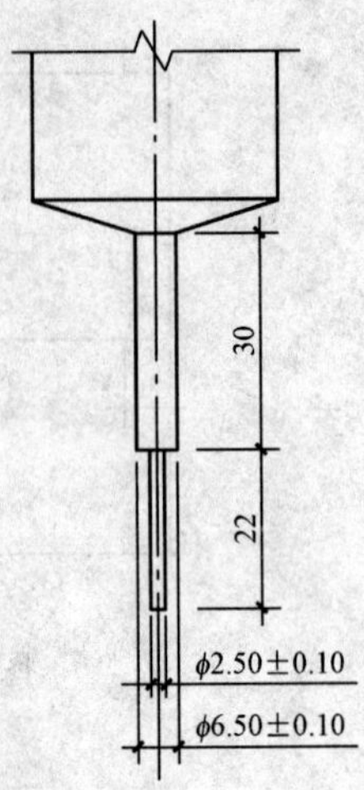

图 4-32 钢针示意图(mm)

表 4-131 **钢球高度** mm

板材厚度	钢球高度
9.5	500
12	600
15	700
18	800
21	900
25	1000

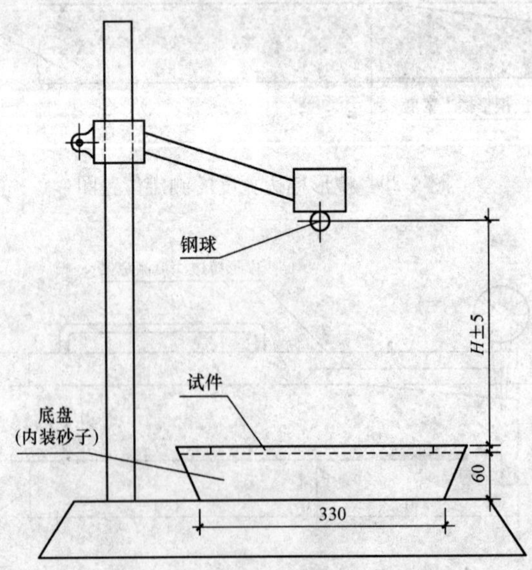

图 4-33 抗冲击性的测定示意图(mm)

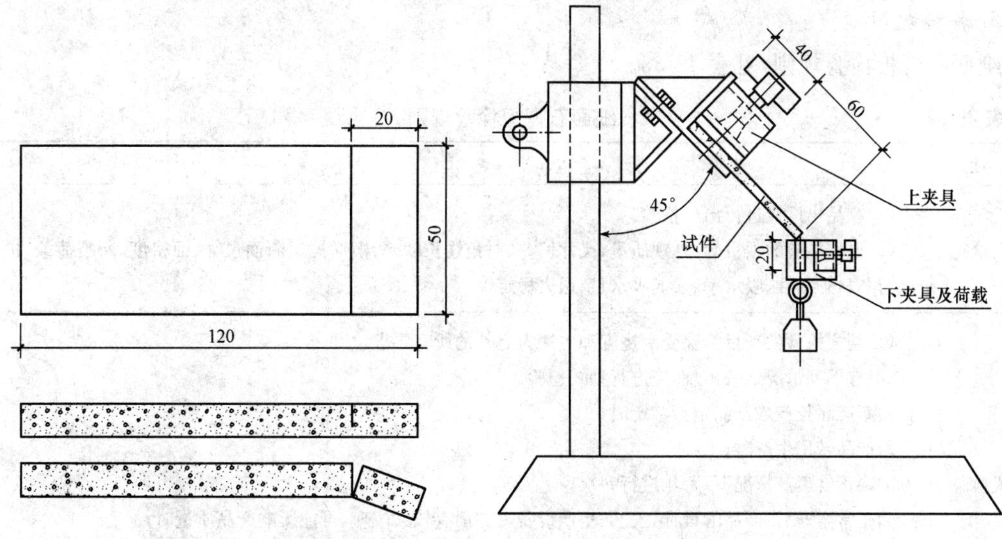

图 4-34　试件切割缝位置图(mm)

图 4-35　护面纸与芯材黏结性试验仪示意图(mm)

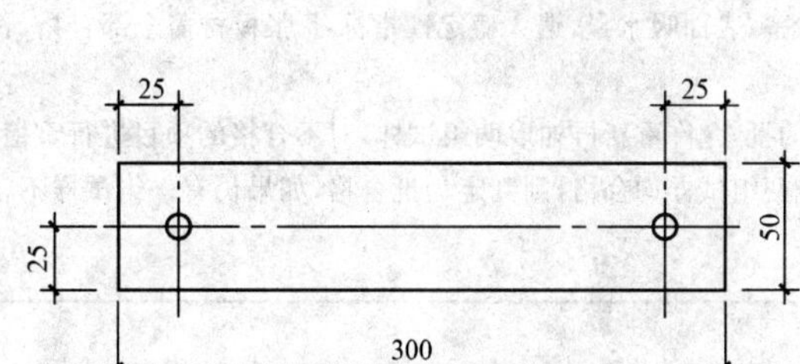

图 4-36　试件钻孔位置图(mm)

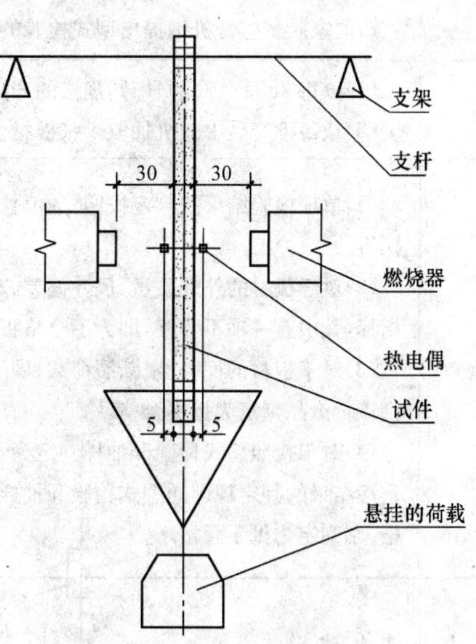

图 4-37　遇火稳定性的测定示意图(mm)

表 4-132　　**悬挂的荷载**

板材厚度/mm	悬挂的荷载/N
9.5	7
12.0	10
15.0	12
18.0	15
21.0	17
25.0	20

5. 检验规则

纸面石膏板检验规则，见表 4-133。

表 4-133 纸面石膏板检验规则

项 目	内 容
出厂检验	(1)产品出厂应进行出厂检验。 (2)出厂检验的项目为：外观质量、尺寸偏差、对角线长度差、楔形棱边断面尺寸、面密度、断裂荷载、护面纸与芯材黏结性、吸水率、表面吸水量、遇火稳定性
型式检验	(1)型式检验的项目为除受潮挠度和剪切力之外的所有要求。 (2)有下列情况之一出现，应进行型式检验。 1)新产品投产或产品定型鉴定时； 2)产品转厂生产时； 3)在正常生产情况下，每年进行一次； 4)正常生产后，产品的设计、工艺、生产设备等方面有较大改变，可能影响产品质量时； 5)产品停产半年以上，恢复生产时； 6)出厂检验与上次型式检验有较大差异时； 7)国家质量监督机构提出型式检验的要求时
抽样	(1)以每 2500 张同型号、同规格的产品为一批，不足 2500 张时也按一批计。 (2)从每批产品中随机抽取 5 张板材作为一组试样
判定规则	(1)单项检验结果的判定按照《数值修约规则与极限数值的表示和判定》(GB/T 8170)中修约值比较法执行。 (2)对于板材的外观质量、尺寸偏差、对角线长度差、楔形棱边断面尺寸、抗冲击性、护面纸与芯材黏结性指标，其中有一项不合格，即为不合格板。5 张板材中不合格多于 1 张时，则该批产品判定为批不合格。 (3)对于板材的面密度、断裂荷载、硬度、吸水率、表面吸水量、遇火稳定性指标，5 张板材需全部合格，否则该批产品判定为批不合格。 (4)对于按照型式检验和抽样判定为不合格的批，允许重新再抽取两组试样，对不合格的项目进行重检，重检结果的判定规则同型式检验和抽样。若该两组试样均合格，则判定为批合格，如果仍有一组试样不合格，则判定为批不合格

6. 标志与包装

(1)标志。产品或包装上应标明以下内容：

1)生产企业名称、详细地址；

2)产品的标记、产品的商标以及生产日期；

3)产品的包装规格、数量。

(2)包装。

1)产品包装出厂时应有防潮措施；

2)产品的包装内应附有产品合格证或检验合格章；

3)外包装材料上标注包装储运图文标志、防潮标志、小心轻放标志等。

7. 运输与贮存

(1)运输。产品在运输过程中应避免撞击破损，并防止板材受潮。

(2)贮存。板材按不同型号、规格在室内分类、水平堆放。堆放场地应坚实、平整、干燥。堆放时用垫条使板材和地面隔开,并不使板材在堆放时变形、受潮。

8. 应用

普通纸面石膏板适用于建筑物的围护墙、内隔墙和吊顶。在厨房、厕所及空气相对湿度经常大于70%的潮湿环境使用时,必须采取相对防潮措施。

防水纸面石膏板面经过防水处理,而且石膏芯材也含有防水成分,因而适用于湿度较大的房间墙面,由于它有石膏外墙衬板、耐水石膏衬板两种,可用于卫生间、厨房、浴室等贴瓷砖、金属板、塑料面墙板的衬板。

二、装饰石膏板(JC/T 799—2007)

1. 概念与特点

以建筑石膏为主要原料,掺入适量纤维增强材料和外加剂,与水一起搅拌成均匀的料浆,经浇筑成型、干燥而成的不带护面纸的装饰板材。

2. 产品分类

(1)分类。根据板材正面形状和防潮性能的不同,其分类及代号,见表4-134。

表4-134 装饰石膏板分类、代号

分类	普通板			防潮板		
	平板	孔板	浮雕板	平板	孔板	浮雕板
代号	P	K	D	FP	FK	FD

(2)形状。装饰石膏板为正方形,其棱边断面形式有直角型和倒角型两种。

(3)规格。装饰石膏板的规格为两种:500mm×500mm×9mm,600mm×600mm×11mm。其他形状和规格的板材,由供需双方商定。

(4)产品标记。产品按下列顺序标记:名称、类型、规格、标准号。如板材尺寸为500mm×500mm×9mm的防潮孔板:装饰石膏板 FK 500 JC/T 799—2007。

3. 技术要求

(1)外观质量。装饰石膏板正面不应有影响装饰效果的气孔、污痕、裂纹、缺角、色彩不均匀和图案不完整等缺陷。

(2)板材尺寸允许偏差、不平度和直角偏离度。板材尺寸允许偏差、不平度和直角偏离度应不大于表4-135的规定。

表4-135 板材尺寸允许偏差、不平度和直角偏离度 mm

项 目	指 标
边长	+1 −2
厚度	±1.0
不平度	2.0
直角偏离度	2

(3)物理力学性能。产品的物理力学性能应符合表4-136的要求。

表 4-136 产品的物理力学性能

序号	项目		指标					
			P,K,FP,FK			D,FD		
			平均值	最大值	最小值	平均值	最大值	最小值
1	单位面积质量/(kg/m²) ≤	厚度 9mm	10.0	11.0	—	13.0	14.0	—
		厚度 11mm	12.0	13.0	—	—	—	—
2	含水率(%)	≤	2.5	3.0	—	2.5	3.0	—
3	吸水率(%)	≤	8.0	9.0	—	8.0	9.0	—
4	断裂荷载/N	≥	147	—	132	167	—	150
5	受潮挠度/mm	≤	10	12	—	10	12	—

注:D 和 FD 的厚度系指棱边厚度。

4. 试验方法

(1)试验设备及仪器。

1)钢直尺:最大量程 1000mm,精度 1mm。

2)板厚测定仪:最大量程 30mm,精度 0.01mm。

3)塞尺:精度 0.01mm。

4)台秤:最大称量 5kg,感量 5g。

5)电热鼓风干燥箱:控温灵敏度±1℃。

6)板材抗折机:Ⅰ级精度,示值误差±1%。

7)受潮挠度测定仪:精度 1mm,温度波动度±1℃,湿度波动度±2%。

8)水槽:足以水平放下整块石膏板。

(2)试样。

1)对于平板、孔板及浮雕板,以 3 块整板作为一组试样,用于检查和测定外观质量、尺寸偏差、不平度、直角偏离度、含水率、单位面积质量和断裂荷载。

2)对于防潮板,以 9 块整板作为一组试样,其中 3 块的用途与上述“1)”的规定相同;另外 3 块用于测定吸水率;余下的 3 块则从每块板上锯取 1/2,组成 3 个 500mm×250mm 或 600mm×300mm 的试件,用于受潮挠度的测定。

(3)试件的处理。用于单位面积质量、断裂荷载、受潮挠度和吸水率测定的试件,应预先在电热鼓风干燥箱中,在(40±2)℃条件下烘干至恒量(试件在 24h 内的质量变化小于 5g 时即为恒量),并在不吸湿的条件下冷却至室温,再进行试验。

(4)试验步骤。装饰石膏板试验步骤,见表 4-137。

表 4-137 装饰石膏板试验步骤

项目	内容
外观质量的检查	在 0.5m 远处光照明亮的条件下,对 3 块试件的正面逐个进行目测检查。记录每块试件影响装饰效果的气孔、污痕、裂纹、缺角、色彩不均匀和图案不完整等缺陷
边长的测定	用钢直尺逐个测量 3 块试件,精确至 1mm。一般在试件正面测定,如果棱边有倒角时,应以背面测得的边长尺寸为准。每块试件在互相垂直的方向上各测 3 个值,其中两个值在离棱边 20mm 处测定,一个值在对称轴上测定,测点位置见图 4-138。 记录每块试件两个垂直方向上各 3 个值的平均值,精确至 1m

（续）

项目	内容
厚度的测定	用板厚测定仪逐个测量3块试件，精确至0.1mm。测定时，在每块试件棱边的中点布置四个测点，测点的位置见图4-39。 记录每块试件四个值的平均值，精确至0.1mm
不平度的测定	将钢直尺立放在试件正面两对角线上，用塞尺测量板面与钢直尺之间间隙的最大值，作为板材的不平度，精确至0.1mm
直角偏离的测定	用钢直尺测量两对角线的长度，精确至1mm，计算两对线长度的差值，作为板材的直角偏离度
含水率的测定	分别称量3块试件的质量(G_{h1})，然后处理试件，称量试件处理后的质量(G_{h2})，精确至5g。试件的含水率按下式计算： $$W_h=\frac{G_{h1}-G_{h2}}{G_{h2}}\times 100$$ 式中 W_h——试件含水率(%)； G_{h1}——试件烘干前的质量(g)； G_{h2}——试件烘干后的质量(g)。 计算3块试件含水率的平均值，并记录其中的最大值，精确至0.5%
单位面积质量的测定	利用上述试件烘干后的质量，精确至0.1kg，除以相对应的试件面积，计算每块试件的单位面积质量和平均的单位面积质量。同时记录单位面积质量的最大值，均精确至0.1kg/m^2
断裂荷载的测定	利用测定后的3块试件，分别进行断裂荷载的测定。将试件安放在板材抗折试验机上、下压辊之间(图4-40)，试件的正面向下放置，下压辊中心间距(B)为试件长度(L)减去50mm。在跨距中央，通过上压辊施加荷载，加荷速度为(4.9±1.0)N/s，直至试件断裂。 计算3块试件断裂荷载的平均值，并记录其中的最小值，精确至1N
受潮挠度的测定	将规定的3块试件按烘干至恒量，然后将每块试件正面向下，分别悬放在受潮挠度测定仪试验箱中3个试验架的支座上，支座中心距为试件长度减去20mm。在温度为(32±2)℃，空气相对湿度为(90±3)%条件下，将试件放置48h。利用专用的测量头，分别测定每个试验架上试件中部受潮前后的下垂度，记录受潮后下垂度的增加值，即为试件的受潮挠度。 计算3个试件受潮挠度的平均值，并记录其中的最大值，精确至1mm
吸水率的测定	将三块试件预先处理，称量，然后一起浸入水槽。水温控制在(20±3)℃。试件上表面低于水面30mm。试件不互相紧贴，也不与水槽底部紧贴。在水中浸泡2h后，取出试件，用拧干的湿毛巾吸去试件表面的水，称量。精确至5g。 试件的吸水率按下式计算： $$W_x=\frac{G_{x1}-G_{x2}}{G_{x2}}\times 100$$ 式中 W_x——试件吸水率(%)； G_{x1}——试件浸泡后的质量(g)； G_{x2}——试件浸泡前的质量(g)。 计算3块试件吸水率的平均值，并记录其中的最大值，精确至0.5%

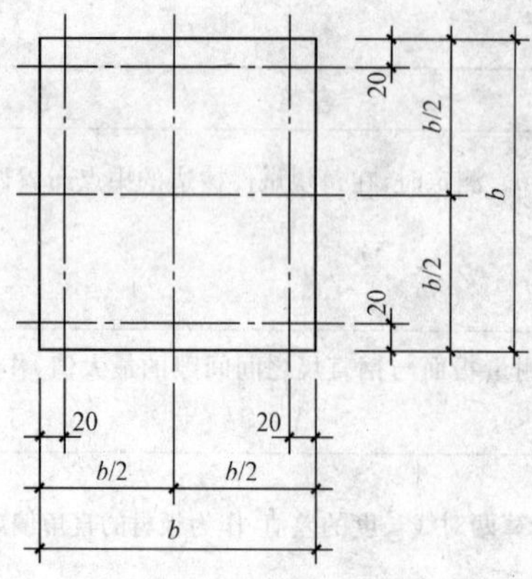

图 4-38　边长的测定

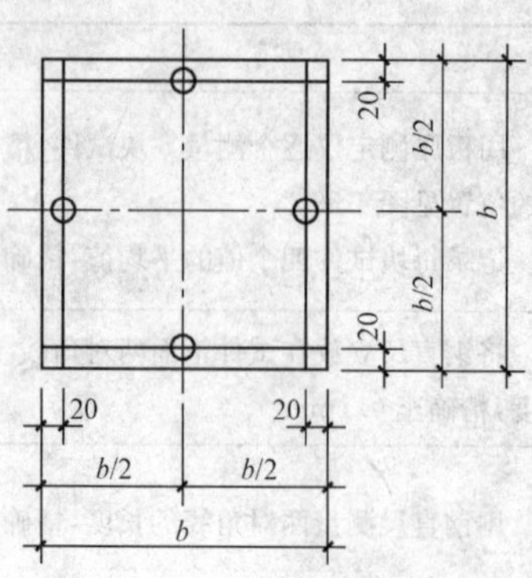

图 4-39　厚度的测定

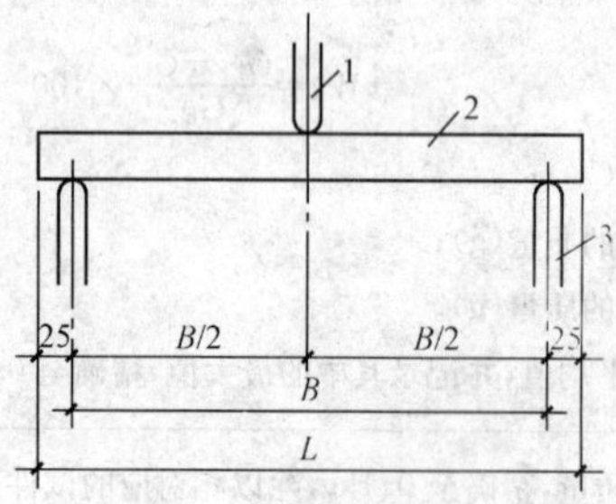

图 4-40　断裂荷载的测定

1—上压辊；2—试件；3—下压辊

5. 检验规则

装饰石膏板检验规则，见表 4-138。

表 4-138　装饰石膏板检验规则

项　目	内　　容
出厂检验	对于普通板，出厂检验项目包括外观、尺寸偏差、不平度、直角偏离度、单位面积质量、含水率和断裂荷载；对于防潮板，检验项目除与普通板相同外，还应包括吸水率和受潮挠度两项
型式检验	型式检验项目包括技术要求中所有规定。在下列情况下进行型式检验： (1)新产品投产或产品定型鉴定时； (2)正常生产时，每半年进行一次； (3)原材料、工艺等发生较大变化，可能影响产品质量时； (4)出厂检验结果与上次型式检验结果有较大差异时； (5)产品停产六个月以上恢复生产时； (6)国家质量监督检验机构提出型式检验要求时
组批	以同一类型、同一规格 500 块板材为一批，不足 500 块板时也按一批计
抽样	(1)对于普通板，在每批产品中随机抽取 3 块整板作为一组试样。 (2)对于防潮板，在每批产品中随机抽取 9 块整板作为一组试样

（续）

项　目	内　　　容
判定规则	(1)对于板材的外观、边长、厚度、不平度、直角偏离度指标，其中有一项不合格，即为不合格板。3 块板中不合格板多于一块时，该批产品判为不合格。 (2)对于板材的单位面积质量、含水率、吸水率、断裂荷载和受潮挠度指标，各项指标均需合格。否则该批产品判为不合格。 (3)对于上述“(1)、(2)”判为不合格的某批产品，允许对其重新抽取两组试样，对不合格的项目进行重检，重检结果的判定规则同上述“(1)、(2)”。如该两组试样均合格，则判为该批产品合格；如仍有一组试样不合格，则判为该批产品不合格

6. 标志与包装

(1)标志。在每一包装箱上，应印上产品的名称、商标、质量等级、制造厂名、生产日期以及防潮、小心轻放和产品标记等标志。

(2)包装。产品采用纸箱包装。

7. 运输与贮存

(1)运输。产品在运输过程中应立放、贴紧，避免造成撞击破损，并应有遮篷措施。

(2)贮存。板材应按品种、规格及等级在室内分类堆放，堆放高度不应大于 2m，堆放场地应坚实、平整、干燥。

三、嵌装式装饰石膏板(JC/T 800—2007)

1. 概念与特点

以建筑石膏为主要原料，掺入适量的纤维增强材料和外加剂，与水一起搅拌成均匀的料浆，经浇筑成型、干燥而成的不带护面纸的板材。板材背面四边加厚，并带有嵌装企口，板材正面可为平面、带孔或带浮雕图案。

2. 产品分类

嵌装式装饰石膏板分类见表 4-139。

表 4-139　　嵌装式装饰石膏板分类

项　目	内　　　容
形状	嵌装式装饰石膏板为正方形，其棱边断面形式有直角形和倒角形
类型和代号	产品分为普通嵌装式装饰石膏板(代号为 QP)和吸声用嵌装式装饰石膏板(代号为 QS)两种
规格	嵌装式装饰石膏板的规格为： 边长 600mm×600mm，边厚不小于 28mm； 边长 500mm×500mm，边厚不小于 25mm。 其他形状和规格的板材，由供需双方商定
标记	标记顺序为：产品名称、代号、边长、标准号。 如边长尺寸 600mm×600mm 的普通嵌装式装饰石膏板，标记为： 嵌装式装饰石膏板 QP　600　JC/T 800—2007

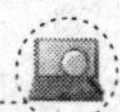

3. 技术要求

(1)外观质量。嵌装式装饰石膏板正面不得有影响装饰效果的气孔、污痕、裂纹、缺角、色彩不均和图案不完整等缺陷。

(2)尺寸及允许偏差。板材边长(L)、铺设高度(H)和厚度(S)(图 4-41)的允许偏差、不平度和直角偏离度(δ)应符合表 4-140 的规定。

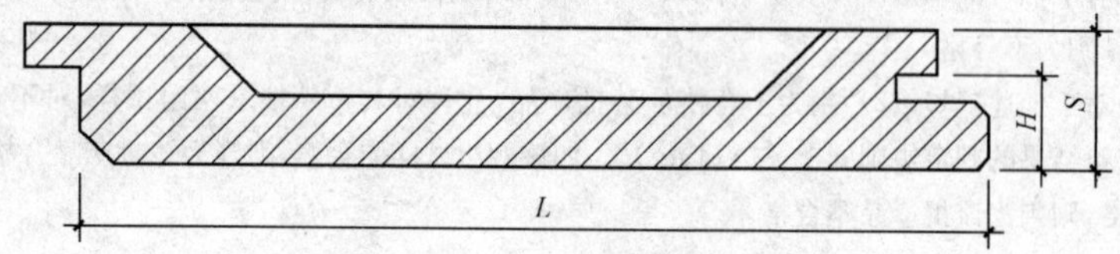

图 4-41　产品构造示意图

表 4-140　尺寸及允许偏差　mm

项目		技术要求
边长 L		±1
铺设高度 H		±1.0
边厚 S	L=500	≥25
	L=600	≥28
不平度		≤1.0
直角偏离度 δ		≤1.0

(3)物理力学性能。板材的单位面积重量、含水率和断裂荷载应符合表 4-141 的规定。

表 4-141　物理力学性能

项目		技术要求
单位面积重量/(kg/m²)	平均值	≤16.0
	最大值	≤18.0
含水率(%)	平均值	≤3.0
	最大值	≥4.0
断裂荷载/N	平均值	≥157
	最小值	≥127

(4)对吸声板的附加要求。嵌装式吸声石膏板必须具有一定的吸声性能，125Hz、250Hz、500Hz、1000Hz、2000Hz 和 4000Hz 六个频率混响室法平均吸声系数 $\alpha_s \geq 0.3$。

对于每种吸声石膏板产品必须附有贴实和采用不同构造安装的吸声频谱曲线。穿孔率、孔洞形式和吸声材料种类由生产厂自定。

4. 试验方法

(1)试验设备及仪器。

1)钢直尺：量程 1000mm，分度值 1mm；

2)板厚测定仪：量程 30mm，分度值 0.01mm；

3)塞尺：精度 0.01mm；

4)台秤：最大称量10kg，感量为5g；

5)电热鼓风干燥箱：控温器灵敏度±1℃；

6)板材抗折机：Ⅰ级精度，示值误差±1%；

7)高度游标卡尺：量程(0～300)mm，分度值0.02mm；

8)深度游标卡尺：量程(0～200)mm，分度值0.02mm；

9)90°宽座角尺：800mm，Ⅰ级精度。

(2)试样。

1)对于普通嵌装式装饰石膏板，以3块整板作为一组试样，用于检查和测定外观质量、尺寸偏差、不平度、直角偏离度、含水离、单位面积重量和断裂荷载。

2)对于吸声用嵌装式吸声石膏板，以3块整板作为一组试样，测试项目与上述"1)"相同。另外以10m² 为一组试样，作为吸声系数的测定。

(3)试件的处理。用于单位面积重量和断裂荷载测定的试件，应预先放入电热鼓风干燥箱中，在(40+2)℃的条件下烘干至恒重(试件在24h内的重量变化小于5g时即为恒重)，并在不吸湿的条件下冷却至室温，然后进行试验。

(4)试验步骤。嵌装式装饰石膏板试验步骤，见表4-142。

表4-142　　嵌装式装饰石膏板试验步骤

项　目	内　　容
外观质量	在距试件0.5m处光照明亮的条件下，对3块试件的正面逐个进行目测检查，记录每个试件影响装饰效果的气孔、污痕、裂纹、缺角、色彩不均和图案不完整等缺陷
边长	用钢直尺测量试件正面边部的长度，精确至1mm。 计算每个试件四个边长的平均值
铺设高度	在板材四边离端部150mm处布置8个测点(图4-42)。用深度游标卡尺和高度游标卡尺测量试件边部的铺设高度值，精确至0.1mm。 计算每个试件8个测点的平均值作为试件的厚度
厚度	在边长中点离板边30mm处布置4个测点(图4-43)，用板厚测定仪测定试件的厚度，精确至1mm。计算每个试件4个测点的平均值作为试件的厚度
不平度	用钢直尺立放在板材正面两对角线上，用塞尺测量板面和钢直尺之间的最大间隙，作为试件的不平度，精确至0.1mm。 若因图案影响测量时，钢直尺立放位置可选择对称轴或板材边部
直角偏离度	用90°角尺测定每个试件四个角的直角偏离度。测定时，将试件的一边紧贴直角尺的一直角边，用塞尺测量试件相邻一边端部和角尺另一边之间的间隙(图4-44)，精确至0.1mm。记录四个值中的最大偏离值作为试件的直角偏离度
含水率	称量每个试件的G_1，然后按上述"(3)"处理试件。称量干燥至恒重后的试件的重量G_2，精确至5g。 试件的含水率按下式计算： $$W=\frac{G_1-G_2}{G_2}\times 100$$ 式中　W——试件的含水率(%)； G_1——试件干燥前重量(g)； G_2——试件干燥后重量(g)。 计算3个试件含水率的平均值，并记录其中的最大值，精确至0.1%

（续）

项　目	内　　容
单位面积重量	用每个试件干燥至恒重后的重量 G_2，以 kg 表示，按板材正面面积折算成单位面积重量（kg/m^2）。 计算 3 个试件单位面积重量的平均值，并记录其最大值，精确至 $0.1kg/m^2$
断裂荷载	用含水率测定含水率的 3 个试件，在板材抗折机上测定断裂荷载。 试验时，将试件正面向下，平放在板材抗折机两个平行的圆形支承辊上，其跨距（B）为边长（L）减去 50mm，在跨距中央，通过平行于支承辊的圆形加载辊施加荷载（图 4-45）。加载速度为 10N/s±1N/s，直至试件断裂。 计算 3 个试件断裂荷载的平均值，并记录其单个最小值，精确至 1N
吸声系数	对于吸声用嵌装式装饰石膏板，应进行吸声系数的测定

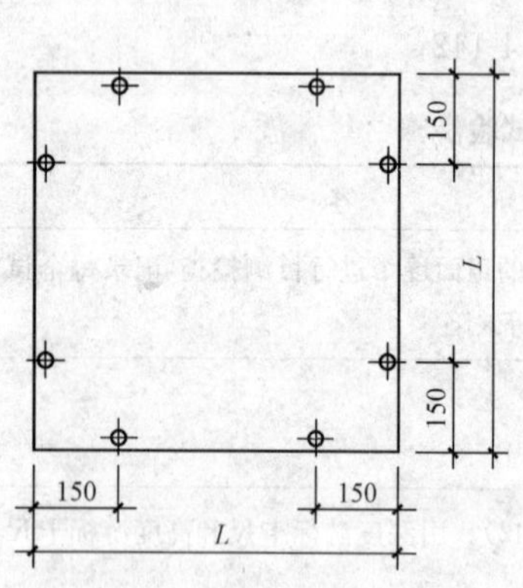

图 4-42　铺设高度测点位置

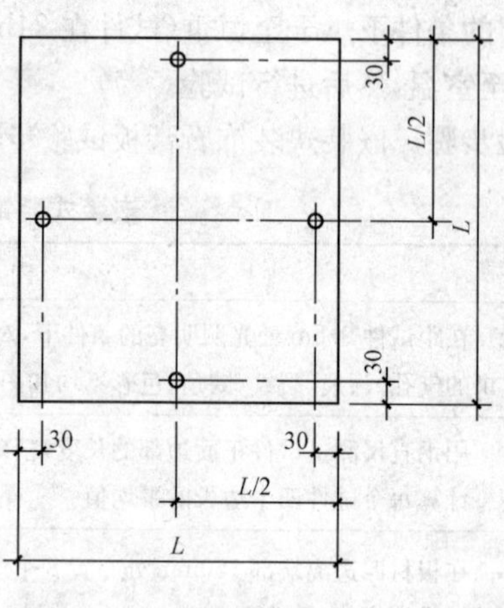

图 4-43　厚度测点位置

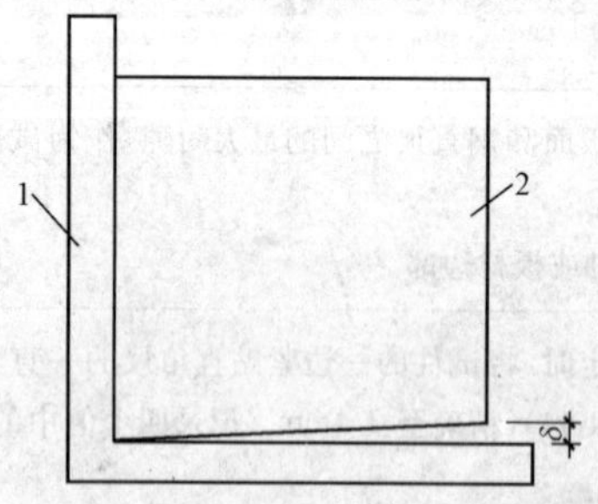

图 4-44　直角偏离度测定方法示意图

1—直角尺；2—板材

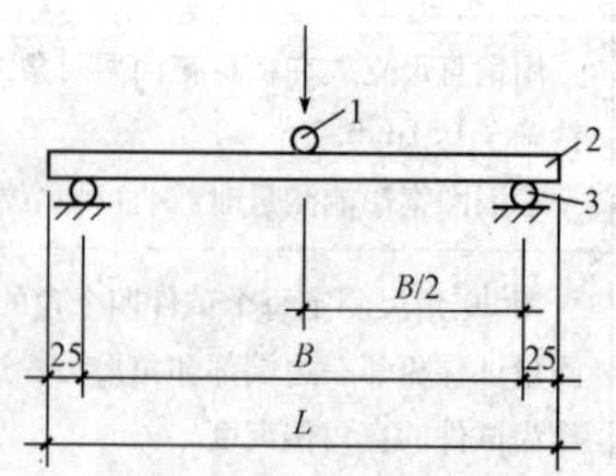

图 4-45　断裂荷载测定方法示意图

1—加载辊；2—板材；3—支承辊

5. 检验规则

嵌装式装饰石膏板检验规则，见表 4-143。

表 4-143 嵌装式装饰石膏板检验规则

项　目	内　　容
检验项目	(1)出厂检验。产品出厂必须进行出厂检验,检验项目包括:外观质量、边长、厚度、铺设高度、不平度、直角偏离度、含水率、单位面积重量和断裂荷载。 (2)型式检验。产品的型式检验包括上述"3. 技术要求"的全部项目。 有下列情况之一时,应进行型式检验: 1)正常生产满半年时; 2)停产半年以上恢复生产时; 3)当原材料、产品设计、生产工艺有重大改变时; 4)新产品试制、定型、鉴定时; 5)质量技术监督机构提出型式检验时
抽样与组批规则	以500块同品种、同规格、同型号的板材为一批,不足500块板材时也按一批计。 从每批产品中随机抽取试样规定数量的双份试样,一份检验用,一份备用
判定规则	(1)单项检验结果的判定按中修约值比较法进行。 (2)对于板材的边长、厚度、铺设高度、不平度、直角偏离度以及外观质量指标,其中有一项指标不合格,即为不合格试件。不合格试件多于一块时,则判为批不合格。 (3)对于板材的含水率、单位面积重量、断裂荷载指标,3块试件均需合格,否则判为批不合格。 (4)嵌装式吸声石膏板的吸声系数不符合上述"3. 技术要求"中"(4)"规定时则判为批不合格。 (5)按上述"(2)"和"(3)"判定为不合格的产品,可用备用样对不合格的项目进行复检。若仍不合格,则为批不合格;若复检合格,则判该批合格

6. 标志与包装

(1)标志。在每一包装箱上应标明制造厂名、地址、产品标记、商标、数量、制造日期或批号。

(2)包装。产品采用纸箱包装。包装箱上应有防潮和小心轻放等标识。

7. 运输与贮存

(1)运输。产品在运输过程中应立放、贴紧。避免运输过程中的撞击破损,并应有遮篷措施。

(2)贮存。产品应竖放在坚实、平整和干燥的仓库中,堆高不得超过2m。

四、氯氧镁水泥板块(JC/T 568—2007)

1. 概念

氯氧镁水泥板块是指用氯氧镁水泥制成的天棚板、内隔墙板和地板块(室内)。

2. 产品分类

氯氧镁水泥板块按产品的使用部位分为天棚板、内隔墙板、地板块,其代号见表4-144。

表 4-144 产品分类

分类		代号
氯氧镁水泥天棚板	浮雕板	FDB
	半孔板	BKB
	平板	PB
氯氧镁水泥内隔墙板		QB
氯氧镁水泥地板块		DB

3. 规格与标记

(1)氯氧镁水泥板块规格,见表 4-145。

表 4-145 规格 mm

分类		长度	宽度	厚度
天棚板	浮雕板、半孔板	500、600	500、600	10
	平板	1200、1800	840	4
内隔墙板		1200	840	6
		1800	840	6
地板块		200	200	10
		250	250	12
		300	300	18

注:其他形状和规格的板、块、由供需双方商定。

(2)标记。产品按下列顺序标记:名称代号、规格尺寸、标准编号。如尺寸为 500mm×500mm×10mm 的氯氧镁水泥浮雕天棚板,标记为:FDB 500×500×10 JC/T 568—2007

4. 原材料

(1)轻烧镁。轻烧镁应符合《镁质胶凝材料用原料》(JC/T 449)的一等品或一等品以上的规定。

(2)氧化镁。氯化镁应符合《镁质胶凝材料用原料》(JC/T 449)的规定。

(3)玻璃纤维布。玻璃纤维布应符合《增强用玻璃纤维网布》(JC 561)的规定。

5. 技术要求

(1)外观质量。

1)一般要求。氯氧镁水泥板块应表面平整、洁净、色泽一致、花纹图案清晰、边角齐全、完整。不应有影响质量和装饰效果的裂纹、麻面、孔洞、污痕、返卤、泛霜等缺陷。

2)平整度。氯氧镁水泥板块的平整度不大于 2.0mm。

3)直角偏离度。氯氧镁水泥板块的直角偏离度不大于 2.0mm。

(2)尺寸允许偏差。氯氧镁水泥板块尺寸允许偏差应符合表 4-146 的规定。

表 4-146 尺寸允许偏差 mm

分类	长度	宽度	厚度
天棚板	0 −2.0	0 −2.0	±1.0
平板	0 −3.0	0 −3.0	±0.5
内隔墙板	0 −3.0	0 −3.0	±0.5
地板块	±1.0	±1.0	±1.0

(3)物理力学性能。氯氧镁水泥板块的物理力学性能应符合表 4-147 的要求。

表 4-147　物理力学等性能

项　目		天棚板	内隔墙板	地板块
单位面积质量/(kg/m²)	平均值	≤10.0	≤11.0	—
	最大值	≤11.0	≤12.0	—
出厂含水率(%)	平均值	≤8.0	≤5.0	—
	最大值	≤10.0	≤7.0	—
吸水率(%)	平均值	≤15.0	≤8.0	≤7.0
	最大值	≤17.0	≤10.0	≤9.0
断裂荷载/N	平均值	≥180	—	—
	最小值	≥150	—	—
浸水 24h 抗折强度/MPa	平均值	—	≥20.0	≥7.5
	最小值	—	≥17.0	≥6.5
受潮挠度/mm	平均值	≤3.0	—	—
	最大值	≤5.0	—	—
受潮变形/mm	平均值	—	—	≤1.0
	最大值	—	—	≤1.5
浸水 24h 线膨胀/(mm/m)	平均值	—	≤0.50	—
	最大值	—	≤0.70	—
泛霜试验		无	无	无
耐磨性,磨痕长度/mm	平均值	—	—	≤25

注:“—”者不需要检验。

(4)耐久性。有耐久性使用要求的,可由使用方提出要求及检验方法。

6. 试验方法

(1)量具、仪器及设备。

1)钢直尺:分度值均为 1mm;

2)钢卷尺:分度值 1mm;

3)游标卡尺:分度值 0.02mm;

4)外径千分尺:应符合规定;

5)干燥箱:控温器灵敏度±2℃;

6)天平:称量 5kg,感量 5g;称量 1kg,感量 0.01g;

7)抗折试验机:荷载示值误差不大于±1%,量程 0～2000N,最小分度值 5N;量程 0～5000N,最小分度值 20N;

8)受潮挠度测定装置:温度波动范围±2℃,温度波动范围±10%;

9)钢轮式耐磨试验机:应符合《无机地面材料耐磨性能试验方法》(GB/T 12988)规定;

10)塞尺。

(2)试件。

1)各项试验的试件尺寸,见表 4-148,试件数量均为 5 块。

表 4-148　试件尺寸　mm

项　目	天棚板	内隔墙板	地板块
单位面积质量	500×500×d	100×100×d	—
出厂含水率	500×500×d	100×100×d	—
吸水率	500×500×d	100×100×d	整板
断裂荷载	500×500×d	—	—
浸水 24h 抗折强度	—	250×250×d	整板
受潮挠度	500×250×d	—	—
受潮变形	—	—	整板
浸水 24h 线膨胀	—	150×75×d	—
泛霜试验	250×250×d	250×250×d	整板
耐磨性试验	—	—	整板
光泽度	—	250×250×d	整板

注：1. d 为试件板厚。
2. "—"者为不需要检验。

2)试件的恒重。将试件放入(105±5)℃的干燥箱中烧干至恒重。每隔 6h 取出，并在不吸湿的条件下冷却至室温后称量，若相邻两次称量差不大于 0.1%时，可视为试件恒重。

3)试件的龄期。各项物理力学性能试验的试件，龄期大于等于 28d。

(3)外观。

1)一般要求。在光照明亮的条件下，视力正常的检查人员，距试件 0.5m 处，对试件正面逐个进行目测检查，记录影响产品质量和装饰效果的裂纹、缺角、麻面、孔洞、污痕、色泽不均和图案不清晰完整等缺陷。

检查着色的板块的色泽一致性时，应将试件铺敷线 1m^2，视力正常的检查人员距试件 1.5m 处，肉眼观察。

2)平整度。将钢板尺平直侧立在试件正面两对角线上，用塞尺测量板面与钢板尺之间隙的最大值作为试件的平整度，精确至 0.1mm。

3)直角偏离度。用钢板尺或钢卷尺测量试件两对角线的长度，与其标称长度的最大差值，作为该试件的直角偏离度，精确至 1mm。

(4)尺寸偏差。尺寸的测量用整块为试件。尺寸偏差、平整度、直角偏离度用同一试件测量。

1)长度、宽度。用钢直尺或钢卷尺逐个测量试件。在互相垂直的方向上各测长度与宽度三个值。其中两个值在对称的边，距所测板边 20mm 以内处；一个值在对称轴上测定，测点位置见图 4-41。分别计算每个试件长度与宽度各三个值的算术平均值，作为该试件的长度、宽度值。精确至 1mm。实测值减去标准的规格尺寸值即为试件的长度、宽度的尺寸偏差。

2)厚度。用游标卡尺逐个测量，测点位置见图 4-46，计算每块试件 4 个测量值的算术平均值，作为该试件的厚度值，精确至 0.1mm。带有凸凹图案的板块，其厚度以基板厚度为准。实测值减去标准的厚度值即为厚度的尺寸偏差。

(5)物理力学性能。氯氧镁水泥板块物理力学性能，见表4-149。

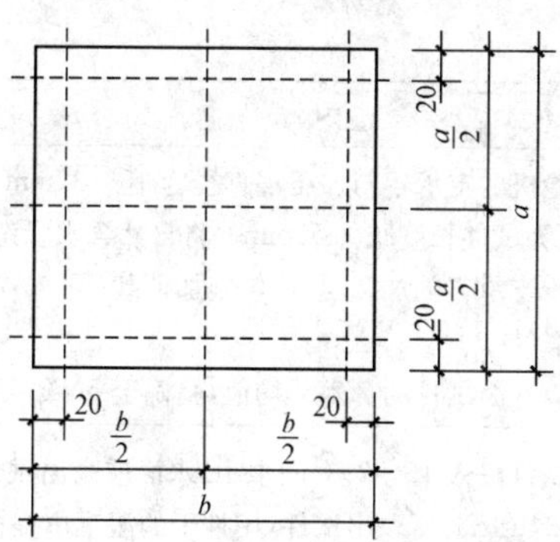

图 4-46　钢直尺测点位置

表 4-149　　氯氧镁水泥板块物理力学性能

项　目	内　　容
单位面积质量	(1)试验步骤。将试件处理至恒重,分别称量,精确至 1g。 用钢板尺测量试件的长度和宽度。计算其面积(A),精确至 0.001m²。 (2)结果计算。试件的单位面积质量(Q)按下式计算: $Q=\frac{G_n}{A}\times 10$ 式中　Q——单位面积质量(kg/m^2); G_n——试件质量(g); A——试件的面积(m^2)。 计算 5 个试件的算术平均值,精确至 $0.1kg/m^3$
出厂含水率	(1)试验步骤。分别称取每个试件的质量(G_1)。然后将试件处理至恒重,称量其质量(G_2),精确至 1g。 (2)结果计算。含水率按下式计算: $W_n=\frac{G_1-G_2}{G_2}\times 100$ 式中　W_n——试件含水率(%); G_1——试件烘干前质量(g); G_2——试件烘干后质量(g); 计算 5 个试件的算术平均值,精确至 0.1%
吸水率	(1)试验步骤。将试件浸入 15～25℃水中,水面应高出试件约 30mm,试件与盛水容器、试件之间的距离不小于 5mm。24h 后立即取出试件,用拧干的湿毛巾擦掉表面水分,称量(G_w),再处理至恒重,分别称量(G_s),精确至 1g。 (2)结果计算。吸水率按下式计算: $W_n=\frac{G_w-G_s}{G_s}\times 100$ 式中　W_n——吸水率(%); G_s——试件烘干至恒重时质量(g); G_w——试件浸水后质量(g)。 计算 5 个试件的算术平均值,精确至 0.1%

（续一）

项　目	内　容
断裂荷载	(1)试验步骤。试验机的支承辊与加压辊直径为15～30mm的金属棒。其长度应超过试件的宽度。调节两支承辊中心距为试件长度减去50mm。将自然含水状态下的试件正面朝下简支在支承辊上，在支距中央，通过平行于支承辊的加载辊，均匀施加荷载(图4-47)。加荷速度为10N/s，直至试件断裂，记录试件断裂时荷载(N)。 (2)结果计算。计算5个试件的算术平均值，精确至5N
浸水24小时抗折强度	(1)试验步骤。将试件浸入15～25℃的水中，水面应高出试件约30mm，试件与盛水容器、试件之间的距离不小于5mm，24h±2h后取出试件，用拧干的湿毛巾擦掉表面水分。在1h内进行抗折试验。 抗折试验的金属支承辊与加载辊的直径为15～30mm的金属棒，其长度应超过试件的宽度，支承辊中心距为200mm。对于300mm×300mm×$d$mm地面板块，支承辊中心距为250mm，对于小于250mm×250mm以及正六角形、梯形等板块试件支承辊中心距应不小于15d。 用游标卡尺测量试件两端及中央三处的宽度，精确至0.1mm。将试件正面向上，简支于两个支承辊上。试件与支承辊、加载辊之间应垫厚度为3～5mm，宽度约30mm，长度大于试件宽度的胶合板。加荷方式，如图4-48所示。 以30～50N/s的速度，均匀连续地加荷，直至试件破坏，记录其破坏荷载，精确至最小分度值。测定试件断裂处沿断裂线方向三点厚度精确至0.1mm[图4-49(a)]。 试验内隔墙板时，将作完第一次加荷断裂后试件，再施行重新拼合，在与第一次加荷部位成垂直的方向，作第二次抗折试验，测定两端及中央3处宽度与新断裂处沿断裂线方向两端及中央3点厚度，见图4-49(b)。以两次抗折强度试验算术平均值，作为该单块试件的抗折强度。 (2)结果计算。抗折强度按下式计算： $$R=\frac{6px_1x_2}{l_0be^2}$$ 式中　R——抗折强度(MPa)； p——试件断裂荷载(N)； x_1——断裂后较小的试样沿断裂线方向的两端及中央3点分别距相应的支座的垂直距离的平均值(mm)； x_2——断裂后较大的试样沿断裂线方向的两端及中央3点分别距相应的支座的垂直距离的平均值(mm)； l_0——两支承辊中心距(mm)； b——试样沿长度方向的两端及中央3处宽度的平均值(mm)； e——试样沿断裂线方向的两端及中央3点厚度平均值(mm)。 计算5个试件的算术平均值，精确至0.1MPa
受潮挠度	(1)试验步骤。试件在(60+5)℃的烘干箱内烘6h，并在不吸湿的条件下冷却至室温备用。 在试件背面画上纵横轴线。将试件正面朝下简支在受潮挠度测定装置内的试验支座上。支座为圆弧半径为15m的金属棒。其长度应超过试件宽度。支座中心距为试件长度减去50mm。 将试件放在受潮挠度测定装置的支座上，在试件纵轴线上平直侧立长度60cm钢直尺，用塞尺在试件纵横轴线交叉处测量板面与钢直尺之间间隙(h_1)，精确至0.02mm。见图4-50。 控制受潮挠度测定装置内温度为20℃±2℃，空气相对湿度为85%±5%。试件在此条件下48h，测其间隙(h_2)。 (2)受潮挠度按下式计算： $$f_n=h_2-h_1$$ 式中　f_n——受潮挠度(mm)； h_1——试验前试件板面与钢直尺之间间隙(mm)； h_2——试件受潮后板面与钢直尺之间间隙(mm)。 计算5个试件的算术平均值，精确至0.1mm

（续二）

项　目	内　　容
受潮变形	(1)试验步骤。将试件在(60+5)℃烘箱中烘48h，取出冷却后测量其平整度，作为试件受潮变形的初读数(I_1)，精确至0.1mm。 在镀锌铁盘内铺上20～30mm厚的细砂，注入洁净的水，水面与砂面相平。将试件正面朝上铺敷在砂面上，使试件厚度1/2嵌入砂和水中。每隔4h取出，测量试件的平整度。连续观测48h，以出现最大平整度值(I_2)为计算依据。 (2)结果计算。受潮变形按下式计算： $$f_b=I_2-I_1$$ 式中　f_b——受潮变形(mm)； I_1——试验前试件平整度(mm)； I_2——受潮后试件最大的平整度(mm)。 计算5个试件的算术平均值，精确至0.1mm
浸水24h线膨胀	(1)试验步骤。试件的长度沿产品长度方向进深30mm处截取，规格见表4-148。在60℃±5℃烘干至恒重。用防水黏结剂在试件两顶端各黏结75mm×30mm×(3～5)mm的玻璃片，并与试件平面成直角。待黏结剂固化后，在试件纵轴线处用外径千分尺测量恒重试件长度加两端玻璃片厚度(l_1)，精确至0.001mm。 将试件平放在温度为15～25℃水中，水面应高出试件约3cm。48h后取出试件，用拧干的湿毛巾轻轻擦掉表面水分，在相同测点位置测量试件浸水后的长度(l_2)。 (2)结果计算。浸水48h线膨胀按下式计算： $$f_w=\frac{l_2-l_1}{l_1-d_G}\times10^3$$ 式中　f_w——试件浸水48h线膨胀(mm/m)； l_1——恒重试件长度+两玻璃片厚度(mm)； l_2——浸水后试件长度+两玻璃片厚度(mm)； d_G——试件两端玻璃片厚度(mm)。 计算5个试件的算术平均值，精确至0.01mm/m
泛霜试验	(1)试验步骤。将试件背面置于浸水的砂面上，经72h后取出试件，自然风干。 在光照充足的条件下，距试件0.5m观察试件正面有无白色盐析现象。 (2)结果评定。若用肉眼观察表面无明显白色盐析现象，而用手指抹擦试件表面，有白色析出物时，视为轻度泛霜；若明显可见有白色析出物时，视为泛霜试验不合格
耐磨性	耐磨性试验按《无机地面材料耐磨性能试验方法》(GB/T 12988)规定进行

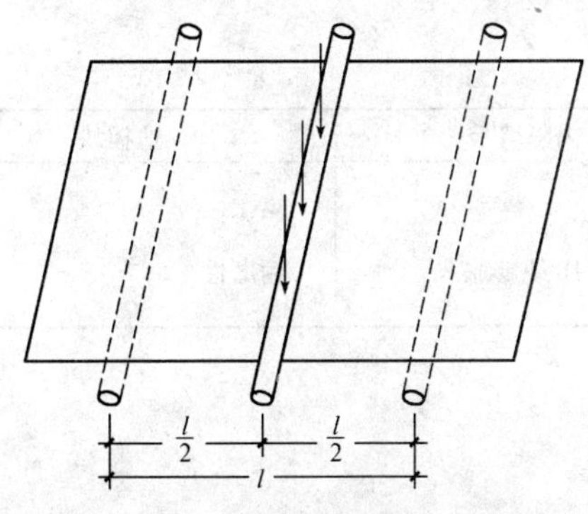

图4-47　断裂荷载加荷示意图

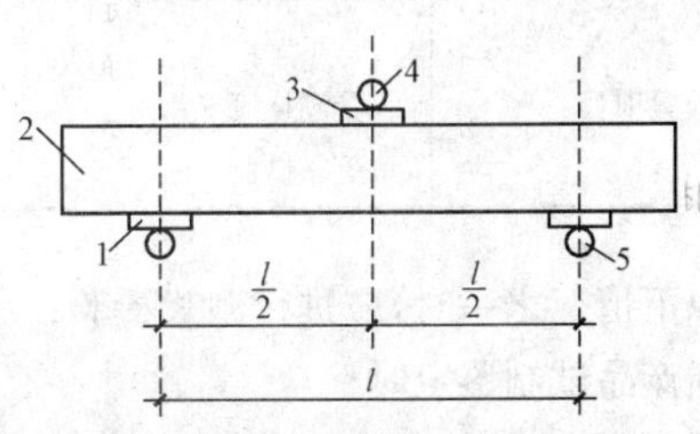

图4-48　浸水24h抗折试验示意图

1—胶合板；2—试件；3—胶合板；4—加载辊；5—支承辊

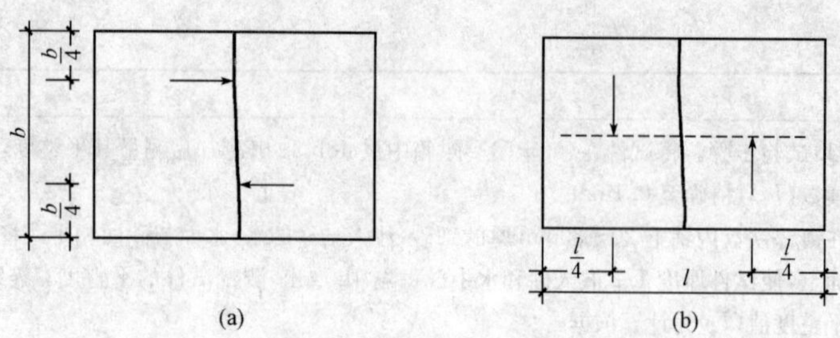

图 4-49　断裂荷载测定

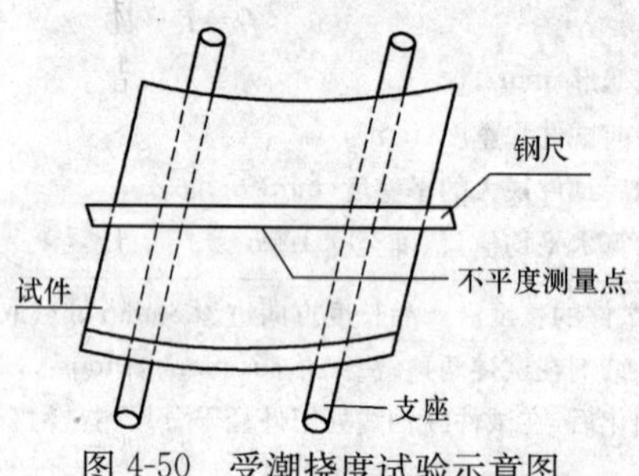

图 4-50　受潮挠度试验示意图

7. 检验规则

(1)出厂检验。氯氧镁水泥板块出厂检验项目,见表 4-150。

表 4-150

产品分类	天棚板	内隔墙板	地板块
检验项目	外观 尺寸允许偏差 平整度 直角偏离度 出厂含水率 单位面积质量 断裂荷载	外观 尺寸允许偏差 直角偏离度 出厂含水率 单位面积质量 浸水 24h 抗折强度 泛霜试验	外观 尺寸允许偏差 平整度 浸水 24h 抗折强度 受潮变形 泛霜试验

(2)试验检验。氯氧镁水泥板块型式检验项目除表 4-150 规定的出厂检验项目外,还应包括表 4-151 所列项目。

表 4-151

产品分类	天棚板	内隔墙板	地板块
检验项目	吸水率 受潮挠度 泛霜试验	吸水率 浸水 24h 线膨胀	吸水率 耐磨性

有以下情况之一时,应进行型式检验:

1)新产品试制鉴定时;

2)正常生产时,每六个月进行一次;

3)原材料或工艺有较大改变,可能影响产品的性能时;

4)产品长期停产恢复生产时;

5)出厂检验结果与上次型式检验结果有较大差异时；

6)质量监督机构提出进行型式检验要求时。

(3)组批规则。

1)天棚板、内隔墙板1000块为一批，不足1000块按一批计算。

2)地板块3000块为一批，不足3000块按一批计算。

(4)抽样。出厂检验和型式检验所需样品在产品成品库中按随机抽样法随机抽取。抽样前应预先确定好抽样方法，抽样数量见表4-152。

检验外观质量的样品应从整批产品中抽取；检测尺寸的样品从外观质量检验合格的样品中抽取。物理力学性能检验的样品从外观和尺寸检验合格的样品中抽取。

表4-152　　抽样数量　　块

检验项目	产品分类	批量	试件数量
外观质量	天棚板	1000	32
	内隔墙板	1000	32
	地板块	3000	50
尺寸偏差	天棚板	1000	20
	内隔墙板	1000	20
	地板块	3000	32
物理力学性能	天棚板	1000	各项均为5
	内隔墙板	1000	各项均为5
	地板块	3000	各项均为5

(5)判定规则。氯氧镁水泥板块判定规则，见表4-153。

表4-153　　氯氧镁水泥板块判定规则

项　目	内　容
外观质量判定	根据第一次检验不合格 K_1 和加严一次检验的不合格数 K_2 进行判定。 天棚板、内隔墙板产品第一次检验时若 $K_1<3$，可接受；若 $K_1=4$，允许加严一次检验；若 $K_1>4$，拒收。 天棚板、内隔墙板产品加严一次检验时，重新从整批产品中随机抽取表4-152规定样本进行检验。若 $K_2\leqslant2$，可接受，若 $K_2\geqslant3$，拒收。 地板块产品第一次检验时，若 $K_1<5$，可接受；若 $K_1=6$，允许加严一次检验；若 $K_1>6$，拒收。 地板块产品加严一次检验时，重新从整批产品中随机抽取表4-152规定样本进行检验。若 $K_2\leqslant3$，可接受；若 $K_2\geqslant4$，拒收
尺寸偏差判定	同外观质量判定
物理力学性能判定	物理力学性能都符合上述“5. 技术要求”时，判为合格品，有一项不符合要求判为不合格品
总判定	所有检验项目都符合上述“5. 技术要求”时，判为合格

8. 标志与包装

(1)标志。天棚板、内隔墙板的背面，须用不掉色的颜色标明生产厂名称或商标、生产日期及标记，地板块至少应有1%，在其底面有相同内容的标志。

(2)包装。天棚板采用纸箱包装或草绳散扎包装,包装箱上应有防潮和小心轻放等标志,草绳散扎包装应有相同内容的标志。

1)草绳散扎时,以若干块为一捆,将产品正面相向,用直径不小于10mm的草绳按“井”字形捆扎,每个捆扎点不少于4道。

2)内隔墙板可采用托架捆扎包装,包装时产品正面相向。

3)地板块用草绳散扎包装,将产品正面相向,以若干块为一捆,用直径不小于10mm草绳按“井”字形捆扎,每个捆扎点处不应少于4道。

每捆包装应有防潮和小心轻放的标志。

9. 运输与贮存

(1)运输。氯氧镁水泥板块用各种运输工具运输时,底部应保持平坦,必须设法使产品固定好,并应有遮盖措施,防止产品受潮。运输中天棚板、地板块必须立放,靠紧挤实,防止窜动和碰撞。装卸、搬动时严禁抛掷。

(2)贮存。氯氧镁水泥板块应在室内存放,室外堆放应有遮盖。

堆放场地必须坚实平坦。不同品种、不同规格的产品应分别堆放,产品堆放时应正面相向,天棚板、地板块应立放、贴紧,倾斜度不应大于15°,垛高不超过1.8m。内隔墙板平放堆垛,底部应有托架垫托,垛高不超过1.8m。

五、纤维增强低碱度水泥建筑平板(JC/T 626—2008)

1. 产品分类

纤维增强低碱度水泥建筑平板分类,见表4-154。

表4-154　　纤维增强低碱度水泥建筑平板分类

项　目	内　容
分类	按石棉掺入量分为:掺石棉与无石棉纤维增强低碱度水泥建筑平板
等级	按尺寸偏差和物理力学性能分为:优等品(A)、一等品(B)、合格品(C)
规格	平板的规格尺寸见表4-155
标记	(1)代号。 1)掺石棉纤维增强低碱度水泥建筑平板代号为TK; 2)无石棉纤维增强低碱度水泥建筑平板代号为NTK。 (2)标记。标记由分类、规格、等级和标准编号组成。 如规格为1800mm×900mm×6mm掺石棉纤维增强低碱度水泥建筑平板,优等品的标记如下: TK　1800×900×6　A　JC/T 626—2008

表4-155　　规格尺寸　　mm

规　格	尺　寸
长　度	1200,1800,2400,2800
宽　度	800,900,1200
厚　度	4,5,6

注:如需其他规格或边缘未经切割的板材,可由供需双方协商确定。

2. 原材料

(1)石棉。应符合《温石棉》(GB/T 8071)规定的五级和五级以上的温石棉。

(2)水泥。应为符合《硫铝酸盐水泥》(GB 20472)要求,强度等级不低于 42.5 的低碱度硫铝酸盐水泥。

(3)玻璃纤维。宜选用直径 15μm 左右、长度为 15～25mm 的短切中碱玻璃纤维或抗碱玻璃纤维。NTK 板必须采用抗碱玻璃纤维。

(4)水。水应符合《混凝土用水标准》(JGJ 63)的要求。

3. 技术要求

(1)外观质量。

1)板的下面应平整、光滑、边缘整齐,不应有裂缝、孔洞;

2)板的缺角(长×宽)不能大于 30mm×20mm,且一张板缺角不能多于一个;

3)经加工的板的边缘平直度、长或宽的偏差不应大于 2mm/m;

4)经加工的板的边缘垂直度的偏差不应大于 3mm/m;

5)板的平整度不应超过 5mm。

(2)尺寸允许偏差。平板的尺寸允许偏差应符合表 4-156 的规定。

表 4-156　尺寸允许偏差　mm

规　格	尺寸允许偏差		
	优等品	一等品	合格品
长度/mm 宽度/mm	±2	±5	±5
厚度/mm	±0.2	±0.5	±0.6
厚度不均匀度(%)≤	8	10	12

注:厚度不均匀度系指同块板厚度的极差除以公称厚度。

(3)物理力学性能。平板的物理力学性能应符合表 4-157 的规定。

表 4-157　物理力学性能

项　目		TK			NTK	
		优等品	一等品	合格品	一等品	合格品
抗折强度/MPa	≥	18	13	7.0	13.5	7.0
抗冲击强度/(kJ/m^2)	≥	2.8	2.4	1.9	1.9	1.5
吸水率(%)	≤	25	28	32	30	32
密度/(g/cm^3)	<	1.8	1.8	1.6	1.8	1.6

4. 试验方法

(1)规格尺寸和外观质量。按《纤维水泥平板　第 2 部分:温石棉纤维水泥平板》(JC/T 412.2)规定进行。

(2)物理力学性能。

1)抗折强度按《纤维水泥制品试验方法》(GB 7019)规定进行。

2)抗冲击强度按《纤维水泥制品试验方法》(GB 7019)规定进行。

3)吸水率、密度按《纤维水泥制品试验方法》(GB 7019)规定进行。

5. 检验规则

纤维增强低碱度水泥建筑平板检验规则,见表 4-158。

表 4-158　　纤维增强低碱度水泥建筑平板检验规则

项　目		内　容
检验项目	出厂检验	包括外观质量、尺寸允许偏差、抗折强度、吸水率
	型式检验	包括上述“3. 技术要求”中的全部项目
抽样与判定	出厂检验	(1)批量。每批平板应以同一等级、同一规格的产品，以 1000 张为一个批量，不足此数而在 200 张以上时，亦可作为一个批量。验收地点应在生产厂内进行。 (2)外观质量与规格尺寸。每批量应在不同堆垛里共抽取三张板进行外观质量和规格尺寸检验，若均符合规定时，则判该批产品外观质量与规格尺寸符合相应等级。若其中一张有一项指标不符合标准要求时，则应由同一批量中抽取双倍数量进行复验，若该项指标符合规定，则判该批产品符合相应等级；若该项指标仍不符合规定，则该批产品判为不符合相应等级。 (3)物理力学性能。从上述外观质量、尺寸偏差合格的样品中抽取一张作抗折强度、吸水率检验，若符合表 4-157 的规定，则判该批产品抗折强度、吸水率符合相应等级。若有一项指标不符合要求时，则应取双倍数量样品进行不合格项目的复验，若符合表 4-157 的规定，则判该批产品符合相应等级；若仍不符合要求，则该批产品判为不符合相应等级。 (4)总判定。全部项目均符合上述“3. 技术要求”相应规定时，则判该批量产品符合标准中相应等级
	型式检验	(1)有下列情况之一时，应进行型式检验： 1)新产品试制定型鉴定时； 2)原材料、生产工艺有较大改变时； 3)连续生产半年以上时； 4)产品长期停产后恢复生产或交收检验与上次型式检验有较大差别时； 5)国家质量监督机构提出型式检验要求时。 (2)外观质量与规格尺寸。从每一受检批中抽取样品，抽样数量列于表 4-170 第 2 栏。 外观质量与规格尺寸检验按《纤维水泥平板　第 2 部分：温石棉纤维水泥平板》(JC/T 412.2)进行。判定规则按表 4-159 第 3～6 栏程序进行，即不合格品数未超过表 4-159 第 3、5 栏时，则该受检批量应予验收；若不合格品数等于表 4-159 第 4、6 栏时，则该批量可予拒收；若第一次样品中的不合格品数超过 Ac_1，但小于 Re_1，则应抽取并检验与第一次样品相同数量的第二次样品，当等于 Ac_2 予以验收，当大于或等于 Re_2 时判为拒收。 (3)抗折强度和抗冲击强度。抗折强度和抗折冲击强度应符合表 4-159 第 7、8 栏的规定。若样品的平均值 $\overline{X}$ 大于或等于可验收极限，即 $\overline{X} \geqslant AL$，则该批量可以验收；若 $\overline{X} \leqslant AL$，则该批量拒收。 注：$AL=L+K\cdot R$ 式中　AL——可验收极限； L——标准低限； K——可接收系数； R——样品中试验结果最大值与最小值的极差。 (4)平板的吸水率、密度验收。应在同一批量中任意抽取两张试样(也可从抗折强度试样中切取)，若试验结果均符合规定，则判该批产品吸水率与密度符合相应等级；若其中一项试验结果不符合规定，再取双倍数量进行复验。试验后仍有一张不符合规定，则判该批产品为不合格品。 (5)总判定。型式检验全部项目均符合上述“3. 技术要求”相应规定时，则判该批量产品符合相应等级

表 4-159 形式检验抽样方案

批量数	外观质量及规格尺寸检验					物理力学性能检验	
	抽样数量	第一次样品		第一次与第二次样品之和		抽样数量张	可接收系数 K
		合格判定数 Ac_1	不合格判定数 Re_1	合格判定数 Ac_2	不合格判定数 Re_2		
1	2	3	4	5	6	7	8
151～280	8	0	2	1	2	3	0.502
281～500	8	0	2	1	2	4	0.450
501～1200	8	0	2	1	2	5	0.431

6. 包装、运输及贮存

(1)包装。产品的正面应用不褪色的颜料标明生产厂名称、生产日期与产品规格。产品可用集装箱或捆扎包装,包装应保证产品安全,方便搬运。包装上应注明标记和批号。

(2)运输。运输与装卸时,产品应固定,不得抛掷与互相碰撞,运输工具底面应平整,并有防雨措施。

(3)贮存。板材应按不同等级、规格分别堆放,堆放场地必须平坦、坚实,并防止雨淋。堆放高度一般不得超过 1.5m。

六、玻璃纤维增强水泥轻质多孔隔墙条板(GB/T 19631—2005)

1. 分类与分级

玻璃纤维增强水泥轻质多孔隔墙条板分类与分级见表 4-160。

表 4-160 玻璃纤维增强水泥轻质多孔隔墙条板分类及分级

项 目	内 容
分类	GRC 轻质多孔隔墙条板按板的厚度分为 90 型、120 型,按板型分为普通板、门框板、窗框板、过梁板。板型类别和代号见表 4-161
规格	GRC 轻质多孔隔墙条板采用不同企口和开孔形式,规格尺寸应符合表 4-162 的规定。图 4-51 和图 4-52 所示为一种企口与开孔形式的外形和断面示意图
分级	GRC 轻质多孔隔墙条板按其外观质量、尺寸偏差及物理力学性能分为一等品(B)、合格品(C)
标记	标记方法:GRC 轻质多孔隔墙条板产品的标志顺序为产品代号、规格尺寸、等级、标准代号。 产品代号为产品主材料的简称 GRC 与板型类别代号(表 4-161)组成。 如: 板长为 2650mm,宽为 600mm,厚为 90mm 的一等品门框板标记为: GRC—MB 2650×600×90 B GB/T 19631—2005

表 4-161 产品板型类别和代号

板型类别	代 号
普通板	PB
门框板	MB
窗框板	CB
过梁板	LB

表 4-162　产品型号及规格尺寸　mm

型号	长度(L)	宽度(B)	厚度(T)	接缝槽深(a)	接缝槽宽(b)	壁厚(c)	孔间肋厚(d)
90	2500～3000	600	90	2～3	20～30	≥10	≥20
120	2500～3500	600	120	2～3	20～30	≥10	≥20

注:其他规格尺寸可由供需双方协商解决。

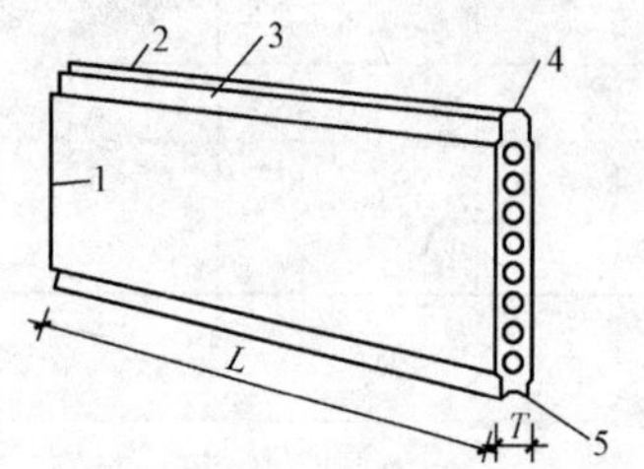

图 4-51　GRC 轻质多孔隔墙条板外形示意图

1—板端;2—板边;3—接缝槽;4—榫头;5—榫槽

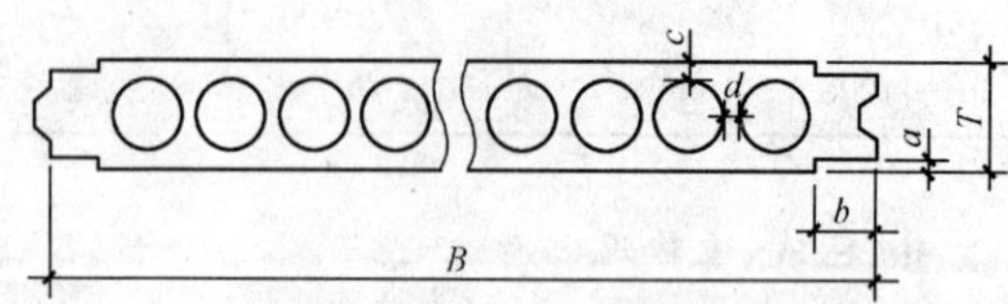

图 4-52　GRC 轻质多孔隔墙条板断面示意图

2. 材料

(1)玻璃纤维:应符合《耐碱玻璃纤维无捻粗纱》(JC/T 572)规定的耐碱玻璃纤维无捻粗纱或符合《耐碱玻璃纤维网布》(JC/T 841)规定的耐碱玻璃纤维网格布。

(2)水泥:应符合《硫铝酸盐水泥》(GB 20472)规定的低碱度硫铝酸盐水泥或快硬硫铝酸盐水泥。

(3)集料:应符合《建筑用砂》(GB/T 14684)规定的砂或符合《膨胀珍珠岩》(JC/T 209)规定的膨胀珍珠岩,采用其他集料应符合相应标准的规定。

(4)外掺料:包括水分散聚合物、减水剂、发泡剂、粉煤灰、矿渣等,其质量应符合相应标准的规定,不对人体与环境造成有害影响。

(5)水:应符合《混凝土用水标准》(JGJ 63)的规定。

3. 技术要求

(1)产品外观质量应符合表 4-163 的规定。

表 4-163　外观质量　mm

项目			等级	
			一等品	合格品
缺棱掉角	长度/mm	≤	20	50
	宽度/mm	≤	20	50
	数量	≤	2处	3处
板面裂缝			不允许	
蜂窝气孔	长径/mm	≤	10	30
	宽径/mm	≤	4	5
	数量	≤	1处	3处
飞边毛刺			不允许	
壁厚/mm		≥	10	
孔间肋厚/mm		≥	20	

(2)尺寸允许偏差应符合表 4-164 的规定。

表 4-164　　　　**尺寸偏差允许值**　　　　mm

项　目	长度	宽度	厚度	侧向弯曲	板面平整度	对角线差	接缝槽宽	接缝槽深
一等品	±3	±1	±1	≤1	≤2	≤10	$_{0}^{+2}$	$_{0}^{+0.5}$
合格品	±5	±2	≤2	≤2	≤2	≤10	$_{0}^{+2}$	$_{0}^{+0.5}$

(3)物理力学性能。物量力学性能应符合表 4-165 的规定。

表 4-165　　　　**物理力学性能**

项　目			一等品	合格品
含水率(%)	采暖地区	≤	10	
	非采暖地区	≤	15	
气干面密度/(kg/m²)	90 型	≤	75	
	120 型	≤	95	
抗折破坏荷载/N	90 型	≥	2200	2000
	120 型	≥	3000	2800
干燥收缩值/(mm/m)		≤	0.6	
抗冲击性(30kg,0.5m 落差)			冲击 5 次,板面无裂缝	
吊挂力/N		≥	1000	
空气声计权隔声量/dB	90 型	≥	35	
	120 型	≥	40	
抗折破坏荷载保留率(耐久性)(%)		≥	80	70
放射性比活度	I_{Re}	≤	1.0	
	I_{r}	≤	1.0	
耐火极限/h		≥	1	
燃烧性能			不燃	

4. 试验方法

(1)外观质量。

1)量具:钢直尺,量程 0～300mm,精度 1mm。

2)测量方法:距 GRC 轻质多孔隔墙条板 0.5m 左右,目测板面的缺棱掉角、板面裂缝、蜂窝气孔、飞边毛刺等,用钢直尺测量,记录具体数值及数量;壁厚及孔间肋厚用钢直尺各测量三处,取三个测量值中的最小值为检测数值,精确至 1mm。

(2)尺寸偏差。

1)量具。

卷尺:量程 0～4000mm,分度 1mm;游标卡尺:0～150mm,分度 0.02mm;

钢直尺:量程 0～1000mm,分度 1mm;量程 0～300mm,分度 0.5mm;内外卡钳;塞尺 0～

10mm；靠尺 2m。

2)测量方法。

①长度：距 GRC 轻质多孔隔墙条板两板边 100mm，平行于板边测 2 处，沿板纵向中心线测 1 处，用卷尺测量，取三个测量值的算术平均值为检验数值，精确至 1mm。

②宽度：距 GRC 轻质多孔隔墙条板两板端 100mm，平行于板端测 2 处，沿板横向中心线测 1 处，用钢直尺测量，取 3 个测量值的算术平均值为检测数值，精确至 1mm。

③厚度：距 GRC 轻质多孔隔墙条板两端两边各 100mm 交会处各测 1 处(4 处)；距板两边 100mm 与横向中心线交会点各测 1 处(两处)；共 6 处，用外卡钳与游标卡尺配合测量，精确至 0.1mm，取实测值与规定尺寸最大差值为检测数值。

④侧向弯曲：通过 GRC 轻质多孔隔墙条板板边端点沿板面拉直测线，用精度 0.5mm 的钢直尺测量板侧向弯曲处，取最大值为检测数值。

⑤板面平整度：用靠尺和塞尺沿 GRC 轻质多孔隔墙条板的两条对角线测量，共两处，记录靠尺与板面最大间隙的数值，取其最大间隙数值为检测数值，精确至 1mm。

⑥对角线差：用钢卷尺测两条对角线长度，取其差值为检测数值，精确至 1mm。

⑦接缝槽：用游标卡尺测接缝槽宽度与深度，各测量两处，取实测值与规定尺寸最大的差值为检验值，精确至 0.1mm。

(3)物理力学性能。玻璃纤维增强水泥轻质多孔隔墙条板物理力学性能，见表 4-166。

表 4-166　　玻璃纤维增强水泥轻质多孔隔墙条板物理力学性能

项　目	内　　容
含水率	(1)仪器。电热鼓风干燥箱：室温～200℃，准确度±2℃；精密工业天平：最大量程 5kg，精度 0.5g。 (2)从 GRC 轻质多孔隔墙条板上横向截取 60mm×Tmm×Bmm 试件 3 块，在室温条件下放置 24h。 (3)称取试件质量(m_1)精确至 1g。 (4)将试件放入电热鼓风干燥箱中，温度为(50±2)℃，烘到两次称量之差(间隔不少于 8h)小于 5g，为恒重(m_2)。 (5)试件含水率按下式计算。 $$w=\frac{m_1-m_2}{m_2}\times 100$$ 式中　w——含水率(%)； m_1——试件烘干前质量(g)； m_2——试件烘干后质量(g)。 取 3 块试件的算术平均值为检测数值，修约至小数点后一位
气干面密度	(1)仪器。台秤：量程 0～500kg，最小分度值 0.5kg。 (2)取整块 GRC 轻质多孔隔墙条板做试验，当板的含水率达到表 4-165 规定的数值时，用台秤称量板质量，按下式计算板的气干面密度，精确至 0.1kg/m²。 $$\rho=\frac{G}{L\times B}$$ 式中　ρ——气干面密度(kg/m²)； G——板质量(kg)； L——板长度(m)； B——板宽度(m)。 取 3 块板的算术平均值为检测数值，修约至小数点后一位

（续一）

项　目	内　　容
抗折破坏荷载	(1)仪器。抗折试验机:荷载示值误差不大于1%。试验机应有调速装置,可匀速加荷。 量程:0～6000N,最小分度值10N。 (2)试验装置。抗折破坏荷载的加荷装置,如图4-53所示。加荷杆应平行支座。长度等于或大于试样的宽度,加荷杆作用于试样的力应与试样平面相垂直,支座与板面接触良好。 (3)分别在每块GRC轻质多孔隔墙条板上横向截取长度为1400mm的试件,共3块。 (4)将试样平置于两个平行支座上,使板中心线与加荷杆中心线重合,两支座间跨距为1200mm,如图4-53所示,均匀加荷,控制试样在15～45s内断裂,得到板材断裂最大破坏荷载,精确至最小分度值,取3块最大破坏荷载的算术平均值为检测数值,修约至整数
干燥收缩值	(1)仪器。外径千分尺:量程275～300mm,精度0.01mm。 测量头:采用黄铜或不锈钢制成,如图4-54所示。 调温调湿箱:调温范围:10～70℃; 调湿范围:50%～95%。 (2)横向截取60mm×Tmm×(265～270mm)(90型为3个完整孔)的试样3块为一组,在试件两头的两平面中心各钻一个直径6～10mm的孔洞,在孔洞内灌入黏结剂,然后埋置测量头,测量头中心线应与试件中心线重合。 (3)试件放置24h后,浸没在水中72h,水温保持在(20±2)℃。 (4)将试件从水中取出,用湿布抹去表面水分,并将测量头擦干净。 (5)用标准杆调整外径千分尺的零点,然后将试件轻放在经水平仪调整的工作台上,调整测量轴线与试件中心线重合。立即测定试件初始长度(L_1)。 (6)将试件放在温度(20±1)℃,相对湿度为(55±5)%的调温调湿箱内。 (7)每隔4d从箱内取出试件在(20±20)℃的房间内测定一次,直至连续两次测量长度变化小于0.01mm为止,测得干燥后的长度(L_2),测量前需核正零点,要求每组试件在10min内测完。 (8)干燥收缩值按下式计算: $$S=\frac{L_1-L_2}{L_1-L}\times 1000$$ 式中　S——干燥收缩值(mm/m); L_1——试件初始长度(mm); L_2——试件干燥后长度(mm); L——两个测量头长度之和(mm)。 以3块试件测试值的算术平均值为检测数值,修约至小数点后两位
抗冲击性	如图4-55所示,将3块GRC轻质多孔隔墙条板组装并固定,整墙宽度为1800mm,上下钢管中心间距(L－100)mm,板缝用黏结剂黏结,板与板之间挤紧,接缝槽用玻璃纤维布搭接,并用水泥砂浆刮平。24h后将装有30kg粒径2mm以下细砂的砂袋(图4-56)用直径10mm左右的绳子固定在板面顶框架中部的钢钩或钢环上,绳长(L/2－500)mm,以绳子为半径沿圆弧将砂袋在与板面垂直的平面内拉开,使其重心提高500mm(标尺测量),然后自由摆动下落,冲击整墙的中间板的板面中心位置附近。记录板面出现裂缝时的冲击次数,作为检测结果

（续二）

项　目	内　容
吊挂力	(1)在板中心线，高2000mm处，凿一个40mm×90mm，深50mm的孔洞，扫除浮灰后，用黏结剂黏结(图4-57)的钢吊挂件，吊挂件孔与板面距离100mm，24h后检查吊挂件，必须粘结牢固，否则重装。 (2)将装好吊挂件的板安装于抗冲试验的框架上，如图4-57所示。 (3)在钢吊挂件的圆孔上，穿一绳圈，将荷载挂在绳圈上，分两级加载，第一级加500N静置2min，再加500N静置24h，观察板面吊挂点周围有无裂缝与破坏，记录检测结果
耐火极限	按《建筑构件耐火试验方法》(GB/T 9978)的规定进行
燃烧性能	按《建筑材料不燃性试验方法》(GB/T 5464)的规定进行
抗折荷载保留率(耐久性)	(1)仪器设备。 抗折试验机：荷载示值误差不大于1%。 量程：0～6000N，最小分度值10N。 快速养护箱：温度范围：室温～100℃。 干燥箱：温度范围：室温～200℃。 钢直尺：量程0～1000mm，精度：1mm。 (2)将GRC轻质多孔隔墙条板放置于室温条件下7d。 (3)在同一块GRC轻质多孔隔墙条板上纵向截取10个试件，长度为600mm，宽度为150mm，每个试件的宽度偏差不得大于±2mm，每个试件应至少保留两个完整孔。将截取的GRC轻质多孔隔墙条板试件中较为平整的一面定义为正面，并相应做下记号，随机取其中5个试件作为对比试件，另外5个试件作为耐久性试件。 (4)将5块耐久性试件放于(80±2)℃热水中浸泡14d，在13d时将对比试件放入室温水中浸泡24h；然后将两组试件一起放入(50±2)℃烘箱中烘24h。 (5)所有试件正面向下，两支座间跨距为400mm，如图4-58所示，均匀加荷，控制试样在15～45s内断裂，得到耐久性试件(T_1)和对比试件(T_0)的最大抗折破坏荷载，精确至最小分度值，取5块的算术平均值为检测数值，修约至整数。 (6)抗折破坏荷载保留率按下式计算，修约至整数。 $$\sigma=\frac{T_1}{T_0}\times 100$$ 式中　σ——抗折破坏荷载保留率(%)； T_1——耐久性试件最大抗折破坏荷载(N)； T_0——对比试件最大抗折破坏荷载(N)
放射性比活度	按《建筑材料放射性核素限量》(GB 6566)的规定进行

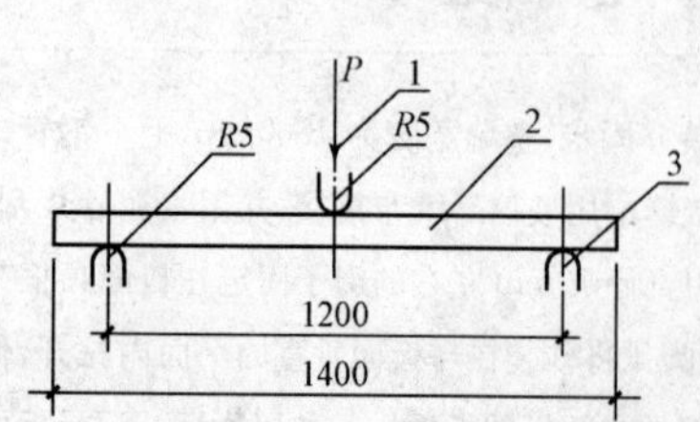

图4-53　抗折破坏荷载的加荷示意图

1—加荷杆；2—试样；3—支座

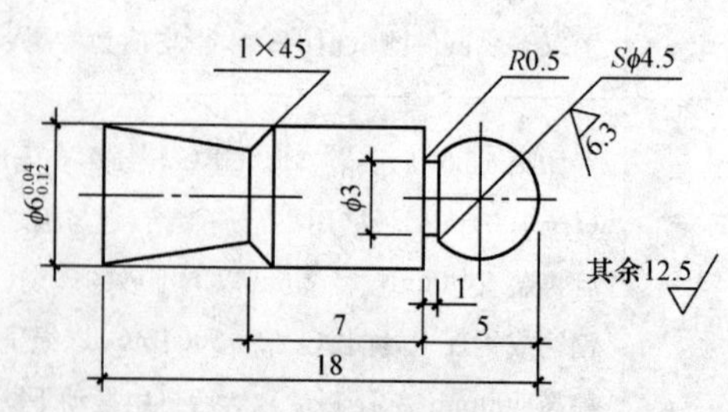

图4-54　测量头(mm)

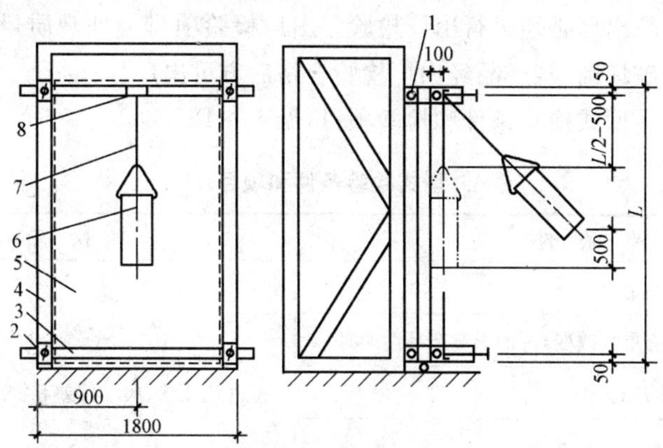

图 4-55　抗冲击强度的试验装置(mm)

1—钢管(ϕ50mm);2—横梁紧固装置;3—固定横梁(10# 热轧等边角钢);
4—固定架;5—拼装的 GRC 轻质多孔隔墙条板试件;6—标准砂袋,如图 4-59 所示;
7—吊绳(ϕ15mm);8—吊环(内径 52mm)

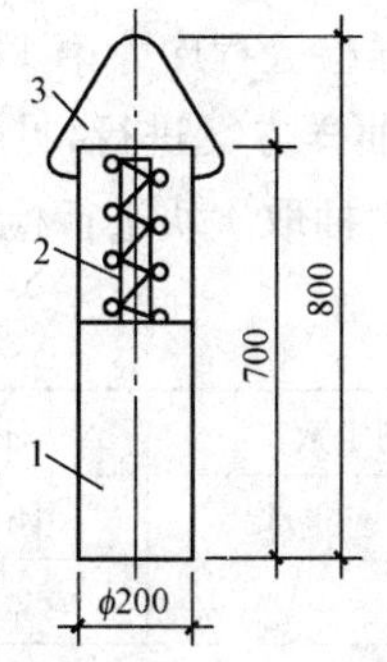

图 4-56　标准砂袋(mm)

1—帆布;2—注砂口;
3—皮革(厚 6mm,宽 40mm,长 70mm)

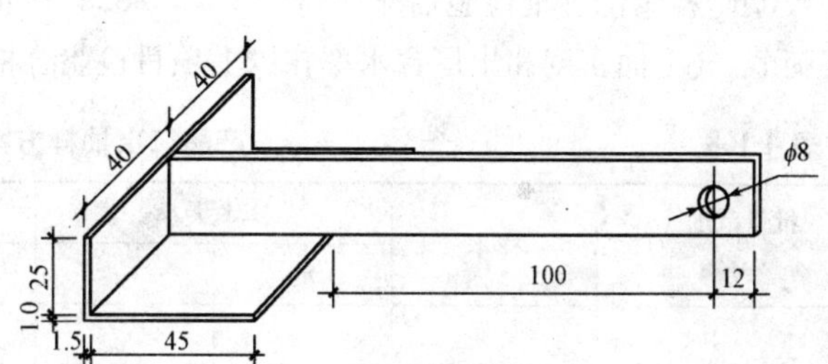

图 4-57　钢板吊挂件(mm)

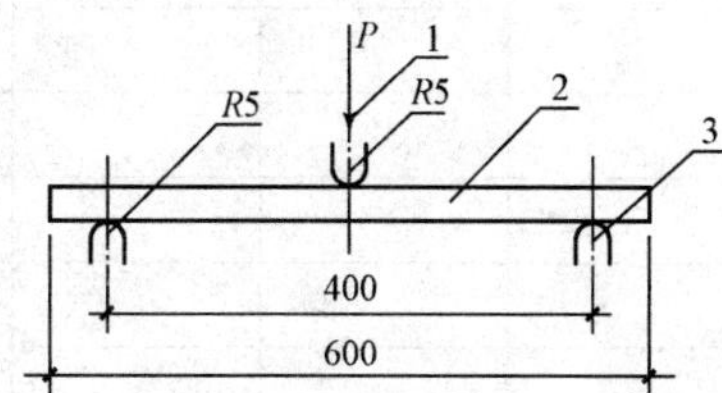

图 4-58　抗折破坏荷载的加荷示意图(mm)

1—加荷杆;2—试样;3—支座

5. 检验规则

(1)出厂检验。产品出厂必须进行出厂检验。出厂检验项目为外观质量和尺寸偏差以及含水率、气干面密度和抗折破坏荷载,产品经出厂检验合格后方可出厂。

(2)型式检验。产品型式检验条件和检验项目,见表 4-167。

表 4-167　　型式检验条件和项目

检验条件	检验项目
试制的新产品进行投产鉴定时	外观质量、尺寸偏差和物理力学性能中全部规定
产品的材料、配方、工艺有重大改变,可能影响产品性能时	
连续生产一年或生产 15 万 m^2 时	
产品停产半年以上再恢复生产时	
出厂检验结果与上次型式检验结果有较大差异时	
用户有特殊要求时	外观质量、尺寸偏差和物理力学性能中部分或全部规定
国家质量监督检验机构提出进行型式检验时	外观质量、尺寸偏差和物理力学性能中全部规定

(3)出厂检验及型式检验抽样方法。

1)出厂检验抽样。产品出厂检验外观和尺寸偏差按《计数抽样检验程序　第 1 部分:按接收质量限(AQL)检索的逐批检验抽样计划》(GB/T 2828.1)正常二次抽样方案进行,见表 4-168。抗折破坏荷载、气干面密度和出厂含水率在以上项目检验合格的产品中抽取 4 块进行检验。

表 4-168　　产品二次抽样方案

批量范围 N	样本	样本大小		合格判定数		不合格判定数	
		n_1	n_2	A_1	A_2	R_1	R_2
151～280	1	8		0		2	
	2		8		1		2
281～500	1	13		0		3	
	2		13		3		4
501～1200	1	20		1		3	
	2		20		4		5
1201～3200	1	32		2		5	
	2		32		6		7
3201～10000	1	50		3		6	
	2		50		9		10
10001～35000	1	80		5		9	
	2		80		12		13

2)型式检验抽样。产品进行型式检验时,外观质量和尺寸偏差按《计数抽样检验程序　第 1 部分:按接收质量限(AQL)检索的逐批检验抽样计划》(GB/T 2828.1)进行抽样,从外观质量和尺寸偏差项目检验合格的产品中按表 4-169 抽取样本对物理力学性能项目进行检验。

表 4-169　型式检验物理力学性能抽样表

项　　目	第一样本	第二样本
气干面密度 出厂含水率 干燥收缩值 抗折破坏荷载 抗折荷载保留率 燃烧性能 放射性比活度	4 块	4 块
抗冲击性吊挂力	4 块	4 块
空气声计权隔声量	7 块	7 块
耐火极限	5 块	5 块

(4)判定规则。产品判定规则见表 4-170。

表 4-170　判定规则

项　　目	内　　容
外观质量与尺寸偏差	(1)若受检板外观质量、尺寸偏差均符合表 4-163、表 4-164 相应规定时,则判该板是合格板。若受检板外观质量、尺寸偏差有一项或多于一项不符合相应规定时,则判该板是不合格板。 (2)根据样本检验结果,若在第一样本(n_1)中不合格数(μ_1)小于或等于表 4-168 中第一合格判定数(A_1),则判该批是合格批。若在第一样本(n_1)中不合格数(μ_1)大于或等于表 4-168 中第一不合格判定数(R_1),则判该批是不合格批。 若在第一样中(n_1)中不合格数(μ_1),大于第一合格判定数(A_1),同时又小于第一不合格判定数(R_1),则抽第二样本(n_2)进行检查。若在第一和第二样本中不合格数总和($\mu_1+\mu_2$)小于或等于第二合格判定数(A_2),则判该批是合格批。若在第一和第二样本中不合格数总和($\mu_1+\mu_2$)大于或等于第二不合格判定数(R_2),则判该批是不合格批
物理力学性能	(1)出厂检验。根据试验结果,若受检板抗折破坏荷载、气干面密度、含水率符合表 4-165 中相应规定时,则判该板是合格板。若受检板的抗折破坏荷载、气干面密度、出厂含水率有一项或多于一项不符合表 4-165 中相应规定时,则判该批产品不合格。 (2)型式检验。根据样本检验结果,若在第一样本中不合格项目数为 0,则判该型式检验合格,若在第一样本中不合格项目数大于或等于 2,则判该型式检验不合格。 若在第一样本中发现的不合格项目数为 1,则抽第二样本对该不合格项目进行复验。若符合规定,则判该型式检验合格。若不符合规定,则判该型式检验不合格
综合判定规则	若外观质量、尺寸偏差和物理力学性能全部合格,则判为合格,若有一项或多于一项不合格则判为不合格

6. 标志、运输及贮存

(1)标志。

1)出厂产品应有质量合格证书,合格证书应包括下列内容:

①产品名称、标记;

②生产厂名、地址;

③生产日期、生产批号、出厂日期或编号;

④产品检验报告单，其中应有检验人员代号、检验部门印章；

⑤产品说明书和出厂合格证。

2)出厂产品应有产品标记并写明侧立搬运、防止受潮等字样。

(2)运输。产品应侧立搬运，禁止平抬，运输过程中板应侧立贴实，用绳索绞紧，支承合理，防止撞击，避免破损和变形。应有防雨措施。

(3)贮存。

1)产品存放场地应坚实平整、干燥通风，具有防水防潮措施。

2)产品应按型号、规格、等级分类贮存。贮存时应采用侧立式，板面与铅垂面夹角不应大于15°；堆长不超过4m，堆层不超过两层。

7. 应用

玻璃纤维增强水泥板是一种新型墙体材料，近年来广泛应用于工业与民用建筑中，尤其在高层建筑物中的内隔墙。该水泥板是用抗碱玻璃纤维作增强材料，以水泥砂浆为胶结材料，经成型，养护而成的一种复合材料。此水泥板具有强度高、韧性好、抗裂性优良等特点，主要用于非承重和半承重构件，可用来制造外墙板、复合外墙板、天花板、永久性模板等。

七、钢丝网架水泥聚苯乙烯夹芯板(JC 623—1996)

1. 概念与构造

钢丝网架聚苯乙烯夹芯板(简称GJ板)由三维空间焊接钢丝网架和内填阻燃型聚苯乙烯泡沫塑料板条(或整板)构成的网架芯板。

钢丝网架水泥聚苯乙烯夹芯板(简称GSJ板)在GJ板两面分别喷抹水泥砂浆后形成的构件。即该板材外壁由壁厚不小于25mm的三维空间焊接钢丝网架水泥砂浆作支承体，内填氧指数不小于30的聚苯乙烯泡沫塑料，周边有不小于25mm厚的水泥砂浆包边的板材，其具体构造见图4-59。

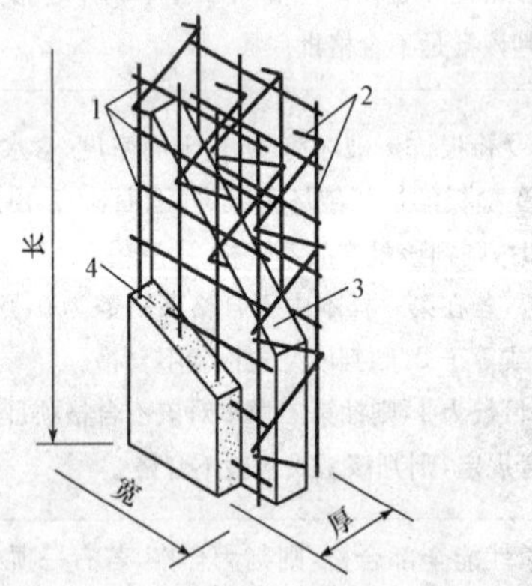

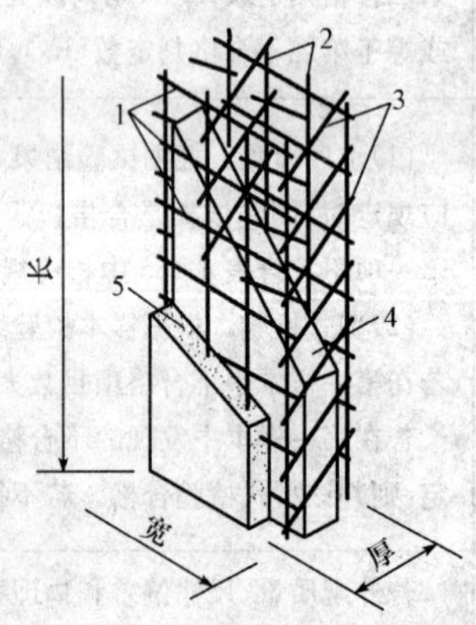

图4-59 GSJ板构造

(a)T、TZ类板；

1—横丝；2—之字条；3—聚苯乙烯泡沫塑料；4—水泥砂浆

(b)S类板；

1—横丝；2—竖丝；3—斜丝；4—聚苯乙烯泡沫塑料；5—水泥砂浆

2. 产品分类

(1)分类。GJ板的分类见表4-171。GSJ板的分类由GJ板的类别而定，采用代号与之相同。

表 4-171 GJ 板的分类

序号	代号	阻燃型聚苯乙烯泡沫塑料内芯型式	连接两侧网片的腹丝型式
1	T	板条并接	之字条
2	TZ	整 板	之字条
3	S	整 板	相邻两排腹丝为反向斜插或之字形斜插(直插)短钢丝

注:钢板网架聚苯乙烯夹芯板可参照区分。

(2)规格。GJ 板的规格见表 4-172。GSJ 板的规格见表 4-173。

表 4-172 GJ 板的规格

名称	公称长度/m	实际尺寸						聚苯乙烯泡沫塑料内芯厚/mm
		长		宽		厚		
		T、TZ	S	T、TZ	S	T、TZ	S	
短板	2.2	2140	2150	1220	1200	76	70	50
标准板	2.5	2440	2450	1220	1200	76	70	50
长板	2.8	2750	2750	1220	1200	76	70	50
加长板	3.0	2950	2950	1220	1200	76	70	50

注:其他规格可根据用户要求协商确定。

表 4-173 GSJ 板的规格

板厚/mm	两表面喷抹层做法	芯板构造
100	两面各有 25mm 厚水泥砂浆	各类 GJ 板
110	两面各有 30mm 厚水泥砂浆	
130	两面各有 25mm 厚水泥砂浆加两面各有 15mm 厚石膏涂层或轻质砂浆	

(3)产品型号。

1)GJ 板型号。

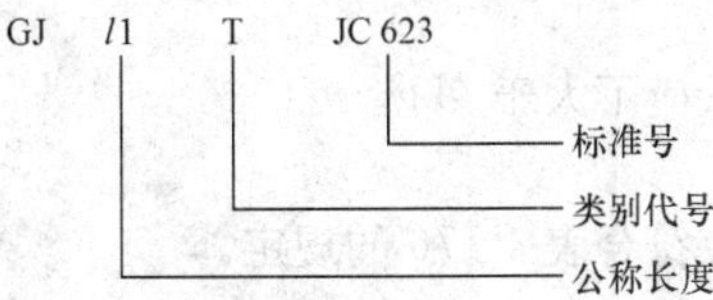

标记示例:内芯为聚苯乙烯泡沫塑料板条并接,腹丝用之字条,公称长度 2.5m 的 GJ 板,标记为:GJ 2.5 T JC 623。

2)GSJ 板的型号。

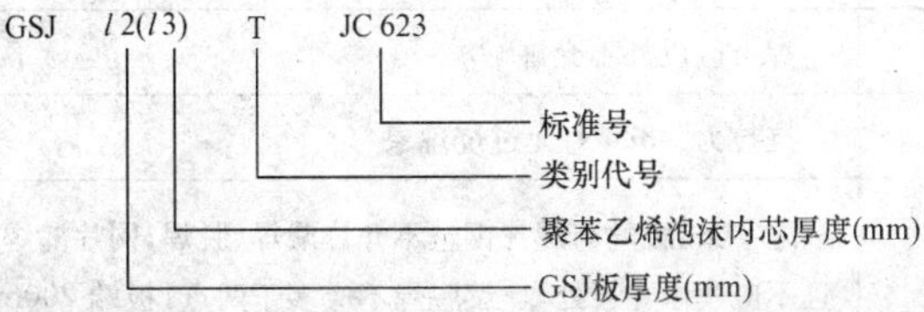

标记示例:110mm 厚的 GSJ 板,内芯为 50mm 厚的聚苯乙烯泡沫塑料整板,腹丝采用斜插短钢丝,该板标记为:GSJ 110(50)S JC 623。

3. 原材料

(1)钢丝。

1)镀锌低碳钢丝的性能指标,见表 4-174。

表 4-174　镀锌低碳钢丝的性能指标

直径/mm	抗拉强度/(N/mm²)		冷弯试验反复弯曲 180°/次	镀锌层质量/(g/m²)
	A级	B级		
2.03±0.05	590～740	590～850	≥6	≥20

注:其余性能应符合《一般用途低碳钢丝》(YB/T 5294)的要求。

2)低碳钢丝的性能指标,见表 4-175。

表 4-175　低碳钢丝的性能指标

直径/mm	抗拉强度/(N/mm²)	冷弯试验反复弯曲 180°/次	用　途
2.0±0.05	≥550	≥6	用于网片
2.2±0.05	≥550	≥6	用于腹丝

注:其余性能应符合《一般用途低碳钢丝》(YB/T 5294)的要求。

(2)聚乙烯泡沫塑料。表观密度 15kg/m³±1kg/m³;阻燃型(ZR 型),氧指数≥30,其余应符合《绝热用模塑聚苯乙烯泡沫塑料》(GB/T 10801.1)的规定。

(3)硅酸盐水泥。应符合《通用硅酸盐水泥》(GB 175)的规定。

(4)集料。应符合《建筑用砂》(GB/T 14684)和《建筑用卵石、碎石》(GB/T 14685)的规定。砂子采用中砂,细度模数不应低于 2.3。

(5)水。应符合《混凝土用水标准》(JGJ 63)的规定。

(6)水泥砂浆。应符合《砌体工程施工及验收规范》(GB 50203)的有关规定,用于内墙不应低于 M10,用于外墙和屋面不应低于 M20(宜用 C20 小豆石混凝土)。

4. 技术要求

(1)GJ 板。

1)GJ 板每平方米面积的重量应不大于 4kg。

注:钢板网架夹芯板除外。

2)GJ 板的表面和外观质量应符合表 4-176 的规定。

表 4-176　GJ 板的表面和外观质量

项　次	项　目	质　量　要　求
1	外观	表面清洁,不应有明显油污
2	钢丝锈点	焊点区以外不允许
3	焊点强度	抗拉力≥330N,无过烧现象
4	焊点质量	之字条、腹丝与网片钢丝不允许漏焊、脱焊;网片漏焊、脱焊点不超过焊点数的 8‰,且不应集中在 1 处,连续脱焊不应多于两点,板端 200mm 区段内的焊点不允许脱焊、虚焊

（续）

项次	项　目	质量要求
5	钢丝挑头	板边挑头允许长度≤6mm，插丝挑头≤5mm；不得有5个以上漏剪、翘伸的钢丝挑头
6	横向钢丝排列	网片横向钢丝最大间距为60mm，超过60mm处应加焊钢丝，纵横向钢丝应互相垂直
7	泡沫内芯板条局部自由松动	不得多于3处； 单条自由松动不得超过1/2板长
8	泡沫内芯板条对接	泡沫板条全长对接不得超过3根，短于150mm板条不得使用

3）GJ板的规格尺寸允许偏差，见表4-177。

表4-177　GJ板的规格尺寸允许偏差　mm

项目	项　目	允许偏差
1	长	±10
2	宽	±5
3	厚	±2
4	两对角线差	≤10
5	侧向弯曲	≤L/650
6	泡沫板条宽度	±0.5
7	泡沫板条（或整板）的厚度	±2
8	泡沫内芯中心面位移	≤3
9	泡沫板条对接缝隙	≤2
10	两之字条距离或纵丝间距	±2
11	钢丝之字条波幅、波长或腹丝间距	±2
12	钢丝网片局部翘曲	≤5
13	两钢丝网片中心面距离	±2

注：L为GJ板的长度。

（2）GSJ板。

1）GSJ板每平方米面积的质量，见表4-178。

表4-178　GSJ板每平方米面积的质量

板厚/mm	构　造	每平方米面积的质量/kg
100	板两面各有25mm厚水泥砂浆	≤104
110	板两面各有30mm厚水泥砂浆	≤124
130	板两面各有25mm厚水泥砂浆加两面各有15mm厚石膏涂层或轻质砂浆	≤140

2)GSJ 板的建筑物理性能指标，见表 4-179。

表 4-179　　GSJ 板的建筑物理性能指标

序号	项　目	指标值	备　注
1	热阻/(m^2·K/W)	≥0.65	厚 100mm 板
2	隔声指数/dB	≥40 ≥45	厚 100mm，110mm 板 厚 130mm 板
3	抗冻性/次	25	试验后试体不得有剥落、开裂、起层等破坏现象

注：GSJ 板的聚苯乙烯泡沫塑料内芯厚 50mm，砂浆表面未作饰面处理。

3)GSJ 板的建筑结构性能应符合以下规定：

①轴向荷载允许值，见表 4-180。

表 4-180　　GSJ 板的轴向荷载允许值

墙板高度(GJ 板的公称长度)		2.5	3.6
两面各有 25mm 厚水泥砂浆层全截面负重时/(kN/m)	≥	74.4	62.5
外墙外侧砂浆层伸出楼面 9.5mm 时/(kN/m)	≥	46.1	40.2

注：水泥砂浆强度等级不低于 M10。

②横向荷载允许值，见表 4-181。

表 4-181　　GSJ 板的横向荷载允许值

GSJ 板的实际长度(GJ 板的公称长度)/m	横向荷载允许值/(kN/m^2)　≥
1.3	4.34
1.6	3.86
1.9	2.73
2.2	2.54
2.5	1.95
3.0	1.22
3.6	0.78

注：两面各有 25mm 厚水泥砂浆，强度等级不低于 M20。

③抗冲击性能：标准板(2.5m)承受 10kg 砂袋自落高度 1.0m 的冲击大于 100 次不断裂。

4)GSJ 板的防火性能应符合以下规定：

①燃烧性能：按规定施工的 GSJ 板的耐火性能应高于难燃烧材料。

②耐火极限。不低于 1h：两面各有 25mm 厚或 30mm 厚水泥砂浆层；不低于 2h：两面各有 25mm 厚或 30mm 厚水泥砂浆层加两面各有 15mm 厚石膏涂层或轻质砂浆层。

5. 试验方法

钢丝网架水泥聚苯乙烯夹芯板试验方法，见表 4-182。

表 4-182　　钢丝网架水泥聚苯乙烯夹芯板试验方法

项目		内容
GJ 板	试样	取 GJ 板 3 块称重取平均值
	GJ 板的表面和外观质量检验	(1)外观和钢丝锈点用肉眼观察，钢丝挑头、横向钢丝排列、泡沫内芯板条局部自由松动、泡沫内芯板条对接用肉眼观察和用精度 0.5mm 钢直尺测量。 (2)焊点强度检验按《镀锌电焊网》(QB/T 3897)进行。 (3)焊点质量检验：用手抓或拉动钢丝使之变形，力度以能使钢丝网恢复原形为限，在抓或拉中开脱的焊点为脱焊或虚焊，计数统计
	规格尺寸测量	(1)长度偏差用精度 1mm 钢卷尺测量板的两端面最外边钢丝的中距，以测得的最大和最小值作为判定指标。 (2)宽度偏差用精度 1mm 钢卷尺测量板的一端和中部截面宽度方向两侧最外边钢丝的中距，以测得的最大和最小值作为判定指标。 (3)厚度偏差，对 T、TZ 类板用精度 0.5mm 钢直尺测量板端面之字条的波幅，对 S 类板测量两钢丝网片的中距，均以测得的最大和最小值作为判定指标。 (4)两对角线差用精度 1mm 钢卷尺测量两对角线的长度，取其差值为检测结果。 (5)侧向弯曲用拉线和精度 0.5mm 钢直尺测量侧向弯曲最大值。 (6)泡沫内芯中心面位移、泡沫板条对接缝隙、钢丝网片局部翘曲用目测选取最大偏差处，用精度 0.5mm 钢直尺测量。 (7)其余各项以目测选取最大和最小偏差处，用精度 0.5mm 钢直尺测量，以测得的最大和最小值作为判定指标
GSJ 板	水泥砂浆的检验	(1)检查水泥砂浆组成材料的质量和用量，每一工作班不应少于一次。 (2)GSJ 板用于屋面时砂浆强度的控制、检验与评定，每一工作制作一组砂浆试块，测定其 28d 龄期强度。 (3)用精度 0.5mm 钢直尺测量砂浆标筋厚度和砂浆层厚度
	试样	取 GSJ 试验板 3 块称重取平均值
	GSJ 板的建筑物理性能	(1)热工性能：按《绝热　稳态传热性质的测定　标定和防护　热箱法》(GB/T 13475)测定热阻值或传热系数。 (2)抗冻性：按《普通混凝土长期性能和耐久性能试验方法标准》(GB/T 50082)进行
	GSJ 板的建筑结构性能	(1)轴向荷载测定。 1)加载和测量仪器：2000～5000kN 长柱试验机或液压稳压加载系统及其配套千斤顶(1000kN)；百分表、挠度计、放大镜、刻度放大镜(精度 0.05mm)。 2)试样制备：在标准板两面涂抹砂浆，顶部和底部各浇捣一个钢筋混凝土小梁，小梁高 150mm，小梁厚度和长度与试验板的厚度和宽度相同，如图 4-60 所示。 3)试验步骤：按《混凝土结构工程施工质量验收规范》(GB 50204)进行。 (2)横向荷载的规定。 1)试样制备：在标准板(公称长度 2.5m)两面涂抹水泥砂浆，等砂浆达到要求强度后进行试验。 2)加载和试验步骤：按《混凝土结构工程施工质量验收规范》(GB 50204)的有关规定进行。 (3)抗冲击性能测定。 1)工具：10kg 砂袋一个。 2)试样制备：同上述(1)、(2)。 3)试验步骤：GSJ 板水平搁置，支点距离 2.4m，砂袋悬挂在板跨中部上方距试验板面 1m，而后将 10kg 砂袋自由下落，撞击板面 100 次
	GSJ 板的耐火极限	按《建筑构件耐火试验方法》(GB/T 9978)进行

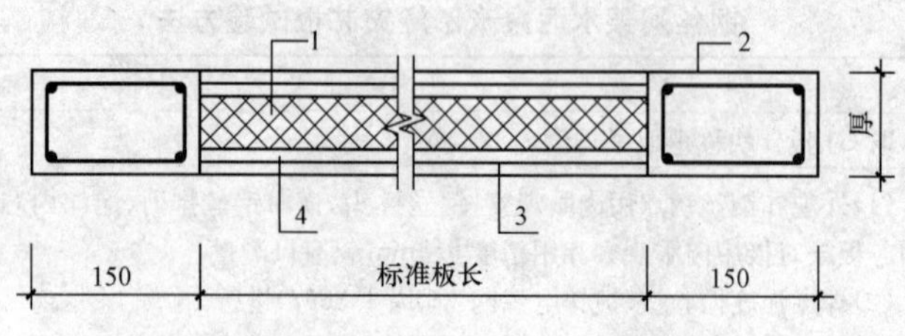

图 4-60　轴向荷载测定的试样

1—聚苯乙烯泡沫塑料条(或板);2—小梁;3—水泥砂浆;4—钢丝网架

6. 检验规则

(1)检验分类。分出厂检验和型式检验两类。

1)出厂检验项目为GJ板的外观和尺寸偏差。

2)型式检验包括上述“4. 技术要求”的所有项目。

在下列情况之一时进行:

①新产品定型时;

②正常生产时每三年进行一次;耐火极限、隔声每四年进行一次;

③国家质量监督部门要求进行时。

(2)出厂检验。

1)抽样方法。

①外观质量:对每一构件用肉眼观察检查,当发现有缺陷时应进行测量。

②规格尺寸检查:应以同一类产品100块为一批,不足100块亦为一批,在每一批中抽取5%进行检验,并不得少于3块。

2)判定规则。产品的外观和规格尺寸允许偏差应符合表4-176、表4-1778的要求,当有两块不符合要求时,则应对该批产品进行第二次抽样检验,当第二次样品中仍有两块不合格时,则该批产品不予验收,生产企业需逐块检验合格后才能再次发货。

(3)型式检验。

1)抽样方法。在出厂检验合格的产品中抽取试样,每个试验内容不得少于3块,由生产企业委托国家和地方认可的检测单位进行。

2)判定规则。每项检测结果应符合要求,若某项试验结果不符合规定的指标,允许对该项目进行复验,若复验结果符合要求,则该型式检验合格,若复验结果有不符合要求,则判该型式检验为不合格。

7. 标志与包装

(1)标志。

1)在每块板的侧面泡沫塑料板上应印有标志。内容包括商标、产品型号、生产日期和检验章。

2)出厂的每批产品应随带产品合格证,内容包括产品型号、规格、数量、制造厂名称、商标、生产日期、质量检验签章。

(2)包装。一般单块裸装,也可应用户要求将2～16块捆扎成一件。

8. 运输与贮存

(1)运输。在装卸、起吊和运输过程中应轻起轻放,严禁抛掷、碰撞和重压,吊装时应预防板边损坏。

(2)贮存。贮存时应按规格型号分别立放,严禁接近烟火,不宜长期露天暴晒和雨淋。

八、维纶纤维增强水泥平板(JC/T 671—2008)

1. 分类与标记

(1)分类。维纶纤维增强水泥平板(VFRC)按密度分为维纶纤维增强水泥板(A型板)和维纶纤维增强水泥轻板(B型板),A型板主要用于非承重墙体、吊顶、通风道等,B型板主要用于非承重内隔墙、吊顶等。

(2)规格。平板的规格尺寸,见表4-183。

表4-183　规格尺寸　mm

项　目	公称尺寸
长度	1800,2400,3000
宽度	900,1200
厚度	4,5,6,8,10,12,15,20,25

注:其他规格平板可由供需双方协商生产。

(3)标记。产品标记顺序:产品名称、类别、规格和标准编号。

如维纶纤维增强水泥板,长度1800mm,宽度1200mm,厚度8mm,标记为:

VFRC　A　1800×1200×8　JC/T 671—2008

2. 原材料

维纶纤维增强水泥平板原材料,见表4-184。

表4-184　维纶纤维增强水泥平板原材料

项　目	内　容
水泥	水泥应符合《通用硅酸盐水泥》(GB 175)的规定。不得使用掺有煤、碳粉作助磨剂及页岩、煤矸石作混合材的普通硅酸盐水泥
维纶纤维	改性维纶纤维的抗拉强度不小于800MPa,弹性模量不小于12GPa;高弹模维纶纤维的抗拉强度不小于1100MPa,弹性模量不小于25GPa
辅助材料	掺入适量非石棉且具有一定吸附水泥粒子能力的纤维质材料
轻集料	生产B型板时,掺入适量轻质集料,如小颗粒珍珠岩等
水	水应符合《混凝土用水标准》(JGJ 63)的规定

3. 技术要求

(1)外观要求。

1)板的正表面应平整,边缘整齐,不得有裂纹、缺角等缺陷。

2)边缘平直度、长度、宽度的偏差均不应大于2mm/m。

3)边缘垂直度的偏差不应大于3mm/m。

4)板厚度$e\leqslant 20$mm时,表面平整度不应超过4mm;板厚度e在20mm$<e\leqslant 25$mm时,表面平整度不应超过3mm。

(2)尺寸允许偏差。平板的尺寸允许偏差应符合表 4-185 的规定。

表 4-185 尺寸允许偏差 mm

项目		尺寸允许偏差
长度		±5
宽度		±5
厚度	e=4,5,6 时	±0.5
	e=8,10,12,15,20,25 时	±0.1e
厚度不均匀度(%)		<10

注:1. 厚度不均匀度是指同块板最大厚度与最小厚度之差除以公称厚度。
2. e 为平板的公称厚度。

(3)物理力学性能。平板的物理力学性能应符合表 4-186 的规定。

表 4-186 物理力学性能

项目		A 型板	B 型板
密度/(g/cm³)		1.6~1.9	0.9~1.2
抗折强度/MPa	≥	13.0	8.0
抗冲击强度/(kJ/m²)	≥	2.5	2.7
吸水率(%)	≤	20.0	—
含水率(%)	≤	—	12.0
不透水性		经 24h 试验,允许板底面有洇斑,但不得出现水滴	—
抗冻性		经 25 次冻融循环,不得有分层等破坏现象	—
干缩率(%)	≤	—	0.25
燃烧性		不燃	不燃

注:1. 试验时,试件的龄期不小于 7d。
2. 测定 B 型板的抗折强度、抗冲击强度时,采用气干状态的试件。

4. 试验方法

平板的试验方法,见表 4-187。

表 4-187 试验方法

项目	内容
外观	(1)目测板的正表面是否平整,边缘是否整齐,有无裂纹、缺角等。 (2)边缘平直度、边缘垂直度、表面平整度按《纤维水泥制品试验方法》(GB/T 7019)规定进行
尺寸偏差	(1)长度、宽度、厚度。按《纤维水泥制品试验方法》(GB/T 7019)规定进行。 (2)厚度不均匀度。在板的四边中部,距板边缘 20mm 处测量板的厚度,共测得四个厚度值,以其中最大值与最小值之差除以厚度平均值,得到该块板的厚度不均匀度,精确到 0.1%
物理力学性能	(1)抗折强度。按《纤维水泥制品试验方法》(GB/T 7019)规定进行,强度取值为纵向、横向抗折强度的平均值。 (2)抗冲击强度。按《纤维水泥制品试验方法》(GB/T 7019)规定进行,强度取值为纵向、横向抗冲击强度的平均值。 (3)密度、吸水率、含水率、干缩率、不透水性、抗冻性按《纤维水泥制品试验方法》(GB/T 7019)规定进行,其中含水率试验在产品交付时进行。 (4)燃烧性按《建筑材料不燃性试验方法》(GB/T 5464)规定进行

5. 检验规则

维纶纤维增强水泥平板检验规则，见表 4-188。

表 4-188　　**维纶纤维增强水泥平板检验规则**

<table>
<tr><th colspan="2">项　目</th><th>内　　容</th></tr>
<tr><td colspan="2">检验类型</td><td>产品检验分为出厂检验和型式检验</td></tr>
<tr><td colspan="2">检验项目</td><td>(1)出厂检验。检验项目包括外观要求和尺寸允许偏差中的全部规定以及抗折强度、抗冲击强度、吸水率、含水率与密度。
(2)型式检验。检验项目包括上述“3. 技术要求”规定的全部项目</td></tr>
<tr><td rowspan="2">抽样与判定</td><td>出厂检验</td><td>(1)批量。同一品种、同一规格产品以 1000 张为一批，不足 1000 张按一个批量计。
(2)抽样。外观与尺寸偏差：在每一受检批中随机抽取 10 张样品。
物理力学性能：从外观与尺寸偏差合格的产品中抽取一张样品，从样品上切割试件。
(3)判定。外观与尺寸偏差：若不合格样品数不大于一张，则判该批产品合格；若有两张样品不合格，则取加倍数量进行复验。若复验的不合格样品数不大于一张，则判该批产品合格；若仍有两张样品不合格，则判该批产品不合格。
物理力学性能：若其中一项指标不合格，则取加倍数量样品进行不合格项目的复验，若复验项目仍不合格，则该批产品为不合格。
外观、尺寸偏差与物理力学性能均合格时，判该批产品合格</td></tr>
<tr><td>型式检验</td><td>(1)有下列情况之一时，应进行型式检验：
1)新产品试制定型鉴定；
2)原材料、配合比、工艺有较大改变时；
3)正常生产每年一次；
4)出厂检验结果与上一次型式检验结果有较大差异时；
5)停产六个月及以上时间，再恢复生产时；
6)国家或地方质监机构提出检验要求时。
(2)批量与抽样。外观与尺寸偏差：从每个受检批次中抽取样品，样品数量列于表 4-189 第 2 栏。
抗折强度、抗冲击强度：从每个受检批次中抽取样品，样品数量列于表 4-189 第 7 栏，按《纤维水泥制品试验方法》(GB/T 7019)规定分别从样品上切割试件。
(3)判定。外观与尺寸偏差：按品质检验程序(表 4-189 第 2～6 栏)进行。当不合格品数量未超过表 4-189 第 3 栏中的 Ac_1 或第 5 栏中的 Ac_2 时，则判该受检批产品合格；若不合格品数量等于或大于表 4-189 第 4 栏中的 Re_1 或第 6 栏中的 Re_2 时，则判该受检批产品不合格；若第一样本中的不合格品数量超过 Ac_1 但小于 Re_1 时，则应抽取第二样本样品，当不合格品数量等于 Ac_2 时判该受检批产品合格，当不合格品数量大于或等于 Re_2 时判该受检批产品不合格。
抗折强度与抗冲击强度：按变量检验程序(表 4-189 第 7～9 栏)进行。若样品的平均值 $\overline{X}$ 大于或等于可验收极限，即 $\overline{X} \geqslant AL$，则判该受检批产品合格；若 $\overline{X} < AL$，则判该受检批产品不合格。
密度、吸水率、含水率、干缩率、不透水性、抗冻性和燃烧性：若各项目的检验结果均合格，则判该受检批产品合格；若有不合格项目时，取加倍数量样品进行复验，若复验结果仍有一项不合格，则判该受检批不合格。
外观、尺寸偏差与物理力学性能均合格时，判该受检批产品型式检验合格</td></tr>
</table>

表 4-189 产品抽样方案

1	2	3	4	5	6	7	8	9
批量数量 N	品质检验——二次抽样					变量检验——单一抽样		
	合格判定数 Ac_1	第一样本		“第一+第二”样本		样品数量	可接收系数 K	备注
		合格判定数 Ac_1	不合格判定数 Re_1	合格判定数 Ac_2	不合格判定数 Re_2			
≤150	3	0	1	不适用	不适用	3	0.502	$AL=L+K\cdot R$ 式中： AL——可验收极限； L——标准低限； K——可接收系数； R——样品最大值与最小值之差
151～208	8	0	2	1	2	3	0.502	
281～500	8	0	2	1	2	4	0.450	
501～1200	8	0	2	1	2	5	0.431	
1201～3200	8	0	2	1	2	7	0.405	

注：第一样本数量和第二样本数量相同。

6. 标志与产品说明书

(1)标志。在板正面右下角，用不掉色的颜色标明产品标记、生产日期、生产单位名称等。

(2)产品说明书。板出厂应提交出厂说明书，其内容包括：

1)说明书编号；

2)生产单位名称、商标等；

3)产品标记、数量与生产日期等；

4)产品性能出厂检验结果；

5)生产单位质检部门签章。

7. 包装、运输及贮存

(1)包装。采用木架或木箱包装，应采取防潮措施。

(2)运输。人力搬运时，应两人将板侧立搬运；整垛板应使用叉车搬运。长途运输时，运输工具底面必须平整，应尽量堆放同样高度并使之固定好。在运输过程中要减少振动，防止撞击和雨淋。应采用专用吊具，避免损坏。

(3)贮存。应按不同规格分别堆放，堆放场地应坚固、平坦并防止雨淋。A 型板的堆放高度一般不得超过 1.5m，B 型板的堆放高度一般不得超过 1.0m。

九、蒸压加气混凝土板(GB 15762—2008)

1. 分类、规格及标记

(1)分类。

1)蒸压加气混凝土板按使用功能分为屋面板(JWB)、楼板(JLB)、外墙板(JRB)、隔墙板(JGB)等常用品种，其外形、断面和配筋示意见图 4-61～图 4-64。

2)蒸压加气混凝土板的常用品种有以下几种：

①板厚＜75mm 的薄板，使用时需固定在结构构件或基层墙体上，可作为装饰板、防火板等；

②表面进行加工处理形成一定图案的花纹板(也称艺术板)，通常为具有装饰功能的墙板；

③容重级别为 B03 或 B04 的低密度板，一般用于建筑物的辅助保温隔热，而不单独作为墙体使用；

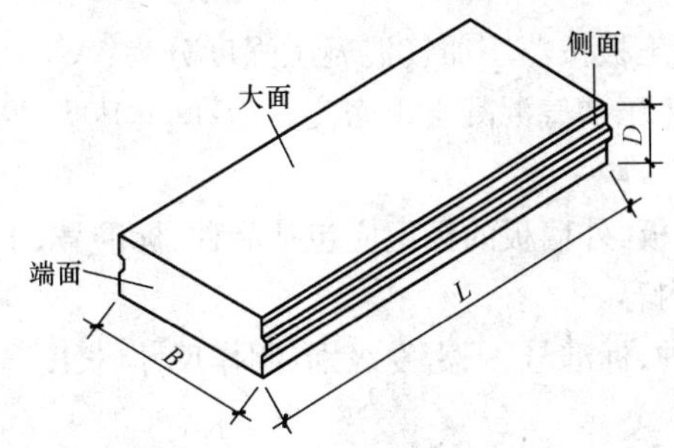

图 4-61　蒸压加汽混凝土板外形示意图

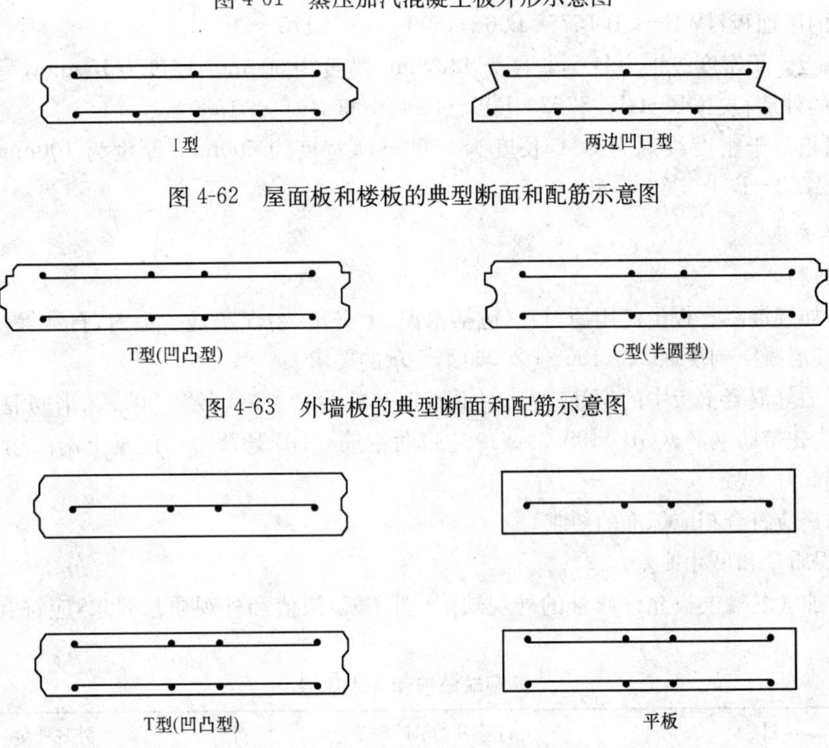

图 4-62　屋面板和楼板的典型断面和配筋示意图

图 4-63　外墙板的典型断面和配筋示意图

图 4-64　隔墙板的典型断面和配筋示意图

注：隔墙板配单层图片时，其厚度不应大于 100mm。

④适用于外墙转角处的转角板；

⑤由板材切割而成的，应用于门窗洞口的过梁，分为承重过梁和非承重过梁，内部配筋应分别经计算和试验确认。

(2)规格。蒸压加气混凝土板常用规格，见表 4-190。

表 4-190 常用规格 mm

长度(L)	宽度(B)	厚度(D)
1800～6000(300 模数进位)	600	75、100、125、150、175、200、250、300
		120、180、240

注:其他非常用规格和单项工程的实际制作尺寸由供需双方协商确定。

(3)级别。蒸压加气混凝土板按蒸压加气混凝土强度分为:A2.5、A3.5、A5.0、A7.5 四个强度级别。蒸压加气混凝土板按蒸压加气混凝土干密度分为:B04、B05、B06、B07 四个干密度级别。

(4)产品标记。

1)标记方法。屋面板、楼板、外墙板的标记应包括品种、标准号、干密度级别、制作尺寸(长度×宽度×厚度)、荷载允许值等内容。

隔墙板的标记应包括品种、标准号、干密度级别、制作尺寸(长度×宽度×厚度)等内容。

2)标记示例。

①屋面板。干密度级别为 B06,长度为 4800mm,宽度为 600mm,厚度为 175mm,荷载允许值为 2000N/m^2 的屋面板:JWB—GB 15762 B06—4800×600×175—2000。

②外墙板。干密度级别为 B05,长度为 4200mm,宽度为 600mm、厚度为 150mm,荷载允许值为 1500N/m^2 的外墙板:JQB—GB 15762—B06—4200×600×150—1500。

③隔墙板。干密度级别为 B04,长度为 3500mm,宽度为 600mm、厚度为 100mm 的隔墙板:JGB—GB 15762—B04—3500×400—100。

2. 技术要求

(1)原材料。

1)蒸压加气混凝土板生产用原材料(包括水泥、生石灰、粉煤灰、砂、铝粉、石膏等)的要求应符合《蒸压加气混凝土砌块》(GB 11968—2006)第 5 章的要求。

2)蒸压加气混凝土板中的钢筋应符合《低碳钢热轧圆盘条》(GB/T 701)、《钢筋混凝土用钢 第 2 部分:热轧带肋钢筋》(GB 1499.2)、《冷轧带肋钢筋》(GB 13788)、《混凝土制品用冷拔低碳钢丝》(JC/T 540)的规定。

3)防锈剂应符合相应标准的要求。

(2)外观质量和尺寸偏差。

1)蒸压加气混凝土板允许修补的外观缺陷(图 4-65)限值和外观质量要求,应符合表 4-191 的要求。

表 4-191 外观缺陷值和外观质量 mm

项　目	允许修补的缺陷限值	外观质量
大面上平行于板宽的裂缝(横向裂缝)	不允许	无
大面上平行于板长的裂缝(纵向裂缝)	宽度＜0.2mm 数量不大于 3 条,总长≤1/10L	无
大面凹陷	面积≤150cm^2,深度≤10mm,数量不得多于 2 处	无
大气泡	直径≤20mm	无直径＞emm 深＞3mm 的气泡

（续）

项目		允许修补的缺陷限值	外观质量
掉角	屋面板，楼板	每个端部的板宽方向不多于1处，其尺寸为 $b_1 \leqslant 100$mm，$d_1 \leqslant 2/3D$，$t_1 \leqslant 300$mm	每块板≤1处（$b_1 \leqslant 20$mm，$d_1 \leqslant 20$mm，$l_1 \leqslant 100$mm）
	外墙板，隔墙板	每个端部的板宽方向不多于1处，在板宽方向尺寸 $b_1 \leqslant 150$mm，板厚方向 $d_1 \leqslant 4/5D$，板长方向的尺寸 $l_1 \leqslant 300$mm	
侧面损伤或缺棱		≤3m的板不多于2处，>3m的板不多于3处；每处长度 $t_3 \leqslant 300$mm，深度 $b_2 \leqslant 50$mm	每侧≤1处（$b_2 \leqslant 10$mm，$t_3 \leqslant 120$mm）

注：1. 修补材颜色、质感宜与蒸压加气混凝土一致，性能应匹配。

2. 若板材经修补，则外观质量为修补后的要求。

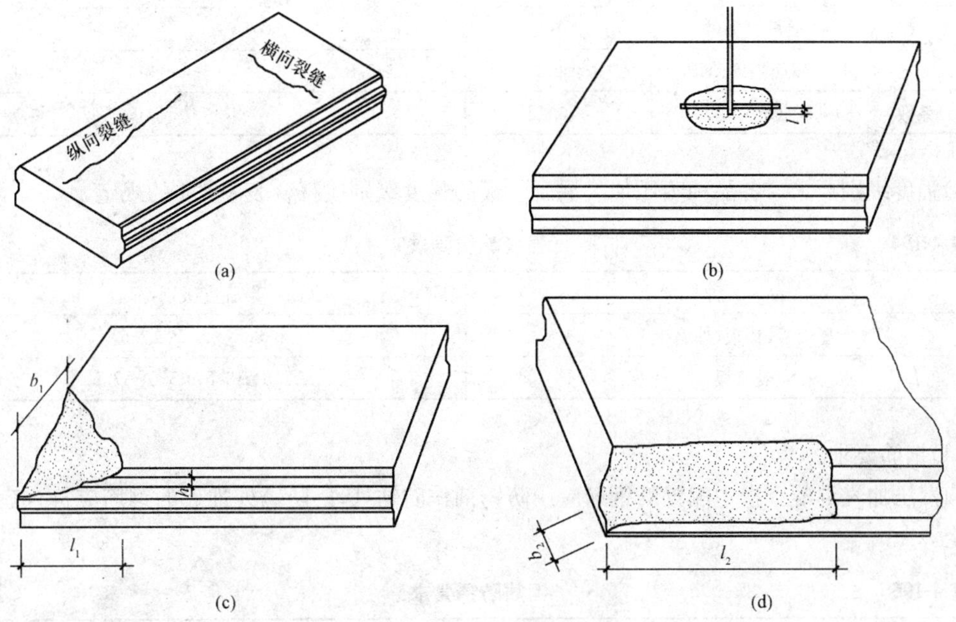

图 4-65 外观缺陷示意图

(a)横向裂缝和纵向裂缝；(b)大面凹陷或气泡；(c)掉面；(d)侧面损伤或缺棱

2)蒸压加气混凝土板的尺寸允许偏差应符合表4-192的规定。

表 4-192 **尺寸偏差** mm

项目	指标	
	屋面板、模板	外墙板、隔墙板
长度(L)	±4	
宽度(B)	0 −4	
厚度(D)	±2	
侧向弯曲	<1/1000	
对角线差	≤110m	
表面平整	≤5	

(3)基本性能。

1)蒸压加气混凝土基本性能。蒸压加气混凝土基本性能,包括干密度、抗压强度、干燥收缩值、抗冻性、导热系数,应符合表 4-193 的规定。

表 4-193　　蒸压加气混凝土基本性能

强度级别		A2.5	A3.5	A5.0	A7.5
干密度级别		B04	B05	B06	B07
干密度/(kg/m²)		≤4.25	≤5.25	≤6.25	≤7.25
抗压强度/MPa	平均值	≤2.5	≤3.5	≤5.0	≤7.5
	单组最小值	≥2.0	≥2.5	≥5.0	≥6.0
干燥生命值/(mm/m³)	标准法	≤0.50			
	快速法	≤0.60			
抗漆性	质量损失(%)	≤0.50			
	屋面强度/MPa	≥2.0	≥2.8	≥4.0	≥6.0
导热系数(干态)/[W/(m·KJ)]		≤0.12	≤0.14	≤0.16	≤0.18

2)强度级别要求。各品种蒸压加气混凝土板的强度级别应符合表 4-194 的规定。

表 4-194　　强度等级要求

品　种	强度级别
屋面板、楼板、外墙板	A3.5、A5.0、A7.5
隔墙板	A2.5、A3.5、A5.0、A7.5

(4)钢筋要求。

1)蒸压加气混凝土板中配置的钢筋应用防锈剂作防锈处理,防锈处理后的钢筋应符合表4-195 的规定。

表 4-195　　钢筋防锈要求

项　目	防锈要求
防锈能力	试验后,锈蚀面积≤5%
钢筋黏着力	≥1.0MPa

2)纵向钢筋保护层厚度从钢筋外缘算起(图 4-66)。保护层厚度的基本尺寸和允许偏差应符合表 4-196 的规定。

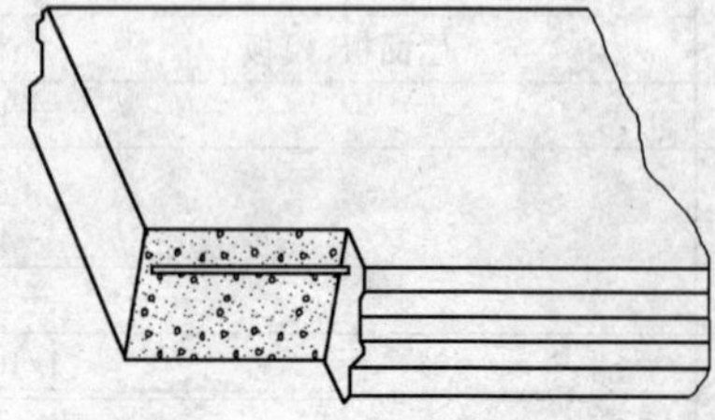

图 4-66　钢筋保护层厚度示意图

表 4-196　纵向钢筋保护层要求　mm

项　目	基本尺寸	允许偏差	
		屋面板、楼板、外墙板	隔墙板
距大面的保护层厚度(D_1)	20	±5	+1 −10
距端面的保护层厚度(D_2)	10	+5 −10	

注:配单层网的隔墙板和有特殊要求的其他板材,其基本尺寸和允许偏差由供需双方协商确定。

(5)蒸压加气混凝土板的结构性能。

1)各品种蒸压加气混凝土板的结构性能检验应符合表 4-197 的规定。

表 4-197　结构性能检验

品　种	检验项目	要求
屋面板、楼板、外墙板	承载能力检验	符合下述 2)中公式
	短期挠度检验	符合下述 3)中公式
隔墙板	承载能力检验	符合下述 4)中公式

2)屋面板、楼板、外墙板的承载能力应同时符合下式的要求。

$$W_i \geqslant W_R$$

$$W_i \geqslant \frac{\gamma_a[\gamma_a]}{\gamma_R} W_R$$

式中　W_i——屋面板、楼板或外墙板初裂时荷载实测值(N/m^2);

W_R——单项工程荷载设计值(N/m^3);

W_i——破坏时荷载实测值(达到表 4-198 所列破坏标志之一时的荷载实测值)(N/m^2);

γ_a——重要性系数,根据结构安全等级,按表 4-199 选用;

$[\gamma_a]$——承载力检验系数允许值,按表 4-198 选用;

γ_R——抗力分项系数,采用 0.75。

表 4-198　破坏检验标志

结构设计受力情况	破坏的检验标志	$[\gamma_a]$
受弯	在受拉主筋的最大裂缝宽度达到 1.5mm,或挠度达到距度的 1/50	1.20
	受压处加气混凝土破坏	1.25
	受拉主筋拉断	1.50
受弯构件的受剪	腹部斜裂缝达到 1.5mm,或斜裂缝末端受压区加气混凝土剪压破坏	1.36
	沿斜截面加气混凝土斜压破坏,或受拉主筋在端部滑脱,或其他锚固破坏	1.50

表 4-199 重要性系数

结构安全等级	一级	二级	三级
γ_a	1.1	1.0	0.9

3)屋面板、楼板、外墙板的短期挠度应符合下列公式的要求。

$$a^n \leqslant a_n$$

式中 a^n——试验板短期挠度实测值(mm);

a_n——试验板短期挠度特征值(mm)。

4)隔墙板的承载能力应符合下列公式的要求。

$$W_i \geqslant W_a$$

$$W_a = \gamma_a \rho D$$

式中 W_i——隔墙板的初裂时荷载实测值(N/m³);

W_a——隔墙板承载力检验荷载特征值(N/m³);

γ_a——隔墙板承载力检验系数,取 0.3;

ρ——干密度计算值(N/m³);

D——板的厚度(m)。

3. 试验方法

(1)试验环境及试验条件。除规定外,试验应在常温(≥5℃)条件下进行。

(2)外观质量和尺寸偏差。

1)外观质量。对受测板,视距 0.6m,目测有无裂缝,并记录。若有裂缝,测量裂缝长度。

对大面凹陷、大气泡、掉角、侧面损伤或缺棱,采用精度为 1mm 的卷尺或直尺测量,读数读至 1mm,记录数量和尺寸大小。

2)尺寸偏差。蒸压加气混凝土板的长度、宽度、厚度、侧向弯曲、对角线差和表面平整按《连续玻璃纤维纱》(GB/T 18371)的规定进行。

(3)基本性能。

1)蒸压加气混凝土的干密度、抗压强度、干密收缩值、抗冻性的检测应按蒸压加气混凝土性能试验方法《蒸压加气混凝土性能试验方法》(GB/T 11969)规定的方法进行。

2)蒸压加气混凝土的导热系数应按《绝热材料稳定热阻及有关特性的测定 防护热板法》(GB/T 10294)的规定进行。

4. 检验规则

蒸压加气混凝土板检验规则,见表 4-200。

表 4-200 蒸压加气混凝土板检验规测

项 目		内 容
出厂检验	出厂检验项目	产品出厂应按同品种、同级别进行检验。出厂检验项目见表 4-201
	抽样规则	(1)同品种、同级别的板材,以 3000 块为一批,不足 3000 块时亦作一批计。 (2)随机抽取 50 块板,进行外观质量和尺寸偏差的检验。从外观质量和尺寸偏差检验合格的板中,按表 4-201 的要求随机抽取其他出厂检验项目用板及制作相关试件。 (3)基本性能中干密度和抗压强度试件,也可在与该批板同样条件下制得的砌块上取样

（续）

项 目		内　　容
出厂检验	判定规则	(1)受检的50块板中,外观质量全部符合表4-191的规定时,判该批板外观质量合格。若不符合表4-191规定的板超过1块时,判该批板外观质量不合格。 (2)受检的50块板中,尺寸偏差不符合表4-192规定的板不超过4块时,判该批板尺寸偏差合格;不符合表4-192规定的板超过4块时,判该批板尺寸偏差不合格。 (3)基本性能中,3组干密度试件测定结果平均值符合表4-193的规定时,判该批板干密度合格;3组抗压强度试件测定结果平均值和单组最小值符合表4-193的要求时,判该批板抗压强度合格。若强度级别符合表4-194的要求时,判该批板强度级别合格,若有一项不合格,则判该批板不合格。 (4)进行钢筋保护层厚度检验的3块板全部符合表4-196规定时,判该批板钢筋保护层厚度合格;有1块不符合规定时,判该批板钢钢筋保护层厚度不合格。 (5)进行结构性能检验的屋面板、楼板或外墙板符合表4-197的要求时,判该批板结构性能合格;进行结构性能检验的隔墙板符合表4-197要求时,判该批板结构性能合格。若该板不符合有关公式的要求,判该批板不合格。 (6)出厂检验中,受检板的6个检验项目全部合格时,则判该批板出厂检验合格。 若6个检验项目中仅有一项不合格,则对该项目加倍抽样,再次进行检验;若检验合格,则判该批板出厂检验合格;若该项目检验仍不合格,则判出厂检验不合格。 若6个检验项目中有两项或两项以上不合格,应加倍抽样进行全部6项检验;若第二次所有检验项目合格,则判出厂检验合格;若仍有1项不合格,则判出厂检验不合格
型式检验	型式检验条件	有下列情况之一时,应进行型式检验: (1)新产品或老产品转厂生产进行投产鉴定时; (2)正式生产后产品的材料、配方、工艺有重大改变,可能影响产品性能时; (3)连续生产的产品,每年一次; (4)产品停产半年以上再恢复生产时; (5)出厂检验结果与上次型式检验结果有较大差异时; (6)国家质量监督检验机构提出型式检验要求时
型式检验	型式检验项目	型式检验项目为“2. 技术要求”中“(2)、(3)、(4)、(5)”全部规定项目
型式检验	抽样规则	(1)同品种、同级别的板材中,随机抽取80块板,进行外观质量和尺寸偏差的检验。 (2)从外观质量和尺寸偏差检验合格的板中,按表4-201的规定,随机抽取其他型式检验项目用板及制作相关试件
型式检验	制定规则	(1)若受检的80块板中,外观质量全部符合表4-191的规定时,判该批板外观质量合格,若不符合表4-191规定的板超过1块时,判该批板外观质量不合格。 (2)若受检的80块板中,尺寸偏差不符合表4-192规定的板不超过4块时,判该批板尺寸偏差合格;不符合表4-192规定的板超过4块时,判该批板尺寸偏差不合格。 (3)基本性能中,3组干密度试件测定结果平均值符合表4-193的规定时,判该批板干密度合格。3组抗压强度试件测定结果平均值和单组最小值,符合表4-193的规定时,判该批板抗压强度合格,若强度级别符合表4-194的规定时,判该批板强度级别合格。 干燥收缩测定结果中的最大值符合表4-193的规定时,判该批板干燥收缩合格。 抗冻性测定结果中的质量损失最大值和冻后强度最小值符合表4-193的规定时,判该批板抗冻性合格。 导热系数测定结果符合表4-193的规定时,判该批板导热系数合格。 若以上测定结果中,有某项性能不符合表4-193规定时,则判该批板的该项性能不合格。

（续）

项目		内容
型式检验	制定规则	(4)若钢筋防锈能力和钢筋黏着力的试验结果符合表4-195的规定时，判该批板钢筋防锈能力和钢筋黏着力合格。有1项不符合表3-195的规定时，判该批板的该项性能不合格。 (5)若3块板钢筋保护层厚度都符合表3-196的规定时，判该批板的钢筋保护层厚度合格；有1块不符合规定时，判该批板的钢筋保护层厚度不合格。 (6)在钢筋保护层检验合格的板中，随机挑选1块板进行结构性能检验。符合表4-197的规定时，判该批板的结构性能合格；若不符合表4-197的规定，则判该批板的结构性能不合格。 (7)型式检验中，受检板的11个检验项目全部合格时，则判该批板合格。 若11个检验项目中仅有一项不合格，则对该项目加倍抽样，再次进行检验；若检验合格，则判该批板型式检验合格，若该项目检验仍不合格，则判型式检验不合格。 若11个检验项目中有两项及两项以上不合格，应加倍抽样进行全部11项检验，若第二次所有检验项目合格，则判型式检验合格；若仍有1项不合格，则判型式检验不合格
	复检规则	用户有权按规范对产品进行复验、复验项目、地点按双方合同规定，复验应在购货合同生效后或购方收到货后20d内进行

表 4-201　　检验项目和样本数量

序号	检验项目		出厂检验	出厂检验样本数量	型式检验	型式检验样本数量
1	外观质量		是	50块	是	80块
2	尺寸偏差		是	50块	是	80块
3	蒸压加气混凝土基本性能	干密度	是	2组	是	3组
4		抗压强度	是	3组	是	3组
5		干燥收缩值	否	—	是	3组
6		抗冻性	否	—	是	3组
7		导热系数	否	—	是	1组
8	钢筋防锈要求	防锈能力	否	—	是	1组
9		钢筋黏着力	否	—	是	1组
10	纵向钢筋保护层厚度		是	3块	是	3块
11	结构性能		是	1块	是	1块

5. 标志、贮存及运输

(1)在每块板上应进行标志，除要求外，还可标记产品追溯号(如生产日期、底板号等)、认证号、屋面板和楼板的受力方向等内容。

(2)板在出釜后应存放5d，检验合格。

(3)屋面板、楼板宜按使用方向平放，墙板应侧立放置。堆放场地应坚实、平整、干燥、堆放时板不得直接接触地面。堆高时，应注意安全，不得破坏板材外观和性能。

(4)露天贮存时应有防雨措施。

(5)板在运输装卸时需用专用工具，应绑扎牢固或包装运输。

6. 应用

(1)Ⅰ类产品适用于中档建筑内隔墙，Ⅱ类产品适用于中档及较高档建筑内隔墙。

(2)适用于各类钢结构、钢筋混凝土结构工业与民用建筑的外墙、内隔墙、屋面。部分蒸压加气混凝土板还可用作低层或加层建筑楼板、钢梁钢柱的防火保护、外墙保温等。

(3)适用于非地震区及抗震设防烈度为6度至8度地区。

十、建筑幕墙用铝塑复合板(GB/T 17748—2008)

1. 概念与特点

铝塑复合板简称铝塑板，是指以塑料为芯层，两面为铝材的三层复合板材，并在产品表面覆以装饰性和保护性的涂层或薄膜(若无特别注明则通称为涂层)作为产品的装饰面。

建筑幕墙用铝塑复合板是指用作建筑幕墙材料的铝塑复合板。

2. 分类、规格及标记

建筑幕墙用铝塑复合板分类、规格及标记，见表4-202。

表4-202　分类、规格及标记

项　目	内　容
分类	按幕墙板的燃烧性能分为普通型和阻燃型
规格尺寸	幕墙板的常见规格尺寸如下： 长度：2000、2440、3000、3200等(mm)。 宽度：1220、1250、1500等(mm)。 最小厚度：4mm。 幕墙板的长度和宽度也可由供需双方商定
标记	(1)代号。 1)普通型，代号为G； 2)阻燃型，代号为FR； 3)氟碳树脂涂层装饰面，代号为FC。 (2)标记方法。 按幕墙板的产品名称、分类、装饰面、规格尺寸、铝材厚度以及标准编号顺序进行标记。 (3)标记示例。 规格为2440mm×1220mm×4mm、铝材厚度为0.50mm、表面为氟碳树脂涂层的阻燃型幕墙板，其标记为：建筑幕墙用铝塑复合板 FR FC 2440×1220×40.50 GB/T 17748—2008

3. 材料

建筑幕墙用铝塑复合板材料，见表4-203。

表4-203　建筑幕墙用铝塑复合板材料

项　目	内　容
铝材	幕墙板应采用板质性能应符合《一般工业用铝及铝合金板、带材　第2部分：力学性能》(GB/T 3880.2—2006)要求的3×××系列、5×××系列或耐腐蚀性及力学性能更好的其他系列铝合金。 铝材应经过清洗和化学预处理，以清除铝材表面的油污、脏物和因与空气接触而自然形成的松散的氧化层，并形成一层化学转化膜，以利于铝材与涂层和芯层的牢固黏接

（续）

项　目	内　　容
涂层	幕墙板涂层材质宜采用耐候性能优异的氟碳树脂，也可采用其他性能相当或更优异的材质。 注：1. 目前最广泛采用的是耐候性优异的聚偏二氟乙烯氟碳树脂(PVDF)，但纯 PVDF 树脂不宜在铝材上直接涂装，而要适当加入一些其他材料，以改变其涂装性能，即构成通常所称的70%氟碳树脂。 2. 70%氟碳树脂，是指生产铝塑板涂层所用油漆的各种原材料中，PVDF 占树脂原料质量分数的70%。由于油漆中还有颜料等成分以及氟碳树脂涂层下通常有一层非氟碳树脂材质的底涂，因此铝塑板总涂层中 PVDF 的最终含量(质量分数)大约为25%～45%
芯材	普通型幕墙板芯材所用原料的材质性能应符合《聚乙烯(PE)树脂》(GB/T 11115)或其他相应的国家或行业标准要求。 注：1. 芯材原料的品质与铝塑板的产品质量密切相关。劣质废旧塑料中往往含有大量有害杂质及严重老化的塑料，对铝塑板的质量是极为不利的。 2. 聚氯乙烯通常被认为不宜用作芯材，因为其在高温下易分解产生强烈的有毒和腐蚀性的物质

4. 技术要求

(1)外观质量。幕墙板外观应整洁，非装饰面无影响产品使用的损伤，装饰面外观质量应符合表4-204的要求。

表4-204　外观质量　mm

缺陷名称[①]	技术要求
压痕	不允许
印痕	不允许
凹凸	不允许
正反面塑料外露	不允许
漏涂	不允许
波纹	不允许
鼓泡	不允许
疵点	最大尺寸≤3mm 不超过3个/m^2
划伤	不允许
擦伤	不允许
色差[②]	目测不明显，仲裁时色差 $\Delta E \leqslant 2$

① 对于表中未涉及到的表面缺陷，本着不影响需方使用要求为原则由供需双方商定。

② 装饰性的花纹和色彩除外。

(2)尺寸允许偏差。幕墙板的尺寸允许偏差应符合表4-205的要求，特殊规格的尺寸允许偏差可由供需双方商定。

表4-205　尺寸允许偏差　mm

项　目	技术要求
长度/mm	±3
宽度/mm	±2
厚度/mm	±0.2
对角线差/mm	≤5
边直度/(mm/m)	≤1
翘曲度/(mm/m)	≤5

(3)铝材厚度及涂层厚度。幕墙板的铝材厚度及涂层厚度应符合表 4-206 的要求。

表 4-206　　铝材厚度及涂层厚度

<table>
<tr><th colspan="3">项　目</th><th>技术要求</th></tr>
<tr><td rowspan="2">铝材厚度/mm</td><td colspan="2">平均值</td><td>≥0.50</td></tr>
<tr><td colspan="2">最小值</td><td>≥0.48</td></tr>
<tr><td rowspan="4">涂层厚度①/μm</td><td rowspan="2">二涂</td><td>平均值</td><td>≥25</td></tr>
<tr><td>最小值</td><td>≥23</td></tr>
<tr><td rowspan="2">三涂</td><td>平均值</td><td>≥32</td></tr>
<tr><td>最小值</td><td>≥30</td></tr>
</table>

① 幕墙板涂层多数为底涂加面涂的二涂工艺，底涂厚度一般为 5μm，面涂厚度一般不小于 18μm，一些特殊涂层品种还要增加罩面保护层，以提高涂层的耐化学腐蚀能力和阻隔紫外线的能力，即采用底涂加面涂加罩面的三涂工艺。

(4)性能。幕墙板的性能应符合表 4-207 的要求。

表 4-207　　性　能

<table>
<tr><th colspan="2">项　目</th><th>技术要求</th></tr>
<tr><td colspan="2">表面铅笔硬度</td><td>≥HB</td></tr>
<tr><td colspan="2">涂层光泽度偏差</td><td>≤10</td></tr>
<tr><td colspan="2">涂层柔韧性/T</td><td>≤2</td></tr>
<tr><td rowspan="2">涂层附着力①/级</td><td>划格法</td><td>0</td></tr>
<tr><td>划圈法</td><td>1</td></tr>
<tr><td colspan="2">耐冲击性/(kg·cm)</td><td>≥50</td></tr>
<tr><td colspan="2">涂层耐磨耗性/(L/μm)</td><td>≥5</td></tr>
<tr><td colspan="2">涂层耐盐酸性</td><td>无变化</td></tr>
<tr><td colspan="2">涂层耐油性</td><td>无变化</td></tr>
<tr><td colspan="2">涂层耐碱性</td><td>无鼓泡、凸起、粉化等异常，色差 ΔE≤2</td></tr>
<tr><td colspan="2">涂层耐硝酸性</td><td>无鼓泡、凸起、粉化等异常，色差 ΔE≤5</td></tr>
<tr><td colspan="2">涂层耐溶剂性</td><td>不露底</td></tr>
<tr><td colspan="2">涂层耐沾污性(%)</td><td>≤5</td></tr>
<tr><td rowspan="3">耐人工气候老化</td><td>色差 ΔE</td><td>≤4.0</td></tr>
<tr><td>失光等级/级</td><td>不次于 2</td></tr>
<tr><td>其他老化性能/级</td><td>0</td></tr>
<tr><td colspan="2">耐盐雾性/级</td><td>不次于 1</td></tr>
<tr><td colspan="2">弯曲强度/MPa</td><td>≥100</td></tr>
<tr><td colspan="2">弯曲弹性模量/MPa</td><td>≥2.0×10⁴</td></tr>
<tr><td colspan="2">贯穿阻力/kN</td><td>≥7.0</td></tr>
<tr><td colspan="2">剪切强度/MPa</td><td>≥22.0</td></tr>
</table>

（续）

项目			技术要求
剥离强度/(N·mm/mm)	平均值		≥130
	最小值		≥120
耐温差性	剥离强度下降率(%)		≤10
	涂层附着力①/级	划格法	0
		划圈法	1
	外观		无变化
热膨胀系数/$℃^{-1}$			$\leqslant 4.00\times10^{-5}$
热变形温度/℃			≥95
耐热水性			无异常
燃烧性能②/级			不低于C

① 划圈法为仲裁方法。

② 燃烧性能仅针对阻燃型铝塑板。

5. 检验规则

建筑幕墙用铝塑复合板检验规则，见表4-208。

表4-208 检验规则

项目	内容
出厂检验	每批产品均应进行出厂检验。检验项目包括：规格尺寸允许偏差、外观质量、涂层厚度、光泽度偏差、表面铅笔硬度、涂层柔韧性、附着力、耐冲击性、耐溶剂性、剥离强度、耐热水性、耐酸性、耐碱性
型式检验	型式检验项目包括上述"4. 技术要求"规定的全部项目。 有下列情形之一者，必须进行型式检验： (1)新产品或老产品转厂的试制定型鉴定； (2)正常生产时，每年进行一次型式检验，其中耐人工气候老化和耐盐雾性能的检验可以每两年进行一次； (3)产品的原料改变、工艺有较大变化，可能影响产品性能时； (4)产品停产半年后恢复生产时； (5)出厂检验结果与上次型式检验有较大差异时； (6)国家质量监督机构提出进行型式检验要求时
组批与抽样规则	(1)组批。 1)出厂检验。以同一品种、同一规格、同一颜色的产品3000m^2为一批，不足3000m^2的按一批计算。 2)型式检验。以出厂检验合格的同一品种、同一规格、同一颜色的产品3000m^2为一批，不足3000m^2的按一批计算。 (2)抽样。 1)出厂检验。外观质量的检验可在生产线上连续进行，规格尺寸允许偏差的检验从同一检验批中随机抽取3张板进行，其余出厂检验项目按所检验项目的尺寸和数量要求随机抽取。 2)型式检验。从同一检验批中随机抽取3张板进行外观质量和尺寸偏差的检验，其余按各项目要求的尺寸和数量随机裁取

（续）

项　目	内　　容
判定规则	检验结果全部符合要求时，判该批产品合格。若有不合格项，可再从该批产品中抽取双倍样品对不合格的项目进行一次复查，复查结果全部达到要求时，判定该批产品合格，否则判定该批产品不合格

6. 标志与包装

(1)标志。

1)每张产品均应标明产品标记、颜色、生产或安装方向、厂名厂址、商标、批号、生产日期及质量检验合格标志。

2)产品若采用包装箱包装，其包装标志应符合《包装储运图示标志》(GB/T 191)及《运输包装收发货标志》(GB/T 6388)的规定。在包装箱的明显部位应有如下标志：企业名称、产品名称、生产批号、内装数量、产品规格、执行标准。

(2)包装。

1)产品装饰面应覆有保护膜。

2)包装箱应有足够的强度，以保证运输、搬运及堆垛过程中不会损坏，应避免产品在箱中窜动。

3)包装箱内应有产品合格证及装箱单。合格证上应有如下内容：企业名称；检验结果；检验部门或人员标记；产品颜色。

4)装箱单应有如下内容：企业名称；产品名称、颜色；产品标记；生产批号；产品数量；包装日期。

7. 运输与贮存

(1)运输。运输和搬运时应轻拿轻放，严禁摔扔，防止产品损伤。

(2)贮存。产品应贮存在干燥通风处，避免高温、暴晒及雨淋，应按品种、规格、颜色分别堆放，并防止表面损伤。

第五章

建筑钢材

第一节 型 材

一、热轧型钢(GB/T 706—2008)

1. 概念

热轧型钢是指用加热钢坯轧成的各种几何断面形状的钢材。根据型钢断面形状不同，分为简单断面、复杂断面或异型断面和周期断面等。

2. 尺寸、外形、重量及允许偏差

(1)尺寸及表示方法。

1)型钢的截面图示及标注符号，见图 5-1～图 5-5。

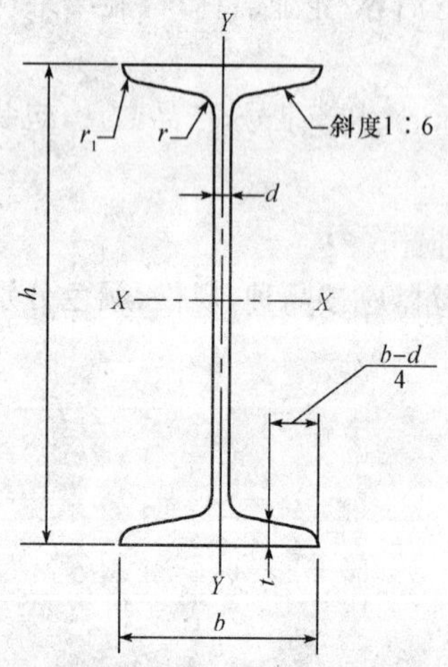

图 5-1 工字钢截面图

h—高度；b—腿宽度；d—腰厚度；t—平均腿厚度；r—内圆弧半径；r_1—腿端圆弧半径

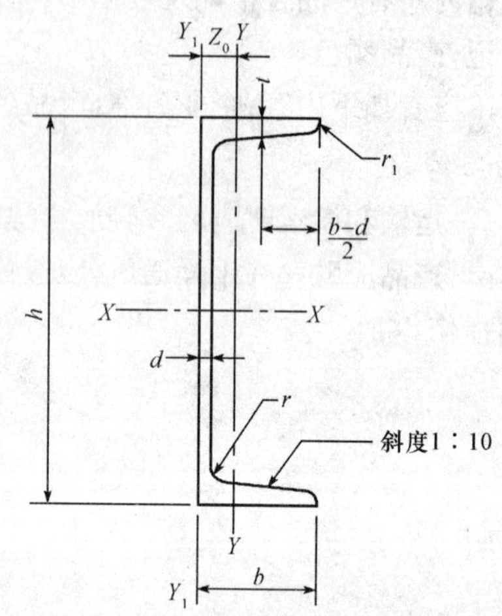

图 5-2 槽钢截面图

h—高度；b—腿宽度；d—腰厚度；t—平均腿厚度；r—内圆弧半径；r_1—腿端圆弧半径；Z_0—YY 轴与 Y_1Y_1 轴间距

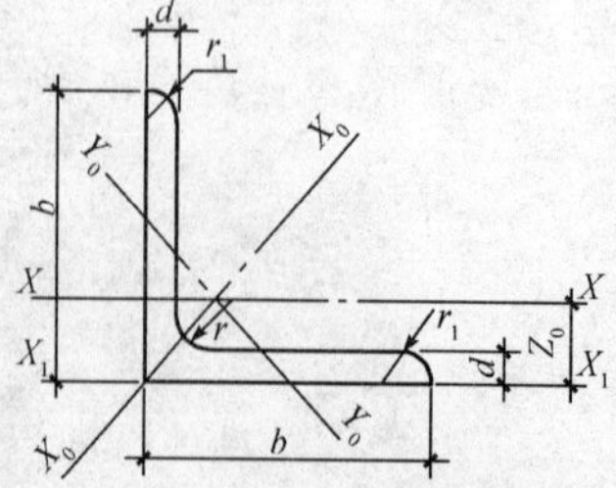

图 5-3 等边角钢截面图

b—边宽度；d—边厚度；r—内圆弧半径；r_1—边端内圆弧半径；Z_0—重心距离

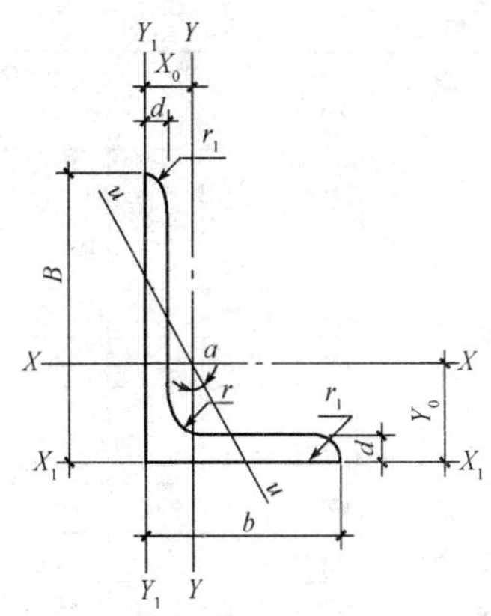

图 5-4　不等边角钢截面图

B—长边宽度；b—短边宽度；d—边厚度；

r—内圆弧半径；X_0—重心距离；

r_1—边端内圆弧半径；Y_0—重心距离

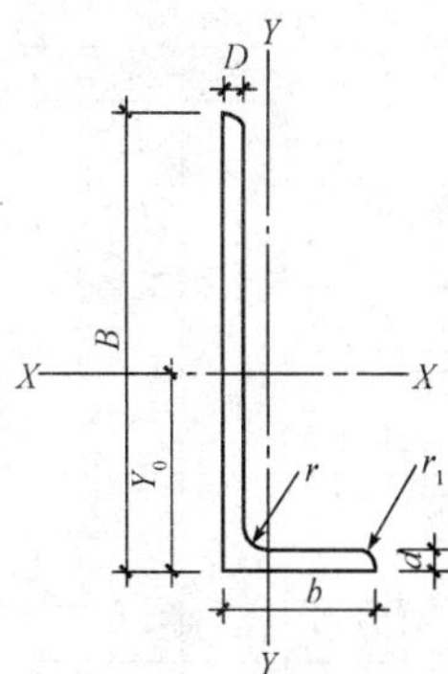

图 5-5　L 型钢截面图

B—长边宽度；b—短边宽度；D—长边厚度；

d—短边厚度；r—内圆弧半径；

r_1—边端圆弧半径；Y_0—重心距离

2)热轧普通槽钢尺寸、截面面积及截面特征见表 5-1。

表 5-1　　**热轧槽钢尺寸及截面面积**

型号	截面尺寸/mm						截面面积/cm²	理论重量/(kg/m)	惯性矩/cm⁴			惯性半径/cm		截面模数/cm³		重心距离/cm
	h	b	d	t	r	r_1			I_x	I_y	I_{y1}	i_x	i_y	W_x	W_y	Z_0
5	50	37	4.5	7.0	7.0	3.5	6.928	5.438	26.0	8.30	20.9	1.94	1.10	10.4	3.55	1.35
6.3	63	40	4.8	7.5	7.5	3.8	8.451	6.634	50.8	11.9	28.4	2.45	1.19	16.1	4.50	1.36
6.5	65	40	4.3	7.5	7.5	3.8	8.547	6.709	55.2	12.0	28.3	2.54	1.19	17.0	4.59	1.38
8	80	43	5.0	8.0	8.0	4.0	10.248	8.045	101	16.6	37.4	3.15	1.27	25.3	5.79	1.43
10	100	48	5.3	8.5	8.5	4.2	12.748	10.007	198	25.6	54.9	3.95	1.41	39.7	7.80	1.52
12	120	53	5.5	9.0	9.0	4.5	15.362	12.059	346	37.4	77.7	4.75	1.56	57.7	10.2	1.62
12.6	126	53	5.5	9.0	9.0	4.5	15.692	12.318	391	38.0	77.1	4.95	1.57	62.1	10.2	1.59
14a	140	58	6.0	9.5	9.5	4.8	18.516	14.535	564	53.2	107	5.52	1.70	80.5	13.0	1.71
14b		60	8.0				21.316	16.733	609	61.1	121	5.35	1.69	87.1	14.1	1.67
16a	160	63	6.5	10.0	10.0	5.0	21.962	17.24	866	73.3	144	6.28	1.83	108	16.3	1.80
16b		65	8.5				25.162	19.752	935	83.4	161	6.10	1.82	117	17.6	1.75
18a	180	68	7.0	10.5	10.5	5.2	25.699	20.174	1270	98.6	190	7.04	1.96	141	20.0	1.88
18b		70	9.0				29.299	23.000	1370	111	210	6.84	1.95	152	21.5	1.84
20a	200	73	7.0	11.0	11.0	5.5	28.837	22.637	1780	128	244	7.86	2.11	178	24.2	2.01
20b		75	9.0				32.837	25.777	1910	144	268	7.64	2.09	191	25.9	1.95
22a	220	77	7.0	11.5	11.5	5.8	31.846	24.999	2390	158	298	8.67	2.23	218	28.2	2.10
22b		79	9.0				36.246	28.453	2570	176	326	8.42	2.21	234	30.1	2.03
24a	240	78	7.0	12.0	12.0	6.0	34.217	26.860	3050	174	325	9.45	2.25	254	30.5	2.10
24b		80	9.0				39.017	30.628	3280	194	355	9.17	2.23	274	32.5	2.03
24c		82	11.0				43.817	34.396	3510	213	388	8.96	2.21	293	34.4	2.00
25a	250	78	7.0				34.917	27.410	3370	176	322	9.82	2.24	270	30.6	2.07
25b	250	80	9.0	12.0	12.0	6.0	39.917	31.335	3530	196	353	9.41	2.22	282	32.7	1.98
25c		82	11.0				44.917	35.260	3690	218	384	9.07	2.21	295	35.9	1.92

（续）

型号	截面尺寸/mm						截面面积/cm²	理论重量/(kg/m)	惯性矩/cm⁴			惯性半径/cm		截面模数/cm³		重心距离/cm
	h	b	d	t	r	r_1			I_x	I_y	I_{y1}	i_x	i_y	W_x	W_y	Z_0
27a		82	7.5				39.284	30.838	4360	216	393	10.5	2.34	323	35.5	2.13
27b	270	84	9.5				44.684	35.077	4690	239	428	10.3	2.31	347	37.7	2.06
27c		86	11.5	12.5	12.5	6.2	50.084	39.316	5020	261	467	10.1	2.28	372	39.8	2.03
28a		82	7.5				40.034	31.427	4760	218	388	10.9	2.33	340	35.7	2.10
28b	280	84	9.5				45.634	35.823	5130	242	428	10.6	2.30	366	37.9	2.02
28c		86	11.5				51.234	40.219	5500	268	463	10.4	2.29	393	40.3	1.95
30a		85	7.5				43.902	34.463	6050	260	467	11.7	2.43	403	41.1	2.17
30b	300	87	9.5	13.5	13.5	6.8	49.902	39.173	6500	289	515	11.4	2.41	433	44.0	2.13
30c		100	13.0				55.902	43.883	6950	316	560	11.2	2.38	463	46.4	2.09
32a		88	8.0				48.513	38.083	7600	305	552	12.5	2.50	475	46.5	2.24
32b	320	90	10.0	14.0	14.0	7.0	54.913	43.107	8140	336	593	12.2	2.47	509	49.2	2.16
32c		92	12.0				61.313	48.131	8690	374	643	11.9	2.47	543	52.6	2.09
36a		96	9.0				60.910	47.814	11900	455	818	14.0	2.73	660	63.5	2.44
36b	360	98	11.0	16.0	16.0	8.0	68.110	53.466	12700	497	880	13.6	2.70	703	66.9	2.37
36c		100	13.0				75.310	59.118	13400	536	948	13.4	2.67	746	70.0	2.34
40a		100	10.5				75.068	58.928	17600	592	1070	15.3	2.81	879	78.8	2.49
40b	400	102	12.5	18.0	18.0	9.0	83.068	65.208	18600	640	114	15.0	2.78	932	82.5	2.44
40c		104	14.5				91.068	71.488	19700	688	1220	14.7	2.75	986	86.2	2.42

注：表中 r、r_1 的数据用于孔型设计，不做交货条件。

3)等边角钢尺寸规格及理论重量，见表 5-2；不等边角钢尺寸规格及理论重量，见表 5-3。

表 5-2　等边角钢截面尺寸、截面面积、理论重量及截面特性

型号	截面尺寸/mm			截面面积/cm²	理论重量/(kg/m)	外表面积/(m²/m)	惯性矩/cm⁴				惯性半径/cm			截面模数/cm³			重心距离/cm
	b	d	r				I_x	I_{x1}	I_{x0}	I_{y0}	i_x	i_{x0}	i_{y0}	W_x	W_{x0}	W_{y0}	Z_0
2	20	3		1.132	0.889	0.078	0.40	0.81	0.63	0.17	0.59	0.75	0.39	0.29	0.45	0.20	0.60
		4	3.5	1.459	1.145	0.077	0.50	1.09	0.78	0.22	0.58	0.73	0.38	0.36	0.55	0.24	0.64
2.5	25	3		1.432	1.124	0.098	0.82	1.57	1.29	0.34	0.76	0.95	0.49	0.46	0.73	0.33	0.73
		4		1.859	1.459	0.097	1.03	2.11	1.62	0.43	0.74	0.93	0.48	0.59	0.92	0.40	0.76
3.0	30	3		1.749	1.373	0.117	1.46	2.71	2.31	0.61	0.91	1.15	0.59	0.68	1.09	0.51	0.85
		4		2.276	1.786	0.117	1.84	3.63	2.92	0.77	0.90	1.13	0.58	0.87	1.37	0.62	0.89
3.6	36	3	4.5	2.109	1.656	0.141	2.58	4.68	4.09	1.07	1.11	1.39	0.71	0.99	1.61	0.76	1.00
		4		2.756	2.163	0.141	3.29	6.25	5.22	1.37	1.09	1.38	0.70	1.28	2.05	0.93	1.04
		5		3.382	2.654	0.141	3.95	7.84	6.24	1.65	1.08	1.36	0.70	1.56	2.45	1.00	1.07
4	40	3		2.359	1.852	0.157	3.59	6.41	5.69	1.49	1.23	1.55	0.79	1.23	2.01	0.96	1.09
		4		3.086	2.422	0.157	4.60	8.56	7.29	1.91	1.22	1.54	0.79	1.60	2.58	1.19	1.13
		5		3.791	2.976	0.156	5.53	10.74	8.76	2.30	1.21	1.52	0.78	1.96	3.10	1.39	1.17
4.5	45	3	5	2.659	2.088	0.177	5.17	9.12	8.20	2.14	1.40	1.76	0.89	1.58	2.58	1.24	1.22
		4		3.486	2.736	0.177	6.65	12.18	10.56	2.75	1.38	1.74	0.89	2.05	3.32	1.54	1.26
		5		4.292	3.369	0.176	8.04	15.2	12.74	3.33	1.37	1.72	0.88	2.51	4.00	1.81	1.30
		6		5.076	3.985	0.176	9.33	18.36	14.76	3.89	1.36	1.70	0.8	2.95	4.64	2.06	1.33

（续一）

型号	截面尺寸/mm			截面面积/cm^2	理论重量/(kg/m)	外表面积/(m^2/m)	惯性矩/cm^4				惯性半径/cm			截面模数/cm^3			重心距离/cm
	b	d	r				I_x	I_{x1}	I_{x0}	I_{y0}	i_x	i_{x0}	i_{y0}	W_x	W_{x0}	W_{y0}	Z_0
5	50	3	5.5	2.971	2.332	0.197	7.18	12.5	11.37	2.98	1.55	1.96	1.00	1.96	3.22	1.57	1.34
		4		3.897	3.059	0.197	9.26	16.69	14.70	3.82	1.54	1.94	0.99	2.56	4.16	1.96	1.38
		5		4.803	3.770	0.196	11.21	20.90	17.79	4.64	1.53	1.92	0.98	3.13	5.03	2.31	1.42
		6		5.688	4.465	0.196	13.05	25.14	20.68	5.42	1.52	1.91	0.98	3.68	5.85	2.63	1.46
5.6	56	3	6	3.343	2.624	0.221	10.19	17.56	16.14	4.24	1.75	2.20	1.13	2.48	4.08	2.02	1.48
		4		4.390	3.446	0.220	13.18	23.43	20.92	5.46	1.73	2.18	1.11	3.24	5.28	2.52	1.53
		5		5.415	4.251	0.220	16.02	29.33	25.42	6.61	1.72	2.17	1.10	3.97	6.42	2.98	1.57
		6		6.420	5.040	0.220	18.69	35.26	29.66	7.73	1.71	2.15	1.10	4.68	7.49	3.40	1.61
		7		7.404	5.812	0.219	21.23	41.23	33.63	8.82	1.69	2.13	1.09	5.36	8.49	3.80	1.64
		8		8.367	6.568	0.219	23.63	47.24	37.37	9.89	1.68	2.11	1.09	6.03	9.44	4.16	1.68
6	60	5	6.5	5.829	4.576	0.236	19.89	36.05	31.57	8.21	1.85	2.33	1.19	4.59	7.44	3.48	1.67
		6		6.914	5.427	0.235	23.25	43.33	36.89	9.60	1.83	2.31	1.18	5.41	8.70	3.98	1.70
		7		7.977	6.262	0.235	26.44	50.65	41.92	10.96	1.82	2.29	1.17	6.21	9.88	4.45	1.74
		8		9.020	7.081	0.235	29.47	58.02	46.66	12.28	1.81	2.27	1.17	6.98	11.00	4.88	1.78
6.3	63	4	7	4.978	3.907	0.248	19.03	33.35	30.17	7.89	1.96	2.46	1.26	4.13	6.78	3.29	1.70
		5		6.143	4.822	0.248	23.17	41.73	36.77	9.57	1.94	2.45	1.25	5.08	8.25	3.90	1.74
		6		7.288	5.721	0.247	27.12	50.14	43.03	11.20	1.93	2.43	1.24	6.00	9.66	4.46	1.78
		7		8.412	6.603	0.247	30.87	58.60	48.96	12.79	1.92	2.41	1.23	6.88	10.99	4.98	1.82
		8		9.515	7.469	0.247	34.46	67.11	54.56	14.33	1.90	2.40	1.23	7.75	12.25	5.47	1.85
		10		11.657	9.151	0.246	41.09	84.31	64.85	17.33	1.88	2.36	1.22	9.39	14.56	6.36	1.93
7	70	4	8	5.570	4.372	0.275	26.39	45.74	41.80	10.99	2.18	2.74	1.40	5.14	8.44	4.17	1.86
		5		6.875	5.397	0.275	32.21	57.21	51.08	13.31	2.16	2.73	1.39	6.32	10.32	4.95	1.91
		6		8.160	6.406	0.275	37.77	68.73	59.93	15.61	2.15	2.71	1.38	7.48	12.11	5.67	1.95
		7		9.424	7.398	0.275	43.09	80.29	68.35	17.82	2.14	2.69	1.38	8.59	13.81	6.34	1.99
		8		10.667	8.373	0.274	48.17	91.92	76.37	19.98	2.12	2.68	1.37	9.68	15.43	6.98	2.03
7.5	75	5	9	7.412	5.818	0.295	39.97	70.56	63.30	16.63	2.33	2.92	1.50	7.32	11.94	5.77	2.04
		6		8.797	6.905	0.294	46.95	84.55	74.38	19.51	2.31	2.90	1.49	8.64	14.02	6.67	2.07
		7		10.160	7.976	0.294	53.57	98.71	84.96	22.18	2.30	2.89	1.48	9.93	16.02	7.44	2.11
		8		11.503	9.030	0.294	59.96	112.97	95.07	24.86	2.28	2.88	1.47	11.20	17.93	8.19	2.15
		9		12.825	10.068	0.294	66.10	127.30	104.71	27.48	2.27	2.86	1.46	12.43	19.75	8.89	2.18
7.5	75	10	9	14.126	11.089	0.293	71.98	141.71	113.92	30.05	2.26	2.84	1.46	13.64	21.48	9.56	2.22
8	80	5		7.912	6.211	0.315	48.79	85.36	77.33	20.25	2.48	3.13	1.60	8.34	13.67	6.66	2.15
		6		9.397	7.376	0.314	57.35	102.50	90.98	23.72	2.47	3.11	1.59	9.87	16.08	7.65	2.19
		7		10.860	8.525	0.314	65.58	119.70	104.07	27.09	2.46	3.10	1.58	11.37	18.40	8.58	2.23
		8		12.303	9.658	0.314	73.49	136.97	116.60	30.39	2.44	3.08	1.57	12.83	20.61	9.46	2.27
		9		13.725	10.774	0.314	81.11	154.31	128.60	33.61	2.43	3.06	1.56	14.25	22.73	10.29	2.31
		10		15.126	11.874	0.313	88.43	171.74	140.09	36.77	2.42	3.04	1.56	15.64	24.76	11.08	2.35

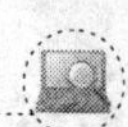

（续二）

型号	截面尺寸/mm			截面面积/cm²	理论重量/(kg/m)	外表面积/(m²/m)	惯性矩/cm⁴				惯性半径/cm			截面模数/cm³			重心距离/cm
	b	d	r				I_x	I_{x1}	I_{x0}	I_{y0}	i_x	i_{x0}	i_{y0}	W_x	W_{x0}	W_{y0}	Z_0
9	90	6	10	10.637	8.350	0.354	82.77	145.87	131.26	34.28	2.79	3.51	1.80	12.61	20.63	9.95	2.44
		7		12.301	9.656	0.354	94.83	170.30	150.47	39.18	2.78	3.50	1.78	14.54	23.64	11.19	2.48
		8		13.944	10.946	0.353	106.47	194.80	168.97	43.97	2.76	3.48	1.78	16.42	26.55	12.35	2.52
		9		15.566	12.219	0.353	117.72	219.39	186.77	48.66	2.75	3.46	1.77	18.27	29.35	13.46	2.56
		10		17.167	13.476	0.353	128.58	244.07	203.90	53.26	2.74	3.45	1.76	20.07	32.04	14.52	2.59
		12		20.306	15.940	0.352	149.22	293.76	236.21	62.22	2.71	3.41	1.75	23.57	37.12	16.49	2.67
10	100	6	10	11.932	9.366	0.393	114.95	200.07	181.98	47.92	3.10	3.90	2.00	15.68	25.74	12.69	2.67
		7		13.796	10.830	0.393	131.86	233.54	208.97	54.74	3.09	3.89	1.99	18.10	29.55	14.26	2.71
		8	12	15.638	12.276	0.393	148.24	267.09	235.07	61.41	3.08	3.88	1.98	20.47	33.24	15.75	2.76
		9		17.462	13.708	0.392	164.12	300.73	260.30	67.95	3.07	3.86	1.97	22.79	36.81	17.18	2.80
		10		19.261	15.120	0.392	179.51	334.48	284.68	74.35	3.05	3.84	1.96	25.06	40.26	18.54	2.84
		12		22.800	17.898	0.391	208.90	402.34	330.95	86.84	3.03	3.81	1.95	29.48	46.80	21.08	2.91
		14		26.256	20.611	0.391	236.53	470.75	374.06	99.00	3.00	3.77	1.94	33.73	52.90	23.44	2.99
		16		29.627	23.257	0.390	262.53	539.80	414.16	110.89	2.98	3.74	1.94	37.82	58.57	25.63	3.06
11	110	7	12	15.196	11.928	0.433	177.16	310.64	280.94	73.38	3.41	4.30	2.20	22.05	36.12	17.51	2.96
		8		17.238	13.532	0.433	199.46	355.20	316.49	82.42	3.40	4.28	2.19	24.95	40.69	19.39	3.01
		10		21.261	16.690	0.432	242.19	444.65	384.39	99.98	3.38	4.25	2.17	30.60	49.42	22.91	3.09
		12		25.200	19.782	0.431	282.55	534.60	448.17	116.93	3.35	4.22	2.15	36.05	57.62	26.15	3.16
		14		29.056	22.809	0.431	320.71	625.16	508.01	133.40	3.32	4.18	2.14	41.31	65.31	29.14	3.24
12.5	125	8	14	19.750	15.504	0.492	297.03	501.01	470.89	123.16	3.88	4.88	2.50	32.52	53.28	25.86	3.37
		10		24.373	19.133	0.491	361.67	651.93	573.89	149.46	3.85	4.85	2.48	39.97	64.93	30.62	3.45
		12		28.912	22.696	0.491	423.16	783.42	671.44	174.88	3.83	4.82	2.46	41.17	75.96	35.03	3.53
12.5	125	14	14	33.367	26.193	0.490	481.65	915.61	763.73	199.57	3.80	4.78	2.45	54.16	86.41	39.13	3.61
		16		37.739	29.625	0.489	537.31	1048.62	850.98	223.65	3.77	4.75	2.43	60.93	96.28	42.96	3.68
14	140	10		27.373	21.488	0.551	514.65	915.11	817.27	212.04	4.34	5.46	2.78	50.58	82.56	39.20	3.82
		12		32.512	25.522	0.551	603.68	1099.28	958.79	248.57	4.31	5.43	2.76	59.80	96.85	45.02	3.90
		14		37.567	29.490	0.550	688.81	1284.22	1093.56	284.06	4.28	5.40	2.75	68.75	110.47	50.45	3.98
		16		42.539	33.393	0.549	770.24	1470.07	1221.81	318.67	4.26	5.36	2.74	77.46	123.42	55.55	4.06
15	150	8		23.750	18.644	0.592	521.37	899.55	827.49	215.25	4.69	5.90	3.01	47.36	78.02	38.14	3.99
		10		29.373	23.058	0.591	637.50	1125.09	1012.79	262.21	4.66	5.87	2.99	58.35	95.49	45.51	4.08
		12		34.912	27.406	0.591	748.85	1351.26	1189.97	307.73	4.63	5.84	2.97	69.04	112.19	52.38	4.15
		14		40.367	31.688	0.590	855.64	1578.25	1359.30	351.98	4.60	5.80	2.95	79.45	128.16	58.83	4.23
		15		43.063	33.804	0.590	907.39	1692.10	1441.09	373.69	4.59	5.78	2.95	84.56	135.87	61.90	4.27
		16		45.739	35.905	0.589	958.08	1806.21	1521.02	395.14	4.58	5.77	2.94	89.59	143.40	64.89	4.31

（续三）

型号	截面尺寸/mm			截面面积/cm^2	理论重量/(kg/m)	外表面积/(m^2/m)	惯性矩/cm^4				惯性半径/cm			截面模数/cm^3			重心距离/cm
	b	d	r				I_x	I_{x1}	I_{x0}	I_{y0}	i_x	i_{x0}	i_{y0}	W_x	W_{x0}	W_{y0}	Z_0
16	160	10	16	31.502	24.729	0.630	779.53	1365.33	1237.30	321.76	4.98	6.27	3.20	66.70	109.36	52.76	4.31
		12		37.441	29.391	0.630	916.58	1639.57	1455.68	377.49	4.95	6.24	3.18	78.98	128.67	60.74	4.39
		14		43.296	33.987	0.629	1048.36	1914.68	1665.02	431.70	4.92	6.20	3.16	90.95	147.17	68.24	4.47
		16		49.067	38.518	0.629	1175.08	2190.82	1865.57	484.59	4.89	6.17	3.14	102.63	164.89	75.31	4.55
18	180	12	16	42.241	33.159	0.710	1321.35	2332.80	2100.10	542.61	5.59	7.05	3.58	100.82	165.00	78.41	4.89
		14		48.896	38.388	0.709	1514.48	2723.48	2407.42	621.53	5.56	7.02	3.56	116.25	189.14	88.38	4.97
		16		55.467	43.542	0.709	1700.99	3115.29	2703.37	698.60	5.54	6.98	3.55	131.13	212.40	97.83	5.05
		18		61.955	48.634	0.708	1875.12	3502.43	2988.24	762.01	5.50	6.94	3.51	145.64	234.78	105.14	5.13
20	200	14	18	54.642	42.894	0.788	2103.55	3734.10	3343.26	863.83	6.20	7.82	3.98	144.70	236.40	111.82	5.46
		16		62.013	48.680	0.788	2366.15	4270.39	3760.89	971.41	6.18	7.79	3.96	163.65	265.93	123.96	5.54
		18		69.301	54.401	0.787	2620.64	4808.13	4164.54	1076.74	6.15	7.75	3.94	182.22	294.48	135.52	5.62
		20		76.505	60.056	0.787	2867.30	5347.51	4554.55	1180.04	6.12	7.72	3.93	200.42	322.06	146.55	5.69
		24		90.661	71.168	0.785	3338.25	6457.16	5294.97	1381.53	6.07	7.64	3.90	236.17	374.41	166.65	5.87
22	220	16	21	68.664	53.901	0.866	3187.36	5681.62	5063.73	1310.99	6.81	8.59	4.37	199.55	325.51	153.81	6.03
		18		76.752	60.250	0.866	3534.30	6395.93	5615.32	1453.27	6.79	8.55	4.35	222.37	360.97	168.29	6.11
		20		84.756	66.533	0.865	3871.49	7112.04	6150.08	1592.90	6.76	8.52	4.34	244.77	395.34	182.16	6.18
		22		92.676	72.751	0.865	4199.23	7830.19	6668.37	1730.10	6.73	8.48	4.32	266.78	428.66	195.45	6.26
		24		100.512	78.902	0.864	4517.83	8550.57	7170.55	1865.11	6.70	8.45	4.31	288.39	460.94	208.21	6.33
		26		108.264	84.987	0.864	4827.58	9273.39	7656.98	1998.17	6.68	8.41	4.30	309.62	492.21	220.49	6.41
25	250	18	24	87.842	68.956	0.985	5268.22	9379.11	8369.04	2167.41	7.74	9.76	4.97	290.12	473.42	224.03	6.84
		20		97.045	76.180	0.984	5779.34	10426.97	9181.94	2376.74	7.72	9.73	4.95	319.66	519.41	242.85	6.92
		24		115.201	90.433	0.983	6763.93	12529.74	10742.67	2785.19	7.66	9.66	4.92	377.34	607.70	278.38	7.07
		26		124.154	97.461	0.982	7238.08	13585.18	11491.33	2984.84	7.63	9.62	4.90	405.50	650.05	295.19	7.15
		28		133.022	104.422	0.982	7700.60	14643.62	12219.39	3181.81	7.61	9.58	4.89	433.22	691.23	311.42	7.22
		30		141.807	111.318	0.981	8151.80	15705.30	12927.26	3376.34	7.58	9.55	4.88	460.51	731.28	327.12	7.30
		32		150.508	118.149	0.981	8592.01	16770.41	13615.32	3568.71	7.56	9.51	4.87	487.39	770.20	342.33	7.37
		35		163.402	128.271	0.980	9232.44	18374.95	14611.16	3853.72	7.52	9.46	4.86	526.97	826.53	364.30	7.48

注：截面图中的 $r_1=d/3$ 及表中 r 的数据用于孔型设计，不做交货条件。

表 5-3　不等边角钢截面尺寸、截面面积、理论重量及截面特性

型号	截面尺寸/mm				截面面积/cm^2	理论重量/(kg/m)	外表面积/(m^2/m)	惯性矩/cm^4					惯性半径/cm			截面模数/cm^3			tanα	重心距离/cm	
	B	b	d	r				I_x	I_{x1}	I_y	I_{y1}	I_u	i_x	i_y	i_u	W_x	W_y	W_u		X_0	Y_0
2.5/1.6	25	16	3	3.5	1.162	0.912	0.080	0.70	1.56	0.22	0.43	0.14	0.78	0.44	0.34	0.43	0.19	0.16	0.392	0.42	0.86
			4		1.499	1.176	0.079	0.88	2.09	0.27	0.59	0.17	0.77	0.43	0.34	0.55	0.24	0.20	0.381	0.46	1.86
3.2/2	32	20	3		1.492	1.171	0.102	1.53	3.27	0.46	0.82	0.28	1.01	0.55	0.43	0.72	0.30	0.25	0.382	0.49	0.90
			4		1.939	1.522	0.101	1.93	4.37	0.57	1.12	0.35	1.00	0.54	0.42	0.93	0.39	0.32	0.374	0.53	1.08
4/2.5	40	25	3	4	1.890	1.484	0.127	3.08	5.39	0.93	1.59	0.56	1.28	0.70	0.54	1.15	0.49	0.40	0.385	0.59	1.12
			4		2.467	1.936	0.127	3.93	8.53	1.18	2.14	0.71	1.36	0.69	0.54	1.49	0.63	0.52	0.381	0.63	1.32
4.5/2.8	45	28	3	5	2.149	1.687	0.143	445	9.10	1.34	2.23	0.80	1.44	0.79	0.61	1.47	0.62	0.51	0.383	0.64	1.37
			4		2.806	2.203	0.143	5.69	12.13	1.70	3.00	1.02	1.42	0.78	0.60	1.91	0.80	0.66	0.380	0.68	1.47
5/3.2	50	32	3	5.5	2.431	1.908	0.161	6.24	12.49	2.02	3.31	1.20	1.60	0.91	0.70	1.84	0.82	0.68	0.404	0.73	1.51
			4		3.177	2.494	0.160	8.02	16.65	2.58	4.45	1.53	1.59	0.90	0.69	2.39	1.06	0.87	0.402	0.77	1.60
5.6/3.6	56	36	3	6	2.743	2.153	0.181	8.88	17.54	2.92	4.70	1.73	1.80	1.03	0.79	2.32	1.05	0.87	0.408	0.80	1.65
			4		3.590	2.818	0.180	11.45	23.39	3.76	6.33	2.23	1.79	1.02	0.79	3.03	1.37	1.13	0.408	0.85	1.78
			5		4.415	3.466	0.180	13.86	29.25	4.49	7.94	2.67	1.77	1.01	0.78	3.71	1.65	1.36	0.404	0.88	1.82
6.3/4	63	40	4	7	4.058	3.185	0.202	16.49	33.50	5.23	8.63	3.12	2.02	1.14	0.88	3.87	1.70	1.40	0.398	0.92	1.87
			5		4.993	3.920	0.202	20.02	41.63	6.31	10.86	3.76	2.00	1.12	0.87	4.74	2.07	1.71	0.396	0.95	2.04
			6		5.908	4.638	0.201	23.36	49.98	7.29	13.12	4.34	1.96	1.11	0.86	5.59	2.43	1.99	0.393	0.99	2.08
			7		6.802	5.339	0.201	26.53	58.07	8.24	15.47	4.97	1.98	1.10	0.86	6.40	2.78	2.29	0.389	1.03	2.12
7/4.5	70	45	4	7.5	4.547	3.570	0.226	23.17	45.92	7.55	12.26	4.40	2.26	1.29	0.98	4.86	2.17	1.77	0.410	1.20	2.15
			5		5.609	4.403	0.225	27.95	57.10	9.13	15.39	5.40	2.23	1.28	0.98	5.92	2.65	2.19	0.407	1.06	2.24
			6		6.647	5.218	0.225	32.54	68.35	10.62	18.58	6.35	2.21	1.26	0.98	6.95	3.12	2.59	0.404	1.09	2.28
			7		7.657	6.011	0.225	37.22	79.99	12.01	21.84	7.16	2.20	1.25	0.97	8.03	3.57	2.94	0.402	1.13	2.32

（续一）

型号	截面尺寸/mm				截面面积/cm²	理论重量/(kg/m)	外表面积/(m²/m)	惯性矩/cm⁴					惯性半径/cm			截面模数/cm³			tanα	重心距离/cm	
	B	b	d	r				I_x	I_{x1}	I_y	I_{y1}	I_u	i_x	i_y	i_u	W_x	W_y	W_u		X_0	Y_0
7.5/5	75	50	5	8	6.125	4.808	0.245	34.86	70.00	12.61	21.04	7.41	2.39	1.44	1.10	6.83	3.30	2.74	0.435	1.17	2.36
			6		7.260	5.699	0.245	41.12	84.30	14.70	25.37	8.54	2.38	1.42	1.08	8.12	3.88	3.19	0.435	1.21	2.40
			8		9.467	7.431	0.244	52.39	112.50	18.53	34.23	10.87	2.35	1.40	1.07	10.52	4.99	4.10	0.429	1.29	2.44
			10		11.590	9.098	0.244	62.71	140.80	21.96	43.43	13.10	2.33	1.38	1.06	12.79	6.04	4.99	0.423	1.36	2.52
8/5	80	50	5		6.375	5.005	0.255	41.96	85.21	12.82	21.06	7.66	2.56	1.42	1.10	7.78	3.32	2.74	0.388	1.14	2.60
			6		7.560	5.935	0.255	49.49	102.53	14.95	25.41	8.85	2.56	1.41	1.08	9.25	3.91	3.20	0.387	1.18	2.65
			7		8.724	6.848	0.255	56.16	119.33	46.96	29.82	10.18	2.54	1.39	1.08	10.58	4.48	3.70	0.384	1.21	2.69
			8		9.867	7.745	0.254	62.83	136.41	18.85	34.32	11.38	2.52	1.38	1.07	11.92	5.03	4.16	0.381	1.25	2.73
9/5.6	90	56	5	9	7.212	5.661	0.287	60.45	121.52	18.32	29.53	10.98	2.90	1.59	1.23	9.92	4.21	3.49	0.385	1.25	2.91
			6		8.557	6.717	0.286	71.03	145.59	21.42	35.58	12.90	2.88	1.58	1.23	11.74	4.96	4.13	0.384	1.29	2.95
			7		9.880	7.756	0.286	81.01	169.60	24.36	41.71	14.67	2.86	1.57	1.22	13.49	5.70	4.72	0.382	1.33	3.00
			8		11.183	8.779	0.286	91.03	194.17	27.15	47.93	16.34	2.85	1.56	1.21	15.27	6.41	5.29	0.380	1.36	3.04
10/6.3	100	63	6	10	9.617	7.550	0.320	99.06	199.71	30.94	50.50	18.42	3.21	1.79	1.38	14.64	6.35	5.25	0.394	1.43	3.24
			7		11.111	8.722	0.320	113.45	233.00	35.26	59.14	21.00	3.20	1.78	1.38	16.88	7.29	6.02	0.394	1.47	3.28
			8		12.534	9.878	0.319	127.37	266.32	39.39	67.88	23.50	3.18	1.77	1.37	19.08	8.21	6.78	0.394	1.50	3.32
			10		15.467	12.142	0.319	153.81	333.06	47.12	85.73	28.33	3.15	1.74	1.35	23.32	9.98	8.24	0.387	1.58	3.40
10/8	100	80	6		10.637	8.350	0.354	107.04	199.83	61.24	102.68	31.65	3.17	2.40	1.72	15.19	10.16	8.37	0.627	1.97	2.95
			7		12.301	9.656	0.354	122.73	233.20	70.08	119.98	36.17	3.16	2.39	1.72	17.52	11.71	9.60	0.626	2.01	3.0
			8		13.944	10.946	0.353	137.92	266.61	78.58	137.37	40.58	3.14	2.37	1.71	19.81	13.21	10.80	0.625	2.05	3.04
			10		17.167	13.476	0.353	166.87	333.63	94.65	172.48	49.10	3.12	2.35	1.69	24.24	16.12	13.12	0.622	2.13	3.12
11/7	110	70	6		10.637	8.350	0.354	133.37	265.78	42.92	69.08	25.36	3.54	2.01	1.54	17.85	7.90	6.53	0.403	1.57	3.53
			7		12.301	9.656	0.354	153.00	310.07	49.01	80.82	28.95	3.53	2.00	1.53	20.60	9.09	7.50	0.402	1.61	3.57
			8		13.944	10.946	0.353	172.04	354.39	54.87	92.70	32.45	3.51	1.98	1.53	23.30	10.25	8.45	0.401	1.65	3.62
			10		17.167	13.476	0.353	208.39	443.13	65.88	116.83	39.20	3.48	1.96	1.51	28.54	12.48	10.29	0.397	1.72	3.70

（续二）

型号	截面尺寸/mm				截面面积/cm^2	理论重量/(kg/m)	外表面积/(m^2/m)	惯性矩/cm^4					惯性半径/cm			截面模数/cm^3			$\tan\alpha$	重心距离/cm	
	B	b	d	r				I_x	I_{x1}	I_y	I_{y1}	I_u	i_x	i_y	i_u	W_x	W_y	W_u		X_0	Y_0
12.5/8	125	80	7	11	14.096	11.066	0.403	227.98	454.99	74.42	120.32	43.81	4.02	2.30	1.76	26.86	12.01	9.92	0.408	1.80	4.01
			8		15.989	12.551	0.403	256.77	519.99	83.49	137.85	49.15	4.01	2.28	1.75	30.41	13.56	11.18	0.407	1.84	4.06
			10		19.712	15.474	0.402	312.04	650.09	100.67	173.40	59.45	3.98	2.26	1.74	37.33	16.56	13.64	0.404	1.92	4.14
			12		23.351	18.330	0.402	364.41	780.39	116.67	209.67	69.35	3.95	2.24	1.72	44.01	19.43	16.01	0.400	2.00	4.22
14/9	140	90	8	12	18.038	14.160	0.453	365.64	730.53	120.69	195.79	70.83	4.50	2.59	1.98	38.48	17.34	14.31	0.411	2.04	4.50
			10		22.261	17.475	0.452	445.50	913.20	140.03	245.92	85.82	4.47	2.56	1.96	47.31	21.22	17.48	0.409	2.12	4.58
			12		26.400	20.724	0.451	521.59	1096.09	169.69	296.89	100.21	4.44	2.54	1.95	55.87	24.95	20.54	0.406	2.19	4.66
			14		30.456	23.908	0.451	594.10	1279.26	192.10	348.82	114.13	4.42	2.51	1.94	64.18	28.54	23.52	0.403	2.27	4.74
15/9	150	90	8		18.839	14.788	0.473	442.05	898.35	122.80	195.96	74.14	4.84	2.55	1.98	43.86	17.47	14.48	0.364	1.97	4.92
			10		23.261	18.260	0.472	539.24	1122.85	148.62	246.26	89.86	4.81	2.53	1.97	53.97	21.38	17.69	0.362	2.05	5.01
			12		27.600	21.666	0.471	632.08	1347.50	172.85	297.46	104.95	4.79	2.50	1.95	63.79	25.14	20.80	0.359	2.12	5.09
			14		31.856	25.007	0.471	720.77	1572.38	195.62	349.74	119.53	4.76	2.48	1.94	73.33	28.77	23.84	0.356	2.20	5.17
			15		33.952	26.652	0.471	763.62	1684.93	206.50	376.33	126.67	4.74	2.47	1.93	77.99	30.53	25.33	0.354	2.24	5.21
			16		36.027	28.281	0.470	805.51	1797.55	217.07	403.24	133.72	4.73	2.45	1.93	82.60	32.27	26.82	0.352	2.27	5.25
16/10	160	100	10	13	25.315	19.872	0.512	668.69	1362.89	205.03	336.59	121.74	5.14	2.85	2.19	62.13	25.56	21.92	0.390	2.28	5.24
			12		30.054	23.592	0.511	784.91	1635.56	239.06	405.94	142.33	5.11	2.82	2.17	73.49	31.28	25.79	0.388	2.36	5.32
			14		34.709	27.247	0.510	896.30	1908.50	271.20	476.42	162.23	5.08	2.80	2.16	84.56	35.83	29.56	0.385	0.43	5.40
			16		29.281	30.835	0.510	1003.04	2181.79	301.60	548.22	182.57	5.05	2.77	2.16	95.33	40.24	33.44	0.382	2.51	5.48
18/11	180	110	10	14	28.373	22.273	0.571	956.25	1940.40	278.11	447.22	166.50	5.80	3.13	2.42	78.96	32.49	26.88	0.376	2.44	5.89
			12		33.712	26.440	0.571	1124.72	2328.38	325.03	538.94	194.87	5.78	3.10	2.40	93.53	38.32	31.66	0.384	2.52	5.98
			14		38.967	30.589	0.570	1286.91	2716.60	369.55	631.95	222.30	5.75	3.08	2.39	107.76	43.97	36.32	0.372	2.59	6.06
			16		44.139	34.649	0.569	1443.06	3105.15	411.85	726.46	248.94	5.72	3.06	2.38	121.64	49.44	40.87	0.369	2.67	6.14
20/12.5	200	125	12		37.912	29.761	0.641	1570.90	3193.85	483.16	787.74	285.79	6.44	3.57	2.74	116.73	49.99	41.23	0.392	2.83	6.54
			14		43.867	34.436	0.640	1800.97	3726.17	550.83	922.47	326.58	6.41	3.54	2.73	134.65	57.44	47.34	0.390	2.91	6.62
			16		49.739	39.045	0.639	2023.35	4258.88	615.44	1058.86	366.21	6.38	3.52	2.71	152.18	64.89	53.32	0.388	2.99	6.70
			18		55.526	43.588	0.639	2238.30	4792.00	677.19	1197.13	404.83	6.35	3.49	2.70	169.33	71.74	59.18	0.385	3.06	6.78

注：截面尺寸中 $r_1=d/3$ 及表中 r 的数据用于孔型设计，不做交货条件。

(2)尺寸、外形及允许偏差。

1)型钢的尺寸、外形允许偏差应符合表 5-4～表 5-6 的规定。根据需方要求，型钢的尺寸、外形及允许偏差也可按照供需双方协议。

2)工字钢的腿端外缘钝化、槽钢的腿端外缘和肩钝化不应使直径等于 $0.18t$ 的圆棒通过，角钢的边端外角和顶角钝化不应使直径等于 $0.18d$ 的圆棒通过。

3)工字钢、槽钢的外缘斜度和弯腰挠度、角钢的顶端直角在距端头不小于 750mm 处检查。

4)工字钢、槽钢平均腿厚度(t)的允许偏差为 $\pm 0.06t$，在车削轧辊时在轧辊上检查。

5)根据双方协议，相对于工字钢垂直轴的腿的不对称度，不应超过腿宽公差之半。

6)型钢不应有明显的扭转。

表 5-4　　**工字钢、槽钢尺寸、外形允许偏差**　　mm

	高　　度	允许偏差
高度(h)	<100	±1.5 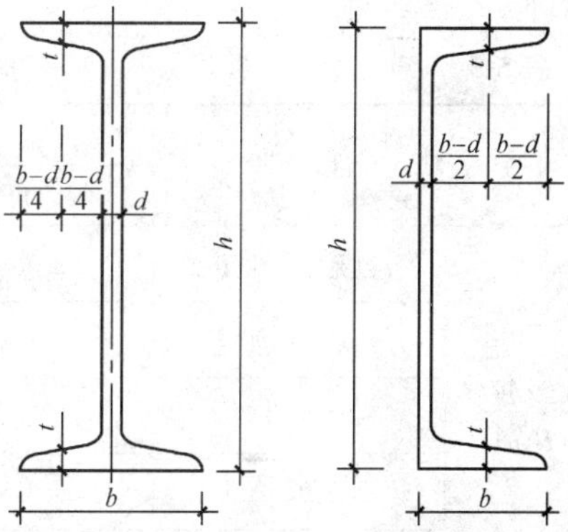
	100～<200	±2.0
	200～<400	±3.0
	≥400	±4.0
腿宽度(b)	<100	±1.5
	100～<150	±2.0
	150～<200	±2.5
	200～<300	±3.0
	300～<400	±3.5
	≥400	±4.0
腰厚度(d)	<100	±0.4
	100～<200	±0.5
	200～<300	±0.7
	300～<400	±0.8
	≥400	±0.9
外缘斜度 (T)		$T \leqslant 1.5\%b$ $2T \leqslant 2.5\%b$ 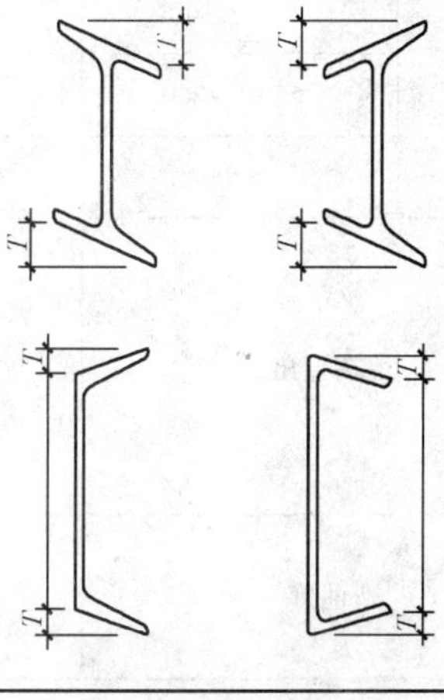

（续）

弯腰挠度（W）		$W \leqslant 0.15d$	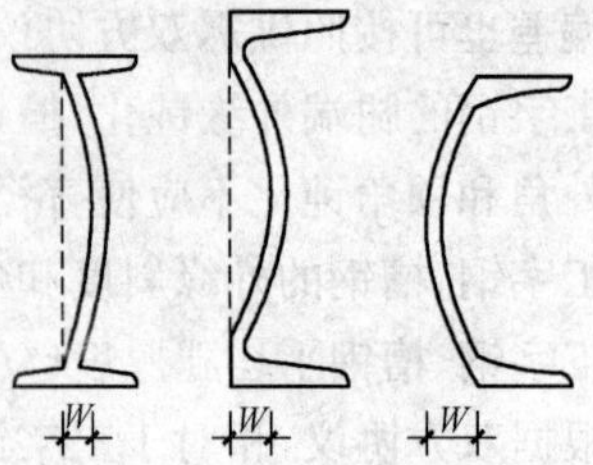
弯曲度	工字钢	每米弯曲度≤2mm 总弯曲度≤总长度的0.20%	适用于上下、左右大弯曲
	槽钢	每米弯曲度≤3mm 总弯曲度≤总长度的0.30%	

表5-5　角钢尺寸、外形允许偏差　mm

项目		允许偏差		图示
		等边角钢	不等边角钢	
边宽度（B,b）	边宽度①≤56	±0.8	±0.8	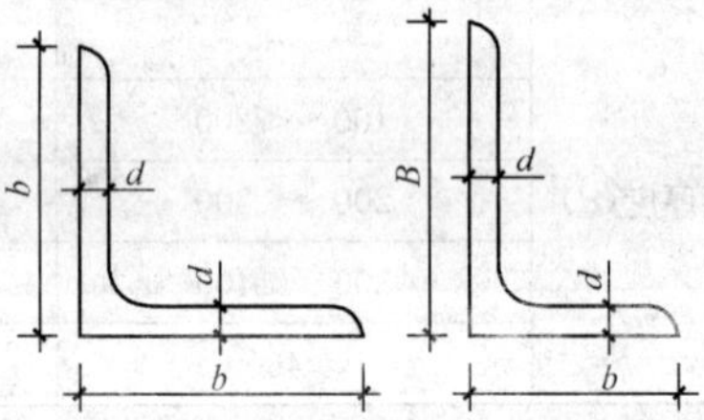
	>56～90	±1.2	±1.5	
	>90～140	±1.8	±2.0	
	>140～200	±2.5	±2.5	
	>200	±3.5	±3.5	
边厚度（d）	边宽度①≤56	±0.4		
	>56～90	±0.6		
	>90～140	±0.7		
	>140～200	±1.0		
	>200	±1.4		
顶端直角		$\alpha \leqslant 50'$		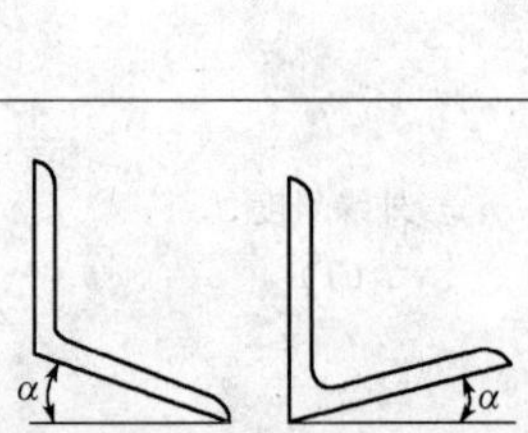
弯曲度		每米弯曲度≤3mm 总弯曲度≤总长度的0.30%		适用于上下、左右大弯曲

① 不等边角钢按长边宽度 B。

表 5-6　　L 型钢尺寸、外形允许偏差　　mm

<table>
<tr><th colspan="3">项　目</th><th>允许偏差</th><th>图　示</th></tr>
<tr><td colspan="3">边宽度
(B,b)</td><td>±4.0</td><td rowspan="5"></td></tr>
<tr><td rowspan="4">边厚度</td><td colspan="2">长边厚度(D)</td><td>+1.6
−0.4</td></tr>
<tr><td rowspan="3">短边厚度
(d)</td><td>≤20</td><td>+2.0
−0.4</td></tr>
<tr><td>>20～30</td><td>+2.0
−0.5</td></tr>
<tr><td>>30～35</td><td>+2.5
−0.6</td></tr>
<tr><td colspan="3">垂直度
(T)</td><td>$T \leqslant 2.5\%b$</td><td></td></tr>
<tr><td colspan="3">长边平直度
(W)</td><td>$W \leqslant 0.15D$</td><td></td></tr>
<tr><td colspan="3">弯曲度</td><td>每米弯曲度≤3mm
总弯曲度≤总长度的 0.30%</td><td>适用于上下、左右大弯曲</td></tr>
</table>

(3)长度及允许偏差。

1)角钢的通常长度为 4000～19000mm,其他型钢的通常长度为 5000～19000mm。根据需方要求也可供应其他长度的产品。

2)定尺长度允许偏差按表 5-7 的规定。

表 5-7　　型钢的长度允许偏差　　mm

长度	允许偏差
≤8000	+50 0
>8000	+80 0

(4)重量及允许偏差。

1)型钢应按理论重量交货,理论重量按密度为 7.85g/cm^3 计算。经供需双方协商并在合同注明,亦可按实际重量交货。

2)根据双方协议,型钢的每米重量允许偏差不应超过$^{+3}_{-5}$%。

3)型钢的截面面积计算公式按表 5-8 确定。

表 5-8 截面面积的计算方法

型钢种类	计算公式
工字钢	$hd+2t(b-d)+0.615(r^2-r_1^2)$
槽钢	$hd+2t(b-d)+0.349(r^2-r_1^2)$
等边角钢	$d(2b-d)+0.215(r^2-2r_1^2)$
不等边角钢	$d(B+b-d)+0.215(r^2-2r_1^2)$
L 型钢	$BD+d(b-D)+0.215(r^2-r_1^2)$

3. 技术要求

(1)钢的牌号和化学成分。钢的牌号和化学成分(熔炼分析)应符合《碳素结构钢》(GB/T 700)或《低合金高强度结构钢》(GB/T 1591)的有关规定。根据需方要求,经供需双方协议,也可按其他牌号和化学成分供货。

(2)力学性能。型钢的力学性能应符合《碳素结构钢》(GB/T 700)或《低合金高强度结构钢》(GB/T 1591)的有关规定。根据需方要求,经供需双方协议,也可按其他力学性能指标供货。

(3)交货状态。型钢以热轧状态交货。

(4)表面质量。

1)型钢表面不应有裂缝、折叠、结疤、分层和夹杂。

2)型钢表面允许有局部发纹、凹坑、麻点、刮痕和氧化铁皮压入等缺陷存在,但不应超出型钢尺寸的允许偏差。

3)型钢表面缺陷允许清除,清除处应圆滑无棱角,但不应进行横向清除。清除宽度不应小于清除深度的 5 倍,清除后的型钢尺寸不应超出尺寸的允许偏差。

4)型钢不应有大于 5mm 的毛刺。

4. 试验方法

(1)每批钢材的检验项目、取样数量和试验方法应符合表 5-9 的规定。

表 5-9 检验项目、取样数量和试验方法

序号	检验项目	取样数量/个	取样方法	试验方法
1	化学成分	见相应牌号标准的规定		
2	拉伸	1	GB/T 2975	GB/T 228
3	弯曲	1		GB/T 232
4	常温冲击	3		GB/T 229
5	低温冲击	3		
6	表面质量	逐根	—	目视、量具
7	尺寸、外形	逐根	—	量具

(2)工字钢、槽钢在腰部取样。

5. 检验规则

(1)型钢的检查和验收由供方技术质量监督部门进行。

(2)型钢的组批按《碳素结构钢》(GB/T 700)、《低合金高强度结构钢》(GB/T 1591)相应标准规定进行。

(3)型钢的复检和验收规则应符合《型钢验收、包装、标志及质量证明书的一般规定》(GB/T 2101)规定。

6. 包装、标志及质量证明书

型钢的包装、标志及质量证明书应符合《型钢验收、包装、标志及质量证明书的一般规定》(GB/T 2101)的规定。

7. 应用

在我国,热轧型钢已成为各项基本建设中使用最为广泛的材料之一,例如:螺纹钢筋、车轴和犁铧钢等。机械、化工、造船、矿山、石油和铁道等部门都大量使用各类热轧型钢。在建筑工程中,热轧型钢主要用于工业和民用房屋、桥梁的承重骨架(梁、柱、桁架等)、高压输电线支架等。

二、冷弯型钢(GB/T 6725—2008)

1. 分类与代号

(1)冷弯型钢按产品截面形状分为:

1)冷弯圆形空心型钢,也可简称为圆管,代号:Y;

2)冷弯方形空心型钢,也可简称为方管,代号:F;

3)冷弯矩形空心型钢,也可简称为矩形管,代号:J;

4)冷弯异形空心型钢,也可简称为异形管,代号:YI;

5)冷弯开口型钢,也可简称为开口型钢,根据截面形状代号分别为:JD(等边角钢)、JB(不等边角钢)、CD(等边槽钢)、CB(不等边槽钢)、CN(内卷边槽钢)、CW(外卷边槽钢)、Z(Z型钢)、ZJ(卷边Z型钢)。

(2)按产品屈服强度等级:235、345、390三个等级。

2. 尺寸、外形、重量及允许偏差

冷弯型钢的尺寸、外形、重量及允许偏差应符合相应产品标准规定。

3. 技术要求

(1)牌号及化学成分。

1)冷弯型钢的牌号和化学成分(熔炼分析)应符合《优质碳素结构钢》(GB/T 699)、《碳素结构钢》(GB/T 700)、《桥梁用结构钢》(GB/T 714)、《低合金高强度结构钢》(GB/T 1591)、《不锈钢冷轧钢板和钢带》(GB/T 3280)、《耐候结构钢》(GB/T 4171)等标准的规定。根据需方要求可提供其他牌号的冷弯型钢。

2)根据需方要求,345、390强度级别可使用细晶粒钢生产。

3)冷弯型钢的化学成分允许偏差应符合《钢和铁　化学成分测定用试样的取样和制样方法》(GB/T 20066)的规定。

(2)交货状态。冷弯型钢以冷加工状态交货,如有特殊要求由供需双方协商确定。

(3)力学性能。

1)冷弯型钢产品屈服强度、抗拉强度、断后伸长率应符合表5-10的规定,其他钢级或特殊要求由供需双方协商确定。

表 5-10　　力学性能

产品屈服强度等级	壁厚 t /mm,≤	屈服强度 R_{eL} /MPa,≥	抗拉强度 R_m /MPa,≥	断后伸长度 A (%),≥
235	19	235	370	24
345		345	470	20
390		390	490	17

2)需方如有要求并在合同中注明,可进行冲击试验。

3)对于断面尺寸不大于 60mm×60mm(包括等周长尺寸的圆及矩形冷弯型钢)及边厚比不大于 14 的冷弯型钢产品,平板部分断后伸长率应不小于 17%。

(4)表面质量。

1)冷弯型钢的表面不得有气泡、裂纹、结疤、折叠、夹杂和端面分层,允许有不大于公称厚度 10%的轻微凹坑、凸起、压痕、发纹、擦伤和压入的氧化铁皮。

2)冷弯型钢的表面缺陷允许用修磨方法清理,但清理后的冷弯型钢厚度不小于最小允许厚度。

3)对表面质量有特殊要求的冷弯型钢由供需双方协商确定。

(5)焊缝质量。

1)冷弯焊接空心型钢焊缝处不得有开焊、搭焊、烧穿及严重错位。

2)焊缝处的缺陷允许补焊、打磨,但补焊修磨后应达到所规定的要求。

3)焊缝处的外毛刺应予以清除。焊缝处的内毛刺一般不清除,如有特殊要求,由供需双方协商确定。

4. 试验方法

冷弯型钢的检验项目、取样数量、取样部位及试验方法应符合表 5-11 的规定。

表 5-11　　取样部位与试验方法

序号	检验项目	取样数量	取样部位	试验方法
1	化学成分	1 个/每炉	见相应产品、牌号标准的规定	
2	拉伸试验	1 个/每批	产品平板部分(纵向试样)	GB/T 228、GB/T 2975
3	冲击试验	1 个/每批	产品平板部分(纵向试样)	GB/T 229、GB/T 2975
4	尺寸	逐根	—	量具、样板
5	表面	逐根	—	目视

注:所指平板部分不包括焊缝及角部。

5. 检验规则

(1)检查和验收。冷弯型钢的检查与验收由供方质检部门进行。需方有权进行复检。

(2)组批规则。冷弯型钢应成批验收,每批由同一牌号、同一原料批次、同一规格尺寸的产品组成。外周长不大于 400mm 的产品每批重量不得超过 50t,外周长大于 400mm 的产品每批重量不得超过 100t。

(3)复验与判定。冷弯型钢的复验与判定规则应符合《钢及钢产品交货一般技术要求》(GB/T

17505)中相应的规定。

6. 包装与标志

(1)包装。

1)捆扎包装。

①冷弯型钢一般采用捆扎包装交货,成捆包装的冷弯型钢一端需放置整齐。每捆应由同一批号的冷弯型钢组成。每捆最大重量应符合表5-12的规定。

表5-12　　捆扎重量规定

理论重量/(kg/m)	每捆最大重量/t
<1	1
1～<10	3
10～<20	5
≥20	10

②冷弯型钢应用包装用钢带或扎箍捆扎牢固。冷弯型钢长度不大于7m捆扎3处,大于7～10m捆扎4处,大于10m捆扎5处,两端处的捆扎位置距离端部不大于1m。

2)装箱。

①表面质量要求较高的冷弯型钢采用装箱包装,包装箱应坚固,用木制或钢制的均可使用。

②每箱应由同一批号的冷弯型钢组成。如有不同批号并箱时,每个批号应单独打捆再装入箱内。

③每箱冷弯型钢的重量不得超过4t。

④包装箱的外部应用包装用钢带或其他方法紧固。

3)其他。对于理论重量大于20kg/m的冷弯型钢可以散装交货。

(2)标志。

1)整包标志。捆扎或装箱的冷弯型钢每捆(箱)应挂有两个以上的标牌,也可使用粘贴标签或其他不易脱落标志的方法。标牌或标签上面应注明供方名称和商标,产品规格、原料牌号、生产批号、产品标准号、重量、定尺长度、制造日期和供方质检部门的印记。

2)散装标志。散装交货的每根冷弯型钢应在靠近端部的表面粘贴标签或喷印标志,标记应清晰明显,不易脱落。标记上应注明供方名称和商标,产品规格、原料牌号、生产批号、产品标准号、重量、定尺长度、制造日期和供方质检部门的印记。

三、建筑用轻钢龙骨(GB/T 11981—2008)

1. 概念与特点

建筑用轻钢龙骨(简称龙骨)是以连续热镀锌钢板(带)或以连续热镀锌钢板(带)为基材的彩色涂层钢板(带)做原料,采用冷弯工艺生产的薄壁型钢。

2. 分类与标记

(1)代号。

①Q表示墙体龙骨。

②D表示吊顶龙骨。

③ZD表示直卡式吊顶龙骨。

④U 表示龙骨断面形状：⌴形。

⑤C 表示龙骨断面形状：匚形。

⑥T 表示龙骨断面形状：T 形。

⑦L 表示龙骨断面形状：L 形。

⑧H 表示龙骨断面形状：H 形。

⑨V 表示龙骨断面形状：_/或⌴形。

⑩CH 表示龙骨断面形状：⊔H形。

(2)分类与规格。龙骨按使用场合分为墙体龙骨和吊顶龙骨两种类别，按断面形状分为 U、C、CH、T、H、V 和 L 型七种型式。龙骨产品分类及规格见表 5-13，若有其他规格要求由供需双方商定。

表 5-13　　龙骨产品分类及规格　　mm

类别	品种		断面形状	规格	备注
墙体龙骨 Q	CH 型龙骨	竖龙骨	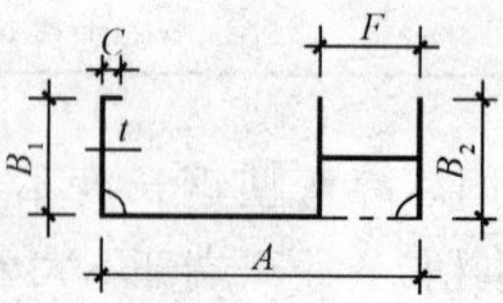	$A\times B_1\times B_2\times t$ 75(73.5)$\times B_1\times B_2\times$0.8 100(98.5)$\times B_1\times B_2\times$0.8 150(148.5)$\times B_1\times B_2\times$0.8 $B_1\geqslant$35；$B_2\geqslant$35	当 $B_1=B_2$ 时，规格为 $A\times B\times t$
	C 型龙骨	竖龙骨	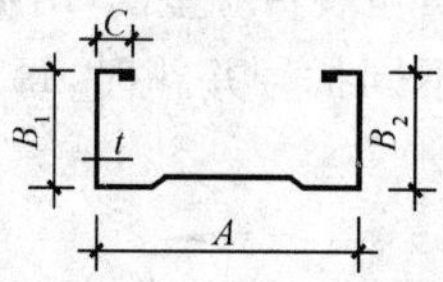	$A\times B_1\times B_2\times t$ 50(48.5)$\times B_1\times B_2\times$0.6 75(73.5)$\times B_1\times B_2\times$0.6 100(98.5)$\times B_1\times B_2\times$0.7 150(148.5)$\times B_1\times B_2\times$0.7 $B_1\geqslant$45；$B_2\geqslant$45	
	U 型龙骨	横龙骨	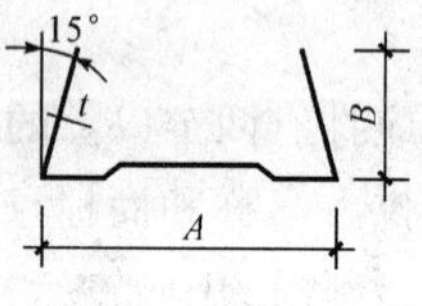	$A\times B\times t$ 52(50)$\times B\times$0.6 77(75)$\times B\times$0.6 102(100)$\times B\times$0.7 152(150)$\times B\times$0.7 $B\geqslant$35	
		通贯龙骨	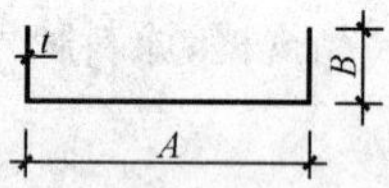	$A\times B\times t$ 38×12×1.0	
吊顶龙骨 D	U 型龙骨	承载龙骨	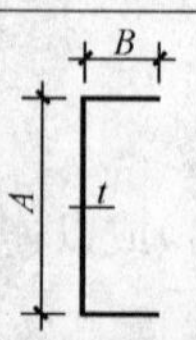	$A\times B\times t$ 38×12×1.0 50×15×1.2 60$\times B\times$1.2	B=24～30
	C 型龙骨	承载龙骨	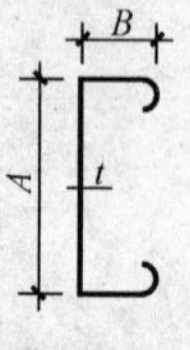	$A\times B\times t$ 38×12×1.0 50×15×1.2 60$\times B\times$1.2	

（续）

类别	品种		断面形状	规格	备注
吊顶龙骨D	C型龙骨	覆面龙骨	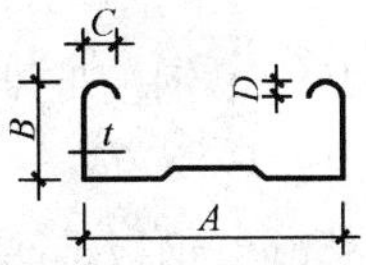	$A\times B\times t$ $50\times19\times0.5$ $60\times27\times0.6$	
	T型龙骨	主龙骨	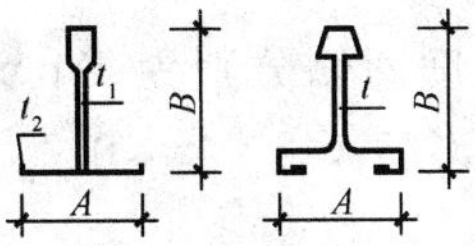	$A\times B\times t_1\times t_2$ $24\times38\times0.27\times0.27$ $24\times32\times0.27\times0.27$ $14\times32\times0.27\times0.27$	1. 中型承载龙骨 $B\geqslant38$，轻型承载龙骨 $B<38$； 2. 龙骨由一整片钢板（带）成型时，规格为 $A\times B\times t$
		次龙骨	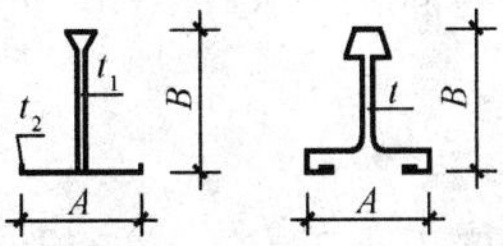	$A\times B\times t_1\times t_2$ $24\times28\times0.27\times0.27$ $24\times25\times0.27\times0.27$ $14\times25\times0.27\times0.27$	
	H型龙骨		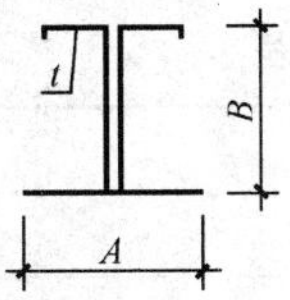	$A\times B\times t$ $20\times20\times0.3$	
	V型龙骨	承载龙骨	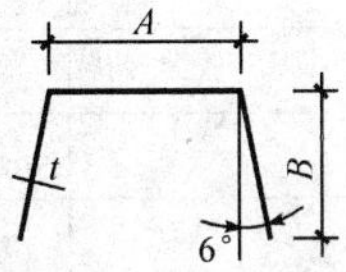	$A\times B\times t$ $20\times37\times0.8$	造型用龙骨规格为 $20\times20\times1.0$
		覆面龙骨	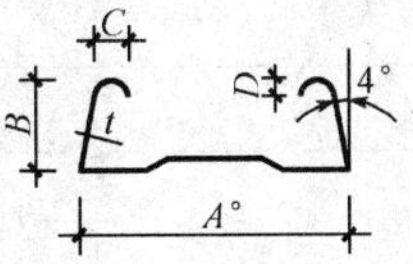	$A\times B\times t$ $49\times19\times0.5$	
	L型龙骨	承载龙骨	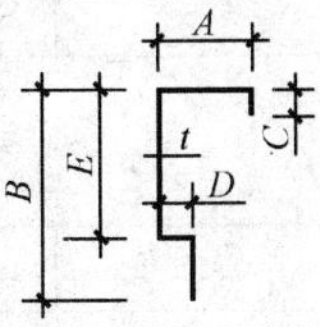	$A\times B\times t$ $20\times43\times0.8$	
		收边龙骨	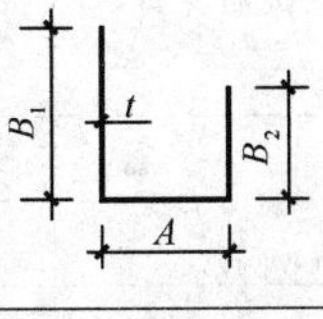	$A\times B_1\times B_2\times t$ $A\times B_1\times B_2\times0.4$ $A\geqslant20$；$B_1\geqslant25$、$B_2\geqslant20$	
		边龙骨	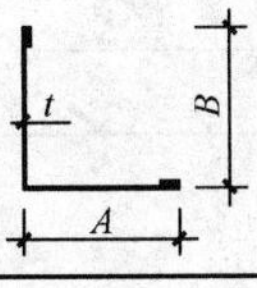	$A\times B\times t$ $A\times B\times0.4$ $A\geqslant14$；$B\geqslant20$	

(3)标记。

1)标记方法。标记顺序为:产品名称、代号、断面形状的宽度、高度、钢板带厚度和标准号。

2)标记示例。

示例1:断面形状为U型,宽度为50mm,高度为15mm,钢板带厚度为1.2mm的吊顶承载龙骨标记为:建筑用轻钢龙骨　DU50×15×1.2　GB/T 11981—2008。

示例2:断面形状为C型,宽度为75mm,高度为45mm,钢板带厚度为0.7mm的墙体竖龙骨标记为:建筑用轻钢龙骨　QC75×45×0.7　GB/T 11981—2008。

示例3:断面形状为C型,宽度为75mm,高度两侧分别为48mm和45mm,钢板带厚度为0.7mm的墙体竖龙骨标记为:建筑用轻钢龙骨　QC75×48×45×0.7　GB/T 11981—2008。

3. 技术要求

(1)外观。龙骨外形要平整、棱角清晰,切口不应有毛刺和变形。镀锌层应无起皮、起瘤、脱落等缺陷;无影响使用的腐蚀、损伤、麻点,每米长度内面积不大于1cm^{2}的黑斑不多于3处。涂层应无气泡、划伤、漏涂、颜色不均等影响使用的缺陷。

(2)尺寸。

1)龙骨的断面形状和尺寸,见表5-13,公称厚度不小于表5-13。尺寸允许偏差应符合表5-14规定;尺寸C、D、E应符合表5-15规定。

表5-14　尺寸允许偏差　mm

项目			允许偏差
长度L	U、C、H、V、L、CH型		±5
	T型孔距		±0.3
覆面龙骨断面尺寸	尺寸A	≤	≤1.0
	尺寸B	≤	≤0.5
其他龙骨断面尺寸	尺寸A	≤	≤0.5
	尺寸B	≤	≤1.0
	尺寸F(内部净空)	≤	≤0.5
厚度　t、t_1、t_2			应符合《连续热镀锌钢板及钢带》(GB/T 2518)的要求

表5-15　尺寸C、D、E　mm

序号	品种		要求
尺寸C	CH型墙体竖龙骨、C型吊顶覆面龙骨、L型承载龙骨	≥	5.0
	C型墙体竖龙骨	≥	6.0
尺寸D	覆面龙骨	≥	3.0
	L型承载龙骨	≥	7.0
尺寸E	L型承载龙骨	≥	30.0

2)底面和侧面的平直度应符合表5-16的规定。

表 5-16　侧面和底面平直度

类　别	品　种	检测部位	平直度/(mm/1000mm),≤
墙体	横龙骨和竖龙骨	侧面	1.0
		底面	2.0
	通贯龙骨	侧面和底面	
吊顶	承载龙骨和覆面龙骨	侧面和底面	1.5
	T型、H型龙骨	底面	1.3

3)弯曲内角半径 R 应符合表 5-17 的规定。

表 5-17　弯曲内角半径 R(不包括 T 型、H 型和 V 型龙骨)　mm

钢板厚度 t	$t\leqslant 0.70$	$0.70<t\leqslant 1.00$	$1.00<t\leqslant 1.20$	$t>1.20$
弯曲内角半径 R,≤	1.50	1.75	2.00	2.25

4)角度允许偏差应符合表 5-18 的规定。

表 5-18　角度允许偏差(不包括 T 型、H 型龙骨)

成型角较短边尺寸 B/mm	允许偏差
≤18	≤2°00′
>18	≤1°30′

(3)表面防锈。

1)龙骨表面采用镀锌防锈时,其双面镀锌量或双面镀锌层厚度应符合表 5-19 的规定。

表 5-19　双面镀锌量和双面镀锌层厚度

项　　目		技术要求
双面镀锌量/(g/m²)	≥	100
双面镀锌层厚度/μm	≥	14

注:表面镀锌防锈的最终裁定以双面镀锌量为准。

2)龙骨表面采用彩色涂层(烤漆涂层)防锈时,彩色涂层钢板(带)的性能应符合表 5-20 的规定。

表 5-20　彩色涂层钢板(带)的性能

项　　目		技术要求
涂镀层厚度/μm	≥	35
涂层铅笔硬度	≥	HB

注:HB 为铅笔硬度。

3)在高湿度、高盐环境或室外使用时,根据需方要求并经供需双方商定,可增加耐盐雾性能试验,龙骨表面应无起泡、生锈现象。

(4)力学性能。墙体及吊顶龙骨组件的力学性能应符合表 5-21 的规定。

表 5-21　　龙骨组件的力学性能

<table>
<tr><th colspan="2">类　别</th><th colspan="2">项　目</th><th>要　　求</th></tr>
<tr><td colspan="2" rowspan="2">墙体</td><td colspan="2">抗冲击性试验</td><td>残余变形量≤10.0mm，龙骨不得有明显的变形</td></tr>
<tr><td colspan="2">静载试验</td><td>残余变形量≤2.0mm</td></tr>
<tr><td rowspan="3">吊顶</td><td rowspan="2">U、C、V、L 型（不包括造型用 V 型龙骨）</td><td rowspan="3">静载试验</td><td>覆面龙骨</td><td>加载挠度≤5.0mm
残余变形量≤1.0mm</td></tr>
<tr><td>承载龙骨</td><td>加载挠度≤4.0mm
残余变形量≤1.0mm</td></tr>
<tr><td>T、H 型</td><td>主龙骨</td><td>加载挠度≤2.8mm</td></tr>
</table>

4. 试验方法

(1)试验设备及仪器。

1)1000mm×2000mm 检测平台或长度为 1000mm 的平尺：精度Ⅱ级。

2)百分表：量程 0～30mm，分度值 0.01mm。

3)游标卡尺：量程 0～300mm，分度值 0.02mm。

4)钢卷尺：量程 10m，分度值 1mm。

5)塞尺：分度值 0.01mm。

6)半径样板：测量范围 1～6.5mm，精度Ⅰ级。

7)万能角度尺：量程 0°～360°，分度值 5′。

8)千分尺：量程 0～25mm，分度值 0.01mm。

9)天平：感量 0.0001g。

10)磁性测厚仪：精度值 1μm。

11)铅笔硬度测定仪。

12)盐雾试验箱。

(2)试样。

1)用于检查和测定外观质量、形状和尺寸要求、双面镀锌层厚度、涂镀层厚度，以 3 根试件为一组试样。

2)吊顶龙骨力学性能试验，按表 5-22、表 5-23、表 5-24 规定抽取试样；除配套材料（吊、挂件和 T 型次龙骨等）外，其余龙骨可采用经外观尺寸检查后的试件。

表 5-22　　吊顶 U、C、V、L 型龙骨力学性能试验用试件和配套材料的数量和尺寸

品　种		数　量	长　度/mm
试件	承载龙骨	2 根	1200
	覆面龙骨	2 根	1200
配套材料	吊件	4 件	—
	挂件	4 件	—

注：V、L 型直卡式吊顶龙骨力学性能试验不需要配套材料。

表 5-23 吊顶 T 型龙骨力学性能试验用试件和配套材料的数量和尺寸

品种		数量	长度/mm
试件	主龙骨	2 根	1200
配套材料	次龙骨	1200mm 长生龙骨上安装次龙骨的孔数	600
	吊件或挂件	4 件	—

表 5-24 吊顶 H 型龙骨力学性能试验用试件和配套材料的数量和尺寸

品种		数量	长度/mm
试件	H 型龙骨	2 根	1200
配套材料	吊件	4 件	—
	挂件	4 件	—

3)墙体龙骨力学性能试验，按表 5-25 规定抽取试样；其中横、竖龙骨可采用经外观尺寸检查后的试件。

表 5-25 墙体龙骨力学性能试验用试件和配套材料的数量和尺寸

规格	试件				配套材料		
	横龙骨		竖龙骨		支承卡	通贯龙骨	
	数量/根	长度/mm	数量/根	长度/mm	数量/只	数量/根	长度/mm
Q100 及以上	2	1200	3	5000	27	4	1200
Q75	2	1200	3	4000	21	3	1200
Q50	2	1200	3	2700	15	—	—

注：1. 根据用户需求，确定是否安装支承卡和通贯龙骨。

2. Q50 竖龙骨不应开通贯孔，Q75 及以上竖龙骨通贯孔间距≥1200mm。

4)在经外观尺寸检查和力学性能测试后的 3 根试件上，各切取一块约 900mm^2 的样品用于双面镀锌量的测量；烤漆带沿长度方向各切取 150mm 用于测定铅笔硬度和 100mm 用于耐盐雾试验性能试验。

(3)试验步骤。

1)外观。在距试件 500mm 处光照明亮的条件下，按上述“3. 技术要求(1)”的内容对试件进行目测检查，记录缺陷情况。

2)尺寸。

①长度。测量时，钢卷尺应与龙骨纵向侧边平行。每根龙骨在底面和两个侧面测定 3 个长度值，并以 3 个值中的最大偏差作为该试件的实际偏差值，精确至 1mm。T 型龙骨测定止口尺寸。

②断面尺寸。在距龙骨两端 200mm 及龙骨长度方向的中间点共 3 处，用游标卡尺分别测量龙骨的断面尺寸 A、B、C、D、E、F 值。计算 A 偏差绝对值的平均值作为 A 值的偏差值；分别计算两边 B、F 偏差绝对值的平均值，取单边平均值的最大值作为 B、F 值的偏差值；分别计算两边 C、D、E 的平均测定值，取单边平均值的最小值作为 C、D、E 值，精确至 0.1mm。

③厚度。在距龙骨两端 200mm 及龙骨长度方向的中间点共 3 处，用千分尺测厚度，取平均值，精确至 0.01mm。

3)平直度。

①侧面平直度。将龙骨侧面平放在平台或平尺上，用塞尺测量两边侧面变形，取最大值作为试件的侧面平直度，精确至0.1mm。

②底面平直度。将龙骨底面平放在平台或平尺上，用塞尺测量底面变形，取最大值作为试件的底面平直度，精确至0.1mm。

4)弯曲内角半径R。在距龙骨两端200mm及龙骨长度方向的中间点共3处，用半径样板测定两侧内角半径尺，分别计算每侧内角半径的平均值，取其中最大值作为试件的尺值。

5)角度偏差。在距龙骨两端200mm及龙骨长度方向的中间点共3处，用万能角度尺进行测量。对于断面标准角度为90°的试件，测定龙骨两侧的角度偏差绝对值；对于断面标准角度不是90°的试件，测定龙骨两侧实际角度后，计算出角度偏差绝对值。分别计算每侧角度偏差绝对值的平均值，取其中最大值作为试件的角度偏差值，精确至$5'$。

6)表面防锈。

①双面镀锌量。按《钢产品镀锌层质量试验方法》(GB/T 1839)测定双面镀锌量。计算三个试件的平均值作为试样的测定值，精确至$1g/m^2$。

②双面镀锌层厚度。在距龙骨端头200mm及龙骨长度方向的中间点共3处，用磁性测厚仪分别测定正面及背面各3个点的镀锌层厚度，分别计算正面平均测定值和背面平均测定值，两面平均测定值之和即为该试件的双面镀锌层厚度。取3根试件测定结果的平均值，精确至$1\mu m$。

③涂镀层厚度。在距龙骨端头200mm及龙骨长度方向的中间点共3处，用磁性测厚仪测定正面3个点的涂镀层厚度，计算3个点的平均测定值作为该试件的涂镀层厚度。取3根试件测定结果的平均值，精确至$1\mu m$。

④涂层铅笔硬度。按《色漆和清漆　铅笔法测定漆膜硬度》(GB/T 6739)进行试验。

⑤耐盐雾性能。耐盐雾试验方法如下：

a. 测量仪器和材料。

(a)盐雾试验箱，箱内应配有1支或多支雾化喷嘴，可连续喷雾。另外，还应有盐水贮存槽、空气饱和器和无油灰尘的压缩空气供给系统。

(b)氯化钠。

(c)去离子水。

b. 试件。

试件表面应无油污、灰尘和损伤。

c. 试验条件。

(a)试验箱温度为(35±2℃)。

(b)盐水质量浓度(50±5)g/L，冷凝后的pH值应为6.5～7.2。

(c)喷雾量每$80cm^2$水平面，每小时收集到的降雾量应为1.0～2.0mL(以24h喷雾时间计)。

d. 试验步骤。

(a)将试件边部用耐蚀性不低于试样涂、镀层的涂料或胶带封闭保护。

(b)配制盐水，调整试验箱，使其达到规定的试验条件。

(c)将试件与垂直方向成15°～30°角放置在盐雾箱内。

(d)连续喷雾试验至供需双方商定的时间后，取出试件，在清水中洗净。

(e)立即观察龙骨涂、镀层起泡或生锈等受腐蚀的情况。

7)力学性能。建筑用轻钢龙骨力学性能，见表5-26。

表 5-26 建筑用轻钢龙骨力学性能

项目	内容
墙体静载试验	按图 5-6 用钢质材料组成坚固的测试台架。将横龙骨固定在测试台架相对的两个边长，将竖龙骨按规定间距 450mm 装入横龙骨，并在竖龙骨上每隔 600mm 安装一个支承卡，且支承卡和两端横龙骨间隙为 20～25mm。然后在两面用自攻螺钉各装一层符合《纸面石膏板》(GB/T 9775)要求的 12mm 厚的普通纸面石膏板，要求上下两层纸面石膏板互相错缝，试件组装后，不应有松动和偏斜。自攻螺钉四周边部间距应为 150～200mm，中间间距应为 250～300mm，螺钉与石膏板边距离应为 10～15mm，钉头略埋入板内且不应损坏纸面。 加载点在石膏板中线距 A 端 1500mm 处，在加载点处放置 350mm×350mm×15mm 重量为(9±2)N 的木质垫板，将(160±2)N 的荷载放在垫板上，持续 5min，卸载，3min 后测定加载点背面石膏板的最大残余变形量，精确至 0.1mm
墙体抗冲击性试验	按墙体静载试验装置，将重量为(300±3)N 的砂袋，从 300mm 高处自由落到垫板上，持续 5s，将砂袋取下，3min 后测定石膏板的最大残余变形量，精确至 0.1mm
吊顶 C 型覆面龙骨静载试验	按图 5-7 组装吊顶龙骨，试件组装后，不应有松动和偏斜。在中间两根覆面龙骨上，放置 450mm×450mm×24mm 重量为(30±3)N 的木质层压垫板，在上面加载(300±3)N，5min 后分别测定两根龙骨的最大挠度值；卸载 3min 后，分别测定两根龙骨的残余变形量，取其平均值为测定值，精确至 0.1mm
吊顶 U、C 型承载龙骨静载试验	如图 5-8 所示，在两根承载龙骨上放置 1200mm×400mm×24mm 重量为(95±10N)的木质层压垫板，D60 龙骨加载(1000±10)N，D50 龙骨加载(800±8)N，D38 龙骨加载(500±5)N，5min 后分别测定两根龙骨的最大挠度值；卸载 3min 后，分别测定两根龙骨的残余变形量，取其平均值为测定值，精确至 0.1mm
吊顶 V 型、L 型龙骨静载试验	将图 5-7 和图 5-8 中的 C 型覆面龙骨和 U 型承载龙骨换成 V 型覆面龙骨和 V 型、L 型承载龙骨。试验要求同吊顶 C 型覆面龙骨静载试验和吊顶 V、C 型承载龙骨静载试验承载龙骨加载(500±5)N
吊顶 T 型、H 型龙骨静载试验	将图 5-9 所示组装，在两根主龙骨上平行放置四块 700mm×60mm×27mm 和垂直放置一块 1200mm×60mm×30mm 的木质层压加载板，H 型龙骨和轻型承载能力的 T 型龙骨加载(145±1)N(包括加载板重量)，中型承载能力的 T 型龙骨加载(350±4)N(包括加载板重量)，5min 后分别测定两根主龙骨的挠度值，取其平均值为测定值，精确至 0.1mm

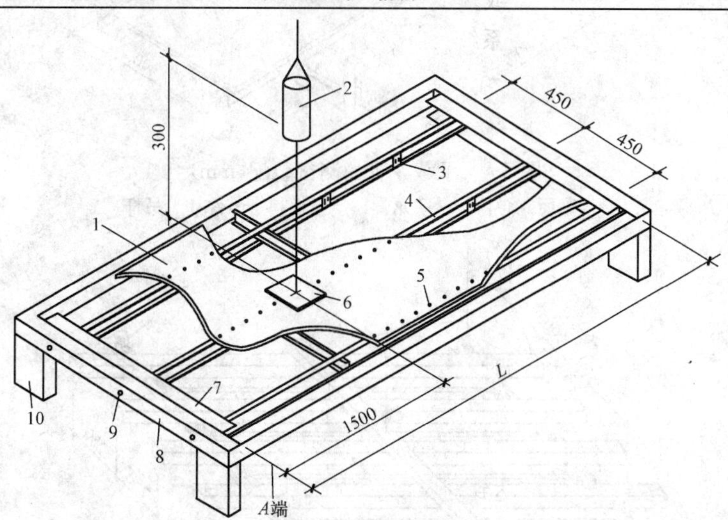

图 5-6 墙体龙骨的测试装配(mm)

1—普通纸面石膏板；2—砂袋；3—支承卡；4—竖龙骨；5—自攻螺钉 M4×25mm；
6—垫板；7—横龙骨；8—测试台架；9—横龙骨固定螺丝 M6；10—支座；
L 值—Q50 型为 2700mm、Q75 型为 4000mm、Q100 型及以上为 5000mm

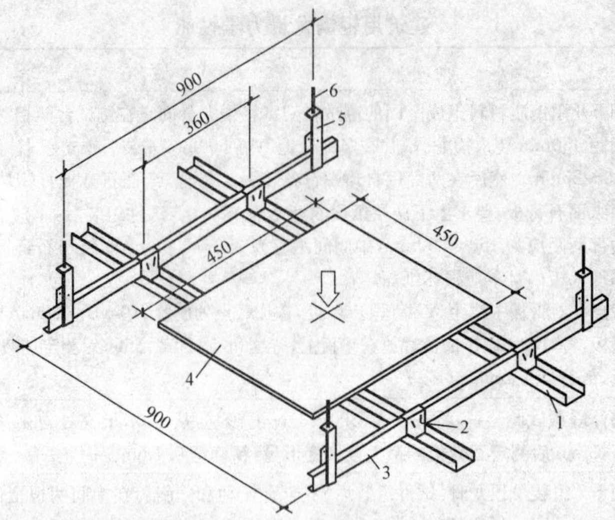

图 5-7 覆面龙骨的测试装配(吊顶 V 型覆面龙骨间距为 400mm)(mm)

1—覆面龙骨;2—承载龙骨;3—龙骨挂件;4—垫板;5—吊件;6—吊杆

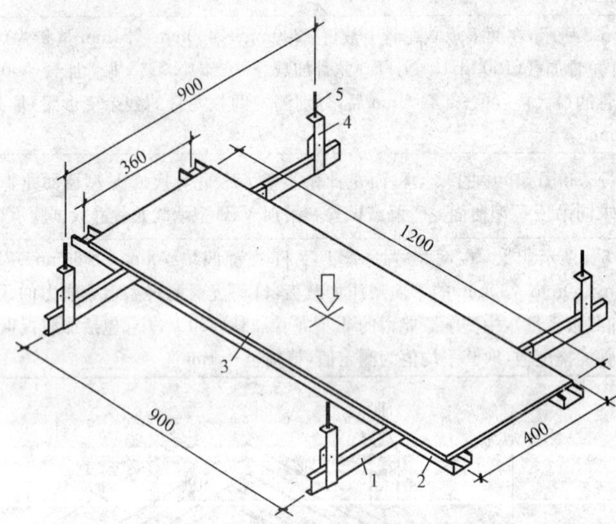

图 5-8 承载龙骨的测试装配(mm)

1—覆面龙骨;2—承载龙骨;3—垫板;4—吊件;6—吊杆

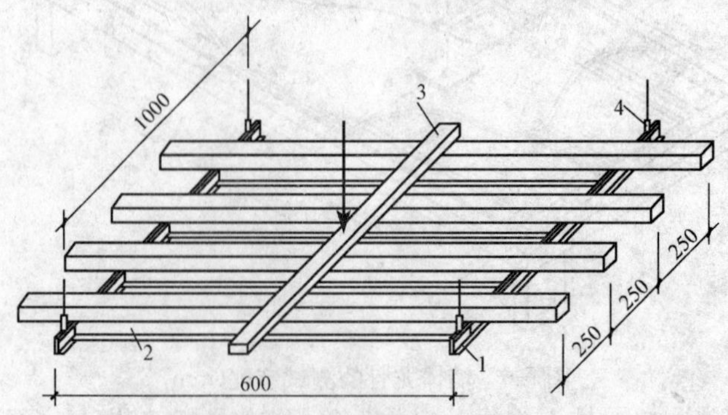

图 5-9 T 型主龙骨和 H 型龙骨的测试装配(mm)

1—主龙骨;2—次龙骨;3—吊件;4—加载板

5. 检验规则

建筑用轻钢龙骨检验规则，见表 5-27。

表 5-27　　建筑用轻钢龙骨检验规则

项　目	内　　容
出厂检验	出厂检验的项目有外观、尺寸、双面镀锌层厚度或涂镀层厚度
型式检验	型式检验包括上述“3. 技术要求”的全部项目，有下列情况之一时，应进行型式检验。 (1)新产品或老产品转厂生产的试制定型鉴定时。 (2)正常生产时，每年进行一次。 (3)停产半年以上，恢复生产时。 (4)当原材料、产品设计、生产工艺有重大改变，可能影响产品性能时。 (5)出厂检验结果与上次型式检验有较大差异时。 (6)质量技术监督机构提出型式检验时
抽样与组批规则	班产量大于等于 2000m 者，以 2000m 同型号、同规格的轻钢龙骨为一批，班产量小于 2000m 者，以实际班产量为一批。从批中随机抽取试样规定数量的双份试样，一份检验用，一份备用
判定规则	(1)单项检验结果的判定按《数值修约规则与极限数值的表示和判定》(GB/T 8170)中修约值比较法进行。 (2)对于龙骨的外观、断面尺寸 A、B、E、F、长度、弯曲内角半径、角度偏差、侧面平直度和底面平直度指标，在 1 根试件上其中有两项及两项以上指标不合格，即为不合格试件。3 根龙骨中不合格试件多于 1 根，则判为该批不合格。 (3)对于龙骨的厚度、尺寸 C 和 D，3 根龙骨均应合格，否则判为该批不合格。 (4)对于龙骨的力学性能和表面防锈性能，均应合格，否则判为该批不合格。 (5)不符合上述(2)、(3)和(4)要求的批，可用备用样对不合格项进行复检，若仍不合格，则判为批不合格；如复检合格，则判该批合格

6. 标志与包装

(1)标志。在每一包装件上应标明制造厂名、厂址、商标、产品标记、数量、制造日期或批号，T 型龙骨应标明轻型或中型承载龙骨。

(2)包装。

1)产品出厂前应打捆包装，每捆重量不宜超过 50kg，并附产品合格证。

2)有装饰面的龙骨宜用纸箱包装，并附产品合格证。

7. 运输与贮存

(1)运输。产品在运输过程中，不允许扔摔、碰撞。产品要平放，以防变形。

(2)贮存。

1)产品应存放在无腐蚀性危害的室内，注意防潮。

2)产品堆放时，底部需垫适当数量的垫条，防止变形。堆放高度不宜超过 1.8m。

第二节　钢板和钢带

一、冷轧钢板和钢带(GB/T 708—2006)

1. 分类与代号

(1)产品按边缘状态分为：

1)切边　　EC;

2)不切边　　EM。

(2)产品按尺寸精度分为:

1)普通厚度精度　　PT. A;

2)较高厚度精度　　PT. B;

3)普通宽度精度　　PW. A;

4)较高宽度精度　　PW. B;

5)普通长度精度　　PL. A;

6)较高长度精度　　PL. B。

(3)产品按不平度精度分为:

1)普通不平度精度　　PF. A;

2)较高不平度精度　　PF. B。

(4)钢板和钢带按产品形态、边缘状态所对应的尺寸精度的分类按表5-28的规定。

表5-28　钢板和钢带的分类及代号

产品形态	分类及代号								
	边缘状态	厚度精度		宽度精度		长度精度		不平度精度	
		普通	较高	普通	较高	普通	较高	普通	较高
钢带	不切边 EM	PT. A	PT. B	PW. A	—	—	—	—	—
	切边 EC	PT. A	PT. B	PW. A	PW. B	—	—	—	—
钢板	不切边 EM	PT. A	PT. B	PW. A	—	PL. A	PL. B	PF. A	PF. B
	切边 EC	PT. A	PT. B	PW. A	PW. B	PL. A	PL. B	PF. A	PF. B
纵切钢带	切边 EC	PT. A	PT. B	PW. A	—	—	—	—	—

2. 尺寸

(1)钢板和钢带的尺寸范围。

1)钢板和钢带(包括纵切钢带)的公称厚度0.30～4.00mm;

2)钢板和钢带的公称宽度600～2050mm;

3)钢板的公称长度1000～6000mm。

(2)钢板和钢带推荐的公称尺寸。

1)钢板和钢带(包括纵切钢带)的公称厚度在上述"(1)"所规定范围内,公称厚度小于1mm的钢板和钢带按0.05mm倍数的任何尺寸;公称厚度不小于1mm的钢板和钢带按0.1mm倍数的任何尺寸。

2)钢板和钢带(包括纵切钢带)的公称宽度在上述"(1)"所规定范围内,按10mm倍数的任何尺寸。

3)钢板的公称长度在上述"(1)"所规定范围内,按50mm倍数的任何尺寸。

4)根据需方要求,经供需双方协商,可以供应其他尺寸的钢板和钢带。

3. 尺寸允许偏差

(1)厚度允许偏差。

1)规定的最小屈服强度小于 280MPa 的钢板和钢带的厚度允许偏差应符合表 5-29 的规定。

表 5-29　钢板和钢带的厚度允许偏差　mm

公称厚度	厚度允许偏差①					
	普通精度　PT. A			较高精度　PT. B		
	公称宽度			公称宽度		
	≤1200	>1200～1500	>1500	≤1200	>1200～1500	>1500
≤0.40	±0.04	±0.05	±0.06	±0.025	±0.035	±0.045
>0.40～0.60	±0.05	±0.06	±0.07	±0.035	±0.045	±0.050
>0.60～0.80	±0.07	±0.08	±0.09	±0.045	±0.060	±0.060
>0.80～1.00	±0.07	±0.08	±0.09	±0.045	±0.060	±0.060
>1.00～1.20	±0.08	±0.09	±0.10	±0.055	±0.070	±0.070
>1.20～1.60	±0.10	±0.11	±0.11	±0.070	±0.080	±0.080
>1.60～2.00	±0.12	±0.13	±0.13	±0.080	±0.090	±0.090
>2.00～2.50	±0.14	±0.15	±0.15	±0.100	±0.110	±0.110
>2.50～3.00	±0.16	±0.17	±0.17	±0.110	±0.120	±0.120
>3.00～4.00	±0.17	±0.19	±0.19	±0.140	±0.150	±0.150

①距钢带焊缝处 15m 内的厚度允许偏差比表 5-29 规定值增加 60%；距钢带两端各 15m 内的厚度允许偏差比表5-29 规定值增加 60%。

2)规定的最小屈服强度为 280～360MPa 的钢板和钢带的厚度允许偏差比表 5-29 规定值增加 20%；规定的最小屈服强度为不小于 360MPa 的钢板和钢带的厚度允许偏差比表 5-29 规定值增加 40%。

(2)宽度允许偏差。

1)切边钢板、铜带的宽度允许偏差应符合表 5-30 的规定；不切边钢板、钢带的宽度允许偏差由供需双方商定。

表 5-30　钢板和钢带的宽度允许偏差　mm

公称宽度	宽度允许偏差	
	普通精度　PW. A	较高精度　PW. B
≤1200	+4 0	+2 0
>1200～1500	+5 0	+2 0
>1500	+6 0	+3 0

2)纵切钢带的宽度允许偏差应符合表 5-31 的规定。

表 5-31 纵切钢带的宽度允许偏差 mm

公称厚度	宽度允许偏差				
	公称宽度				
	≤125	>125～250	>250～400	>400～600	>600
≤0.40	+0.3 0	+0.6 0	+1.0 0	+1.5 0	+2.0 0
>0.40～1.00	+0.5 0	+0.8 0	+1.2 0	+1.5 0	+2.0 0
>1.00～1.80	+0.7 0	+1.0 0	+1.5 0	+2.0 0	+2.5 0
>1.80～4.0	+1.0 0	+1.3 0	+1.7 0	+2.0 0	+2.5 0

(3)长度允许偏差。钢板的长度允许偏差应符合表 5-32 的规定。

表 5-32 钢板的长度允许偏差 mm

公称长度	长度允许偏差	
	普通精度(PL. A)	高级精度(PL. B)
≤2000	+6 0	+3 0
>2000	+0.3%×公称长度 0	+0.15%×公称长度 0

4. 外形

(1)不平度。

1)钢板的不平度应符合表 5-33 的规定值。

表 5-33 钢板的不平度 mm

规定的最小屈服强度/MPa	公称宽度	不平度 不大于					
		普通精度 PF. A			高级精度 PF. B		
		公称厚度					
		<0.70	0.70～1.20	≥1.20	<0.70	0.70～1.20	≥1.20
<280	≤1200	12	10	8	5	4	3
	>1200～1500	15	12	10	6	5	4
	>1500	19	17	15	8	7	6
280～360	≤1200	15	13	10	8	6	5
	>1200～1500	18	15	13	9	8	6
	>1500	22	20	19	12	10	9

2)规定的最小屈服强度≥360MPa 钢板的不平度供需双方协议确定。

3)对规定最小屈服强度小于 280MPa 的钢板，按较高级不平度供货时，仲裁情况下另需检验波浪度，波浪度应符合以下规定：

①当波浪长度不小于 200mm 时，对于公称宽度小于 1500mm 的钢板，波浪高度应小于波浪长度的 1%，对于公称宽度小于 1500mm 的钢板，波浪长度应小于波浪长度的 1.5%。

②当波浪长度小于 200mm 时，波浪高度应小于 2mm。

4)当用户对钢带的不平度有要求时，在用户对钢带进行了充分地平整矫直后，表 5-33 规定值也适用于用户从钢带切成的钢板。

(2)镰刀弯。钢板和钢带的镰刀弯在任意 2000mm 长度上应不大于 6mm；钢板的长度不大于 2000mm 时，其镰刀弯应不大于钢板实际长度的 0.3%。纵切钢带的镰刀弯在任意 2000mm 长度上应不大于 2mm。

(3)切斜。钢板应切成直角，切斜应不大于钢板宽度的 1%。

(4)塔形。钢带应牢固地成卷，钢带卷的一侧塔形高度不得超过表 5-34 的规定。

表 5-34　　塔形高度　　mm

公称厚度	公称宽度	塔形高度
≤2.5	≤1000	40
	>1000	60
>2.5	≤1000	30
	>1000	50

5. 尺寸与外形测量

(1)厚度。

1)不切边钢板和钢带在距离轧制边不小于 40mm 处测量；切边钢板和钢带在距离剪切边不小于 25mm 处测量。

2)当纵切钢带的宽度小于 50mm 时，沿宽度方向的中心部位测量。

(2)宽度。宽度应在垂直于钢板或钢带中心线的方位测量。

(3)不平度。

1)将钢板自由地放在平台上，除钢板的本身重量外，不施加任何压力，测量钢板下表面与平台间的最大距离，如图 5-10 所示。

2)如受检测平台长度的限制，对于长度大于 2000mm 的钢板，可任意截取 2000mm 进行不平度的测量来替代全长不平度的测量。

(4)镰刀弯。钢板及钢带的镰刀弯是指侧边与连接测量部分两端点直线之间的最大距离，在产品呈凹形的一侧测量，如图 5-11 所示。

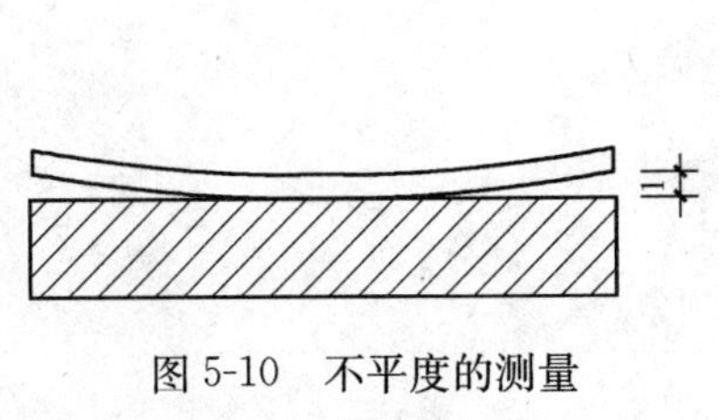

图 5-10　不平度的测量

1—不平度

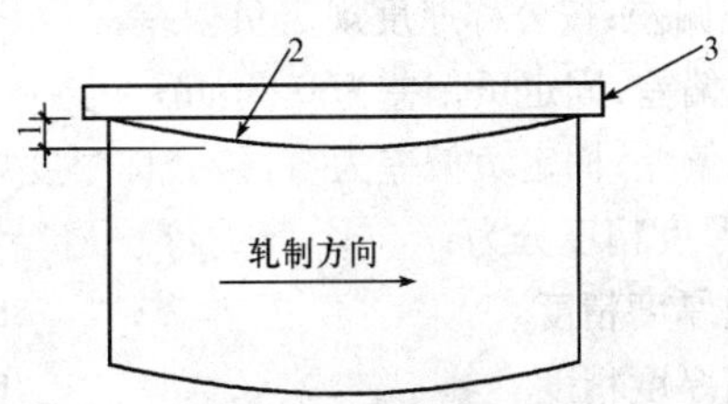

图 5-11　镰刀弯的测量

1—镰刀弯；2—凹形侧边；3—直尺(线)

(5)切斜度。钢板的横边在纵边的垂直投影长度，如图 5-12 所示。

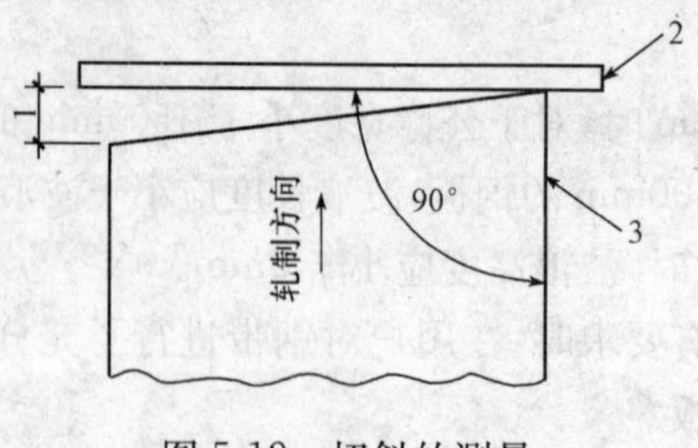

图 5-12 切斜的测量

1—切斜；2—直尺(线)；3—侧边

6. 重量

钢板按理论或实际重量交货，钢带按实际重量交货。

(1)钢板理论重量交货时，理论计重采用公称尺寸，碳钢密度为 7.85g/cm^3，其他钢种按相应标准规定。

(2)钢板理论计重的计算方法按表 5-35 的规定。

表 5-35 钢板理论计重的计算方法

计算顺序	计算方法	结果的修约
基本重量/[kg/(mm·m^2)]	7.85(厚度 1mm，面积 1m^2 的重量)	—
单位重量/[kg/m^2]	基本重量/[(kg/mm·m^2)]×厚度(mm)	修约到有效数字 4 位
钢板的面积/m^2	宽度(m)×长度(m)	修约到有效数字 4 位
一张钢板的重量/kg	单位重量(kg/m^2)×面积(m^2)	修约到有效数字 3 位
总重量/kg	各张钢板重量之和	kg 的整数值

(3)数值修约方法按《数值修约规则与极限数值的表示和判定》(GB/T 8170)的规定。

二、热轧钢板和钢带(GB/T 709—2006)

1. 分类与代号

(1)按边缘状态分为：

1)切边 EC；

2)不切边 EM。

(2)按厚度偏差种类分：

1)N 类偏差：正偏差和负偏差相等；

2)A 类偏差：按公称厚度规定负偏差；

3)B 类偏差：固定负偏差为 0.3mm；

4)C 类偏差：固定负偏差为零，按公称厚度规定正偏差。

(3)按厚度精度分为：

1)普通厚度精度 PT.A；

2)较高厚度精度 PT.B。

2. 尺寸

(1)钢板和钢带的尺寸范围。

1)单轧钢板公称厚度　　3～400mm；

2)单轧钢板公称宽度　　600～4800mm；

3)钢板公称长度　　2000～20000mm；

4)钢带(包括连轧钢板)公称厚度　　0.8～25.4mm；

5)钢带(包括连轧钢板)公称宽度　　600～2200mm；

6)纵切钢带公称宽度　　120～900mm。

(2)钢板和钢带推荐的公称尺寸。

1)单轧钢板的公称厚度在上述“(1)”所规定范围内，厚度小于30mm的钢板按0.5mm倍数的任何尺寸；厚度不小于30mm的钢板按1mm倍数的任何尺寸。

2)单轧钢板的公称宽度在上述“(1)”所规定范围内，按10mm或50mm倍数的任何尺寸。

3)钢带(包括连轧钢板)的公称厚度在上述“(1)”所规定范围内，按0.1mm倍数的任何尺寸。

4)钢带(包括连轧钢板)的公称宽度在上述“(1)”所规定范围内，按10mm倍数的任何尺寸。

5)钢板的长度在上述“(1)”规定范围内，按50mm或100mm倍数的任何尺寸。

6)根据需方要求，经供需双方协议，可以供应推荐公称尺寸以外的其他尺寸的钢板和钢带。

3. 尺寸允许偏差

对不切头尾的不切边钢带检查厚度、宽度时，两端不考核的总长度L为：

$$L(\mathrm{m})=90/\text{公称厚度}\quad(\mathrm{mm})$$

但两端最大总长度不得大于20m。

(1)厚度允许偏差。

1)单轧钢板厚度允许偏差应符合表5-36(N类)的规定。

2)根据需方要求，并在合同中注明偏差类别，可以供应公差值与表5-36规定公差值相等的其他偏差类别的单轧钢板，见表5-37～表5-39规定的A类、B类和C类偏差；也可以供应公差值与表5-36定公差值相等的限制正偏差的单轧钢板，正负偏差由供需双方协商规定。

表5-36　单轧钢板的厚度允许偏差(N类)　mm

公称厚度	下列公称宽度的厚度允许偏差			
	≤1500	1500～2500	2500～4000	4000～4800
3.00～5.00	±0.45	±0.55	±0.65	—
5.00～8.00	±0.50	±0.60	±0.75	—
8.00～15.0	±0.55	±0.65	±0.80	±0.90
15.0～25.0	±0.65	±0.75	±0.90	±1.10
25.0～40.0	±0.70	±0.80	±1.00	±1.20
40.0～60.0	±0.80	±0.90	±1.10	±1.30
60.0～100	±0.90	±1.10	±1.30	±1.50
100～150	±1.20	±1.40	±1.60	±1.80
150～200	±1.40	±1.60	±1.80	±1.90
200～250	±1.60	±1.80	±2.00	±2.20
250～300	±1.80	±2.00	±2.20	±2.40
300～400	±2.00	±2.20	±2.40	±2.60

表 5-37　　单轧钢板的厚度允许偏差(A 类)　　mm

公称厚度	下列公称宽度的厚度允许偏差			
	≤1500	1500～2500	2500～4000	4000～4800
3.00～5.00	+0.55 −0.35	+0.70 −0.40	+0.85 −0.45	—
5.00～8.00	+0.65 −0.35	+0.75 −0.45	+0.95 −0.55	—
8.00～15.0	+0.70 −0.40	+0.85 −0.45	+1.05 −0.55	+1.20 −0.60
15.0～25.0	+0.85 −0.45	+1.00 −0.50	+1.15 −0.65	+1.50 −0.70
25.0～40.0	+0.90 −0.50	+1.05 −0.55	+1.30 −0.70	+1.60 −0.80
40.0～60.0	+1.05 −0.55	+1.20 −0.60	+1.45 −0.75	+1.70 −0.90
60.0～100	+1.20 −0.60	+1.50 −0.70	+1.75 −0.85	+2.00 −1.00
100～150	+1.60 −0.80	+1.90 −0.90	+2.15 −1.05	+2.40 −1.20
150～200	+1.90 −0.90	+2.20 −1.00	+2.45 −1.15	+2.50 −1.30
200～250	+2.20 −1.00	+2.40 −1.20	+2.70 −1.30	+3.00 −1.40
250～300	+2.40 −1.20	+2.70 −1.30	+2.95 −1.45	+3.20 −1.60
300～400	+2.70 −1.30	+3.00 −1.40	+3.25 −1.55	+3.50 −1.70

表 5-38　**单轧钢板的厚度允许偏差(B类)**　mm

公称厚度	下列公称宽度的厚度允许偏差							
	≤1500		1500～2500		2500～4000		4000～4800	
3.00～5.00	−0.30	+0.60	−0.30	+0.80	−0.30	+1.00	—	
5.00～8.00		+0.70		+0.90		+1.20	—	
8.00～15.0		+0.80		+1.00		+1.30	−0.30	+1.50
15.0～25.0		+1.00		+1.20		+1.50		+1.90
25.0～40.0		+1.10		+1.30		+1.70		+2.10
40.0～60.0		+1.30		+1.50		+1.90		+2.30
60.0～100		+1.50		+1.80		+2.30		+2.70
100～150		+2.10		+2.50		+2.90		+3.30
150～200		+2.50		+2.90		+3.30		+3.50
200～250		+2.90		+3.30		+3.70		+4.10
250～300		+3.30		+3.70		+4.10		+4.50
300～400		+3.70		+4.10		+4.50		+4.90

表 5-39　**单轧钢板的厚度允许偏差(C类)**　mm

公称厚度	下列公称宽度的厚度允许偏差							
	≤1500		1500～2500		2500～4000		4000～4800	
3.00～5.00	0	+0.90	0	+1.10	0	+1.30	0	—
5.00～8.00		+1.00		+1.20		+1.50		—
8.00～15.0		+1.10		+1.30		+1.60		+1.80
15.0～25.0		+1.30		+1.50		+1.80		+2.20
25.0～40.0		+1.40		+1.60		+2.00		+2.40
40.0～60.0		+1.60		+1.80		+2.20		+2.60
60.0～100		+1.80		+2.20		+2.60		+3.00
100～150		+2.40		+2.80		+3.20		+3.60
150～200		+2.80		+3.20		+3.60		+3.80
200～250		+3.20		+3.60		+4.00		+4.40
250～300		+3.60		+4.00		+4.40		+4.80
300～400		+4.00		+4.40		+4.80		+5.20

3)钢带(包括连轧钢板)的厚度偏差应符合表 5-40 的规定。需方要求按较高厚度精度供货时应在合同中注明,未注明的按普通精度供货。根据需方要求,可以在表 5-40 规定的公差范围内调整钢带的正负偏差。

表 5-40　钢带(包括连轧钢板)的厚度允许偏差　mm

公称厚度	钢带厚度允许偏差①							
	普通精度 PT. A				较高精度 PT. B			
	公称宽度				公称宽度			
	600～1200	>1200～1500	>1500～1800	>1800	600～1200	>1200～1500	>1500～1800	>1800
0.8～1.5	±0.15	±0.17	—	—	±0.10	±0.12	—	—
1.5～2.0	±0.17	±0.19	±0.21	—	±0.13	±0.14	±0.14	—
2.0～2.5	±0.18	±0.21	±0.23	±0.25	±0.14	±0.15	±0.17	±0.20
2.5～3.0	±0.20	±0.22	±0.24	±0.26	±0.15	±0.17	±0.19	±0.21
3.0～4.0	±0.22	±0.24	±0.26	±0.27	±0.17	±0.18	±0.21	±0.22
4.0～5.0	±0.24	±0.26	±0.28	±0.29	±0.19	±0.21	±0.22	±0.23
5.0～6.0	±0.26	±0.28	±0.29	±0.31	±0.21	±0.22	±0.23	±0.25
6.0～8.0	±0.29	±0.30	±0.31	±0.35	±0.23	±0.24	±0.25	±0.28
8.0～10.0	±0.32	±0.33	±0.34	±0.40	±0.26	±0.26	±0.27	±0.32
10.0～12.5	±0.35	±0.36	±0.37	±0.43	±0.28	±0.29	±0.30	±0.36
12.5～15.0	±0.37	±0.38	±0.40	±0.46	±0.30	±0.31	±0.33	±0.39
15.0～25.4	±0.40	±0.42	±0.45	±0.50	±0.32	±0.34	±0.37	±0.42

①规定最小屈服强度 R_e≥345MPa 的钢带，厚度偏差应增加 10%。

(2)宽度允许偏差。

1)切边单轧钢板的宽度允许偏差应符合表 5-41 的规定。

表 5-41　切边单轧钢板的宽度允许偏差　mm

公称厚度	公称宽度	允许偏差
3～16	≤1500	+10 0
	>1500	+15 0
>16	≤2000	+20 0
	2000～3000	+25 0
	>3000	+30 0

2)不切边单轧钢板的宽度允许偏差由供需双方协商。

3)不切边钢带(包括连轧钢板)的宽度允许偏差应符合表 5-42 的规定。

表 5-42　不切边钢带(包括连轧钢板)的宽度允许偏差　mm

公称宽度	允许偏差
≤1500	+20 0
>1500	+25 0

4)切边钢带(包括连轧钢板)的宽度允许偏差应符合表 5-43 的规定。经供需双方协议,可以供应较高宽度精度的钢带。

表 5-43　切边钢带(包括连轧钢板)的宽度允许偏差　mm

公称宽度	允许偏差
≤1200	+3 0
1200～1500	+5 0
>1500	+6 0

5)纵切钢带的宽度允许偏差应符合表 5-44 的规定。

表 5-44　纵切钢带的宽度允许偏差　mm

公称宽度	公称厚度		
	≤4.0	4.0～8.0	>8.0
120～160	+1 0	+2 0	+2.5 0
160～250	+1 0	+2 0	+2.5 0
250～600	+2 0	+2.5 0	+3 0
600～900	+2 0	+2.5 0	+3 0

(3)长度允许偏差。

1)单轧钢板长度允许偏差应符合表 5-45 的规定。

表 5-45　单轧钢板的长度允许偏差　mm

公称长度	允许偏差
2000～4000	+20 0
4000～6000	+30 0

（续）

公称长度	允许偏差
6000～8000	+40 0
8000～10000	+50 0
10000～15000	+75 0
15000～20000	+100 0
20000	由供需双方协商

2)连轧钢板长度允许偏差应符合表5-46的规定。

表5-46 连轧钢板的长度允许偏差 mm

公称长度	允许偏差
2000～8000	+0.5%×公称长度
>8000	+40 0

4. 外形

(1)不平度。

1)单轧钢板按下列两类钢，分别规定钢板不平度。

钢类L:规定的最低屈服强度值不大于460MPa，未经淬火或淬火加回火处理的钢板。

钢类H:规定的最低屈服强度值大于460～700MPa，以及所有淬火或淬火加回火的钢板。

①单轧钢板的不平度按表5-47的规定。

表5-47 单轧钢板的不平度 mm

公称厚度	钢类L				钢类H			
	下列公称宽度钢板的不平度，≤							
	≤3000		>3000		≤3000		>3000	
	测量长度							
	1000	2000	1000	2000	1000	2000	1000	2000
3～5	9	14	15	24	12	17	19	29
5～8	8	12	14	21	11	15	18	26
8～15	7	11	11	17	10	14	16	22
15～25	7	10	10	15	10	13	14	19
25～40	6	9	9	13	9	12	13	17
40～400	5	8	8	11	8	11	11	15

②如测量时直尺(线)与钢板接触点之间距离小于1000mm，则不平度最大允许值应符合以下

要求：对钢类 L，为接触点间距离（300～1000mm）的 1%；对钢类 H，为接触点间距离（300～1000mm）的 1.5%。但两者均不得超过表 5-48 的规定。

表 5-48 连轧钢板的不平度 mm

公称厚度	公称宽度	不平度 ≤		
		规定的屈服强度，R_e/MPa		
		<220	220～320	>320
≤2	≤1200	21	26	32
	1200～1500	25	31	36
	>1500	30	38	45
>2	≤1200	18	22	27
	1200～1500	23	29	34
	>1500	28	35	42

2）连轧钢板的不平度按表 5-48 的规定。

3）如用户对钢带的不平度有要求，在用户开卷设备能保证质量的前提下，供需双方可以协商规定，并在合同中注明。

（2）镰刀弯及切斜（脱方）。钢板的镰刀弯及切斜应受限制，应保证钢板订货尺寸的矩形。

1）镰刀弯。

①单轧钢板的镰刀弯应不大于实际长度的 0.2%。

②钢带（包括纵切钢带）和连轧钢板的镰刀弯按表 5-49 的规定，对不切头尾的不切边钢带检查镰刀弯时，两端不考核的总长度按尺寸允许偏差检查不切头尾的不切边钢带的厚度、宽度两端不考核总长的规定。

2）切斜。钢板的切斜应不大于实际宽度的 1%。

（3）塔形。钢带应牢固地成卷。钢带卷的一侧塔形高度不得超过表 5-50 的规定。

表 5-49 钢带（包括纵切钢带）和连轧钢板的镰刀弯 mm

产品类型	公称长度	公称宽度	镰刀弯 ≤		测量长度
			切边	不切边	
连轧钢板	<5000	≥600	实际长度×0.3%	实际长度×0.4%	实际长度
	≥5000	≥600	15	20	任意 5000mm 长度
钢带	—	≥600	15	20	任意 5000mm 长度
	—	<600	15	—	—

表 5-50 塔形高度 mm

公称宽度	切边	不切边
≤1000	20	50
>1000	30	60

5. 尺寸测量

钢带与钢板尺寸测量，见表 5-51。

表 5-51 尺寸测量

项目	内容
厚度	切边钢带(包括连轧钢板)在距纵边不小于 25mm 处测量;不切边钢带(包括连轧钢板)在距纵边不小于 40mm 处测量。切边单轧钢板在距边部(纵边和横边)不小于 25mm 处测量;不切边单轧钢板的测量部位由供需双方协议
宽度	宽度应在垂直于钢板或钢带中心线的方位测量
长度	钢板内最大矩形的长度
镰刀弯	钢板或钢带的凹形侧边与连接测量部分两端点直线之间的最大距离(图 5-11)
切斜度	钢板的横边在纵边上的垂直投影(图 5-12)
不平度	将钢板自由地放在平面上,除钢板本身重量外不施加任何压力。 用一根长度为 1000mm 或 2000mm 的直尺,在距单轧钢板纵边至少 25mm 和距横边至少为 200mm 区域内的任何方向,测量钢板上表面与直尺之间的最大距离(图 5-13)。 测量连轧钢板下表面与平面之间的最大距离(图 5-13)

6. 重量

钢板按理论或实际重量交货,钢带按实际重量交货。

(1)钢板按理论重量交货时,理论计重采用公称尺寸,碳钢密度为 7.85g/cm^3,其他钢种按相应标准规定。

(2)当钢板的厚度允许偏差为限定负偏差或正偏差时,理论计重所采用的厚度为允许的最大厚度和最小厚度的平均值。

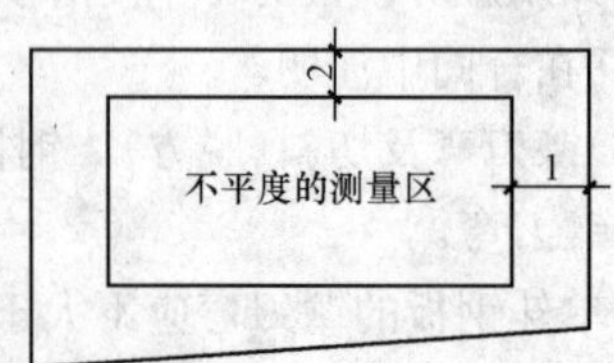

图 5-13 单轧钢板不平度的测量
1—200mm(距横边);2—25mm(距纵边)

(3)钢板理论计重的计算方法按表 5-35 的规定。

(4)数值修约方法。数值修约方法按《数值修约规则与极限数值的表示和判定》(GB/T 8170)的规定。

三、不锈钢热轧钢板和钢带(GB/T 4237—2007)

1. 尺寸允许偏差

(1)钢板和钢带的公称尺寸范围,见表 5-52,其具体规定执行《热轧钢板和钢带》(GB/T 709)。经双方协商可供其他尺寸的产品。

表 5-52 公称尺寸范围 mm

形态	公称厚度	公称宽度
厚钢板	>3.0~≤200	≥600~≤2500
宽钢带、卷切钢板、纵剪宽钢带	≥2.0~≤13.0	≥600~≤2500
窄钢带、卷切钢带	≥2.0~≤13.0	<600

(2)厚度允许偏差。

1)厚钢板厚度允许偏差应符合表 5-53 普通精度的规定,如需方要求并在合同中注明可执行较高精度(PT)。

表 5-53　厚钢板厚度允许偏差　mm

公称厚度	公称宽度							
	≤1000		1000～≤1500		1500～≤2000		2000～≤2500	
	普通精度	较高精度	普通精度	较高精度	普通精度	较高精度	普通精度	较高精度
>3.0～≤4.0	±0.28	±0.25	±0.31	±0.28	±0.33	±0.31	±0.36	±0.32
>4.0～≤5.0	±0.31	±0.28	±0.33	±0.30	±0.36	±0.34	±0.41	±0.36
>5.0～≤6.0	±0.34	±0.31	±0.36	±0.33	±0.40	±0.37	±0.45	±0.40
>6.0～≤8.0	±0.38	±0.35	±0.40	±0.36	±0.44	±0.40	±0.50	±0.45
>8.0～≤10.0	±0.42	±0.39	±0.44	±0.40	±0.48	±0.43	±0.55	±0.50
>10.0～≤13.0	±0.45	±0.42	±0.48	±0.44	±0.52	±0.47	±0.60	±0.55
>13.0～≤25.0	±0.50	±0.45	±0.53	±0.48	±0.57	±0.52	±0.65	±0.60
>25.0～≤30.0	±0.53	±0.48	±0.56	±0.51	±0.60	±0.55	±0.70	±0.65
>30.0～≤34.0	±0.55	±0.50	±0.60	±0.55	±0.65	±0.60	±0.75	±0.70
>34.0～≤40.0	±0.65	±0.60	±0.70	±0.65	±0.70	±0.65	±0.85	±0.80
>40.0～≤50.0	±0.75	±0.70	±0.80	±0.75	±0.85	±0.80	±1.0	±0.95
>50.0～≤60.0	±0.90	±0.85	±0.95	±0.90	±1.0	±0.95	±1.1	±1.05
>60.0～≤80.0	±0.90	±0.85	±0.95	±0.90	±1.3	±1.25	±1.4	±1.35
>80.0～≤100.0	±1.0	±0.95	±1.0	±0.95	±1.5	±1.45	±1.6	±1.55
>100.0～≤150.0	±1.1	±1.05	±1.1	±1.05	±1.7	±1.65	±1.8	±1.75
>150.0～≤200.0	±1.2	±1.15	±1.2	±1.15	±2.0	±1.95	±2.1	±2.05

2)钢带、卷切钢板和卷切钢带厚度允许偏差应符合表 5-54 的规定。

表 5-54　钢带、卷切钢板和卷切钢带的厚度允许偏差　mm

公称厚度	公称宽度							
	≤1200		1200～≤1500		1500～≤1800		1800～≤2500	
	普通精度	较高精度	普通精度	较高精度	普通精度	较高精度	普通精度	较高精度
>2.0～≤2.5	±0.22	±0.20	±0.25	±0.23	±0.29	±0.27		
>2.5～≤3.0	±0.25	±0.23	±0.28	±0.26	±0.31	±0.28	±0.33	±0.31
>3.0～≤4.0	±0.28	±0.26	±0.31	±0.28	±0.33	±0.31	±0.35	±0.32
>4.0～≤5.0	±0.31	±0.28	±0.33	±0.30	±0.36	±0.33	±0.38	±0.35
>5.0～≤6.0	±0.33	±0.31	±0.36	±0.33	±0.38	±0.35	±0.40	±0.37
>6.0～≤8.0	±0.38	±0.35	±0.39	±0.36	±0.40	±0.37	±0.46	±0.43
>8.0～≤10.0	±0.42	±0.69	±0.43	±0.40	±0.45	±0.41	±0.53	±0.49
>10.0～≤13.0	±0.15	±0.42	±0.47	±0.44	±0.49	±0.45	±0.57	±0.53

注:钢带包括窄钢带、宽钢带及纵剪宽钢带。

3)窄钢带及其卷切钢带高级精度(PC)的厚度允许偏差应符合表 5-55 的规定。

表 5-55　窄钢带、卷切钢带高级精度的厚度允许偏差　mm

公称厚度	厚度允许偏差
≥2.0～≤4.0	±0.12
>4.0～≤5.0	±0.18
>5.0～≤6.0	±0.20
>6.0～≤8.0	±0.21
>8.0～≤10.0	±0.23
>10.0～≤13.0	±0.25

注:表中所列厚度允许偏差仅对同一牌号、同一尺寸订货量大于两个钢卷的合同有效,其他情况由供需双方协商确定并在合同中注明。

4)宽钢带用作冷轧原料时,同一卷钢带的厚度差应符合表 5-56 规定。

表 5-56　冷轧用宽钢带的同卷厚度差　mm

公称厚度	同卷厚度差		
	宽度<1200	1200<宽度≤1500	1500<宽度≤2500
≥2.0～≤3.0	≤0.22	≤0.27	≤0.33
>3.0～≤13.0	≤0.28	≤0.32	≤0.40

5)窄钢带用作冷轧原料时,同一卷钢带的厚度差应符合表 5-57 规定。

表 5-57　冷轧用窄钢带的同卷厚度差　mm

公称厚度	同卷厚度差
≤4.0	0.14
>4.0～≤13.0	0.17

(3)宽度允许偏差。

1)厚钢板的宽度允许偏差应符合表 5-58 的规定。

表 5-58　厚钢板的宽度允许偏差　mm

公称厚度	公称宽度	宽度允许偏差
≥2～≤4	≤800	+5
	>800	+8
4～≤16	≤1500	+8
	>1500	+13
16～≤60	所有宽度	+28
>60	所有宽度	+32

2)宽钢带、卷切钢板、纵剪宽钢带的宽度允许偏差应符合表5-59的规定。

表5-59　宽钢带、卷切钢板、纵剪宽钢带的宽度允许偏差　mm

公称宽度	轧制边	切　边
≥600～≤2500	+20 0	+5 0

注:切边宽钢带及卷切钢板的宽度允许偏差仅适用于厚度不大于10的产品,当厚度大于10时由供需双方协商确定。

3)窄钢带及卷切钢带的宽度允许偏差应符合表5-60的规定。

表5-60　窄钢带及卷切钢带的宽度允许偏差　mm

边缘状态	公称宽度	宽度允许偏差				
		厚度≤3.0	3.0<厚度≤5.0	5.0<厚度≤7.0	7.0<厚度≤8.0	8.0<厚度≤13.0
切边 (EC)	<250	+0.5 0	+0.7 0	+0.8 0	+0.12 0	+1.8 0
	≥250～<600	+0.6 0	+0.8 0	+1.0 0	+1.4 0	+2.0 0
不切边 (EM)	由供需双方协商,并在合同中注明					

(4)长度允许偏差。厚钢板、卷切钢板及卷切钢带的长度允许偏差应符合表5-61的规定,经供需双方协商可供其他尺寸的产品。

表5-61　厚钢板、卷切钢板及卷切钢带的长度允许偏差　mm

公称长度	长度允许偏差
<2000	+10 0
≥2000～<20000	+0.005×公称长度 0

2. 外形

(1)厚钢板、宽钢带及卷切钢板的镰刀弯应符合表5-62的规定。

表5-62　厚钢板、宽钢带及卷切钢板的镰刀弯　mm

形态	公称长度	边缘状态	测量长度	镰刀弯
宽钢带	—	切边(纵剪)	任意5000	≤15
		不切边	任意5000	≤20
厚钢板 卷切钢板	<5000	切边或不切边	实际长度 L	≤长度×0.4%
	≥5000	切边(纵剪)	任意5000	≤15
	≥5000	不切边	任意5000	≤20

(2)窄钢带及卷切钢带的镰刀弯应符合表5-63规定。

表5-63　窄钢带及卷切钢带的镰刀弯　mm

	公称厚度	公称宽度	任意2000长度上的镰刀弯
卷切钢带	≥2	＜40	≤10
		≥40～＜600	≤8
	＜2	由供需双方协商确定	
窄钢带	由供需双方协商确定		

注：长度不足2000的卷切钢带的镰刀弯按2000执行。

(3)厚钢板、卷切钢板及卷切钢带的切斜度应不大于其公称宽度的1%。

(4)不平度。

1)厚钢板的不平度。厚钢板的不平度应符合表5-64的规定。

表5-64　厚钢板的不平度　mm

厚　度	每米不平度
≤25	≤15
＞25	由供需双方协商确定

2)卷切钢板的不平度应符合表5-65普通级的规定，如需方要求并在合同中注明可执行较高级(PF)。

表5-65　卷切钢板的不平度　mm

公称厚度	公称宽度	不平度	
		普通级	较高级(PG)
≤13.0	≥600～≤1200	26	23
	≥1200～≤1500	33	30
	＞1500	42	38

3)卷切钢带的不平度。任意2000mm长度上的不平度应不大于15mm，当长度不足2000mm时，其不平度为不大于15mm。

(5)钢卷的外形。钢卷应牢固成卷并尽量保持圆柱形和不卷边。切边(纵剪)钢卷的塔形应不大于35mm，不切边钢卷的塔形应不大于70mm。

(6)重量。

1)钢板重量。钢板按理论或实际重量交货。计算重量时钢的密度应符合《不锈钢和耐热钢牌号及化学成分》(GB/T 20878)规定。

2)钢带重量。钢带按实际重量交货。

3. 尺寸与外形测量

(1)尺寸测量位置。

1)厚度测量位置。

①厚钢板:距钢板边部不小于 40mm 处。

②宽钢带、卷切钢板:不切边状态,距钢带边部不小于 40mm 处;切边(纵剪)状态,距钢带边部不小于 25mm 处。

对于不切头尾交货的宽钢带及其纵剪宽钢带,表列厚度偏差不适用于头尾不正常部分,其长度按下列公式计算:长度(m)=90/公称厚度(mm),但每卷总长度不得超过 20m。

③窄钢带及卷切钢带:宽度不大于 30mm 时,沿宽度方向的中心部位测量。宽度大于 30mm 时,切边(纵剪)状态,距钢带边部不小于 10mm 的任意点测量;不切边状态,距钢带边部不小于 15mm 的任意点测量。

对于不切头尾交货的窄钢带,在距钢带头尾各 3000mm 之外测量;切头尾钢带,在距钢带头、尾各 2000mm 之外测量。

2)宽度测量位置:垂直于轧制方向。不切边钢带头尾不正常部分除外。

(2)外形测量方法。

1)镰刀弯:测量方法,见图 5-11(钢带头尾不正常部分除外)。

2)切斜度:测量方法,见图 5-14。

3)钢板不平度测量方法:将钢板在自重状态下平放于平台上,测量钢板任意方向的下表面与平台水平面的最大距离。

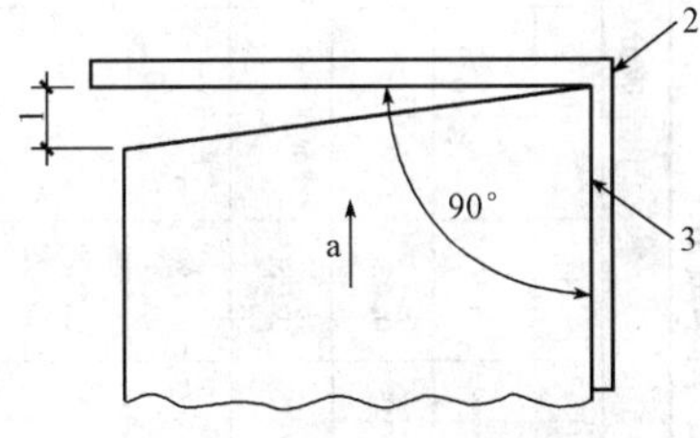

图 5-14　切斜度

1—切斜度;2—直角尺;3—侧边;a—轧制方向

4. 技术要求

(1)冶炼方法。优先采用粗炼钢水加炉外精炼工艺。

(2)化学成分。

1)钢的类别、牌号及化学成分(熔炼分析)应符合表 5-66～表 5-70 的规定。

2)钢板及钢带的化学成分允许偏差应符合《钢和铁　化学成分测定用试样的取样和制样方法》(GB/T 20066)的规定。

(3)交货状态。钢板和钢带经热轧后,可经热处理及酸洗或类似的处理后交货。如需方同意,可省去酸洗等处理。热处理制度可参照不锈钢的热处理制度。

对于沉淀硬化型钢的热处理,需方应在合同中注明对钢板或试样、钢带或试样进行热处理的种类,如未注明,以固熔状态交货。

(4)力学性能。经热处理的钢板和钢带的力学性能应符合下列的规定:钢板和钢带的规定非比例延伸强度、硬度试验和弯曲试验仅在需方要求并在合同中注明时才进行检验。对于硬度试验,可根据钢板和钢带的不同尺寸和状态按其中一种方法检验。经退火处理的铁素体型和马氏体型的钢板和钢带进行弯曲试验时,其外表面不得有肉眼可见裂纹产生。用作冷轧原料的钢板、钢带的力学性能仅在需方要求并在合同中注明时方进行检验。

1)经固熔处理的奥氏体型钢板和钢带的力学性能应符合表 5-71 的规定。

表 5-66　奥氏体型钢的化学成分

GB/T 20878 中序号	新牌号	旧牌号	化学成分(质量分数)/%										
			C	Si	Mn	P	S	Ni	Cr	Mo	Cu	N	其他元素
9	12Cr17Ni7	1Cr17Ni7	0.15	1.00	2.00	0.045	0.030	6.00～8.00	16.00～18.00	—	—	0.10	—
10	022Cr17Ni7[a]		0.030	1.00	2.00	0.045	0.030	6.00～8.00	16.00～18.00	—	—	0.20	—
11	022Cr17Ni7N[a]		0.030	1.00	2.00	0.045	0.030	6.00～8.00	16.00～18.00	—	—	0.07～0.20	—
13	12Cr18Ni9	1Cr18Ni9	0.15	0.75	2.00	0.045	0.030	8.00～10.00	17.00～19.00	—	—	0.10	—
14	12Cr18Ni9Si3	1Cr18Ni9Si3	0.15	2.00～3.00	2.00	0.045	0.030	8.00～10.00	17.00～19.00	—	—	0.10	—
17	06Cr19Ni10[a]	0Cr18Ni9	0.08	0.75	2.00	0.045	0.030	8.00～10.50	18.00～20.00	—	—	0.10	—
18	022Cr19Ni10[a]	00Cr19Ni10	0.030	0.75	2.00	0.045	0.030	8.00～12.00	18.00～20.00	—	—	0.10	—
19	07Cr19Ni10[a]		0.04～0.10	0.75	2.00	0.045	0.030	8.00～10.50	18.00～20.00	—	—	—	—
20	05Cr19Ni10Si2N		0.04～0.06	1.00～2.00	0.80	0.045	0.030	9.00～10.00	18.00～19.00	—	—	0.12～0.18	Ce:0.03～0.08
23	06Cr19Ni10N[a]	0Cr19Ni9N	0.08	0.75	2.00	0.045	0.030	8.00～10.50	18.00～20.00	—	—	0.10～0.16	—
24	06Cr19Ni9NbN[a]	0Cr19Ni10NbN	0.08	1.00	2.50	0.045	0.030	7.50～10.50	18.00～20.00	—	—	0.15～0.30	Nb:0.15
25	022Cr19Ni10N[a]	00Cr18Ni10N	0.030	0.75	2.00	0.045	0.030	8.00～12.00	18.00～20.00	—	—	0.10～0.16	—
26	10Cr18Ni12	1Cr18Ni12	0.12	0.75	2.00	0.045	0.030	10.50～13.00	17.00～19.00	—	—	—	—
32	06Cr23Ni13	0Cr23Ni13	0.08	0.75	2.00	0.045	0.030	12.00～15.00	22.00～24.00	—	—	—	—
35	06Cr25Ni20	0Cr25Ni20	0.08	1.50	2.00	0.045	0.030	19.00～22.00	24.00～26.00	—	—	—	—
36	022Cr25Ni22Mo2N[a]		0.020	0.50	2.00	0.030	0.010	20.50～23.50	24.00～26.00	1.60～2.60	—	0.09～0.15	—
38	06Cr17Ni12Mo2[a]	0Cr17Ni2Mo2	0.08	0.75	2.00	0.045	0.030	10.00～14.00	16.00～18.00	2.00～3.00	—	0.10	—
39	022Cr17Ni12Mo2[a]	00Cr17Ni14Mo2	0.030	0.75	2.00	0.045	0.030	10.00～14.00	16.00～18.00	2.00～3.00	—	0.10	—

（续）

GB/T 20878中序号	新牌号	旧牌号	化学成分（质量分数）/%										
			C	Si	Mn	P	S	Ni	Cr	Mo	Cu	N	其他元素
41	06Cr17Ni12Mo2Ti[a]	0Cr18Ni12Mo3Ti	0.08	0.75	2.00	0.045	0.030	10.00～14.00	16.00～18.00	2.00～3.00	—	—	Ti≥5C
42	06Cr17Ni12Mo2Nb		0.08	0.75	2.00	0.045	0.030	10.00～14.00	16.00～18.00	2.00～3.00	—	0.10	Nb:10C～1.10
43	06Cr17Ni12Mo2N[a]	0Cr17Ni12Mo2N	0.08	0.75	2.00	0.045	0.030	10.00～14.00	16.00～18.00	2.00～3.00	—	0.10～0.16	—
44	022Cr17Ni12Mo2N[a]	00Cr17Ni13Mo2N	0.030	0.75	2.00	0.045	0.030	10.00～14.00	16.00～18.00	2.00～3.00	—	0.10～0.16	—
45	06Cr18Ni12Mo2Cu2	0Cr18Ni12Mo2Cu2	0.08	1.00	2.00	0.045	0.030	10.00～14.00	17.00～19.00	1.20～2.75	1.00～2.50	—	—
48	015Cr21Ni26Mo5Cu2		0.020	1.00	2.00	0.045	0.035	23.00～28.00	19.00～23.00	4.00～5.00	1.00～2.00	0.10	—
49	06Cr19Ni13Mo3[a]	0Cr19Ni13Mo3	0.08	0.75	2.00	0.045	0.030	11.00～15.00	18.00～20.00	3.00～4.00	—	0.10	—
50	022Cr19Ni13Mo3	00Cr19Ni13Mo3	0.030	0.75	2.00	0.045	0.030	11.00～15.00	18.00～20.00	3.00～4.00	—	0.10	—
53	022Cr19Ni16Mo5N		0.030	0.75	2.00	0.045	0.030	13.50～17.50	17.00～20.00	4.00～5.00	—	0.10～0.20	—
54	022Cr19Ni13Mo4N		0.030	0.75	2.00	0.045	0.030	11.00～15.00	18.00～20.00	3.00～4.00	—	0.10～0.22	—
55	06Cr18Ni11Ti[a]	0Cr18Ni10Ti	0.08	0.75	2.00	0.045	0.030	9.00～12.00	17.00～19.00	—	—	0.10	Ti≥5C
58	015Cr24Ni22Mo8Mn3CuN		0.020	0.50	2.00～4.00	0.030	0.005	21.00～23.00	24.00～25.00	7.00～8.00	0.30～0.60	0.45～0.55	—
61	022Cr24Ni17Mo5Mn6NbN		0.030	1.00	5.00～7.00	0.030	0.010	16.00～18.00	23.00～25.00	4.00～5.00	—	0.40～0.60	Nb:0.10
62	06Cr18Ni11Nb[a]	0Cr18Ni11Nb	0.08	0.75	2.00	0.045	0.030	9.00～13.00	17.00～19.00	—	—	—	Nb:10C～1.00

注：表中所列成分除标明范围或最小值，其余均为最大值。

a　为相对于《不锈钢和耐热钢　牌号及化学成分》(GB/T 20878)调整化学成分的牌号。

表 5-67　奥氏体·铁素体型钢的化学成分

GB/T 20878 中序号	新牌号	旧牌号	化学成分(质量分数)/%										
			C	Si	Mn	P	S	Ni	Cr	Mo	Cu	N	其他元素
67	14Cr18Ni11Si4AlTi	1Cr18Ni11Si4AlTi	0.10～0.18	3.40～4.00	0.80	0.035	0.030	10.00～12.00	17.50～19.50	—	—	—	Ti:0.40～0.70 Al:0.10～0.30
68	022Cr19Ni5Mo3Si2N	00Cr18Ni5Mo3Si2	0.030	1.30～2.00	1.00～2.00	0.030	0.030	4.50～5.50	18.00～19.50	2.50～3.00	—	0.05～0.10	—
69	12Cr21Ni5Ti	1Cr21Ni5Ti	0.09～0.14	0.80	0.80	0.035	0.030	4.80～5.80	20.00～22.00	—	—	—	Ti:5(C—0.02)～0.80
70	022Cr22Ni5Mo3N		0.030	1.00	2.00	0.030	0.020	4.50～6.50	21.00～23.00	2.50～3.50	—	0.08～0.20	—
71	022Cr23Ni5Mo3N		0.030	1.00	2.00	0.030	0.020	4.50～6.50	22.00～23.00	3.00～3.50	—	0.14～0.20	—
72	022Cr23Ni4MoCuN		0.030	1.00	2.50	0.040	0.030	3.00～5.50	21.50～24.50	0.05～0.60	0.05～0.60	0.05～0.20	—
73	022Cr25Ni6Mo2N		0.030	1.00	2.00	0.030	0.030	5.50～6.50	24.00～26.00	1.50～2.50	—	0.10～0.20	—
74	022Cr25Ni7Mo4WCuN		0.030	1.00	1.00	0.030	0.010	6.00～8.00	24.00～26.00	3.00～4.00	0.50～1.00	0.20～0.30	W:0.50～1.00
75	03Cr25Ni6Mo3Cu2N		0.04	1.00	1.50	0.040	0.030	4.50～6.50	24.00～27.00	2.90～3.90	1.50～2.50	0.10～0.25	—
76	022Cr25Ni7Mo4N		0.030	0.80	1.20	0.035	0.020	6.00～8.00	24.00～26.00	3.00～5.00	0.50	0.24～0.32	—

注：表中所列成分除标明范围或最小值，其余均为最大值。

表 5-68 铁素体型钢的化学成分

GB/T 20878 中序号	新牌号	旧牌号	化学成分(质量分数)/%										
			C	Si	Mn	P	S	Ni	Cr	Mo	Cu	N	其他元素
78	06Cr13Al	0Cr13Al	0.08	1.00	1.00	0.040	0.030	(0.60)	11.50～14.50	—	—	—	Al:0.10～0.30
80	022Cr11Ti		0.030	1.00	1.00	0.040	0.020	(0.60)	10.50～11.70	—	—	0.030	Ti≥8(C+N)，Ti:0.15～0.50；Cb:0.10
81	022Cr11NbTi		0.030	1.00	1.00	0.040	0.020	(0.60)	10.50～11.70	—	—	0.030	Ti+Nb:8(C+N)+0.08～0.75
82	022Cr12Ni		0.030	1.00	1.50	0.040	0.015	0.30～1.00	10.50～12.50	—	—	0.030	—
83	022Cr12	00Cr12	0.030	1.00	1.00	0.040	0.030	(0.60)	11.00～13.50	—	—	—	—
84	10Cr15	1Cr15	0.12	1.00	1.00	0.040	0.030	(0.60)	14.00～16.00	—	—	—	—
85	10Cr17	1Cr17	0.12	1.00	1.00	0.040	0.030	0.75	16.00～18.00	—	—	—	—
87	022Cr17Ti[a]	00Cr17	0.030	0.75	1.00	0.035	0.030	—	16.00～19.00	—	—	—	Ti 或 Nb:0.10～1.00
88	10Cr17Mo	1Cr17Mo	0.12	1.00	1.00	0.040	0.030	—	16.00～18.00	0.75～1.25	—	—	—
90	019Cr18MoTi		0.025	1.00	1.00	0.040	0.030	—	16.00～19.00	0.75～1.50		0.025	Ti,Nb,Zr 或其组合：8×(C+N)～0.80
91	022Cr18NbTi		0.030	1.00	1.00	0.040	0.015	—	17.50～18.50	—	—	—	Ti:0.10～0.60 Nb:≥0.30+3C
92	019Cr19Mo2NbTi	00Cr18Mo2	0.025	1.00	1.00	0.040	0.030	1.00	17.50～19.50	1.75～2.50	—	0.035	(Ti+Nb):[0.20+4(C+N)]～0.80
94	008Cr27Mo	00Cr27Mo	0.010	0.40	0.40	0.030	0.020		25.00～27.50	0.75～1.50	—	0.015	(Ni+Cu)≤0.50
95	008Cr30Mo2	00Cr30Mo2	0.010	0.40	0.40	0.030	0.020		28.50～32.00	1.50～2.50	—	0.015	(Ni+Cu)≤0.50

注：表中所列成分除标明范围或最小值，其余均为最大值。括号内值为允许含有的最大值。

a 为相对于《不锈钢和耐热钢 牌号及化学成分》(GB/T 20878)调整化学成分的牌号。

表 5-69 马氏体型钢的化学成分

GB/T 20878 中序号	新牌号	旧牌号	化学成分(质量分数)/%										
			C	Si	Mn	P	S	Ni	Cr	Mo	Cu	N	其他元素
96	12Cr12	1Cr12	0.15	0.50	1.00	0.040	0.030	(0.60)	11.50～13.00	—	—	—	—
97	06Cr13	0Cr13	0.08	1.00	1.00	0.040	0.030	(0.60)	11.50～13.50	—	—	—	—
98	12Cr13[a]	1Cr13	0.15	1.00	1.00	0.040	0.030	(0.60)	14.50～13.50	—	—	—	—
99	04Cr13Ni5Mo		0.05	1.60	0.50～1.00	0.030	0.030	3.50～5.50	11.50～14.00	0.50～1.00	—	—	—
101	20Cr13	2Cr13	0.16～0.25	1.00	1.00	0.040	0.030	(0.60)	12.00～14.00	—	—	—	—
104	40Cr13	4Cr13	0.36～0.45	0.80	0.80	0.040	0.030	(0.60)	12.00～14.00	—	—	—	—
107	17Cr16Ni2[a]		0.12～0.20	1.00	1.00	0.025	0.015	2.00～3.00	15.00～18.00	—	—	—	—
108	68Cr17	7Cr17	0.60～0.75	1.00	1.00	0.010	0.030	(0.60)	16.00～18.00	(0.75)	—	—	—

注:表中所列成分除标明范围或最小值,其余均为最大值。括号内值为允许含有的最大值。

a 为相对于《不锈钢和耐热钢 牌号及化学成分》(GB/T 20878)调整化学成分的牌号。

表 5-70 沉淀硬化型钢的化学成分

GB/T 20878 中序号	新牌号	旧牌号	化学成分(质量分数)/%										
			C	Si	Mn	P	S	Ni	Cr	Mo	Cu	N	其他元素
134	04Cr13Ni8Mo2Al[a]		0.05	0.10	0.20	0.010	0.008	7.50～8.50	12.30～13.25	2.00～2.50	—	0.01	Al:0.90～1.35
135	022Cr12Ni9Cu2NbTi[a]		0.05	0.50	0.50	0.040	0.030	7.50～9.50	11.00～12.50	0.50	1.50～2.50	—	Ti:0.80～1.40 (Nb+Ta):0.10～0.50
138	07Cr17Ni7Al	0Cr17Ni7Al	0.09	1.00	1.00	0.040	0.030	6.50～7.75	16.00～18.00	—	—	—	Al:0.75～1.50
139	07Cr15Ni7Mo2Al	0Cr15Ni7Mo2Al	0.090	1.00	1.00	0.040	0.030	6.50～7.75	14.00～16.00	2.00～3.00	—	—	Al:0.75～1.50
141	09Cr17Ni5Mo3N[a]		0.07～0.11	0.50	0.50～1.25	0.040	0.030	4.00～5.00	16.00～17.00	2.50～3.20	—	0.07～0.13	—
142	06Cr17Ni7AlTi		0.08	1.00	1.00	0.040	0.030	6.00～7.50	16.00～17.50	—	—	—	Al:0.40, Ti:0.40～1.20

注:表中所列成分除标明范围或最小值,其余均为最大值。

a 为相对于《不锈钢和耐热钢 牌号及化学成分》(GB/T 20878)调整化学成分的牌号。

表 5-71　　经固熔处理的奥氏体型钢的力学性能

GB/T 20878 中序号	新牌号	旧牌号	规定非比例延伸强度 $R_{p0.2}$/MPa	抗拉强度 R_m/MPa	断后伸长率 A(%)	硬度值		
						HBW	HRB	HV
			不小于			不大于		
9	12Cr17Ni7	1Cr17Ni7	205	515	40	217	95	218
10	022Cr17Ni7		220	550	45	241	100	—
11	022Cr17Ni7N		240	550	45	241	100	—
13	12Cr18Ni9	1Cr18Ni9	205	515	40	201	92	210
14	12Cr18Ni9Si3	1Cr18Ni9Si3	205	515	40	217	95	220
17	06Cr19Ni10	0Cr18Ni9	205	515	40	201	92	210
18	02Cr19Ni10	00Cr19Ni10	170	485	40	201	92	210
19	07Cr19Ni10		205	515	40	201	92	210
20	05Cr19Ni10Si2N		290	600	40	217	95	—
23	06Cr19Ni10N	0Cr19Ni9N	240	550	30	201	92	220
24	06Cr19Ni9NbN	0Cr19Ni10NbN	345	685	35	250	100	260
25	022Cr19Ni10N	00Cr18Ni10N	205	515	40	201	92	220
26	10Cr18Ni12	1Cr18Ni12	170	485	40	183	88	200
32	06Cr23Ni13	0Cr23Ni13	205	515	40	217	95	220
35	06Cr25Ni20	0Cr25Ni20	205	515	40	217	95	—
36	022Cr25Ni22Mo2N		270	580	25	217	95	—
38	06Cr17Ni12No2	0Cr17Ni12Mo2	205	515	40	217	95	220
39	022Cr17Ni12Mo2	00Cr17Ni14Mo2	170	485	40	217	95	220
41	06Cr18Ni12Mo2Ti	0Cr18Ni12Mo3Ti	205	515	40	217	95	220
42	06Cr17Ni12Mo2Nb		205	515	30	217	95	—
43	06Cr17Ni12Mo2N	0Cr17Ni12Mo2N	240	550	35	217	95	220
44	022Cr17Ni12Mo2N	00Cr17Ni13Mo2N	205	515	40	217	95	220
45	06Cr18Ni12Mo2Cu2	0Cr18Ni12Mo2Cu2	205	520	40	187	90	200
48	015Cr21Ni26Mo5Cu2		220	490	35	—	90	—
49	06Cr19Ni13Mo3	0Cr19Ni13Mo3	205	515	35	217	95	220
50	022Cr19Ni13Mo3	00Cr19Ni13Mo3	205	515	40	217	95	220
53	022Cr19Ni16Mo5N		240	550	40	223	96	—
54	022Cr19Ni13Mo4N		240	550	40	217	95	—
55	06Cr18Ni11Ti	0Cr18Ni10Ti	205	515	40	217	95	220
58	015Cr24Ni22Mo8Mn3CuN		430	750	40	250	—	—
61	022Cr24Ni17Mo5Mn6NbN		415	795	35	241	100	—
62	06Cr18Ni11Nb	0Cr18Ni11Nb	205	515	40	201	92	210

注：未给出 HV 值的牌号，请各单位在生产中注意积累数据，以利于在适当的时候再对规范进行修订、补充。此前，建议参照《黑色金属硬度及强度换算值》(GB/T 1172)进行换算。

2)经固熔处理的奥氏体。铁素体型钢板和钢带的力学性能应符合表 5-72 的规定。

表 5-72　　经固熔处理的奥氏体·铁素体型钢力学性能

GB/T 20878 中序号	新牌号	旧牌号	规定非比例延伸强度 $R_{p0.2}$/MPa	抗拉强度 R_m/MPa	断后伸长率 A(%)	硬度值 HBW	硬度值 HRC
			≥	≥	≥	≤	≤
67	14Cr18Ni11Si4ALTi	1Cr18Ni11Si4ALTi	—	715	25	—	—
68	022C19Ni5Mo3Si2N	00Cr18Ni5Mo3Si2	440	630	25	290	31
69	12Cr21Ni5Ti	1Cr21Ni5Ti	350	635	20	—	—
70	022Cr22Ni5Mo3N		450	620	25	293	31
71	022Cr23Ni5Mo3N		450	620	25	293	31
72	022Cr23Ni4MoCuN		400	600	25	290	31
73	022Cr25Ni6Mo2N		450	640	25	295	30
74	022Cr25Ni7Mo4WCuN		550	750	25	270	—
75	03Cr25Ni6Mo3Cu2N		550	760	15	302	32①
76	022Cr25Ni7Mo4N		550	795	15	310	32

注:奥氏体·铁素体双相不锈钢不需要做冷弯试验。

3)经退火处理的铁素体型钢板和钢带的力学性能应符合表 5-73 的规定。

表 5-73　　经退火处理的铁素体型钢的力学性能

GB/T 20878 中序号	新牌号	旧牌号	规定非比例延伸强度 $R_{p0.2}$/MPa	抗拉强度 R_m/MPa	断后伸长率 A(%)	冷弯 180° d:弯芯直径 a:钢板厚度	硬度值 HBW	硬度值 HRB	硬度值 HV
			≥	≥	≥		≤	≤	≤
78	06Cr13Al	0Cr13Al	170	415	20	$d=2a$	179	88	200
80	022Cr12		195	360	22	$d=2a$	183	88	200
81	022Cr12Ni		280	450	18	—	180	88	—
82	022Cr11NbTi		275	415	20	$d=2a$	197	92	200
83	022Cr11Ti	00Cr12	275	415	20	$d=2a$	197	92	200
84	10Cr15	1Cr15	205	450	22	$d=2a$	183	89	200
85	10Cr17	1Cr17	205	450	22	$d=2a$	183	89	200
87	022Cr18Ti	00Cr17	175	360	22	$d=2a$	183	88	200
88	10Cr17Mo	1Cr17Mo	240	450	22	$d=2a$	183	89	200
90	019Cr18MoTi		245	410	20	$d=2a$	217	96	230
91	022Cr18NbTi		250	430	18	—	180	88	—
92	019Cr19Mo2NbTi	00Cr18Mo2	275	415	20	$d=2a$	217	96	230
94	008Cr27Mo	00Cr27Mo	245	410	22	$d=2a$	190	90	200
95	008Cr30Mo2	00Cr30Mo2	295	450	22	$d=2a$	209	95	220

注:"—"表示目前尚无数据提供,需在生产使用过程中积累数据。

4)经退火处理的马氏体型钢板和钢带的力学性能应符合表 5-74 的规定。

表 5-74 **经退火处理的马氏体型钢的力学性能**

GB/T 20878中序号	新牌号	旧牌号	规定非比例延伸强度 $R_{p0.2}$/MPa	抗拉强度 R_m/MPa	断后伸长率 A(%)	冷弯 180° d:弯芯直径 a:钢板厚度	硬度值		
							HBW	HRB	HV
			≥				≤		
96	12Cr12	1Cr12	205	485	20	$d=2a$	217	96	210
97	06Cr13	0Cr13	205	415	20	$d=2a$	183	89	200
98	12Cr13	1Cr13	205	450	20	$d=2a$	217	96	210
99	04Cr13Ni5Mo		620	795	15	—	302	32[a]	—
101	20Cr13	2Cr13	225	520	18	—	223	97	234
102	30Cr13	3Cr13	225	540	18	—	235	99	247
104	40Cr13	4Cr13	225	590	15	—	—	—	—
107	17Cr16Ni2		690	880～1080	12	—	262～326	—	—
			1050	1350	10	—	388	—	—
108	68Cr17	1Cr12	245	590	15	—	255	25①	269

注:表列为经淬火、回火后的力学性能。

a 为 HRC 硬度值。

5)经固熔处理的沉淀硬化型钢板和钢带的试样的力学性能应符合表 5-75 的规定。按需方指定的沉淀硬化热处理后的试样的力学性能应符合表 5-76 的规定。

表 5-75 **经固熔处理的沉淀硬化型钢试样的化学性能**

GB/T 20878中序号	新牌号	旧牌号	钢材厚度/mm	规定非比例延伸强度 $R_{p0.2}$/MPa	抗拉强度 R_m/MPa	断后伸长率 A(%)	硬度值	
							HRW	HBC
				≥			≤	
134	04Cr13Ni8Mo2Al		≥2～≤102	—	—	—	38	363
135	022Cr12Ni9Cu2NbTi		≥2～≤102	1105	1205	3	36	331
138	07Cr17Ni7Al	0Cr17Ni7Al	≥2～≤102	380	1035	20	92①	—
139	07Cr15Ni7Mb2Al	0Cr15Ni7Mo2Al	≥2～≤102	450	1035	25	100①	—
141	09Cr17Ni5Mo3N		≥2～≤102	585	1380	12	30	—
142	06Cr17Ni7AlN		≥2～≤102	515	825	5	32	—

①为 HRB 硬度值。

表 5-76 **沉淀硬化处理后沉淀硬化型钢试样的力学性能**

GB/T 20878中序号	新牌号	旧牌号	钢材厚度/mm	处理①温度/℃	规定非比例延伸强度 $R_{p0.2}$/MPa	抗拉强度 R_m/MPa	断后②伸长率 A(%)	硬度值	
								HRC	HBW
					≥			≤	
134	04Cr13NisMo2Al		≥2～<5	510±5	1410	1515	8	45	—
			≥5～<16		1410	1515	10	45	—
			≥16～≤100		1410	1515	10	45	429
			≥2～<5	540±5	1310	1380	8	43	—
			≥5～<18		1310	1380	10	43	—
			≥16～≤100		1310	1380	10	43	401

（续）

GB/T 20878中序号	新牌号	旧牌号	钢材厚度/mm	处理[1]温度/℃	规定非比例延伸强度 $R_{p0.2}$/MPa	抗拉强度 R_m/MPa	断后[2]伸长率 A(%)	硬度值 HRC	硬度值 HBW
					≥			≤	
135	022Cr12Ni9Cu2Nli		≥2	480±6 或510±5	1410	1525	4	44	—
138	07Cr17Ni7Al	0Cr17Ni7Al	≥2～<5 ≥5～<16	760±15 15±3 566±6	1035 965	1240 1170	6 7	38 38	— 352
			≥2～<5 ≥5～≤16	754±5 −73±6 510±6	1310 1240	1450 1380	4 6	44 43	— 401
139	07Cr15Ni7Mo2Al	0Cr15Ni7Mo2Al	≥2～<5 ≥5～≤16	760±15 15±3 566±6	1170 1170	1310 1310	5 4	40 40	— 375
			≥2～<5 ≥5～≤16	954±8 −73±6 510±6	1380 1380	1550 1550	4 4	46 45	— 429
141	09Cr17Ni5Mo3N		≥2～≤5	455±10 540±10	1035 1000	1275 1140	8 8	42 36	—
142	06Cr17Ni7AlTi		≥2～<3 ≥3	510±10	1170 1170	1310 1310	5 8	39 39	— 363
			≥2～<3 ≥3	540±10	1105 1105	1240 1240	5 8	37 38	— 352
			≥2～<3 ≥3	565±10	1035 1035	1170 1170	5 8	35 36	— 331

① 为推荐性热处理温度。供方应向需方提供推荐性热处理制度。

② 适用于沿宽度方向的试验，垂直于轧制方向且平行于钢板表面。

6）沉淀硬化型钢固熔处理后弯曲试验应符合表5-77的要求。

表5-77　沉淀硬化型钢固熔处理状态的弯曲试验

GB/T 20878序号	新牌号	旧牌号	厚度/mm	冷弯180° d:弯芯直径 a:钢板厚度
135	022Cr12Ni9Cu2NbTi		≥2～≤5	$d=6a$
138	07Cr17Ni7Al	0Cr17Ni7Al	≥2～≤5 ≥5～≤7	$d=a$ $d=3a$
139	07Cr15Ni7Mo2Al	0Cr15Ni7Mo2Al	≥2～≤5 ≥5～≤7	$d=a$ $d=3a$
141	09Cr17Ni5Mo3N		≥2～≤5	$d=2a$

(5)耐腐蚀性能。钢板和钢带按下列规定进行耐晶间腐蚀试验，试验方法由供需双方协商确定并在合同中注明，合同中未注明时可不做试验。对于钼(Mo)不小于3%的低碳不锈钢，试验前的敏化处理应由供需双方协商。当需方要求其他腐蚀试验时，或对表5-79～表5-82中未列入的牌号需进行耐腐蚀试验时，其试验方法和要求，由供需双方协商确定并在合同中注明。

1)10%草酸浸蚀试验后的侵蚀组织判别应符合表5-78的规定。

表5-78　　10%草酸浸蚀试验的判别

<table>
<tr><th>GB/T 20878
序号</th><th>新牌号</th><th>旧牌号</th><th>试验状态</th><th>硫酸-硫酸铁
腐蚀试验</th><th>65%硝酸
腐蚀试验</th><th>硫酸-硫酸铜
腐蚀试验</th></tr>
<tr><td>17
19</td><td>06Cr19Ni10
07Cr19Ni10</td><td>0Cr18Ni9</td><td rowspan="2">固熔处理
（交货状态）</td><td rowspan="4">沟状组织</td><td>沟状组织
凹状组织Ⅱ</td><td rowspan="5">沟状组织</td></tr>
<tr><td>38
45
49</td><td>06Cr17Ni12Mo2
06Cr18Ni12Mo2Cu2
06Cr19Ni13Mo3</td><td>0Cr17Ni12Mo2
0Cr18Ni12Mo2Cu2
0Cr19Ni13Mo3</td><td>—</td></tr>
<tr><td>18</td><td>022Cr19Ni10</td><td>00Cr19Ni10</td><td rowspan="3">敏化处理</td><td>沟状组织
凹状组织Ⅱ</td></tr>
<tr><td>39
50</td><td>022Cr17Ni12Mo2
022Cr19Ni13Mo3</td><td>00Cr17Ni14Mo2
00Cr19Ni13Mo3</td><td rowspan="2">—</td></tr>
<tr><td>41
55
62</td><td>06Cr18Ni12Mo2Ti
06Cr18Ni11Ti
06Cr18Ni11Nb</td><td>0Cr18Ni12Mo3Ti
0Cr18Ni10Ti
0Cr18Ni11Nb</td><td>—</td></tr>
</table>

2)硫酸-硫酸铁腐蚀试验的腐蚀减量应符合表5-79规定。

表5-79　　硫酸-硫酸铁腐蚀试验的腐蚀减量

<table>
<tr><th>GB/T 20878 序号</th><th>新牌号</th><th>旧牌号</th><th>试验状态</th><th>腐蚀减量/[g/(m²·h)]</th></tr>
<tr><td>17
19
38
45
49</td><td>06Cr19Ni10
07Cr19Ni10
09Cr17Ni12Mo2
06Cr18Ni12Mo2Cu2
06Cr19Ni13Mo3</td><td>0Cr18Ni9

0Cr17Ni12Mo2
0Cr18Ni12Mo2Cu2
0Cr19Ni13Mo3</td><td>固熔处理
（交货状态）</td><td rowspan="2">按供需双方协议</td></tr>
<tr><td>18
39
50</td><td>022Cr19Ni10
022Cr17Ni12Mo2
022Cr19Ni13Mo3</td><td>00Cr19Ni10
00Cr17Ni14Mo2
00Cr19Ni13Mo3</td><td>敏化处理</td></tr>
</table>

3)65%硝酸腐蚀试验的腐蚀减量应符合表5-80的规定。

表5-80　　65%硝酸腐蚀试验的腐蚀减量

<table>
<tr><th>GB/T 20878 序号</th><th>新牌号</th><th>旧牌号</th><th>试验状态</th><th>腐蚀减量/[g/(m²·h)]</th></tr>
<tr><td>17
19</td><td>06Cr19Ni10
07Cr19Ni10</td><td>0Cr18Ni9</td><td>固熔处理
（交货状态）</td><td rowspan="2">按供需双方协议</td></tr>
<tr><td>18</td><td>022Cr19Ni10</td><td>00Cr19Ni10</td><td>敏化处理</td></tr>
</table>

4)硫酸-硫酸铜腐蚀试验的弯曲面状态表应符合表5-81的规定。

表5-81 硫酸-硫酸铜腐蚀试验后弯曲面状态

GB/T 20878序号	新牌号	旧牌号	试验状态	实验后弯曲面状态
17	06Cr19Ni10	0Cr18Ni9	固熔处理（交货状态）	不允许有晶间腐蚀裂纹
19	07Cr19Ni10			
38	06Cr17Ni12Mo2	0Cr17Ni12Mo2		
45	06Cr18Ni12Mo2Cu2	0Cr18Ni12Mo2Cu2		
49	06Cr19Ni13Mo3	0Cr19Ni13Mo3		
18	022Cr19Ni10	00Cr19Ni10	敏化处理	
39	022Cr17Ni12Mo2	00Cr17Ni14Mo2		
41	06Cr18Ni12Mo2Ti	0Cr18Ni12Mo3Ti		
50	022Cr19Ni13Mo3	00Cr19Ni13Mo3		
55	06Cr18Ni11Ti	0Cr18Ni10Ti		
62	06Cr18Ni11Nb	0Cr18Ni11Nb		

5)若需方要求并在合同中注明,可对钢板和钢带进行盐雾腐蚀试验,试验方法按《人造气氛腐蚀试验 盐雾试验》(GB/T 10125)规定执行。

(6)表面加工与质量要求。

1)钢板与钢带的表面加工类型,见表5-82,需方应根据使用需求指定加工类型,并在合同中注明。

表5-82 表面加工类型

简称	加工类型	表面状态	备注
1U	热轧、不热处理、不去氧化皮	有轧制氧化皮	用于进一步加工,例如再轧制钢带
1C	热轧、热处理、不去氧化皮	有轧制氧化皮	用于进一步除氧化皮或机加工部件,或某些耐热用途
1E	热轧、热处理、机械除氧化皮	无氧化皮	机械除氧化皮的方法(粗磨与喷丸)取决于产品种类,除另有规定外,由生产厂选择
1D	热轧、热处理、酸洗	无氧化皮	适用于确保良好耐腐蚀性能的大多数钢的标准,是进一步加工产品常用的精加工。允许有研磨痕迹

2)钢板与钢带表面质量。钢板和钢带不允许存在有影响使用的缺陷,经酸洗后的钢板和钢带表面不允许有氧化皮及过酸洗。允许对钢板表面局部缺陷进行修磨清理,但应保证钢板的最小厚度。由于钢带一般没有除掉缺陷的机会,允许带有少量不正常的部分。

(7)特殊要求。若需方要求并经供需双方商定,可对钢的化学成分、力学性能、耐腐蚀性能及非金属夹杂物等提出特殊技术要求,或补充规定无损探伤等特殊检验项目,具体要求和试验方法应由供需双方协商确定。

5. 试验方法

每批钢板或钢带的检验项目及试验方法应符合表5-83的规定。

表 5-83 钢板和钢带检验项目、取样数量、部位及试验方法

序号	检验项目	取样数量	取样方法及部位	试验方法
1	化学成分	1	GB/T 20066	GB/T 223、GB/T 11170 及 GB/T 9971—2004 中的附录 A
2	拉伸试验	1	GB/T 2975	GB/T 228
3	弯曲试验	1	GB/T 232	GB/T 232
4	硬度	1	任一张或卷	GB/T 230.1、GB/T 231.1、GB/T 4340.1
5	耐腐蚀性能	2	不同张或卷钢板	GB/T 4334
6	尺寸、外形	逐张或逐卷	—	见上述“3. 尺寸与外形测量”
7	表面质量	逐张或逐卷	—	目视

6. 检验规则

(1)检查和验收。钢板和钢带的质量由供方质量监督部门负责检查和验收。供方必须保证交货的钢材符合有关标准的规定,需方有权按相应标准的规定进行检查和验收。

(2)组批规则。钢板和钢带应成批提交验收,每批由同一牌号、同一炉号、同一厚度和同一热处理制度的钢板和钢带组成。

(3)取样部位及取样数量。钢板或钢带的取样部位及取样数量应符合表 5-83 的规定。

(4)复验和判定规则。若某项试验结果不符合要求时,允许按《钢板和钢带包装、标志及质量证明书的一般规定》(GB/T 247)进行复验。

7. 包装、标志及质量证明书

钢板和钢带的包装、标志和质量证明书应符合《钢板和钢带包装、标志及质量证明书的一般规定》(GB/T 247)的规定。

四、不锈钢冷轧钢板和钢带(GB/T 3280—2007)

1. 尺寸与允许偏差

(1)宽钢带及卷切钢板、纵剪宽钢带及卷切钢带Ⅰ、窄钢带及卷切钢带Ⅱ的公称尺寸范围,见表 5-84,其具体规定应执行《冷轧钢板和钢带的尺寸、外形、重量及允许偏差》(GB/T 708),如需方要求并经双方协商可供应其他尺寸的产品。

表 5-84 公称尺寸范围 mm

形　态	公称厚度	公称宽度
宽钢带、卷切钢板	≥0.10～≤8.00	≥600～<2100
纵剪宽钢带、卷切钢带Ⅰ	≥0.10～≤8.00	<600
窄钢带、卷切钢带Ⅱ	≥0.01～≤3.00	<600

(2)厚度允许偏差。

1)宽钢带及卷切钢板、纵剪宽钢带及卷切钢带Ⅰ的厚度允许偏差应符合表 5-85 普通精度的规定,如需方要求并在合同中注明时,可执行表 5-85 中较高精度(PT)的规定。

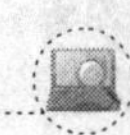

表 5-85　宽钢带及卷切钢板、纵剪宽钢带及卷切钢带Ⅰ的厚度允许偏差　mm

公称厚度	厚度允许偏差					
	宽度≤1000		1000＜宽度≤1300		1300＜宽度≤2100	
	普通精度	较高精度	普通精度	较高精度	普通精度	较高精度
≥0.10～＜0.20	±0.025	±0.015	—	—	—	—
≥0.20～＜0.30	±0.030	±0.020	—	—	—	—
≥0.30～＜0.50	±0.040	±0.025	±0.045	±0.030	—	—
≥0.50～＜0.60	±0.045	±0.030	±0.05	±0.035	—	—
≥0.60～＜0.80	±0.05	±0.035	±0.055	±0.040	—	—
≥0.80～＜1.00	±0.055	±0.040	±0.06	±0.045	±0.065	±0.050
≥1.00～＜1.20	±0.06	±0.045	±0.07	±0.050	±0.075	±0.055
≥1.20～＜1.50	±0.07	±0.050	±0.08	±0.055	±0.09	±0.060
≥1.50～＜2.00	±0.08	±0.055	±0.09	±0.060	±0.10	±0.070
≥2.00～＜2.50	±0.09	—	±0.10	—	±0.11	—
≥2.50～＜3.00	±0.11	—	±0.12	—	±0.12	—
≥3.00～＜4.00	±0.13	—	±0.14	—	±0.14	—
≥4.00～＜5.00	±0.14	—	±0.15	—	±0.15	—
≥5.00～＜6.50	±0.15	—	±0.16	—	±0.16	—
≥6.50～＜8.00	±0.16	—	±0.17	—	±0.17	—

2)宽钢带头尾不正常部分(总长度不大于25000mm)的厚度偏差值允许比正常部分增加50%。

3)窄钢带及卷切钢带Ⅱ的厚度允许偏差应符合表5-86中普通精度的规定,如需方要求并在合同中注明时,可执行表5-86中较高精度(PT)的规定。

表 5-86　窄钢带及卷切钢带Ⅱ的厚度允许偏差　mm

公称厚度	厚度允许偏差					
	宽度＜125		125≤宽度＜250		250≤宽度＜600	
	普通精度	较高精度	普通精度	较高精度	普通精度	较高精度
≥0.05～＜0.10	±0.10t	±0.06t	±0.12t	±0.10t	±0.15t	±0.10t
≥0.10～＜0.20	±0.010	±0.008	±0.015	±0.012	±0.020	±0.015
≥0.20～＜0.30	±0.015	±0.012	±0.020	±0.015	±0.025	±0.020
≥0.30～＜0.40	±0.020	±0.015	±0.025	±0.020	±0.030	±0.025
≥0.40～＜0.60	±0.025	±0.020	±0.030	±0.025	±0.035	±0.030
≥0.60～＜1.00	±0.030	±0.025	±0.035	±0.030	±0.040	±0.035
≥1.00～＜1.50	±0.035	±0.030	±0.040	±0.035	±0.045	±0.040
≥1.50～＜2.00	±0.040	±0.035	±0.050	±0.040	±0.060	±0.050
≥2.00～＜2.50	±0.050	±0.040	±0.060	±0.050	±0.070	±0.060
≥2.50～≤3.00	±0.060	±0.050	±0.070	±0.060	±0.080	±0.070

注:1. 供需双方协商,偏差值可全为正偏差、负偏差或正负偏差不对称分布,但公差值应在表列范围之内。

2. 厚度小于0.05时,由供需双方协定。

3. 如需方要求较高精度时,应保证钢带任意一点的厚度偏差。

4. 钢带边部毛刺高度应小于或等于产品公称厚度×10%。

5. t为公称厚度。

(3)宽度允许偏差。

1)切边(EC)宽钢带及卷切钢板、纵剪宽钢带及卷切钢带Ⅰ的宽度允许偏差应符合表5-87普通精度的规定，如需方要求并在合同中注明时，可执行表5-87中的较高精度(PW)的规定。

表5-87　切边宽钢带及卷切钢板、纵剪宽钢带及卷切钢带Ⅰ宽度允许偏差　mm

公称厚度	宽度允许偏差							
	宽度≤125		125＜宽度≤250		250＜宽度≤600		600＜宽度≤1000	宽度＞1000
	普通精度	较高精度	普通精度	较高精度	普通精度	较高精度	普通精度	普通精度
＜1.00	+0.5 0	+0.3 0	+0.5 0	+0.3 0	+0.7 0	+0.6 0	+1.5 0	+2.0 0
≥1.00～＜1.50	+0.7 0	+0.4 0	+0.7 0	+0.5 0	+1.0 0	+0.7 0	+1.5 0	+2.0 0
≥1.50～＜2.50	+1.0 0	+0.6 0	+1.0 0	+0.7 0	+1.2 0	+0.9 0	+2.0 0	+2.5 0
≥2.50～＜3.50	+1.2 0	+0.8 0	+1.2 0	+0.9 0	+1.5 0	+1.0 0	+3.0 0	+3.0 0
≥3.50～＜8.00	+2.0 0	—	+2.0 0	—	+2.0 0	—	+4.0 0	+4.0 0

注：1. 经需方同意，产品可小于公称宽度交货，但不应超出表列公差范围。
2. 经需方同意，对于需二次修边的纵剪产品其宽度偏差可增加到5。

2)不切边(EM)宽钢带及卷切钢板的宽度允许偏差应符合表5-88的规定。

表5-88　不切边宽钢带及卷切钢板宽度允许偏差　mm

边缘状态	宽度允许偏差		
	600≤宽度＜1000	1000≤宽度＜1500	宽度≥1500
轧制边缘	+25 0	+30 0	+30 0

3)切边(EC)窄钢带及卷切钢带Ⅱ的宽度允许偏差应符合表5-89普通精度的规定，如需方要求并在合同中注明时，可执行表5-89中较高精度(PW)的规定。

表5-89　切边窄钢带及卷切钢带Ⅱ宽度允许偏差　mm

公称厚度	宽度允许偏差							
	宽度≤40		40＜宽度≤125		125＜宽度≤250		250＜宽度≤600	
	普通精度	较高精度	普通精度	较高精度	普通精度	较高精度	普通精度	较高精度
≥0.05～＜0.25	+0.17 0	+0.13 0	+0.20 0	+0.15 0	+0.25 0	+0.20 0	+0.50 0	+0.50 0
≥0.25～＜0.50	+0.20 0	+0.15 0	+0.25 0	+0.20 0	+0.30 0	+0.22 0	+0.60 0	+0.50 0

（续）

公称厚度	宽度允许偏差							
	宽度≤40		40＜宽度≤125		125＜宽度≤250		250＜宽度≤600	
	普通精度	较高精度	普通精度	较高精度	普通精度	较高精度	普通精度	较高精度
≥0.50～＜1.00	+0.25 0	+0.20 0	+0.30 0	+0.22 0	+0.40 0	+0.25 0	+0.70 0	+0.60 0
≥1.00～＜1.50	+0.30 0	+0.22 0	+0.35 0	+0.25 0	+0.50 0	+0.30 0	+0.90 0	+0.70 0
≥1.50～＜2.50	+0.35 0	+0.25 0	+0.40 0	+0.30 0	+0.60 0	+0.40 0	+1.0 0	+0.80 0
≥2.50～＜3.00	+0.40 0	+0.30 0	+0.50 0	+0.40 0	+0.65 0	+0.50 0	+1.2 0	+1.0 0

注：经供需双方协商，宽度偏差可全为正偏差或负偏差，但公差值应不超出表列范围。

4）不切边（EM）窄钢带及卷切钢带Ⅱ的宽度允许偏差由供需双方协商确定。

（4）长度允许偏差。

1）卷切钢板及卷切钢带Ⅰ的长度允许偏差应符合表5-90普通精度的规定，如需方要求并在合同中注明时，可执行表5-90较高精度（PL）的规定。

表5-90　　卷切钢板及卷切钢带Ⅰ的长度允许偏差　　mm

公称长度	长度允许偏差	
	普通精度	较高精度
≤2000	+5 0	+3 0
＞2000	+0.0025×公称长度 0	+0.0015×公称长度 0

2）卷切钢带Ⅱ的长度允许偏差应符合表5-91普通精度的规定，如需方要求并在合同中注明时，可执行表5-91较高精度（PL）的规定。

表5-91　　卷切钢带Ⅱ的长度允许偏差　　mm

公称长度	长度允许偏差	
	普通精度	较高精度
≤2000	+3 0	+1.5 0
2000～≤4000	+5 0	+2 0

注：公称长度大于4000的卷切钢带Ⅱ的长度允许偏差由供需双方协商确定。

2. 外形

(1)不平度。

1)卷切钢板及卷切钢带Ⅰ的不平度应符合表5-92普通级的规定，如需方要求并在合同中注明时，可执行表5-92中较高级(PF)的规定。

表5-92　　卷切钢板及卷切钢带Ⅰ的不平度　　mm

公称长度	不平度	
	普通级	较高级
≤3000	≤10	≤7
>3000	≤12	≤8

注：此表不适用于冷作硬化钢板及2D产品。

2)卷切钢带Ⅱ的不平度应符合表5-93普通级的规定，如需方要求并在合同中注明时，可执行表5-93中较高级(PF)的规定。

表5-93　　卷切钢带Ⅱ的不平度　　mm

公称长度	不平度	
	普通级	较高级
任意长度	≤10	≤7

注：此表不适用于冷作硬化钢板及2D产品。

3)对冷作硬化处理后的卷切钢板不平度应符合表5-94规定。

表5-94　　不同冷作硬化状态下卷切钢板的不平度　　mm

公称宽度	厚　度	不平度		
		H1/4	H1/2	H、H2
≥600～<900	≥0.10～<0.40	19	23	按供需双方协议规定
	≥0.40～<0.80	16	23	
	0.80	13	19	
≥900～<1219	≥0.10～<0.40	26	29	按供需双方协议规定
	≥0.40～<0.80	19	29	
	≥0.80	16	26	

注：此表仅适用于奥氏体型和奥氏体·铁素体型除软板及深冲板之外的钢种。

(2)镰刀弯。

1)宽钢带及卷切钢板、纵剪宽钢带及卷切钢带Ⅰ的镰刀弯应符合表5-95的规定。冷作硬化卷切钢板的镰刀弯由供需双方协商确定。

表 5-95　宽钢带及卷切钢板、纵剪宽钢带及卷切钢带Ⅰ的镰刀弯　mm

公称宽度	任意1000长度上的镰刀弯　≤
≥10～<40	2.5
≥40～<125	2.0
≥128～<600	1.5
≥600～<2100	1.0

2)窄钢带及卷切钢带Ⅱ的镰刀弯应符合表5-96普通精度的规定，如需方要求并在合同中注明时，可执行表5-96中较高精度的规定。冷作硬化卷切钢板的镰刀弯由供需双方协商确定。

表 5-96　窄钢带及卷切钢带Ⅱ的镰刀弯　mm

公称宽度	任意1000长度上的镰刀弯，　≤	
	普通精度	较高精度
≥10～<25	4.0	1.5
≥25～<40	3.0	1.25
≥40～<125	2.0	1.0
≥125～<600	1.5	0.75

(3)切斜度。

1)卷切钢板及卷切钢带Ⅰ的切斜度应不大于产品公称宽度×0.5%，或符合表5-97的规定。

表 5-97　卷切钢板及卷切钢带Ⅰ的切斜度　mm

卷切钢板长度	对角线最大差值
≤3000	6
3000～≤6000	10
>6000	15

2)卷切钢带Ⅱ的切斜度应符合表5-98的规定。

表 5-98　卷切钢带Ⅱ的切斜度　mm

公称宽度	切斜度
≥250	≤公称宽度×0.5%
<250	供需双方协商

(4)宽钢带、纵剪宽钢带、窄钢带的边浪应符合下列规定：边浪二次高 h/浪形长度 L 经平整或矫直后的窄钢带：厚度≤1.0mm，边浪≤0.03；厚度>1.0mm，边浪≤0.02；宽钢带或纵剪宽钢带：边浪≤0.03。

(5)钢卷边形。钢卷应牢固成卷并尽量保持圆柱形和不卷边。钢卷内径应在合同中注明。

(6)钢卷塔形应符合：切边钢卷及纵剪宽钢带不大于35mm；不切边钢卷不大于70mm。

3. 测量方法

钢板和钢带尺寸的测量方法，见表5-99。

表 5-99　　尺寸的测量方法

项　目	内　　容
厚度测量	(1)宽钢带及卷切钢板、纵剪宽钢带及卷切钢带Ⅰ。 1)不切边状态距钢带边部不小于 30mm 的任意点测量;切边状态距钢带边部不小于 20mm 的任意点测量。 2)纵剪宽钢带及卷切钢带Ⅰ,宽度不大于 30mm 时,沿钢带宽度方向的中心部位测量。 (2)窄钢带及卷切钢带Ⅱ:宽度大于 20mm 时,距边部不小于 10mm 任意点测量;宽度不大于 20mm 时,沿钢带宽度方向的中心部位测量
外形测量	(1)不平度:钢板在自重状态下平放于平台上,测量钢板任意方向的下表面与平台间的最大距离。 (2)镰刀弯:测量方法,见图 5-11,可用 1m 直尺测量。窄钢带的测量位置在钢卷头尾 3 圈之外。 (3)切斜度:测量方法见图 5-14。 (4)边浪:测量方法见图 5-15。 钢带的边浪测量仅适用于产品边部

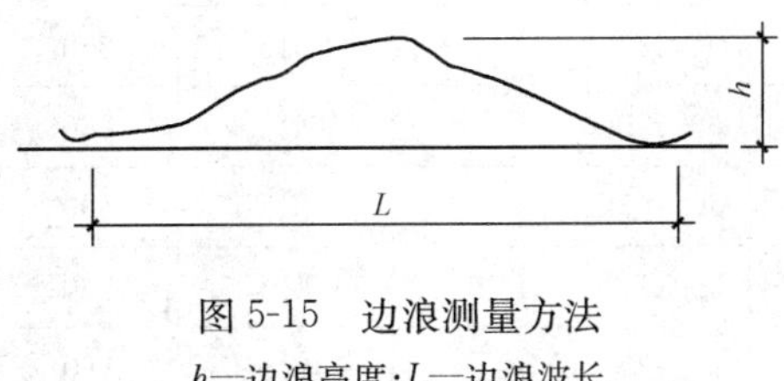

图 5-15　边浪测量方法

h—边浪高度;L—边浪波长

4. 重量

钢板和钢带按实际重量或理论重量交货。按理论重量交货时,钢的密度按《不锈钢和耐热钢牌号及化学成分》(GB/T 20878—2007)附录 A 计算,未规定者,由供需双方协商。

5. 技术要求

(1)牌号、分类及化学成分。

1)钢的牌号、分类及化学成分(熔炼分析)应符合表 5-66～表 5-70 的规定。

2)钢板及钢带的化学成分允许偏差应符合《钢和铁　化学成分测定用试样的取样和制样方法》(GB/T 20066)的规定。

(2)冶炼方法:优先采用粗炼钢水加炉外精炼。

(3)交货状态。

1)钢板和钢带经冷轧后,可经热处理及酸洗或类似处理后交货。当进行光亮热处理时,可省去酸洗等处理。

2)根据需方要求,钢板和钢带可按不同冷作硬化状态交货。

3)对于沉淀硬化型钢的热处理,需方应在合同中注明热处理的种类,并应说明是对钢带、钢板本身还是对试样进行热处理。

4)必要时可进行矫直、平整或研磨。

(4)力学性能。经热处理的各类型钢板和钢带的力学性能应符合下列规定。各类钢板和钢带的规定非比例延伸强度及硬度试验、退火状态的铁素体型和马氏体型钢的弯曲试验,仅当需方要求并在合同中注明时才进行检验。对于几种硬度试验,可根据钢板和钢带的不同尺寸和状态选择其中一种方法试验。

1)经固熔处理的奥氏体型钢板和钢带力学性能应符合表 5-71 的规定。

2)不同冷作硬化状态钢板和钢带的力学性能应符合表 5-100～表 5-103 规定,表中未列的牌号以冷作硬化状态交货时的力学性能及硬度由供需双方协商并在合同中注明。

表 5-100　H1/4 状态的钢材力学性能

GB/T 20878 中序号	新牌号	旧牌号	规定非比例延伸强度 $R_{p0.2}$/MPa	抗拉强度 R_m/MPa	断后伸长率 A(%) 厚度 <0.4mm	厚度 ≥0.4mm～<0.8mm	厚度 ≥0.8mm
			≥				
9	12Cr17Ni7	1Cr17Ni7	515	860	25	25	25
10	022Cr17Ni7		515	825	25	25	25
11	022Cr17Ni7N		515	825	25	25	25
13	12Cr18Ni9	1Cr18Ni9	515	860	10	10	12
17	06Cr19Ni10	0Cr18Ni9	515	860	10	10	12
18	022Cr19Ni10	00Cr19Ni10	515	860	8	8	10
23	06Cr19Ni10N	0Cr19Ni9N	515	860	12	12	12
25	022Cr19Ni10N	00Cr18Ni10N	515	860	10	10	12
38	06Cr17Ni12Mo2	0Cr17Ni12Mo2	515	860	10	10	10
39	022Cr17Ni12Mo2	00Cr17Ni14Mo2	515	860	8	8	8
41	06Cr17Ni12Mo2Ti	0Cr18Ni12Mo3Ti	515	860	12	12	12

表 5-101　H1/2 状态的钢材力学性能

GB/T 20878 中序号	新牌号	旧牌号	规定非比例延伸强度 $R_{p0.2}$/MPa	抗拉强度 R_m/MPa	断后伸长率 A(%) 厚度 <0.4mm	厚度 ≥0.4mm～<0.8mm	厚度 ≥0.8mm
			≥				
9	12Cr17Ni7	1Cr17Ni7	760	1035	15	18	18
10	022Cr17Ni7		690	930	20	20	20
11	022Cr17Ni7N		690	930	20	20	20
13	12Cr18Ni9	1Cr18Ni9	760	1035	9	10	10
17	06Cr19Ni10	0Cr18Ni9	760	1035	6	7	7
18	022Cr19Ni10	00Cr19Ni10	760	1035	5	6	6
23	06Cr19Ni10N	0Cr19Ni9N	760	1035	6	8	8
25	022Cr19Ni10N	00Cr18Ni10N	760	1035	6	7	7
38	06Cr17Ni12Mo2	0Cr17Ni12Mo2	760	1035	6	7	7
39	022Cr17Ni12Mo2	00Cr17Ni14Mo2	760	1035	5	6	6
43	06Cr17Ni12Mo2N	0Cr17Ni12Mo2N	760	1035	6	8	8

表 5-102　H 状态的钢材力学性能

GB/T 20878 中序号	新牌号	旧牌号	规定非比例延伸强度 $R_{p0.2}$/MPa	抗拉强度 R_m/MPa	断后伸长率 A(%) 厚度 <0.4mm	厚度 ≥0.4mm~<0.8mm	厚度 ≥0.8mm
			≥				
9	12Cr17Ni7	1Cr17Ni7	930	1205	10	12	12
13	12Cr18Ni9	1Cr18Ni9	930	1205	5	6	6

表 5-103　H2 状态的钢材力学性能

GB/T 20878 中序号	新牌号	旧牌号	规定非比例延伸强度 $R_{p0.2}$/MPa	抗拉强度 R_m/MPa	断后伸长率 A(%) 厚度 <0.4mm	厚度 ≥0.4mm~<0.8mm	厚度 ≥0.8mm
			≥				
9	12Cr17Ni7	1Cr17Ni7	965	1275	8	9	9
13	12Cr18Ni9	1Cr18Ni9	965	1275	3	4	4

3)经固熔处理的奥氏体、铁素体型钢板和钢带的力学性能应符合表 5-72 的规定。

4)经退火处理的铁素体型、马氏体型钢板和钢带的力学性能应符合表 5-73、表 5-74 的规定。

5)经固熔处理的沉淀硬化型钢板和钢带的试样力学性能应符合表 5-104 的规定，根据需方指定并经时效处理的试样的力学性能应符合表 5-105 的规定。

表 5-104　经固熔处理的沉淀硬化型钢试样的力学性能

GB/T 20878 中序号	新牌号	旧牌号	钢材厚度/mm	规定非比例延伸强度 $R_{p0.2}$/MPa	抗拉强度 R_m/MPa	断后伸长率 A(%)	硬度值 HRC	硬度值 HBW
				≤	≤	≥	≤	≤
134	04Cr13Ni8Mo2Al		≥0.10~<8.0	—	—	—	38	363
135	022Cr12Ni9Cu2NbTi		≥0.30~≤8.0	1105	1205	3	36	331
138	07Cr17Ni7Al	0Cr17Ni7Al	≥0.10~<0.30 ≥0.30~≤8.0	450 380	1035 1035	— 20	— 92①	— —
139	07Cr15Ni7Mo2Al	0Cr15Ni7Mo2Al	≥0.10~≤8.0	450	1035	25	100①	—
141	09Cr17Ni5Mo3aN		≥0.10~<0.30 ≥0.30~≤8.0	585 585	1380 1380	8 12	30 30	— —
142	06Cr17Ni7AlTi		≥0.10~<1.50 ≥1.50~≤8.0	515 515	825 825	4 5	32 32	— —

① 为 HRB 硬度值。

表 5-105　　沉淀硬化处理后的沉淀硬化型钢试样的力学性能

GB/T 20878 中序号	新牌号	旧牌号	钢材厚度/mm	处理[①]温度/℃	非比例延伸强度 $R_{p0.2}$/MPa	抗拉强度 R_m/MPa	断后[②]伸长率 A(%)	硬度值 HRC	硬度值 HB
					≥			≤	
134	04Cr13Ni8Mo2Al		≥0.10～<0.50	510±6	1410	1515	6	45	—
			≥0.50～<5.0		1410	1515	8	45	—
			≥5.0～≤8.0		1410	1515	10	45	—
			≥0.10～<0.50	538±6	1310	1380	6	43	—
			≥0.50～<5.0		1310	1380	8	43	—
			≥5.0～≤8.0		1310	1380	10	43	—
135	022Cr12Ni9Cu2NbTi		≥0.10～<0.50	510±6 或 482±6	1410	1525	—	44	—
			≥0.50～<1.50		1410	1525	3	44	—
			≥1.50～≤8.0		1410	1525	4	44	—
138	07Cr17Ni7Al	0Cr17Ni7Al	≥0.10～<0.30	760±15 15±3 566±6	1035	1240	3	38	—
			≥0.30～<5.0		1035	1240	5	38	—
			≥5.0～≤8.0		965	1170	7	43	352
			≥0.10～<0.30	954±8 −73±6 510±6	1310	1450	1	44	—
			≥0.30～<5.0		1310	1450	3	44	—
			≥5.0～≤8.0		1240	1380	6	43	401
139	07Cr15Ni7Mo2Al	0Cr5Ni7Mo2Al	≥0.10～<0.30	760±15 15±3 566±6	1170	1310	3	40	—
			≥0.30～<5.0		1170	1310	5	40	—
			≥5.0～≤8.0		1170	1310	4	40	375
			≥0.10～<0.30	954±8 −73±6 510±6	1380	1550	2	46	—
			≥0.30～<5.0		1380	1550	4	46	—
			≥5.0～≤8.0		1380	1550	4	45	429
			≥0.10～≤1.2	冷轧	1205	1380	1	41	—
			≥0.10～≤1.2	冷轧+482	1580	1655	1	46	—
141	09Cr17Ni5Mo3N		≥0.10～<0.30	455±8	1035	1275	6	42	—
			≥0.30～≤5.0		1035	1272	8	42	—
			≥0.10～<0.30	540±8	1000	1140	6	36	—
			≥0.30～≤5.0		1000	1140	8	36	—
142	06Cr17Ni7AlTi		≥0.10～<0.80	510±8	1170	1310	3	39	—
			≥0.80～<1.50		1170	1310	4	39	—
			≥1.50～≤8.0		1170	1310	5	39	—
			≥0.10～<0.80	538±8	1105	1240	3	37	—
			≥0.80～<1.50		1105	1240	4	37	—
			≥1.50～≤8.0		1105	1240	5	37	—
			≥0.10～<0.80	566±8	1035	1170	3	35	—
			≥0.80～<1.50		1035	1170	4	35	—
			≥1.50～≤8.0		1035	1170	5	35	—

① 为推荐性热处理温度，供方应向需方提供推荐性热处理制度。

② 适用于沿宽度方向的试验，垂直于轧制方向且平行于钢板表面。

6)沉淀硬化型钢固熔处理状态的弯曲试验应符合表5-106的规定。

表5-106　沉淀硬化型钢固熔处理状态的弯曲试验

GB/T 20878中序号	新牌号	旧牌号	厚度/mm	冷弯角度(°)	弯芯直径
135	022Cr12Ni9Cu2NbTi		≥0.10～≤5.0	180	$d=6a$
138	07Cr17Ni7Al	0Cr17Ni7Al	≥0.10～≤5.0	180	$d=a$
			≥5.0～≤7.0	180	$d=3a$
139	07Cr15Ni7Mo2Al	0Cr15Ni7Mo2Al	≥0.10～<5.0	180	$d=a$
			≥5.0～≤7.0	180	$d=3a$
141	09Cr17Ni5Mo3N		≥0.10～≤5.0	180	$d=2a$

注:d弯芯直径,a试验钢板厚度。

(5)耐腐蚀性能。

1)钢板和钢带按表5-78～表5-81进行耐晶间腐蚀试验,试验方法由供需双方协商确定并在合同中注明,未注明时,可不做试验。对于Mo不小于3%的低碳不锈钢,试验前的敏化处理应由供需双方协商。

2)如需方要求其他耐腐蚀试验,或对表5-78～表5-81未列入的牌号需进行耐腐蚀试验时,其试验方法和要求,由供需双方协商确定并在合同中注明。

3)如需方要求并在合同中注明可对钢板和钢带进行盐雾腐蚀试验,试验方法执行《人造气氛腐蚀试验　盐雾试验》(GB/T 10125)的规定。

(6)表面加工及质量要求。

1)表面加工类型,见表5-107。需方应根据使用需求指定钢板表面加工类型,并在合同中注明。

表5-107　表面加工类型

简称	加工类型	表面状态	备　注
2D表面	冷轧、热处理、酸洗或除鳞	表面均匀、呈亚光状	冷轧后热处理、酸洗。亚光表面经酸洗或除鳞产生。可用毛面辊进行平整。毛面加工便于在深冲时将润滑剂保留在钢板表面。这种表面适用于加工深、冲部件,但这些部件成型后还需进行抛光处理
2B表面	冷轧、热处理、酸洗或除鳞、光亮加工	较2D表面光滑平直	在2D表面的基础上,对经热处理、除鳞后的钢板用抛光辊进行小压下量的平整。属最常用的表面加工。除极为复杂的深冲外,可用于任何用途
BA表面	冷轧、光亮退火	平滑、光亮、反光	冷轧后在可控气氛炉内进行光亮退火。通常采用干氢或干氢与干氮混合气氛,以防止退火过程中的氧化现象。也是后工序再加工常用的表面加工
3#表面	对单面或双面进行刷磨或亚光抛光	无方向纹理、不反光	需方可指定抛光带的等级或表面粗糙度。由于抛光带的等级或表面粗糙度的不同,表面所呈现的状态不同。这种表面适用于延伸产品还需进一步加工的场合。若钢板或钢带做成的产品不进行另外的加工或抛光处理时,建议用4#表面

（续）

简称	加工类型	表面状态	备注
4# 表面	对单面或双面进行通用抛光	无方向纹理、反光	经粗磨料粗磨后，再用粒度为120#～150#或更细的研磨料进行精磨。这种材料被广泛用于餐馆设备、厨房设备、店铺门面、乳制品设备等
6# 表面	单面或双面亚光缎面抛光，坦皮科研磨	呈亚光状、无方向纹理	表面反光率较4#表面差。是用4#表面加工的钢板在中粒度研磨料和油的介质中经坦皮科刷磨而成。适用于不要求光泽度的建筑物和装饰。研磨粒度可由需方指定
7# 表面	高光泽度表面加工	光滑、高反光度	是由优良的基础表面进行擦磨而成。但表面磨痕无法消除。该表面主要适用于要求高光泽度的建筑物外墙装饰
8# 表面	镜面加工	无方向纹理、高反光度、影像清晰	该表面是用逐步细化的磨料抛光和用极细的铁丹大量擦磨而成。表面不留任何擦磨痕迹。该表面被广泛用于模压板、镜面
TR 表面	冷作硬化处理	应材质及冷作量的大小而变化	对退火除鳞或光亮退火的钢板进行足够的冷作硬化处理。大大提高强度水平
HL 表面	冷轧、酸洗、平整、研磨	呈连续性磨纹状	用适当粒度的研磨材料进行抛光，使表面呈连续性磨纹

注：1. 单面抛光的钢板，另一面需进行粗磨，以保证必要的平直度。

2. 标准的抛光工艺在不同的钢种上所产生的效果不同。对于一些关键性的应用，订单中需要附“典型标样”做参照，以便于取得一致的看法。

2）钢板及钢带表面质量。

①钢板不得有影响使用的缺陷。允许有个别深度小于厚度公差之半的轻微麻点、擦划伤、压痕、凹坑、辊印和色差等不影响使用的缺陷。允许局部修磨，但应保证钢板最小厚度。

②钢带不得有影响使用的缺陷。但成卷交货的钢带由于一般没有除去缺陷的机会，允许有少量不正常的部分。对不经抛光的钢带，表面允许有个别深度小于厚度公差之半的轻微麻点、擦划伤、压痕、凹坑、辊印和色差。

③钢带边缘应平整。切边钢带边缘不允许有深度大于宽度公差之半的切割不齐和大于钢带厚度公差的毛刺；不切边钢带不允许有大于宽度公差的裂边。

（7）特殊要求。根据需方要求，可对钢的化学成分、力学性能作特殊要求，或补充规定非金属夹杂物、无损检验等项目，具体内容由供需双方协商确定。

6. 试验方法

每批钢板或钢带的检验项目及试验方法应符合表5-108的规定。

表5-108　取样方法、数量及试验方法

序号	检验项目	取样方法及部位	取样数量	试验方法
1	化学成分	GB/T 20066	1	GB/T 223、GB/11170及GB/T 9971—2004中的附录A

（续）

序号	检验项目	取样方法及部位	取样数量	试验方法
2	拉伸试验	GB/T 2975 取横向试样	1	GB/T 228
3	弯曲试验	GB/T 232	1	GB/T 232
4	硬度	任一张或任一卷	1	GB/T 230.1,GB/T 231.1,GB/T 4340
5	耐腐蚀性	GB/T 4334	2	GB/T 4334
6	尺寸外形	逐张或逐卷	—	按测定方法
7	表面质量	逐张或逐卷	—	目视

7. 检验规则

(1)检查和验收。钢板和钢带的质量由供方质量监督部门负责检查和验收。供方必须保证交货的钢材符合有关标准的规定,需方有权按相应标准的规定进行检查和验收。

(2)组批规则。钢板或钢带应成批提交验收,每批由同一牌号、同一炉号、同一厚度和同一热处理制度的钢板或钢带组成。

(3)取样部位及取样数量。钢板或钢带的取样部位及取样数量应符合表 5-108 的规定。

(4)复验和判定规则。若某项试验结果不符合要求,允许按《钢板和钢带包装、标志及质量证明书的一般规定》(GB/T 247)进行复验。

8. 包装、标志及质量证明书

钢板和钢带的包装、标志及质量证明书应符合《钢板和钢带包装、标志及质量证书的一般规定》(GB/T 247)的规定。

第三节　钢　筋

一、热轧光圆钢筋(GB 1499.1—2008)

1. 概念与特点

热轧光圆钢筋是指经热轧成型,横截面通常为圆形,表面光滑的成品钢筋。

2. 分类、牌号

(1)钢筋按屈服强度特征值分为 235、300 级。

(2)钢筋牌号的构成及含义,见表 5-109。

表 5-109　钢筋牌号的构成及含义

产品名称	牌号	牌号构成	英文字母含义
热轧光圆钢筋	HPB235	由 HPB-屈服强度特征值构成	HPB-热轧光圆钢筋的英文(Hot rolled Plain Bars)缩写
	HPB300		

3. 尺寸、外形、重量及允许偏差

(1)公称直径范围推荐直径。钢筋的公称直径范围为 6～22mm,推荐的钢筋公称直径为 6mm、

8mm、10mm、12mm、16mm、20mm。

(2)公称横截面面积与理论重量。钢筋的公称横截面面积与理论重量，见表5-110。

表5-110 钢筋的公称横截面积与理论重量

公称直径/mm	公称横截面面积/mm²	理论重量/(kg/m)
6(6.5)	28.27(33.18)	0.222(0.260)
8	50.27	0.395
10	78.54	0.617
12	113.1	0.888
14	153.9	1.21
16	201.1	1.58
18	254.5	2.00
20	314.2	2.47
22	380.1	2.98

注：表中理论重量按密度为7.85g/cm² 计算。公称直径6.5mm的产品为过渡性产品。

(3)光圆钢筋的截面形状及尺寸允许偏差。

1)光圆钢筋的截面形状，如图5-16所示。

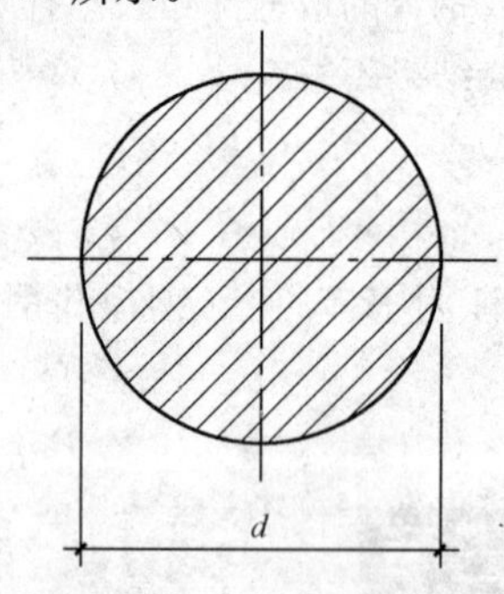

图5-16 光圆钢筋截面形状

d—钢筋直径

2)光圆钢筋的直径允许偏差和不圆度应符合表5-111的规定。钢筋实际重量与理论重量的偏差符合表5-112的规定时，钢筋直径允许偏差不作交货条件。

表5-111 钢筋的允许偏差与不圆度 mm

公称直径	允许偏差	不圆度
6(6.5) 8 10 12	±0.3	≤0.4
14 16 18 20 22	±0.4	

表 5-112　　盘条重量的允许偏差　　mm

公称直径/mm	实际重量与理论重量的偏差(%)
6～12	±7
14～22	±5

(4)长度及允许偏差。

1)长度。

①钢筋可按直条或盘卷交货。

②直条钢筋定尺长度应在合同中注明。

2)长度允许偏差。按定尺长度交货的直条钢筋其长度允许偏差范围为 0～±50mm。

(5)弯曲度和端部。

1)直条钢筋的弯曲度应不影响正常使用,总弯曲度不大于钢筋总长度的 0.4%。

2)钢筋端部应剪切正直,局部变形应不影响使用。

(6)重量及允许偏差。

1)钢筋按实际重量交货,也可按理论质量交货。

2)直条钢筋实际重量与理论重量的允许偏差应符合表 5-112 的规定。

3)盘重。按盘卷交货的钢筋,每根盘条重量应不小于 500kg,每盘重量应不小于 1000kg。

4. 技术要求

(1)牌号和化学成分。

1)钢筋牌号及化学成分(熔炼分析)应符合表 5-113 的规定。钢中残余元素铬、镍、铜含量应各不大于 0.30%,供方如能保证可不作分析。

表 5-113　　钢筋牌号及化学成分

牌号	化学成分(质量分数)(%),≤				
	C	Si	Mn	P	S
HPB235	0.22	0.30	0.65	0.045	0.050
HPB300	0.25	0.55	1.50		

2)钢筋的成品化学成分允许偏差应符合《钢和铁　化学成分测定用试样的取样和制样方法》(GB/T 20066)的规定。

(2)冶炼方法。钢以氧气转炉、电炉冶炼。

(3)力学性能、工艺性能。

1)钢筋的屈服强度 R_{eL}、抗拉强度 R_m、断后伸长率 A,最大力总伸长率 A_{gt} 等力学性能特征值应符合表 5-114 的规定。表 5-114 所列各力学性能特征值,可作为交货检验的最小保证值。

表 5-114　　钢筋的力学和工艺性能

牌号	R_{eL} /MPa	R_m /MPa	A (%)	A_{gt} (%)	冷弯试验 180° d—弯芯直径 a—钢筋公称直径
	≥				
HPB235	235	370	25.0	10.0	$d=a$
HPB300	300	420			

2)根据供需双方协议，伸长率类型可从 A 或 A_{gt} 中选定。如伸长率类型未经协议确定，则伸长率采用 A，仲裁检验时采用 A_{gt}。

3)弯曲性能。按表 5-114 规定的弯芯直径弯曲 180°后，钢筋受弯曲部位表面不得产生裂纹。

(4)表面质量。

1)钢筋应无有害的表面缺陷，按盘卷交货的钢筋应将头尾有害缺陷部分切除。

2)试样可使用钢丝刷清理，清理后的重量、尺寸、横截面积和拉伸性能满足本部分的要求，锈皮、表面不平整或氧化铁皮不作为拒收的理由。

3)当带有上述"2)"规定的缺陷以外的表面缺陷的试样不符合拉伸性能或弯曲性能要求时，则认为这些缺陷是有害的。

5. 试验方法

热轧光圆钢筋试验方法，见表 5-115。

表 5-115 试验方法

项 目	内 容
检验项目	每批钢筋的检验项目，取样方法和试验方法应符合表 5-116 的规定
力学性能、工艺性能试验	(1)拉伸、弯曲试验试样不允许进行车削加工。 (2)计算钢筋强度用截面面积采用表 5-110 所列公称横截面面积。 (3)最大力总伸长率 A_{gt} 的检验，除按表 5-116 规定采用《金属材料 室温拉伸试验方法》(GB/T 228)的有关试验方法外，也可采用《钢筋混凝土用钢 第 1 部分：热轧光圆钢筋》(GB 1499.1—2008)附录 A 的方法
尺寸测量	钢筋直径的测量应精确到 0.1mm
重量偏差的测量	(1)测量钢筋重量偏差时，试样应从不同根钢筋上截取，数量不少于 5 支，每支试样长度不小于 500mm。长度应逐支测量，应精确到 1mm。测量试样总重量时，应精确到不大于总重量的 1%。 (2)钢筋实际重量与理论重量的偏差(%)按下列公式计算 $$重量偏差=\frac{试样实际总重量-(试样总长度\times 理论重量)}{试样总长度\times 理论重量}\times 100$$
检验结果	检验结果的数值修约与判定应符合《冶金技术标准的数值修约与检测数值的判定原则》(YB/T 081)的规定

表 5-116 取样方法、数量及试验方法

序号	检验项目	取样数量	取样方法	试验方法
1	化学成分（熔炼分析）	1	GB/T 20066	GB/T 223 GB/T 4336
2	拉伸	2	任选两根钢筋切取	GB/T 228、GB 1499.1[8.2]
3	弯曲	2	任选两根钢筋切取	GB/T 232、GB 1499.1[8.2]
4	尺寸	逐支(盘)		GB 1499.1[8.3]
5	表面	逐支(盘)		目视
6	重量偏差	GB 1499.1[8.4]		GB 1499.1[8.4]

注：对化学分析和拉伸试验结果有争议时，仲裁试验分别按《金属材料 室温拉伸试验方法》(GB/T 228)进行。

6. 检验规则

钢筋的检验分为特征值检验和交货检验。

(1)特征值检验。特征值检验适用于下列情况：

1)供方对产品质量控制的检验；

2)需方提出要求，经供需双方协议一致的检验；

3)第三方产品认证及仲裁检验。

(2)交货检验。

1)交货检验适用于钢筋验收批的检验。

2)组批规则。

①钢筋应按批进行检查和验收，每批由同一牌号、同一炉罐号、同一尺寸的钢筋组成。每批重量通常不大于60t。超过60t的部分，每增加40t(或不足40t的余数)，增加一个拉伸试验试样和一个弯曲试验试样。

②允许由同一牌号、同一冶炼方法、同一浇筑方法的不同炉罐号组成混合批。各炉罐号含碳量之差不大于0.02%，含锰量之差不大于0.15%。混合批的重量不大于60t。

3)检验项目和取样数量。钢筋检验项目和取样数量应符合表5-116及上述“2)、②”的规定。

4)检验结果。各检验项目的检验结果应符合尺寸外形、重量及允许偏差和技术要求的有关规定。

5)复验与判定。钢筋的复验与判定应符合《型钢验收、包装、标志及质量证明书的一般规定》(GB/T 2101)的规定。

7. 包装、标志和质量证明书

钢筋的包装、标志和质量证明书应符合《型钢验收、包装、标志及质量证明书的一般规定》(GB/T 2101)的有关规定。

二、热轧带肋钢筋(GB 1499.2—2007)

1. 概念

热轧带肋钢筋横截面为圆形，且表面通常有两条纵肋和沿长度方向均匀分布横肋的钢筋。

2. 分类、牌号

(1)钢筋按屈服强度特征值分为335、400、500级。

(2)钢筋牌号构成及含义，见表5-117。

表5-117　　钢筋牌号构成及含义

类别	牌号	牌号构成	英文字母含义
普通热轧钢筋	HRB335	由HRB+屈服强度特征值构成	HRB—热轧带肋钢筋的英文(Hot rolled Ribbed Bars)缩写
	HRB400		
	HRB500		
细晶粒热轧钢筋	HRBF335	由HRBF+屈服强度特征值构成	HRBF—在热轧带肋钢筋的英文缩写后加“细”的英文(Fine)首位字母
	HRBF400		
	HRBF500		

3. 尺寸、外形、重量及允许偏差

(1)公称直径范围及推荐直径。钢筋的公称直径范围为 6～50mm，推荐的钢筋公称直径为 6mm、8mm、10mm、12mm、16mm、20mm、25mm、32mm、40mm、50mm。

(2)公称横截面积与理论重量。钢筋的公称横截面面积与理论重量表 5-118。

表 5-118　公称横截面积与理论重量

公称直径/mm	公称横截面面积/mm^2	理论重量/(kg/m)
6	28.27	0.222
8	50.27	0.395
10	78.54	0.617
12	113.1	0.888
14	153.9	1.21
16	201.1	1.58
18	254.5	2.00
20	314.2	2.47
22	380.1	2.98
25	490.9	3.85
28	615.8	4.83
32	804.2	6.31
36	1018	7.99
40	1257	9.87
50	1964	15.42

注：表中理论重量按密度为 7.85g/cm^3 计算。

(3)带肋钢筋的表面形状及尺寸允许偏差。

1)带肋钢筋横肋设计原则应符合下列规定：

①横肋与钢筋轴线的夹角 β 不应小于 45°，当该夹角不大于 70°时，钢筋相对两面上横肋的方向应相反。

②横肋公称间距不得大于钢筋公称直径的 0.7 倍。

③横肋侧面与钢筋表面的夹角 α 不得小于 45°。

④钢筋相邻两面上横肋末端之间的间隙(包括纵肋宽度)总和不应大于钢筋公称周长的 20%。

⑤当钢筋公称直径不大于 12mm 时，相对肋面积不应小于 0.055；公称直径为 14mm 和 16mm 时，相对肋面积不应小于 0.060；公称直径大于 16mm 时，相对肋面积不应小于 0.065。

2)带肋钢筋通常带有纵肋，也可不带纵肋。

3)带有纵肋的月牙肋钢筋，其外形如图 5-17 所示，尺寸及允许偏差应符合表 5-119 的规定。钢筋实际重量与理论重量的偏差符合表 5-120 规定时，钢筋内径偏差不做交货条件。

4)不带纵肋的月牙肋钢筋，其内径尺寸可按表 5-119 的规定作适当调整，但重量允许偏差仍应符合表 5-120 的规定。

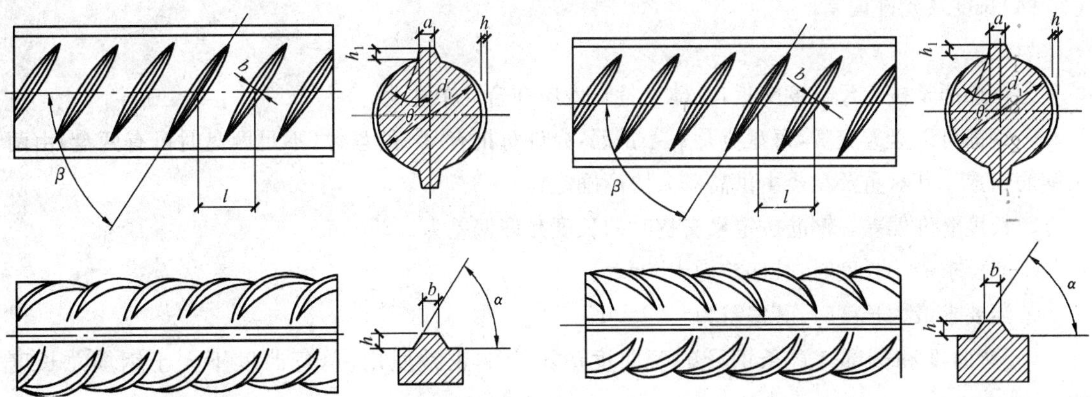

图 5-17　月牙肋钢筋(带纵肋)表面及截面形状

d_1—钢筋内径;α—横肋斜角;h—横肋高度;

β—横肋与轴线夹角;h_1—纵肋高度;θ—纵肋斜角;

a—纵肋顶宽;l—横肋间距;b—横肋顶宽

表 5-119　　**带纵肋月牙肋钢筋内径**　　mm

<table>
<tr><th rowspan="2">公称直径 d</th><th colspan="2">内径 d_1</th><th colspan="2">横肋高 h</th><th rowspan="2">纵肋高 h_1(不大于)</th><th rowspan="2">横肋宽 b</th><th rowspan="2">纵肋宽 a</th><th colspan="2">间距 l</th><th rowspan="2">横肋末端最大间隙(公称周长的 10%弦长)</th></tr>
<tr><th>公称尺寸</th><th>允许偏差</th><th>公称尺寸</th><th>允许偏差</th><th>公称尺寸</th><th>允许偏差</th></tr>
<tr><td>6</td><td>5.8</td><td>±0.3</td><td>0.6</td><td>±0.3</td><td>0.8</td><td>0.4</td><td>1.0</td><td>4.0</td><td rowspan="7">±0.5</td><td>1.8</td></tr>
<tr><td>8</td><td>7.7</td><td rowspan="6">±0.4</td><td>0.8</td><td>+0.4
−0.3</td><td>1.1</td><td>0.5</td><td>1.5</td><td>5.5</td><td>2.5</td></tr>
<tr><td>10</td><td>9.6</td><td>1.0</td><td>±0.4</td><td>1.3</td><td>0.6</td><td>1.5</td><td>7.0</td><td>3.1</td></tr>
<tr><td>12</td><td>11.5</td><td>1.2</td><td rowspan="3">+0.4
−0.5</td><td>1.5</td><td>0.7</td><td>1.5</td><td>8.0</td><td>3.7</td></tr>
<tr><td>14</td><td>13.4</td><td>1.4</td><td>1.8</td><td>0.8</td><td>1.8</td><td>9.0</td><td>4.3</td></tr>
<tr><td>16</td><td>15.4</td><td>1.5</td><td>1.9</td><td>0.9</td><td>1.8</td><td>10.0</td><td>5.0</td></tr>
<tr><td>18</td><td>17.3</td><td>1.6</td><td rowspan="2">±0.5</td><td>2.0</td><td>1.0</td><td>2.0</td><td>10.0</td><td>5.6</td></tr>
<tr><td>20</td><td>19.3</td><td rowspan="3">±0.5</td><td>1.7</td><td>2.1</td><td>1.2</td><td>2.0</td><td>10.0</td><td rowspan="3">±0.8</td><td>6.2</td></tr>
<tr><td>22</td><td>21.3</td><td>1.9</td><td rowspan="3">±0.6</td><td>2.4</td><td>1.3</td><td>2.5</td><td>10.5</td><td>6.8</td></tr>
<tr><td>25</td><td>24.2</td><td>2.1</td><td>2.6</td><td>1.5</td><td>2.5</td><td>12.5</td><td>7.7</td></tr>
<tr><td>28</td><td>27.2</td><td rowspan="3">±0.6</td><td>2.2</td><td>2.7</td><td>1.7</td><td>3.0</td><td>12.5</td><td rowspan="4">±1.0</td><td>8.6</td></tr>
<tr><td>32</td><td>31.0</td><td>2.4</td><td>+0.8
−0.7</td><td>3.0</td><td>1.9</td><td>3.0</td><td>14.0</td><td>9.9</td></tr>
<tr><td>36</td><td>35.0</td><td>2.6</td><td>+1.0
−0.8</td><td>3.2</td><td>2.1</td><td>3.5</td><td>15.0</td><td>11.1</td></tr>
<tr><td>40</td><td>38.7</td><td>±0.7</td><td>2.9</td><td>±1.1</td><td>3.5</td><td>2.2</td><td>3.5</td><td>15.0</td><td>12.4</td></tr>
<tr><td>50</td><td>48.5</td><td>±0.8</td><td>3.2</td><td>±1.2</td><td>3.8</td><td>2.5</td><td>4.0</td><td>16.0</td><td></td><td>15.5</td></tr>
</table>

注:1. 纵肋斜角 θ 为 0°～30°。

2. 尺寸 a、b 为参考数据。

(4)长度及允许偏差。

1)长度。

①钢筋通常按定尺长度交货,具体交货长度应在合同中注明。

②钢筋可以盘卷交货,每盘应是一条钢筋,允许每批有5%的盘数(不足两盘时可有两盘)由两条钢筋组成。其盘重及盘径由供需双方协商确定。

2)长度允许偏差。钢筋按定尺交货时的长度允许偏差为±25mm。

①当要求最小长度时,其偏差为+50mm。

②当要求最大长度时,其偏差为-50mm。

(5)弯曲度和端部。直条钢筋的弯曲度应不影响正常使用,总弯曲度不大于钢筋总长度的0.4%。

钢筋端部应剪切正直,局部变形应不影响使用。

(6)重量及允许偏差。

1)钢筋可按理论重量交货,也可按实际重量交货。按理论重量交货时,理论重量为钢筋长度乘以表5-118中钢筋的每米理论重量。

2)钢筋实际重量与理论重量的允许偏差应符合表5-120的规定。

表5-120　　钢筋实际重量与理论重量的允许偏差

公称直径/mm	实际重量与理论重量的偏差(%)
6~12	±7
14~20	±5
22~50	±4

4. 技术要求

(1)牌号和化学成分。

1)钢筋牌号及化学成分和碳当量(熔炼分析)应符合表5-121的规定。根据需要,钢中还可加入V、Nb、Ti等元素。

表5-121　　钢筋牌号及化学成分和碳当量

牌号	化学成分(质量分数)(%)≤					
	C	Si	Mn	P	S	Ceq
HRB335 HRBF335	0.25	0.80	1.60	0.045	0.045	0.52
HRB400 HRBF400						0.54
HRB500 HRBF500						0.55

2)碳当量Ceq(百分比)值可按公式 $Ceq=C+Mn/6+(Cr+V+Mo)/5+(Cu+Ni)/15$ 计算。

3)钢的氮含量应不大于0.012%。供方如能保证可不作分析。钢中如有足够数量的氮结合元素,含氮量的限制可适当放宽。

4)钢筋的成品化学成分允许偏差应符合《钢和铁 化学成分测定用试样的取样和制样方法》(GB/T 20066)的规定,碳当量Ceq的允许偏差为+0.03%。

(2)交货型式。钢筋通常按直条交货,直径不大于12mm的钢筋也可按盘卷交货。

(3)力学性能。

1)钢筋的屈服强度R_{eL}、抗拉强度R_m、断后伸长率A、最大力总伸长率A_{gt}等力学性能特征值应符合表5-122的规定。表5-122所列各力学性能特征值,可作为交货检验的最小保证值。

表5-122　钢筋力学性能

牌号	R_{eL} /MPa	R_m /MPa	A (%)	A_{gt} (%)
	≥			
HRB335 HRBF335	335	455	17	7.5
HRB400 HRBF400	400	540	16	
HRB500 HRBF500	500	630	15	

2)直径28～40mm各牌号钢筋的断后伸长率A可降低1%;直径大于40mm各牌号钢筋的断后伸长率A可降低2%。

3)有较高要求的抗震结构适用牌号为:在表5-117中已有牌号后加E(例如:HRB400E、HRBF400E)的钢筋。该类钢筋除应满足下列的要求外,其他要求与相对应的已有牌号钢筋相同。

①钢筋实测抗拉强度与实测屈服强度之比R_m^o不小于1.25。

②钢筋实测屈服强度与表5-122规定的屈服强度特征值之比R_{eL}^o/R_{eL}不大于1.30。

③钢筋的最大力总伸长率A_{gt}不小于9%。

注:R_m^o为钢筋实测抗拉强度;R_{eL}^o为钢筋实测屈服强度。

4)对于没有明显屈服强度的钢,屈服强度特征值R_{eL}应采用规定非比例延伸强度$R_{p0.2}$。

5)根据供需双方协议,伸长率类型可从A或A_{gt}中选定。如伸长率类型未经协议确定,则伸长率采用A,仲裁检验时采用A_{gt}。

(4)工艺性能。

1)弯曲性能。按表5-123规定的弯芯直径弯曲180°后,钢筋受弯曲部位表面不得产生裂纹。

表5-123　钢筋弯曲性能　mm

牌号	公称直径(d)	弯芯直径
HRB335 HRBF335	6～25	3d
	28～40	4d
	>40～50	5d

（续）

牌号	公称直径(*d*)	弯芯直径
HRB400 HRBF400	6～25	4*d*
	28～40	5*d*
	＞40～50	6*d*
HRB500 HRBF500	6～25	6*d*
	28～40	7*d*
	＞40～50	8*d*

2)反向弯曲性能。根据需方要求，钢筋可进行反向弯曲性能试验。

①反向弯曲试验的弯芯直径比弯曲试验相应增加一个钢筋公称直径。

②反向弯曲试验:先正向弯曲 90°后再反向弯曲 20°。两个弯曲角度均应在去载之前测量。经反向弯曲试验后，钢筋受弯曲部位表面不得产生裂纹。

(5)疲劳性能。如需方要求，经供需双方协议，可进行疲劳性能试验。疲劳试验的技术要求和试验方法由供需双方协商确定。

(6)焊接性能。

1)钢筋的焊接工艺及接头的质量检验与验收应符合相关行业标准的规定。

2)普通热轧钢筋在生产工艺、设备有重大变化及新产品生产时进行型式检验。

3)细晶粒热轧钢筋的焊接工艺应经试验确定。

(7)晶粒度。细晶粒热轧钢筋应做晶粒度检验，其晶粒度不粗于 9 级，如供方能保证可不做晶粒度检验。

(8)表面质量。

1)钢筋应无有害的表面缺陷。

2)只要经钢丝刷刷过的试样的重量、尺寸、横截面积和拉伸性能不低于规定的要求，锈皮、表面不平整或氧化铁皮不作为拒收的理由。

3)当带有上述"2)"规定的缺陷以外的表面缺陷的试样不符合拉伸性能或弯曲性能要求时，则认为这些缺陷是有害的。

5. 试验方法

(1)检验项目。每批钢筋的检验项目，取样方法和试验方法应符合表 5-124 的规定。

表 5-124　钢筋检验项目、取样方法和试验方法

序号	检验项目	取样数量	取样方法	试验方法
1	化学成分 (熔炼分析)	1	GB/T 20066	GB/T 223 GB/T 4336
2	拉伸	2	任选两根钢筋切取	GB/T 228、GB 1499.2[8.2]
3	弯曲	2	任选两根钢筋切取	GB/T 232、GB 1499.2[8.2]
4	反向弯曲	1		YB/T 5126、GB 1499.2[8.2]
5	疲劳试验	供需双方协议		
6	尺寸	逐支		尺寸测量

（续）

序号	检验项目	取样数量	取样方法	试验方法
7	表面	逐支		目视
8	重量偏差	GB 1499.2[8.4]		GB 1499.2[8.4]
9	晶粒度	2	任选两根钢筋切取	GB/T 6394

注:对化学分析和拉伸试验结果有争议时,仲裁试验分别按《金属材料　室温拉伸试验方法》(GB/T 228—2002)进行。

(2)拉伸、弯曲、反向弯曲试验。

1)拉伸、弯曲、反向弯曲试验试样不允许进行车削加工。

2)计算钢筋强度用截面面积采用表5-118所列公称横截面面积。

3)最大力总伸长率A_{gt}的检验,除按表5-124规定采用《金属材料　室温拉伸试验方法》(GB/T 228)的有关试验方法外,还可采用《钢筋混凝土用钢　第2部分:热轧带肋钢筋》(GB 1499.2—2007)附录A的方法。

4)反向弯曲试验时,经正向弯曲后的试样,应在100℃温度下保温不少于30min,经自然冷却后再反向弯曲。当供方能保证钢筋经人工时效后的反向弯曲性能时,正向弯曲后的试样亦可在室温下直接进行反向弯曲。

(3)尺寸测量。

1)带肋钢筋内径的测量应精确到0.1mm。

2)带肋钢筋纵肋、横肋高度的测量采用测量同一截面两侧横肋中心高度平均值的方法,即测取钢筋最大外径,减去该处内径,所得数值的一半为该处肋高,应精确到0.1mm。

3)带肋钢筋横肋间距采用测量平均肋距的方法进行测量。即测取钢筋一面上第1个与第11个横肋的中心距离,该数值除以10即为横肋间距,应精确到0.1mm。

(4)重量偏差的测量。

1)测量钢筋重量偏差时,试样应从不同根钢筋上截取,数量不少于5支,每支试样长度不小于500mm。长度应逐支测量,精确到1mm。测量试样总重量时,应精确到不大于总重量的1%。

2)钢筋实际重量与理论重量的偏差(%)按下列公式计算

$$\text{重量偏差}=\frac{\text{试样实际总重量}-(\text{试样总长度}\times\text{理论重量})}{\text{试样总长度}\times\text{理论重量}}\times 100$$

(5)检验结果的数值修约与判定应符合《冶金技术标准的数值修约与检测数值的判定原则》(YB/T 081)的规定。

6. 检验规则

钢筋的检验分为特征值检验和交货检验。

(1)特征值检验。特征值检验适用于下列情况。

1)供方对产品质量控制的检验;

2)需方提出要求,经供需双方协议一致的检验;

3)第三方产品认证及仲裁检验。

(2)交货检验。

1)交货检验适用于钢筋验收批的检验。

2)组批规则。

①钢筋应按批进行检验和验收，每批由同一牌号、同一炉罐号、同一规格的钢筋组成。每批重量通常不大于60t。超过60t的部分，每增加40t(或不足40t的余数)，增加一个拉伸试验试样和一个弯曲试验试样。

②允许由同一牌号、同一冶炼方法、同一浇注方法的不同炉罐号组成混合批，但各炉罐号含碳量之差不大于0.02%，含锰量之差不大于0.15%。混合批的重量不大于60t。

3)检验项目和取样数量。钢筋检验项目和取样数量应符合表5-124的规定。

4)检验结果。各检验项目的检验结果应符合尺寸、外形、重量及允许偏差和技术要求的有关规定。

5)复验与判定。钢筋的复验与判定应符合《钢及钢产品交货一般技术要求》(GB/T 17505)的规定。

7. 包装、标志及质量证明书

(1)带肋钢筋的表面标志应符合下列规定：

1)带肋钢筋应在其表面轧上牌号标志，还可依次轧上经注册的厂名(或商标)和公称直径毫米数字。

2)钢筋牌号以阿拉伯数字或阿拉伯数字加英文字母表示，HRB335、HRB400、HRB500分别以3、4、5表示，HRBF335、HRBF400、HRBF500分别以C3、C4、C5表示。厂名以汉语拼音字头表示。公称直径毫米数以阿拉伯数字表示。

3)公称直径不大于10mm的钢筋，可不轧制标志，可采用挂标牌方法。

4)标志应清晰明了，标志的尺寸由供方按钢筋直径大小做适当规定，与标志相交的横肋可以取消。

(2)牌号带E(例如HRB400E、HRBF400E等)的钢筋，应在标牌及质量证明书上明示。

(3)除上述规定外，钢筋的包装、标志和质量证明书应符合《型钢验收、包装、标志及质量证明书的一般规定》(GB/T 2101)的有关规定。

8. 应用

热轧带肋钢筋广泛应用于各种建筑结构，特别是大型、重型、轻型薄壁和高层结构建筑中。

三、冷轧带肋钢筋(GB 13788—2008)

1. 概念与特点

冷轧带肋钢筋是指热轧圆盘条经冷轧后，在其表面带有沿长度方向均匀分布的三面或两面横肋的钢筋。

2. 分类、牌号

冷轧带肋钢筋的牌号由CRB和钢筋的抗拉强度最小值构成。C、R、B分别为冷轧(Cold Rolled)、带肋(Ribbed)、钢筋(Bar)三个词的英文首位字母。冷轧带肋钢筋分为CRB550、CRB650、CRB800、CRB970四个牌号。CRB550为普通钢筋混凝土用钢筋，其他牌号为预应力混凝土用钢筋。

3. 尺寸、外形、重量及允许偏差

(1)公称直径范围。CRB550钢筋的公称直径范围为4～12mm。CRB650及以上牌号钢筋的公称直径为4mm、5mm、6mm。

(2)外形。

1)钢筋表面横肋应符合下列基本规定：

①横肋呈月牙形。

②横肋沿钢筋横截面周围上均匀分布，其中三面肋钢筋有一面肋的倾角必须与另两面反向，两面肋钢筋一面肋的倾角必须与另一面反向。

③横肋中心线和钢筋纵轴线夹角 β 为 40°～60°。

④横肋两侧面和钢筋表面斜角 α 不得小于 45°，横肋与钢筋表面呈弧形相交。

⑤横肋间隙的总和应不大于公称周长的 20%($\sum f_1 \leqslant 0.2\pi d$)。

⑥相对肋面积 f_1 按下式确定：

$$f_1=\frac{K\times F_R\times \sin\beta}{\pi\times d\times l}$$

式中　K——为 3 或 2(三面或两面有肋)；

F_R——一个肋的纵向截面积；

β——横肋与钢筋轴线的夹角；

d——钢筋公称直径；

l——横肋间距。

已知钢筋的几何参数，相对肋面积也可用下面的近似式计算：

$$f_1=\frac{(d\times\pi-\sum f_i)\times(h+4h_{1/4})}{6\times\pi\times d\times l}$$

式中　$\sum f_i$——钢筋周圈上各排横肋间隙之和；

h——横肋中点高；

$h_{1/4}$——横肋长度 1/4 处高。

2)三面肋钢筋的外形应符合图 5-18 和上述“1)”的规定。

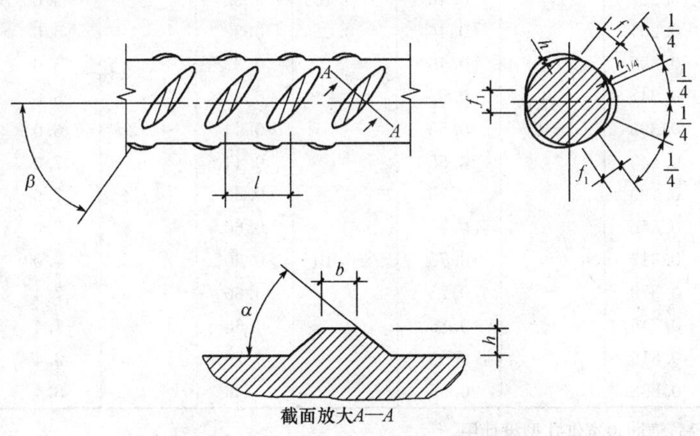

图 5-18　三面肋钢筋表面及截面形状

α—横肋斜角；β—横肋与钢筋轴线夹角；h—横肋中点高；

l—横肋间距；b—横肋顶宽；f_1—横肋间隙

3)两面肋钢筋的外形应符合图 5-19 和上述“1)”的规定。

(3)外形、重量及允许偏差。三面肋和两面肋钢筋的尺寸、重量及允许偏差应符合表 5-125 的规定。

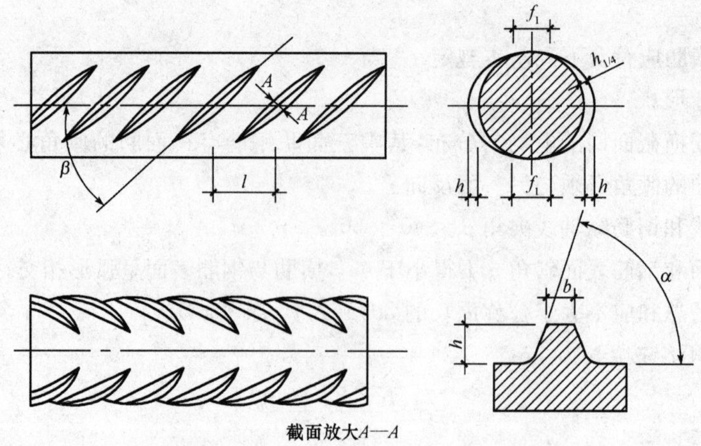

图 5-19　两面肋钢筋表面及截面形状

α—横肋斜角；β—横肋与钢筋轴线夹角；h—横肋中点高度；

l—横肋间距；b—横肋顶宽；f_1—横肋间隙

表 5-125　　三面肋和两面肋钢筋的尺寸、重量及允许偏差

公称直径 d /mm	公称横截面积 /mm²	重量		横肋中点高		横肋1/4处高 $h_{1/4}$ /mm	横肋顶宽 b /mm	横肋间距		相对肋面积 f_r 不小于
		理论重量 /(kg/m)	允许偏差 (%)	h /mm	允许偏差 /mm			l /mm	允许偏差 (%)	
4	12.6	0.099		0.30		0.24		4.0		0.036
4.5	15.9	0.125		0.32		0.26		4.0		0.039
5	19.6	0.154		0.32		0.26		4.0		0.039
5.5	23.7	0.186		0.40		0.32		5.0		0.039
6	28.3	0.222		0.40	+0.10	0.32		5.0		0.039
6.5	33.2	0.261		0.46	−0.05	0.37		5.0		0.045
7	38.5	0.302		0.46		0.37		5.0		0.045
7.5	44.2	0.347		0.55		0.44		6.0		0.045
8	50.3	0.395	±4	0.55		0.44	~0.2d	6.0	±15	0.045
8.5	56.7	0.445		0.55		0.44		7.0		0.045
9	63.6	0.499		0.75		0.60		7.0		0.052
9.5	70.8	0.556		0.75		0.60		7.0		0.052
10	78.5	0.617		0.75	±0.10	0.60		7.0		0.052
10.5	86.5	0.579		0.75		0.60		7.4		0.052
11	95.0	0.745		0.85		0.68		7.4		0.056
11.5	103.8	0.815		0.95		0.76		8.4		0.056
12	113.1	0.888		0.95		0.76		8.4		0.056

注：1. 横肋 1/4 处高、横肋顶宽供孔型设计用。

2. 两面肋钢筋允许有高度不大于 0.5h 的纵肋。

(4)长度。钢筋通常按盘卷交货，CRB550 钢筋也可按直条交货。钢筋按直条交货时，其长度及允许偏差按供需双方协商确定。

(5)弯曲度。直条钢筋的每米弯曲度不大于 4mm，总弯曲度不大于钢筋全长的 0.4%。

(6)重量。盘卷钢筋的重量不小于 100kg。每盘应由一根钢筋组成，CRB650 及以上牌号钢筋不得有焊接接头。直条钢筋按同一牌号、同一规格、同一长度成捆交货，捆重由供需双方协商确定。

4. 技术要求

(1)牌号和化学成分。制造钢筋的盘条应符合《低碳钢热轧热盘条》(GB/T 701)、《优质碳素钢热轧盘条》(GB/T 4354)或其他有关标准的规定。

(2)交货状态。钢筋按冷加工状态交货。允许冷轧后进行低温回火处理。

(3)力学性能和工艺性能。

1)钢筋的力学性能和工艺性能应符合表5-126的规定。当进行弯曲试验时，受弯曲部位表面不得产生裂纹。反复弯曲试验的弯曲半径应符合表5-127的规定。

表5-126　力学性能和工艺性能

牌号	$R_{p0.2}$ /MPa ≥	R_m /MPa ≥	伸长率(%) ≥		弯曲试验 180°	反复弯曲次数	应力松弛 初始应力应相当于公称抗拉强度的70%
			$A_{11.3}$	A_{100}			1000h松弛率(%) ≤
CRB550	500	550	8.0	—	$D=3d$	—	—
CRB650	585	650	—	4.0	—	3	8
CRB800	720	800	—	4.0	—	3	8
CRB970	875	970	—	4.0	—	3	8

注：表中D为弯心直径，d为钢筋公称直径。

表5-127　反复弯曲试验的弯曲半径　mm

钢筋公称直径	4	5	6
弯曲半径	10	15	15

2)钢筋的强屈比$R_m/R_{p0.2}$比值应不小于1.03，经供需双方协议可用$A_g \geqslant 2.0\%$代替A。

3)供方在保证1000h松弛半合格基础上，允许使用推算法确定1000h松弛。

(4)表面质量。

1)钢筋表面不得有裂纹、折叠、结疤、油污及其他影响使用的缺陷。

2)钢筋表面可有浮锈，但不得有锈皮及目视可见的麻坑等腐蚀现象。

5. 试验方法

(1)检验项目。钢筋出厂检验的试验项目、取样方法、试验方法应符合表5-128的规定。

表5-128　钢筋的试验项目、取样方法及试验方法

序号	试验项目	试验数量	取样方法	试验方法
1	拉伸试验	每盘1个	在每(任)盘中随机切取	《金属材料　室温拉伸测验方法》(GB/T 228)
2	弯曲试验	每批2个		《金属材料　弯曲试验方法》(GB/T 232)
3	反复弯曲试验	每批2个		《金属材料、线材反复弯曲试验方法》(GB/T 238)
4	应力松弛试验	定期1个		GB/T 10120、下述“(3)”
5	尺寸	逐盘	—	下述“(4)”
6	表面	逐盘	—	目视
7	重量偏差	每盘1个	—	下述“(5)”

注：表中试验数量栏中的“盘”指生产钢筋的“原料盘”。

(2)力学性能。

1)计算钢筋强度采用表5-125所列公称横截面积。

2)最大力总伸长率 A_{gt} 的检验，除按表5-128规定采用《金属材料　室温拉伸试验方法》(GB/T 228)的有关试验方法外，也可采用钢筋在最大力总伸长率的测定方法。

(3)应力松弛试验。

1)试验期间试样的环境温度应保持在(20±2)℃。

2)试样可进行机械矫直，但不得进行任何热处理和其他冷加工。

3)加在试样上的初始试验力为试样公称抗拉强度的70%乘以试样公称横截面积。

4)加荷速度为(200±50)MPa/min，初始负荷应在3～5min加荷完毕，持荷2min后开始记录松弛值。

5)试样长度不小于公称直径的60倍。

6)允许用至少120h的测试数据推算1000h的松弛率值。

(4)尺寸测量。

1)横肋高度的测量采用测量同一截面每列横肋高度取其平均值；横肋间距采用测量平均间距的方法，即测取同一列横肋第1个与第11个横肋的中心距离除以10，即为横肋间距的平均值。

2)尺寸测量精度精确到0.02mm。

(5)重量偏差的测量。测量钢筋重量偏差时，试样长度应不小于500mm，长度测量精确到1mm，重量测定应精确到1g。按下式计算：

$$\text{按重量偏差}(\%)=\frac{\text{试样实际重量}-(\text{试样长度}\times\text{理论重量})}{\text{试样长度}\times\text{理论重量}}\times 100$$

(6)检验结果的数值修约与判定应符合《冶金技术标准的数值修约与检测数值的判定原则》(YB/T 081)的规定。

6. 检验规则

(1)检查和验收。钢筋的检查和验收由供方质量监督部门进行，需方有权进行检验。钢筋的检查和验收按《钢及钢产品交货一般技术要求》(GB/T 17505)的规定进行。

(2)组批规则。钢筋应按批进行检查和验收，每批应由同一牌号、同一外形、同一规格、同一生产工艺和同一交货状态的钢筋组成，每批不大于60t。

(3)取样数量。钢筋检验的取样数量应符合表5-128的规定。

(4)复验与判定规则。钢筋的复验与判定规则应符合《钢及钢产品交货一般技术要求》(GB/T 17505)的规定。

7. 包装、标志和质量证明书

(1)每盘(捆)钢筋应均匀捆扎不少于3道，端头应弯入盘内。

(2)钢筋应轧上明显的钢筋牌号标志，标志间距为横肋间距的两倍，标志间距内的一条横肋取消，如图5-20所示；钢筋还可轧上厂名或厂标。

(3)每盘(捆)钢筋应挂有不少于两个标牌，注明生产厂、生产日期、钢筋牌号和规格。

(4)钢筋的包装、标志和质量证明书除上述规定外，应符合《型钢验收、包装、标志及质量证明书的一般规定》(GB/T 2101)或《钢丝验收、包装、标志及质量证明书的一般规定》(GB/T 2103)中的有关规定。

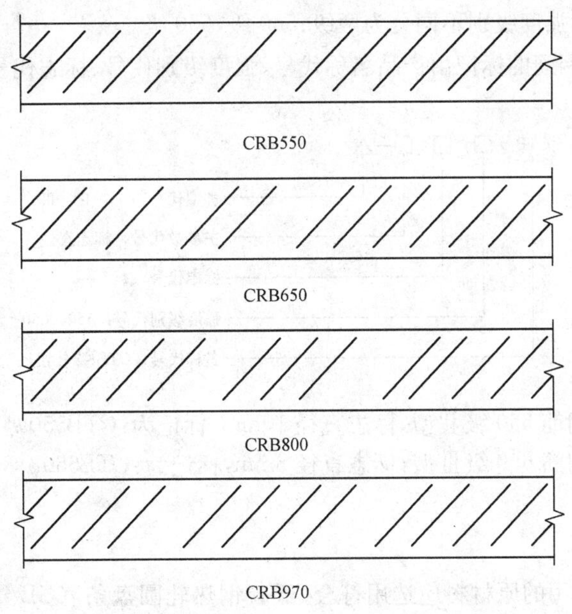

图 5-20　标志示例

四、冷轧扭钢筋(JG 190—2006)

1. 概念及特点

低碳钢热轧圆盘条经专用钢筋冷轧扭机调直、冷轧并冷扭(或冷滚)一次成型具有规定截面形式和相应节距的连续螺旋状钢筋(图 5-21)。

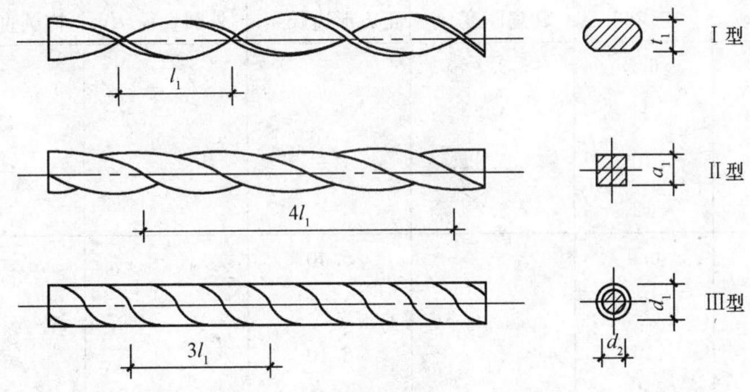

图 5-21　冷轧扭钢筋形状及截面控制尺寸

2. 分类与标记

(1)分类。

1)冷轧扭钢筋按其截面形状不同分为三种类型：

①近似矩形截面为Ⅰ型；

②近似正方形截面为Ⅱ型；

③近似圆形截面为Ⅲ型。

2)冷轧扭钢筋按其强度级别不同分为两级：550 级、650 级。

(2)标记。冷轧扭钢筋的标记由产品名称代号、强度级别代号、标志代号、主参数代号以及类型代号组成。

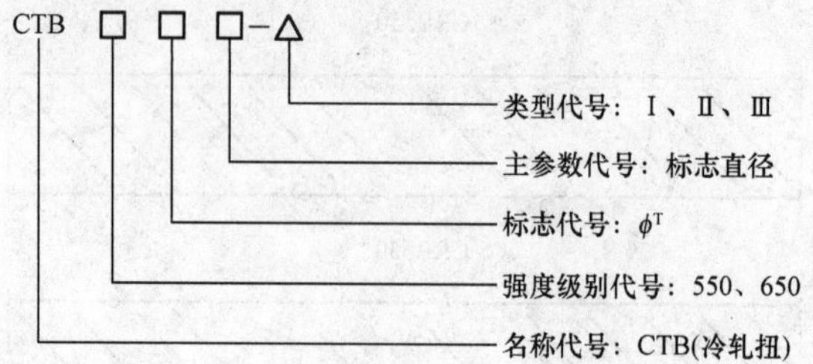

1)示例 1：冷轧扭钢筋 550 级Ⅱ型，标志直径 10mm，标记为：CTB550ϕ^T10—Ⅱ；

2)示例 2：冷轧扭钢筋 650 级Ⅲ型，标志直径 8mm，标记为：CTB650ϕ^T8—Ⅲ。

3. 技术要求

(1)原材料。

1)生产冷轧扭钢筋用的原材料应选用符合《低碳钢热轧圆盘条》(GB/T 701)规定的低碳钢热轧圆盘条。

2)采用低碳钢的牌号应为 Q235 或 Q215。当采用 Q215 牌号时，其碳的含量不应低于 0.12%。550 级Ⅱ型和 650 级Ⅲ型冷轧扭钢筋应采用 Q235 牌号。

(2)冷轧扭钢筋截面控制尺寸、节距、公称截面面积、理论质量和允许偏差。

1)冷轧扭钢筋截面控制尺寸、节距应符合表 5-129 的规定。

表 5-129　截面控制尺寸、节距

强度级别	型号	标志直径 d/mm	截面控制尺寸/mm 不小于				节距 l_1/mm ≤
			轧扁厚度/t_1	正方形边长/a_1	外圆直径/d_1	内圆直径/d_2	
CTB550	Ⅰ	6.5	3.7	—	—	—	75
		8	4.2	—	—	—	95
		10	5.3	—	—	—	110
		12	6.2	—	—	—	150
	Ⅱ	6.5	—	5.40	—	—	30
		8	—	6.50	—	—	40
		10	—	8.10	—	—	50
		12	—	9.60	—	—	80
	Ⅲ	6.5	—	—	6.17	5.67	40
		8	—	—	7.59	7.09	60
		10	—	—	9.49	8.89	70
CTB650	Ⅲ	6.5	—	—	6.00	5.50	30
		8	—	—	7.38	6.88	50
		10	—	—	9.22	8.67	70

2)冷轧扭钢筋的公称横截面面积和理论质量应符合表 5-130 的规定。

表 5-130　　公称横截面面积和理论质量

强度级别	型　号	标志直径 d/mm	公称横截面面积 A_s/mm²	理论质量 /(kg/m)
CTB550	Ⅰ	6.5	29.50	0.232
		8	45.30	0.356
		10	68.30	0.536
		12	96.14	0.755
	Ⅱ	6.5	29.20	0.229
		8	42.30	0.332
		10	66.10	0.519
		12	92.74	0.728
	Ⅲ	6.5	29.86	0.234
		8	45.24	0.355
		10	70.69	0.555
CTB650	Ⅲ	6.5	28.20	0.221
		8	42.73	0.335
		10	66.76	0.524

3)质量偏差。冷轧扭钢筋实际质量与理论质量的负偏差不应大于 5%。

4)冷轧扭钢筋定尺长度尺寸允许偏差：

①单根长度大于 8m 时为±15mm；

②单根长度小于或等于 8m 时为±10mm。

(3)冷轧扭钢筋力学性能和工艺性能。冷轧扭钢筋力学性能和工艺性能应符合表 5-131 的规定。

表 5-131　　力学性能和工艺性能指标

强度级别	型　号	抗拉强度 σ_b /(N/mm²)，≥	伸长率 A (%)	180°弯曲试验 (弯心直径=3d)	应力松弛率(%) (当 $\sigma_{con}=0.7f_{ptk}$)	
					10h	1000h
CTB550	Ⅰ	550	$A_{11.3}\geqslant 4.5$	受弯曲部位钢筋表面不得产生裂纹	—	—
	Ⅱ	550	$A\geqslant 10$		—	—
	Ⅲ	550	$A\geqslant 12$		—	—
CTB650	Ⅲ	≥650	$A_{100}\geqslant 4$		≤5	≤8

注：1. d 为冷轧扭钢筋标志直径。

2. A、$A_{11.3}$分别表示以标距 $5.65\sqrt{S_0}$ 或 $11.3\sqrt{S_0}$（S_0 为试样原始截面面积）的试样拉断伸长率，A_{100} 表示标距为 100mm 的试样拉断伸长率。

3. σ_{con}为预应力钢筋张拉控制应力；f_{ptk}为预应力冷轧扭钢筋抗拉强度标准值。

(4)外观。冷轧扭钢筋表面不应有影响钢筋力学性能的裂纹、折叠、结疤、机械损伤或其他影响使用的缺陷。

(5)交货状态。对于550级Ⅰ、Ⅱ和Ⅲ型冷轧扭钢筋均应以冷加工状态直条交货;对于650级Ⅲ型钢筋,可采用冷加工状态盘条交货。

4. 测试方法

冷轧扭钢筋测试方法,见表5-132。

表5-132 冷轧扭钢筋测试方法

项目	内容
抽样	冷轧扭钢筋的试样应由钢筋验收批中随机抽取。取样部位应距钢筋末端不小于500mm。试样长度宜取偶数倍节距(不宜小于4倍节距),且不小于400mm
尺寸测量	(1)轧扁厚度用精度为0.02mm的游标卡尺在试样两端量取。每端分别测其截面两边缘和中央部件厚度,取其算术平均值为一端厚度,再取两端厚度的算术平均值为Ⅰ型冷轧扭钢筋横截面面积的轧扁厚度(t_1)。 (2)Ⅱ型冷轧扭钢筋的边长用精度为0.02mm的游标卡尺在试样的两端量取两方向的边长值,再取两端的算术平均值为边长值(a_1)。 (3)Ⅲ型冷轧扭钢筋的外(内)圆直径测量用精度为0.02mm的游标卡尺,测试样三个不同位置的两个方向外圆直径值,取其算术平均值为外圆直径d_1;用滑尺端插入螺旋纵肋根底测其肋高,在试样两端和中间三条不同纵肋处测其结果取其算术平均值为肋高h_1。然后按式$d_2=d_1-2h_1$计算内圆直径d_2。 (4)节距用精度为1.0mm的直尺量取不少于三个整节距长度,取其平均值为节距(l_1)值。 (5)冷轧扭钢筋定尺长度用精度为1.0mm的钢尺测量试样长度
质量测量及偏差	冷轧扭钢筋质量测量用精度为1.0g台秤称重,用精度为1.0mm钢尺测量其长度,然后计算其质量。计算时钢的密度采用7850kg/m^3,试样长度不应小于400mm。 质量偏差按下式计算: $\Delta G=\frac{G'-LG}{LG}\times 100$ 式中 ΔG——质量偏差(%); G'——实测试样质量(kg); G——冷轧扭钢筋的理论质量(kg/m); L——实测试样长度(m)
原材料化学成分分析	原材料化学成分分析应符合《钢铁及合金 碳含量的测定 管试炉内燃烧后气体容量法》(GB/T 223.69)的规定
冷轧扭钢筋拉伸试验	冷轧扭钢筋试样的拉伸试验应符合《金属材料 室温拉伸试验的方法》(GB/T 228—2002)和附录A(规范性附录)规定
冷轧扭钢筋180°角的弯曲试验	冷轧扭钢筋180°角的弯曲试验应符合《金属材料 弯曲试验方法》(GB/T 232)的规定

5. 检验规则

冷轧扭钢筋检验规则,见表5-133。

表 5-133　冷轧扭钢筋检验规则

项　目	内　容
出厂检验	冷轧扭钢筋的出厂检验以验收批为基础，冷轧扭钢筋交货时应按表 5-134 规定进行检验
型式检验	(1)冷轧扭钢筋的型式检验是对上述“3. 技术要求”的内容进行全面检验。 (2)凡属下列情况之一者应进行型式检验： 1)新产品或老产品转厂生产的试制定型鉴定(包括技术转让)； 2)正式生产后，当结构、材料、工艺有改变而可能影响产品性能时； 3)正常生产每台(套)钢筋冷轧扭机累积产量达 1000t 后周期性进行； 4)长期停产后恢复生产时； 5)出厂检验与上次型式检验有较大差别时； 6)国家质量监督机构提出进行型式检验要求时。 (3)冷轧扭钢筋的出厂检验和型式检验的项目内容、取样数量应符合表 5-134 规定要求
验收分批规则	冷轧扭钢筋验收批应由同一型号、同一强度等级、同一规格尺寸、同一台(套)轧机生产的钢筋组成。且每批不应大于 20t，不足 20t 按一批计
判定规则	(1)当全部检验项目均符合规定时，则该批型号的冷轧扭钢筋判定为合格。 (2)当检验项目中一项或几项检验结果不符合相关规定时，则应从同一批钢筋中重新加倍随机抽样，对不合格项目进行复检。若试样复检后合格，则可判定该批钢筋合格。否则应根据不同项目按下列规则判定： 1)当抗拉强度、伸长率、180°弯曲性能不合格或质量负偏差大于 5%时，判定该批钢筋为不合格。 2)当钢筋力学与工艺性能合格，但截面控制尺寸(轧扁厚度、边长或内外圆直径)小于规定值或节距大于规定值时，该批钢筋应降直径规格使用

表 5-134　检验项目和取样数量

序　号	检验项目	取样数量		备　注
		出厂检验	型式检验	
1	外观	逐根	逐根	
2	截面控制尺寸	每批 3 根	每批 3 根	
3	带距	每批 3 根	每批 3 根	
4	定尺长度	每批 3 根	每批 3 根	
5	质量	每批 3 根	每批 3 根	
6	化学成分	每批 3 根	每批 3 根	仅当材料的力学性能指标不符合 JG 90 时进行
7	拉伸试验	每批 3 根	每批 3 根	可采用前五项同批试样
8	180°弯曲试验	每批 3 根	每批 3 根	

6. 标志、标签及包装

(1)标志、标签。冷轧扭钢筋产品应有标签标志，标明钢筋的型号、强度等级、规格(标志直径)和长度尺寸，并注明数量、生产企业名称、生产日期、商标以及检验印记。

(2)冷轧扭钢筋应成捆(或成盘)交货。每捆(或每盘)应由同一型号、强度等级、规格(标志直径)和长度尺寸的钢筋组成。每捆(或每盘)应有两个以上(含两个)标签,每捆(或每盘)两端用铁丝(当钢筋定尺长度大于6m时,每捆至少应有3处)绑扎整齐、牢固。

(3)每批冷轧扭钢筋出厂应有产品质量证明书或合格证书以及产品性能检验报告。

7. 运输与贮存

(1)冷轧扭钢筋应成捆(或成盘)运输和装卸,且应避免钢筋受弯折。

(2)冷轧扭钢筋宜随加工随用。当需要堆放时应分型号、强度等级、规格(标志直径)整捆(或整盘)整齐堆垛,底层用干燥垫木垫牢,并在防雨条件下贮存。

8. 应用

冷轧扭钢筋混凝土结构构件以板类及中小型梁类受弯构件为主。冷轧扭钢筋适用于一般房屋和一般构筑物的冷轧扭钢筋混凝土结构设计与施工,尤其适用于现浇楼板。

冷轧扭钢筋比采用普通热轧圆盘条钢筋节省钢材36%~40%,节省工时1/3,节省运费1/3,降低施工直接费用15%左右,经济效益明显。

第六章

建筑石材

第一节 天然石材

一、天然大理石建筑板材(GB/T 19766—2005)

1. 概念和特点

天然大理石板材简称大理石板材，是建筑装饰中应用较为广泛的天然石饰面材料。由于大理石属碳酸岩，是石灰岩、白云岩经变质而成的结晶产物，矿物组分主要是石灰石、方解石和白云石。结构致密，密度为2.7g/cm^{3}左右，强度较高，吸水率低，但表面硬度较低，不耐磨，耐化学侵蚀和抗风蚀性能较差。长期暴露于室外受阳光雨水侵蚀易褪色失去光泽，一般多用于中高级建筑物的内墙、柱的镶贴，可以获得理想的装饰效果。

2. 产品分类

天然大理石建筑板材的分类见表6-1。

表6-1　天然大理石建筑板材分类、等级、标记

项目	内　容
分类	按形状分成如下类型 (1)普型板(PX)； (2)圆弧板(HM)——装饰面轮廓线的曲率半径处处相同的饰面板材
等级	(1)普型板按规格尺寸偏差、平面度公差、角度公差及外观质量将板材分为优等品(A)、一等品(B)、合格品(C)三个等级。 (2)圆弧板按规格尺寸偏差、直线度公差、线轮廓度公差及外观质量将板材分为优等品(A)、一等品(B)、合格品(C)三个等级
标记	(1)标记顺序：荒料产地地名、花纹色调特征描述、大理石；编号、类别、规格尺寸、等级、标准号。 (2)示例：用房山汉白玉大理石荒料加工的600mm×600mm×20mm、普型、优等品板材示例如下： 房山汉白玉大理石：M1101 PX 600×600×20 A GB/T 19766—2005

3. 技术要求

(1)普型板和圆弧材的技术指标应符合下述“(2)～(6)”的规定。

(2)规格尺寸允许偏差。

1)普型板规格尺寸允许偏差见表6-2。

表 6-2　　普型板规格尺寸允许偏差　　mm

项目		允许偏差		
		优等品	一等品	合格品
长度、宽度		0 −1.0		0 −1.5
厚度	≤12	±0.5	±0.8	±1.0
	>12	+1.0	+1.5	±2.0
干挂板材厚度		+2.0 0		+3.0 0

2)圆弧板壁厚最小值应不小于 20mm,规格尺寸允许偏差见表 6-3。圆弧板各部位名称如图 6-1所示。

表 6-3　　圆弧板壁厚规格尺寸允许偏差　　mm

项目	允许偏差		
	优等品	一等品	合格品
弦长	0 −1.0		0 −1.5
高度	0 −1.0		0 −1.5

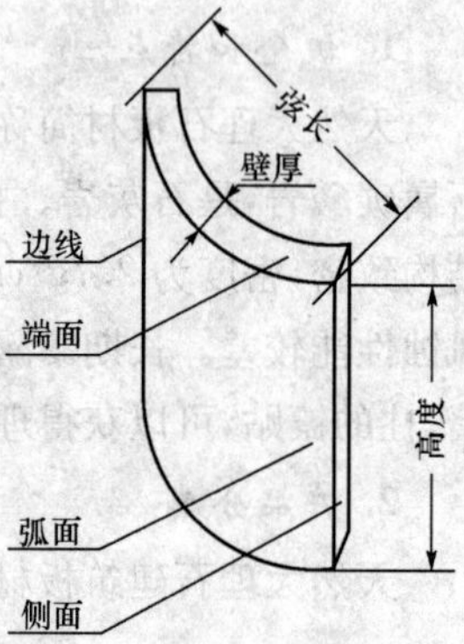

图 6-1　圆弧板部位名称

(3)平面度允许公差。

1)普型板平面度允许公差见表 6-4。

表 6-4　　普型板平面度允许公差　　mm

板材长度	允许公差		
	优等品	一等品	合格品
≤400	0.2	0.3	0.5
>400～≤800	0.5	0.6	0.8
>800	0.7	0.8	1.0

2)圆弧板直线度与线轮廓度允许公差见表 6-5。

表 6-5　　圆弧板直线度与线轮廓度允许公差　　mm

项目		允许公差		
		优等品	一等品	合格品
直线度（按板材高度）	≤800	0.6	0.8	1.0
	>800	0.8	1.0	1.2
线轮廓度		0.8	1.0	1.2

(4)角度允许公差。

1)普型板角度允许公差见表 6-6。

表 6-6　　普型板角度允许公差　　mm

板材长度	允许极限公差值		
	优等品	一等品	合格品
≤400	0.3	0.4	0.5
>400	0.4	0.5	0.7

2)圆弧板端面角度允许公差：优等品为 0.4mm，一等品为 0.6mm，合格品为 0.8mm。

3)普型板拼缝板材正面与侧面的夹角不得大于 90°。

4)圆弧板侧面角 α(图 6-2)应不小于 90°。

(5)外观质量。

1)同一批板材的色调应基本调和，花纹应基本一致。

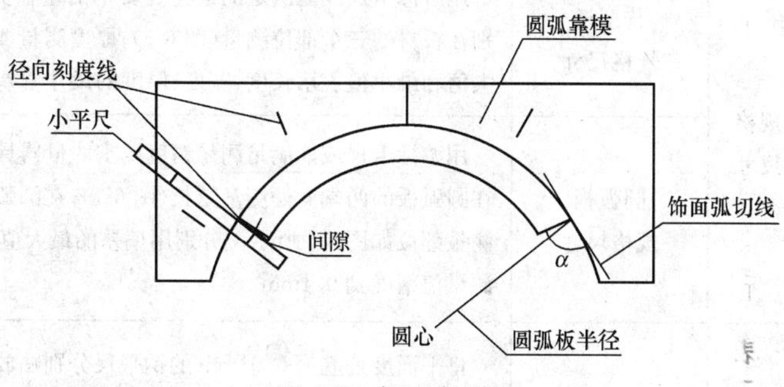

图 6-2　侧面角测量

2)板材正面的外观缺陷的质量要求应符合表 6-7 的规定。

表 6-7　　板材正面外观缺陷质量要求

名称	规定内容	优等品	一等品	合格品
裂纹	长度超过 10mm 的不允许条数(条)			0
缺棱	长度不超过 8mm，宽度不超过 1.5mm(长度≤4mm，宽度≤1mm 不计)，每米长允许个数(个)	0	1	2
缺角	沿板材边长顺延方向，长度≤3mm，宽度≤3mm(长度≤2mm，宽度≤2mm 不计)，每块板允许个数(个)			
色斑	面积不超过 6cm²(面积小于 2cm² 不计)，每块板允许个数(个)			
砂眼	直径在 2mm 以下		不明显	有，不影响装饰效果

3)板材允许黏结和修补。黏结和修补后应不影响板材的装饰效果和物理性能。

(6)物理性能。

1)镜面板材的镜向光泽值应不低于 70 光泽单位，若有特殊要求，由供需双方协商确定。

2)板材的其他物理性能指标应符合表 6-8 的规定。

表 6-8　　板材的其他物理性能指标

项目			指标
体积密度/(g/cm³)		≥	2.30
吸水率/%		≤	0.50
干燥压缩强度/MPa		≥	50.0
干燥	弯曲强度/MPa	≥	7.0
水饱和			
耐磨度①/(1/cm³)		≥	10

① 为了颜色和设计效果，以两块或多块大理石组合拼装时，耐磨度差异应不大于 5，建议适用于经受严重踩踏的阶梯、地面和月台使用的石材耐磨度最小为 12。

4. 试验方法

天然大理石建筑板材试验方法见表 6-9。

表 6-9 天然大理石建筑板材试验方法

项目		内容
规格尺寸	普型板规格尺寸	用游标卡尺或能满足测量精度要求的量器具测量板材的长度、宽度、厚度。长度、宽度分别在板材的三个部位测量(图 6-3);厚度测量 4 条边的中点部位(图 6-4)。分别用偏差的最大值和最小值表示长度、宽度、厚度的尺寸偏差。测量值精确到 0.1mm
	圆弧板规格尺寸	用游标卡尺或能满足测量精度要求的量器具测量圆弧板的弦长、高度及最大与最小壁厚。在圆弧板的两端面处测量弦长(图 6-1);在圆弧板端面与侧面测量壁厚(图 6-1);圆弧板高度测量部位如图 6-5 所示。分别用偏差的最大值和最小值表示弦长、高度及壁厚的尺寸偏差,测量值精确到 0.1mm
平面度	普型板平面度	将平面度公差为 0.01mm 的钢平尺分别贴放在距板边 10mm 处和被检平面的两条对角线上,用塞尺测量尺面与板面的间隙。钢平尺的长度应大于被检面周边和对角线的长度;当被检面周边和对角线长度大于 2000mm 时,用长度为 2000mm 的钢平尺沿周边和对角线分段检测。 以最大间隙的测量值表示板材的平面度公差。测量值精确到 0.1mm
	圆弧板直线度与线轮廓度	(1)圆弧板直线度。将平面度公差为 0.1mm 的钢平尺沿圆弧板母线方向贴放在被检弧面上,用塞尺测量尺面与板面的间隙,测量位置如图 6-5 所示。当被检圆弧板高度大于 2000mm 时,用 2000mm 的平尺沿被检测母线分段测量。 以最大间隙的测量值表示圆弧板的直线度公差。测量值精确到 0.1mm。 (2)圆弧板线轮廓度。按《产品几何技术规范(GPS)极限与配合 第 1 部分:公差、偏差和配合的基础》(GB/T 1800.1)和《产品几何技术规范(GPS)极限与配合 公差带和配合的选择》(GB/T 1801)的规定,采用尺寸精度为 JS7(js7)的圆弧靠模贴靠被检弧面,用塞尺测量靠模与圆弧面之间的间隙,测量位置如图 6-5 所示。 以最大间隙的测量值表示圆弧板的线轮廓度公差。测量值精确到 0.1mm
角度	普型板角度	用内角垂直度公差为 0.13mm,内角边长为 500mm×400mm 的 90°钢角尺检测。将角尺短边紧靠板材的短边,长边贴靠板材的长边,用塞尺测量板材长边与角尺长边之间的最大间隙。当板材的长边小于或等于 500mm 时,测量板材的任一对对角:当板材的长边大于 500mm 时,测量板材的四个角。 以最大间隙的测量值表示板材的角度公差。测量值精确到 0.1mm
	圆弧板端面角度	用内角垂直度公差为 0.13mm,内角边长为 500mm×400mm 的 90°钢角尺检测。将角尺短边紧靠圆弧板端面,用角尺长边贴靠圆弧板的边线,用塞尺测量圆弧板边线与角尺长边之间的最大间隙。用上述方法测量圆弧板的四个角。 以最大间隙的测量值表示圆弧板的角度公差。测量值精确到 0.1mm
	圆弧板侧面角	将圆弧靠模贴靠圆弧板装饰面并使其上的径向刻度线延长线与圆弧板边线相交,将小平尺沿径向刻度线置于圆弧靠模上,测量圆弧板侧面与小平尺间的夹角(图 6-2)
外观质量	花纹色调	将协议板与被检板材并列平放在地上,距板材 1.5m 处站立目测
	缺陷	用游标卡尺测量缺陷的长度、宽度,测量值精确到 0.1mm

（续表）

项　目	内	容
物理性能	镜向光泽度	采用入射角为60°的光泽仪，样品尺寸不小于300mm×300mm，按《建筑饰面材料镜向光泽度测定方法》(GB/T 13891)的规定检验
	干燥压缩强度	按《天然饰面石材试验方法　第1部分：干燥、水饱和、冻融循环后压缩强度试验方法》(GB/T 9966.1)的规定检验，干燥压缩强度值可取荒料中的检测结果
	弯曲强度	按《天然饰面石材试验方法　第2部分：干燥、水饱和弯曲强度试验方法》(GB/T 9966.2)的规定检验
	体积密度、吸水率	按《天然饰面石材试验方法　第3部分：体积密度、真密度、真气孔率、吸水率试验方法》(GB/T 9966.3)的规定检验
	耐磨度	按"石材脚踏耐磨度试验方法"(GB/T 19766—2005附录A)的规定进行

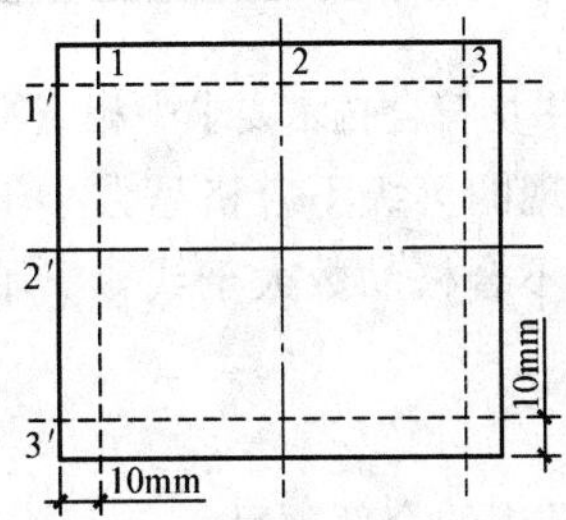

图6-3　板材规格尺寸测量位置

1,2,3——宽度测量线；

1′,2′,3′——长度测量线

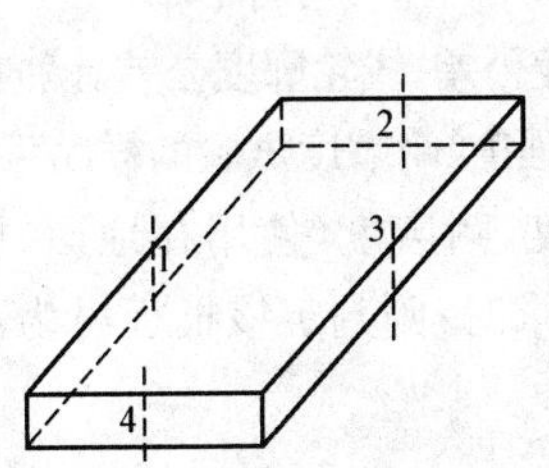

图6-4　板材厚度测量位置

1,2,3,4——厚度测量线

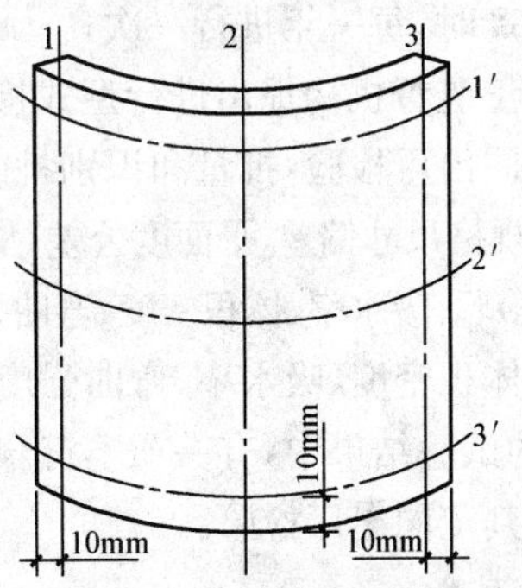

图6-5　圆弧板测量位置

1,2,3——高度和直线度测量线；

1′,2′,3′——线轮廓度测量线

5. 检验规则

(1)出厂检验。

1)检验项目。

普型板：规格尺寸偏差，平面度公差，角度公差，镜向光泽度，外观质量。

圆弧板：规格尺寸偏差，角度公差，直线度公差，线轮廓度公差，镜向光泽度，外观质量。

2)组批。同一品种、类别、等级的板材为一批。

3)抽样。采用《计数抽样检验程序》(GB/T 2828)一次抽样正常检验方式,检查水平为Ⅱ,合格质量水平(AQL值)取为6.5;根据抽样判定表抽取样本(表6-10)。

表6-10 抽样 块

批量范围	样本数	合格判定数 Ac	不合格判定数 Re
≤25	5	0	1
26～50	8	1	2
51～90	13	2	3
91～150	20	3	4
151～280	32	5	6
281～500	50	7	8
501～1200	80	10	11
1201～3200	125	14	15
≥3201	200	21	22

4)判定。单块板材的所有检验结果均符合技术要求中相应等级时,则判定该块板材符合该等级。

根据样本检验结果,若样本中发现的等级不合格品数小于或等于合格判定数(Ac),则判定该批符合该等级;若样本中发现的等级不合格品数大于或等于不合格判定数(Re),则判定该批不符合该等级。

(2)型式检验。

1)检验项目。上述"3. 技术要求"中的全部项目。

2)检验条件。有下列情况之一时,进行型式检验:

①新建厂投产;

②荒料,生产工艺有重大改变;

③正常生产时,每一年进行一次;

④国家质量监督机构提出进行型式检验要求。

3)组批。同出厂检验,批量和识别批的方式由检验方和生产方协商确定。

4)抽样。规格尺寸偏差、平面度公差、角度公差、直线度公差、线轮廓度公差、镜向光泽度、外观质量的抽样同出厂检验;吸水率、体积密度、弯曲强度、干燥压缩强度、耐磨度试验的样品可从荒料上制取。

5)判定。体积密度、吸水率、弯曲强度、干燥压缩强度、耐磨度(使用在地面、楼梯踏步、台面等大理石石材)的试验结果中,有一项不符合表6-8中的要求时,则判定该批板材为不合格品,其他项目检验结果的判定同出厂检验。

6. 标志与包装

(1)标志。

1)包装箱上应注明企业名称、商标、标记;须有"向上"和"小心轻放"的标志并符合《包装储运图示标志》(GB/T 191)中的规定。

2)对安装顺序有要求的板材,应标明安装序号。

(2)包装。

1)按板材品种、类别、等级分别包装,并附产品合格证(包括产品名称、规格、等级、批号、检验员、出厂日期)。

2)包装应满足在正常条件下安全装卸、运输的要求。

7. 运输与贮存

(1)运输。运输板材过程中应防碰撞、滚摔。

(2)贮存。

1)板材应在室内贮存,室外贮存应加遮盖。

2)按板材品种、类别、等级或工程安装部位分别码放。

二、天然大理石荒料(JC/T 202—2001)

1. 产品分类

(1)分类。天然大理石荒料按规格尺寸将荒料分为三类,见表6-11。

表6-11　天然大理石荒料分类

类别	大料	中料	小料
长度×宽度×高度,≥	280×80×160	200×80×130	100×50×40

(2)等级。天然大理石荒料按荒料的长度、宽度和高度的极差及外观质量将荒料分为一等品(Ⅰ)、二等品(Ⅱ)两个等级。

(3)命名与标记。

1)命名顺序:荒料产地地名、色调花纹特征描述、大理石。

2)编号采用《天然石材统一编号》(GB/T 17670)的规定,标记顺序为:编号、规格尺寸、等级、大面标识(⟷)①、标准号。

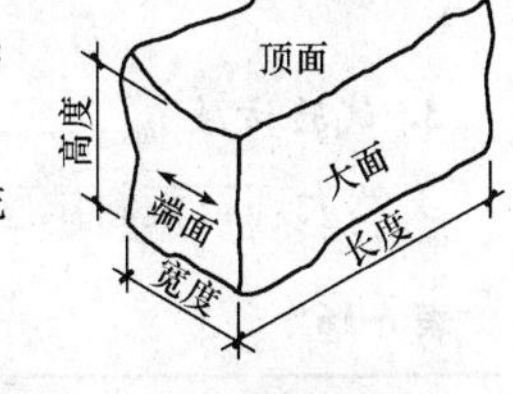

图6-6　天然大理石荒料大面标识

注:①大面指能够反映石材主要装饰特征的面,见图6-6。一般情况下,大面与石材的花纹和劈理方向平行。

3)示例:

房山高庄汉白玉M1101,规格尺寸为250cm×120cm×100cm的一等品荒料的命名与标记示例如下:

命名:房山高庄汉白玉大理石

标记:M1101　250×125×100　Ⅰ⟷ JC/T 202—2001

2. 技术要求

(1)荒料应具有直角云面体形状。荒料各部位名称见图6-6。

(2)荒料的最小规格尺寸应符合表6-12的规定。

表6-12　荒料的最小规格尺寸

项　目	长　度	宽　度	高　度
指标,≥	100	50	40

(3)荒料的长度、宽度、高度极差应符合表6-13的规定。

表6-13　荒料的长度、宽度、高度极差　cm

等　级	一等品	二等品
极差,≤	6.0	10.0

(4)外观质量。

1)同一批荒料的色调、花纹应基本一致。

2)当出现明显裂纹时,应扣除裂纹所造成的荒料体积损失,扣除体积损失后每块荒料的规格尺寸应满足上述"(2)"的规定。

3)荒料色斑、缺陷的质量要求应符合表 6-14 的规定。

表 6-14　荒料色斑、缺陷的质量要求

缺陷名称	规定内容	一等品	二等品
色斑	面积小于 $6cm^2$(面积小于 $2cm^2$ 不计),每面允许个数(个)	2	3

(5)荒料的物理性能指标应符合表 6-15 规定。

表 6-15　荒料的物理性能指标

项　目			指　标
体积密度/(g/cm^3)		≥	2.60
吸水率(%)		≤	0.50
干燥压缩强度/MPa		≥	50.0
干燥	弯曲强度/MPa	≥	7.0
水饱和			

3. 试验方法

天然大理石荒料试验方法见表 6-16。

表 6-16　天然大理石荒料试验方法

项　目	内　容
尺寸极差	用钢卷尺测量荒料的长度、宽度和高度,分别用其最大值与最小值的差值表示长度、宽度和高度的尺寸极差,精确至 1mm
外观质量	色调、花纹:目测检验。 色斑:用钢卷尺测量色斑的面积、目测色斑个数
物理性能	(1)干燥压缩强度。按《天然饰面石材试验方法　第 1 部分:干燥、水饱和、冻融循环后压缩强度试验方法》(GB/T 9966.1)的规定进行。 (2)弯曲强度。按《天然饰面石材试验方法　第 2 部分:干燥、水饱和弯曲强度试验方法》(GB/T 9966.2)的规定进行。 (3)体积密度、吸水率。按《天然饰面石材试验方法　第 3 部分:体积密度、真密度、真气孔率、吸水率试验方法》(GB/T 9966.3)的规定进行
规格尺寸	分别以荒料的长度、宽度和高度的最小值表示
验收尺寸	(1)分别以荒料的长度、宽度和高度的最小值减去 3cm 表示。 (2)若荒料上有明显裂纹,则按下述原则和方法扣除: 1)荒料的明显裂纹扣除应以保险荒料的最大出材率为原则; 2)带有裂纹的荒料验收时应减去图 6-7(a)或图 6-7(b)中虚线所包含的立方体体积; 3)供需双方有协议时按双方协议执行

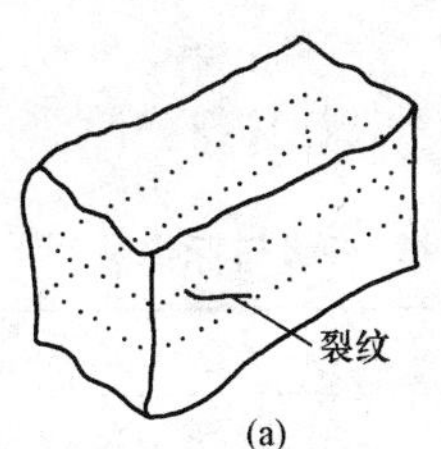

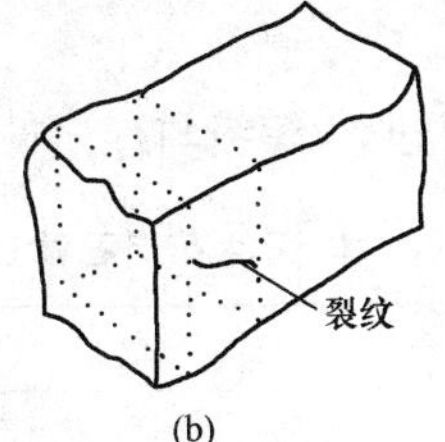

图 6-7　带有裂纹的荒料

4. 检验规则

(1)出厂检验。

1)检验项目:尺寸极差、外观质量。

2)检验方式:逐块检验。

3)判定:单块荒料的检验结果均符合相应等级的技术要求时,则判定该块荒料符合该等级。

(2)型式检验。

1)检验项目:上述“2. 技术要求”中的全部项目。

2)检验条件:有下列情况之一时,进行型式检验:

①新建矿投产;

②矿体色调、花纹等特征出现明显变化;

③正常生产时,每年一次;

④国家质量监督机构提出进行型式检验要求。

3)组批:以 $10m^3$ 的同一品种、类别、等级的荒料为一批。不足 $10m^3$ 的可按一批计。

4)抽样:吸水率、体积密度,弯曲强度,干燥压缩强度试验用样品从检验批中抽取,抽取的样品应能代表该批荒料的物理性能水平。

5)检验方式:尺寸极差、外观质量逐块检验;吸水率,体积密度、弯曲强度、干燥压缩强度试验对抽取的样品进行试验。

6)判定:体积密度、吸水率、弯曲强度和干燥压缩强度的检验结果中,有一项不符合表 6-15 中的规定时,则判定该批荒料为不合格品,其他项目检验结果的判定同出矿检验。

5. 标志运输与贮存

(1)标志。在每块荒料的两端面上按产品分类的要求做标记。

(2)运输。在运输、装卸荒料的过程中应防撞击。

(3)贮存。按品种、等级码放平稳并防污染。

三、天然花岗石建筑板材(GB/T 18601—2009)

1. 概念与特点

天然花岗岩经加工后的板材简称花岗石板。花岗石板以石英、长石和少量云母为主要矿物组分,随着矿物成分的变化,可以形成多种不同色彩和颗粒结晶的装饰材料。花岗石板材结构致密,强度高,空隙率和吸水率小,耐化学侵蚀、耐磨、耐冻、抗风蚀性能优良,经加工后色彩多样且具有光泽,是理想的天然装饰材料。

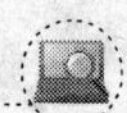

2. 分类、等级与标记

天然花岗石建筑板材分类、等级与标记见表 6-17。

表 6-17　天然花岗石建筑板材分类、等级与标记

<table>
<tr><th>项　目</th><th colspan="2">内　　容</th></tr>
<tr><td rowspan="3">分类</td><td>按形状分类</td><td>(1)毛光板(MG)；
(2)普型板(PX)；
(3)圆弧板(HM)；
(4)异型板(YX)</td></tr>
<tr><td>按表面加工程度分类</td><td>(1)镜面板(JM)；
(2)细面板(YG)；
(3)粗面板(CM)</td></tr>
<tr><td>按用途分类</td><td>(1)一般用途：用于一般性装饰用途；
(2)功能用途：用于结构性承载用途或特殊功能要求</td></tr>
<tr><td>等级</td><td colspan="2">按加工质量和外观质量分为：
(1)毛光板按厚度偏差、平面度公差、外观质量等将板材分为优等品(A)、一等品(B)、合格品(C)三个等级；
(2)普型板按规格尺寸偏差、平面度公差、角度公差、外观质量等将板材分为优等品(A)、一等品(B)、合格品(C)三个等级；
(3)圆弧板按规格尺寸偏差，直线度公差、线轮廓度公差，外观质量等将板材分为优等品(A)、一等器(B)、合格品(C)三个等级</td></tr>
<tr><td>标记</td><td colspan="2">(1)名称：采用《天然石材统一编号》(GB/T 17670)规定的名称或编号。
(2)标记顺序为：名称、类别、规格尺寸、等级、标准编号。
(3)示例：山东济南青花岗石荒料加工的 600mm×600mm×20mm、普型、镜面、优等品板材示例如下：
济南青花岗石(G3701)PX JM 600×600×20 A GB/T 18601—2009</td></tr>
</table>

3. 技术要求

(1)一般要求。

1)天然花岗石建筑板材的岩矿结构应符合商业花岗石的定义范畴。

2)规格板的尺寸系列见表 6-18。圆弧板、异形板和特殊要求的普型板规格尺寸由供需双方协商确定。

表 6-18　规格板的尺寸系列　mm

边长系列	300①、305①、400、500、600①、800、900、1000、1200、1500、1800
厚度系列	10①、12、15、18、20①、25、30、35、40、50

① 常用规格。

(2)加工质量。

1)毛光板的平面度公差和厚度偏差应符合表 6-19 的规定。

表 6-19　　　　　　　　　　毛光板平面度公差和厚度偏差　　　　　　　　　　mm

<table>
<tr><td rowspan="3" colspan="2">项　　目</td><td colspan="6">技术指标</td></tr>
<tr><td colspan="3">镜面和细面板材</td><td colspan="3">粗面板材</td></tr>
<tr><td>优等品</td><td>一等品</td><td>合格品</td><td>优等品</td><td>一等品</td><td>合格品</td></tr>
<tr><td colspan="2">平面度</td><td>0.80</td><td>1.00</td><td>1.50</td><td>1.50</td><td>2.00</td><td>3.00</td></tr>
<tr><td rowspan="2">厚度</td><td>≤12</td><td>±0.5</td><td>±1.0</td><td>+1.0
−1.5</td><td colspan="3">—</td></tr>
<tr><td>>12</td><td>±1.0</td><td>±1.5</td><td>±2.0</td><td>±1.0
−2.0</td><td>±2.0</td><td>+2.0
−3.0</td></tr>
</table>

2)普型板规格尺寸允许偏差应符合表 6-20 的规定。

表 6-20　　　　　　　　　　普型板规格尺寸允许偏差　　　　　　　　　　mm

<table>
<tr><td rowspan="3" colspan="2">项　　目</td><td colspan="6">技术指标</td></tr>
<tr><td colspan="3">镜面和细面板材</td><td colspan="3">粗面板材</td></tr>
<tr><td>优等品</td><td>一等品</td><td>合格品</td><td>优等品</td><td>一等品</td><td>合格品</td></tr>
<tr><td colspan="2">长度、宽度</td><td colspan="2">0
−1.0</td><td>0
−1.5</td><td colspan="2">0
−1.0</td><td>0
−1.5</td></tr>
<tr><td rowspan="2">厚度</td><td>≤12</td><td>±0.5</td><td>±1.0</td><td>+1.0
−1.5</td><td colspan="3">—</td></tr>
<tr><td>>12</td><td>±1.0</td><td>±1.5</td><td>±2.0</td><td>+1.0
−2.0</td><td>±2.0</td><td>+2.0
−3.0</td></tr>
</table>

3)圆弧板壁厚最小值应不小于 18mm，规格尺寸允许偏差应符合表 6-21 的规定。圆弧板各部位名称及尺寸标注如图 6-1 所示。

表 6-21　　　　　　　　　　圆弧板规格尺寸允许偏差　　　　　　　　　　mm

<table>
<tr><td rowspan="3">项　目</td><td colspan="6">技术指标</td></tr>
<tr><td colspan="3">镜面和细面板材</td><td colspan="3">粗面板材</td></tr>
<tr><td>优等品</td><td>一等品</td><td>合格品</td><td>优等品</td><td>一等品</td><td>合格品</td></tr>
<tr><td>弦　长</td><td rowspan="2" colspan="2">0
−1.0</td><td rowspan="2">0
−1.5</td><td>0
−1.5</td><td>0
−2.0</td><td>0
−2.0</td></tr>
<tr><td>高　度</td><td>0
−1.0</td><td>0
−1.0</td><td>0
−1.5</td></tr>
</table>

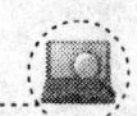

4)普型板平面度允许公差应符合表 6-22 的规定。

表 6-22 普型板平面度允许公差 mm

板材长度 L	技术指标					
	镜面和细面板材			粗面板材		
	优等品	一等品	合格品	优等品	一等品	合格品
$L \leqslant 400$	0.20	0.35	0.50	0.60	0.80	1.00
$400 < L \leqslant 800$	0.50	0.65	0.80	1.20	1.50	1.80
$L > 800$	0.70	0.85	1.00	1.50	1.80	2.00

5)圆弧板直线度与线轮廓度允许公差应符合表 6-23 的规定。

表 6-23 圆弧板直线度与线轮廓度允许公差 mm

项目		技术指标					
		镜面和细面板材			粗面板材		
		优等品	一等品	合格品	优等品	一等品	合格品
直线度（按板材高度）	≤800	0.80	1.00	1.20	1.00	1.20	1.50
	>800	1.00	1.20	1.50	1.50	1.50	2.00
线轮廓度		0.80	1.00	1.20	1.00	1.50	2.00

6)普型板角度允许公差应符合表 6-24 的规定。

表 6-24 普型板角度允许公差 mm

板材长度 L	技术指标		
	优等品	一等品	合格品
$L \leqslant 400$	0.30	0.50	0.80
$L > 400$	0.40	0.60	1.00

7)圆弧板端面角度允许公差:优等品为 0.40mm,一等品为 0.60mm,合格品为 0.80mm。

8)普型板拼缝板材正面与侧面的夹角不应大于 90°。

9)圆弧板侧面角 α(图 6-2)应不小于 90°。

10)镜面板材的镜向光泽度应不低于 80 光泽单位,特殊需要和圆弧板由供需双方协商确定。

(3)外观质量。

1)同一批板材的色调应基本调和,花纹应基本一致。

2)板材正面的外观缺陷应符合表 6-25 规定,毛光板外观缺陷不包括缺棱和缺角。

表 6-25　板材正面的外观缺陷

<table>
<tr><th rowspan="2">缺陷名称</th><th rowspan="2">规定内容</th><th colspan="3">技术指标</th></tr>
<tr><th>优等品</th><th>一等品</th><th>合格品</th></tr>
<tr><td>缺棱</td><td>长度≤10mm，宽度≤1.2mm（长度<5mm，宽度<1.0mm 不计），周边每米长允许个数（个）</td><td rowspan="5">0</td><td rowspan="3">1</td><td rowspan="3">2</td></tr>
<tr><td>缺角</td><td>沿板材边长，长度≤3mm，宽度≤3mm（长度≤2mm，宽度≤2mm 不计），每块板允许个数（个）</td></tr>
<tr><td>裂纹</td><td>长度不超过两端顺延至板边总长度的 1/10（长度<20mm 不计），每块板允许条数（条）</td></tr>
<tr><td>色斑</td><td>面积≤15mm×30mm（面积<10mm×10mm 不计），每块板允许个数（个）</td><td rowspan="2">2</td><td rowspan="2">3</td></tr>
<tr><td>色线</td><td>长度不超过两端顺延至板边总长度的 1/10（长度<40mm 不计），每块板允许条数（条）</td></tr>
</table>

注：干挂板材允许有裂纹存在。

（4）物理性能。天然花岗石建筑板材的物理性能应符合表 6-26 的规定；工程对石材物理性能项目及指标有特殊要求的，按工程要求执行。

表 6-26　天然花岗石建筑板材物理性能

<table>
<tr><th colspan="2" rowspan="2">项　目</th><th colspan="2">技术指标</th></tr>
<tr><th>一般用途</th><th>功能用途</th></tr>
<tr><td colspan="2">体积密度/（g/cm^3），≥</td><td>2.56</td><td>2.56</td></tr>
<tr><td colspan="2">吸水率/%，≤</td><td>0.60</td><td>0.40</td></tr>
<tr><td rowspan="2">压缩强度/MPa，≥</td><td>干燥</td><td rowspan="2">100</td><td rowspan="2">131</td></tr>
<tr><td>水饱和</td></tr>
<tr><td rowspan="2">弯曲强度/MPa，≥</td><td>干燥</td><td rowspan="2">8.0</td><td rowspan="2">8.3</td></tr>
<tr><td>水饱和</td></tr>
<tr><td colspan="2">耐磨度①（$1/cm^3$），≥</td><td>25</td><td>25</td></tr>
</table>

① 使用在地面、楼梯踏步、台面等严重踩踏或磨损部位的花岗石材应检验此项。

（5）放射性。天然花岗石建筑板材应符合《建筑材料放射性核素限量》（GB 6566）的规定。

4. 试验方法

（1）岩矿。按石材岩矿分析方法进行。

（2）加工质量。天然花岗石建筑板材加工质量应符合表 6-27 的规定。

表 6-27　天然花岗石建筑板材加工质量

项　目	内　　容
毛光板	（1）平面度。将平面度公差为 0.1mm 的 1000mm 钢平尺分别自然贴放在距板边 15mm 处和被检平面的两条对角线上，用塞尺测量尺面与板面的间隙。当被检边长或对角线长度大于 1000mm 时，用钢平尺沿边长和对角线分段检测，重叠位置不小于钢平尺长度的 1/3。以最大间隙的测量值表示毛光板的平面度公差，测量值精确到 0.05mm。 （2）厚度。用游标卡尺或能满足精度要求的量器具测量毛光板的厚度，测量 4 条边的中点部位（图 6-4）。分别用测量值与标称值之间偏差的最大值和最小值表示毛光板厚度的尺寸偏差，测量值精确到 0.1mm

（续）

项　目	内　　容
普型板规格尺寸	用游标卡尺或能满足精度要求的量器具测量板材的长度、宽度、厚度。长度、宽度分别在板材的三个部位测量（图6-3），厚度测量4条边的中点部位（图6-4）。分别用测量值与标称值之间偏差的最大值和最小值表示长度、宽度、厚度的尺寸偏差，测量值精确到0.1mm
圆弧板规格尺寸	用游标卡尺或能满足测量精度要求的量器具测量圆弧板的弦长、高度及最小壁厚。在圆弧板的两端面处测量弦长（图6-1）。在圆弧板端面与侧面测量壁厚（图6-1）；圆弧板高度测量部位如图6-5所示。分别用测量值与标称值之间偏差的最大值和最小值表示弦长、高度及壁厚的尺寸偏差，测量值精确到0.1mm
普型板平面度	将平面度公差为0.1mm的1000mm钢平尺分别自然贴放在距板边10mm处和被检平面的两条对角线上，用塞尺测量尺面与板面的间隙。当被检面边长或对角线长度大于1000mm时，用钢平尺沿边长和对角线分段检测。以最大间隙的测量值表示板材的平面度公差，测量值精确到0.05mm
圆弧板	（1）圆弧板直线度。将平面度公差为0.1mm的1000mm钢平尺沿圆弧板母线方向贴放在被检弧面上，用塞尺测量尺面与板面的间隙，测量位置如图6-5所示。当被检圆弧板高度大于1000mm时，用钢平尺沿被检测母线分段测量。以最大间隙的测量值表示圆弧板的直线度公差，测量值精确到0.05mm。 （2）圆弧板线轮廓度。按《产品几何技术规范（GPS）极限与配合　第1部分：公差、偏差和配合的基础》（GB/T 1800.1）和《产品几何技术规范（GPS）极限与配合　公差和配合的选择》（GB/T 1801）的规定，采用尺寸精度为JS7（js7）的圆弧靠模自然贴靠被检弧面，圆弧靠模的弧长与被检弧面的弧长之比应不小于2∶3，用塞尺测量尺面与圆弧面之间的间隙，测量位置如图6-5所示。以最大间隙的测量值表示圆弧板的线轮廓度公差，测量值精确到0.05mm
普型板角度	用内角垂直度公差为0.13mm，内角边长为500mm×400mm的90°钢角尺。将角尺短边紧靠板材的短边，长边贴靠板材的长边，用塞尺测量板材长边与角尺长边之间的最大间隙。测量板材的四个角，以最大间隙的测量值表示板材的角度公差，测量值精确到0.05mm
圆弧板角度	用内角垂直度公差为0.13mm，内角边长为500mm×400mm的90°钢角尺。将角尺短边紧靠圆弧板端面，用角尺长边贴靠圆弧板的边线，用塞尺测量圆弧板边线与角尺长边之间的最大间隙。测量圆弧板的四个角，以最大间隙的测量值表示圆弧板的角度公差，测量值精确到0.05mm
正面与侧面夹角	用内角垂直度公差为0.13mm，内角边长为500mm×400mm的90°钢角尺，将角尺短边紧靠装饰面，用角尺长边贴靠侧面，观察间隙的位置确定夹角的大小
圆弧板α角	将圆弧靠模贴靠圆弧板装饰面并使其上的径向刻度线延长线与圆弧板边线相交，将小平尺沿径向刻度线置于圆弧靠模上，测量圆弧板侧面与小平尺间的夹角（图6-2）
镜向光泽度	采用60°入射角、光孔直径不小于18mm的光泽度仪，按《建筑饰面材料镜向光泽度测定方法》（GB/T 13891）的规定试验

（3）外观质量。

1）花纹色调。将协议板与被检板材并列平放在地上，距板材1.5m处站立目测。

2）缺陷。用游标卡尺或能满足精度要求的量器具测量缺陷的长度、宽度，测量值精确到0.1mm。

(4)物理性能。

1)体积密度、吸水率。按《天然饰面石材试验方法 第3部分 体积密度、真密度、真气孔率、吸水率试验方法》(GB/T 9966.3)的规定试验;在无法满足《天然饰面石材试验方法 第3部分 体积密度、真密度、真气孔率,吹孔试验方法》(GB/T 9966.3)规定的试样尺寸时,应从具有代表性的板材产品上制取50mm×50mm×板材厚度的试样,其余按《天然饰面石材试验方法 第3部分 体积密度、真密度、真气孔率,吹孔试验方法》(GB/T 9966.3)的规定进行。采用该方法时应在报告中注明样品尺寸。

2)压缩强度。按《天然饰面石材试验方法 第1部分:干燥、水饱和、冻融循环后压缩强度试验方法》(GB/T 9966.1)的规定试验;在无法满足《天然饰面石材试验方法 第1部分:干燥、水饱和、冻融循环后压缩强度试验方法》(GB/T 9966.1)规定的试样尺寸时,采用叠加黏结的方式达到规定尺寸。黏结面应磨平达到细面要求,采用环氧型胶黏剂,用加压的方式挤净多余的胶黏剂,固化后进行规定试验。压缩时沿叠加方向加载,采用该种方法时应在报告中注明。

3)弯曲强度。按《天然饰面石材试验方法 第2部分:干燥、水饱和弯曲强度试验方法》(GB/T 9966.2)的规定试验。

4)耐磨性。按《天然大理石建筑板材》(GB/T 19766—2005)附录A规定试验。

5)放射性。按《建筑材料放射性核素限量》(GB 6566)的规定试验。

5. 检验规则

(1)出厂检验。

1)检验项目。

①毛光板为厚度偏差、平面度公差、镜向光泽度、外观质量;

②普型板为规格尺寸偏差、平面度公差、角度公差、镜向光泽度、外观质量;

③圆弧板为规格尺寸偏差、角度公差、直线度公差、线轮廓度公差、外观质量。

2)组批。同一品种、类别、等级、同一供货批的板材为一批,或按连续安装部位的板材为一批。

3)抽样。采取《计数抽样检验程序 第1部分:按接收质量限(AQL)检索的逐批检验抽样计划》(GB/T 2828.1)一次抽样正常检验方式,检查水平为Ⅱ。合格质量水平(AQL值)取6.5;根据表6-10抽取样本。

4)判定。单块板材的所有检验结果均符合技术要求中相应等级时,则判定该块板材符合该等级。

根据样本检验结果,若样本中发现的等级不合格数小于或等于合格判定数(Ac),则判定该批符合该等级;若样本中发现的等级不合格数大于或等于不合格判定数(Re),则判定该批不符合该等级。

(2)型式检验。

1)检验项目。上述"3. 技术要求"中的全部项目。

2)检验条件。有下列情况之一的,进行型式检验:

①新建厂投产;

②荒料、生产工艺有重大改变;

③正常生产时,每一年进行一次。

3)组批。同出厂检验。

4)抽样。规格尺寸偏差、平面度公差、角度公差、直线度公差、线轮廓度公差、镜向光泽度、外观质量的抽样可出厂检验。其余项同的样品从检验批中随机抽取双倍数量样品。

5)判定。体积密度、吸水率、压缩强度、弯曲强度、耐磨性、放射性水平的试验结果中,均符合上述"3. 技术要求"中相应要求时,则判定该批板材以上项目合格;有两项及以上不符合上述"3. 技术要求"相应要求时,则判定该批板材为不合格;有一项不符合上述"3. 技术要求"相应要求时,利用备样对该项目进行复检,复检结果合格时,则判定该批板材以上项目合格;否则判定该批板材为不合格。其他项目检验结果的判定同出厂检验。

6. 标志与包装

(1)标志。

1)板材外包装应注明:企业名称、商标、标记;须有"向上"和"小心轻放"的标志并符合《包装储运图示标志》(GB/T 191)中的规定。

2)对安装顺序有要求的板材,应在每块板材上标明安装序号。

(2)包装。

1)按板材品种、等级等分别包装,并附产品合格证(包括产品名称、规格、等级、批号、检验员、出厂日期);板材光面相对且加垫。

2)包装应满足在正常条件下安全装卸、运输的要求。

7. 运输与贮存

(1)运输。板材运输过程中应防碰撞、滚摔。

(2)贮存。

1)板材应在室内贮存,室内贮存应加遮盖。

2)按板材品种、规格、等级或工程安装部位分别码放。

8. 应用

常用于高、中级公共建筑,如宾馆、酒楼、剧院、商场、写字楼、展览馆、公寓别墅等内外墙饰面和楼地面铺贴,也用于纪念碑(雕像)等饰面,具有庄重、高贵、华丽的装饰效果。

四、天然花岗石荒料(JC/T 204—2001)

1. 产品分类

(1)分类。天然花岗石荒料按规格尺寸将荒料分为三类,见表6-28。

表6-28 荒料按规格尺寸分类 cm

类别	大料	中料	小料
长度×宽度×高度,≥	245×100×150	185×60×95	65×40×70

(2)等级。天然花岗石荒料按荒料的长度、宽度和高度的极差及外观质量将荒料分为一等品(Ⅰ)、二等品(Ⅱ)两个等级。

(3)命名与标记。

1)命名顺序:荒料产地地名、色调花纹特征描述、花岗石。

2)编号采用《天然石材统一编号》(GB/T 17670)的规定,标记顺序为:

编号、类别、规格尺寸、等级、大面标识(←→)、标准号。

石岛红G3786,规格尺寸为250cm×75cm×130cm的一等品荒料的命名与标记示例如下:

命名:石岛红花岗石

标记:G3786　250×75×130　Ⅰ←→　JC/T 204—2001

2. 技术要求

(1)荒料应具有直角六面体形状、荒料各部位名称见图 6-7。

(2)荒料的最小规格尺寸应符合表 6-29 的规定。

表 6-29　荒料的最小规格尺寸　cm

项　目	长　度	宽　度	高　度
指标,≥	65	40	70

(3)荒料的长度、宽度、高度极差应符合表 6-30 的规定。

表 6-30　荒料的长度、宽度、高度极差　cm

等　级	一等品	二等品
极差,≤	4	6

(4)外观质量。

1)同一批荒料的色调、花纹、颗粒结构应基本一致。

2)荒料的外观质量要求应符合表 6-31 的规定。

表 6-31　荒料的外观质量

缺陷名称	规定内容	一等品	二等品
裂纹	允许条数(条)	0	2
色斑	面积小于 $10cm^2$(面积小于 $3cm^2$ 不计),每面允许个数(个)	2	3
色线	长度小于 50cm,每面允许条数(条)	2	3

注:裂纹所造成的荒料体积损失按“3. 试验方法”的要求进行扣除。扣除体积损失后每块荒料的规格尺寸应满足表 6-29 的规定。

(5)荒料的物理性能指标,应符合表 6-32 的规定。

表 6-32　荒料的物理性能指标

项　目			指　标
体积密度/(g/cm^3)		≥	2.56
吸水率(%)		≤	0.60
干燥压缩强度/MPa		≥	100.0
干燥	弯曲强度/MPa	≥	8.0
水饱和			

(6)荒料中放射线核素的比活度应符合《建筑材料放射性核素限量》(GB 6566)的规定。

3. 试验方法

天然花岗石荒料试验方法见表 6-34。

表 6-34 天然花岗石荒料试验方法

项目	内容
尺寸极差	用钢卷尺测量荒料的长度、宽度和高度，分别用其最大值与最小值的差值表示长度、宽度和高度的尺寸极差。精确至1mm
外观质量	(1)色调、花纹、颗粒结构：目测检验。 (2)色斑：用钢卷尺测量色斑的面积，目测色斑个数。 (3)色线：目测色线条数
物理性能	(1)干燥压缩强度：按《天然饰面石材试验方法　第1部分：干燥、水饱和、冻融缩环后压缩强度试验方法》(GB/T 9966.1—2001)的规定进行。 (2)弯曲强度：按《天然饰面石材试验方法　第2部分：干燥、水饱和弯曲强度试验方法》(GB/T 9966.2)的规定进行。 (3)体积密度、吸水率：按《天然饰面石材试验方法　第3部分：体积密度、真密度、真气孔率、吹水率试验方法》(GB/T 9966.3)的规定进行。
规格尺寸	分别以荒料的长度、宽度和高度的最小值表示
验收尺寸	验收尺寸分别以荒料的长度、宽度和高度的最小值减去5cm表示。若荒料上有裂纹，则按下述原则和方法处理： (1)荒料的裂纹扣除应以保证荒料的最大出材率为原则； (2)带有裂纹的荒料验收时应减去图6-7(a)或图6-7(b)中虚线所包含的立方体体积； (3)供需双方有协议的时候，按协议执行

4. 检验规则

(1)出矿检验。

1)检验项目：尺寸极差、外观质量。

2)检验方式：逐块检验。

3)判定：单块荒料的检验结果均符合相应等级的要求时，则判定该块荒料符合该等级。

(2)型式检验。

1)检验项目：上述“2. 技术要求”中的全部项目。

2)检验条件：有下列情况之一时，进行型式检验：

①新建矿投产；

②矿体色调、花纹和颗粒结构等特征出现明显变化；

③正常生产时，每年一次；

④国家质量监督机构提出进行型式检验要求。

3)组批：以 $20m^3$ 的同一品种、类别、等级的荒料为一批。不足 $20m^3$ 的可按一批计。

4)抽样：吸水率、体积密度，弯曲强度，干燥压缩强度试验用样品从检验批中抽取，抽取的样品应能代表批荒料的物理性能水平。

5)检验方式：尺寸极差、外观质量逐块检验；吸水率，体积密度、弯曲强度和干燥压缩强度试验对抽取的样品进行试验。

6)判定：体积密度、吸水率、弯曲强度、干燥压缩强度的检验结果中，有一项不符合表6-32中的规定时，则判定该批荒料为不合格品，其他项目检验结果的判定同出矿检验。

5. 标志、运输与贮存

在每块荒料的两端面上按相应要求做标记。在运输、装卸荒料的过程中应防撞击。贮存时按品种、等级码放平稳并防污染。

五、天然板石(GB/T 18600—2009)

1. 产品分类

(1)天然板石按用途分为:

1)饰面板(CS):用于地面和墙面等装饰用途的板石;按弯曲强度分为C_1、C_2、C_3、C_4。

2)瓦板(RS):用于房屋盖顶用途的板石;按吸水率分为R_1、R_2、R_3等。

(2)天然板石按形状分为普形板(NS)和异形板(IS)。

(3)等级。天然板石按尺寸偏差、平整度公差、角度公差和干温稳定性分为一等品(A)、合格品(B)两个等级。

(4)命名与标记。

1)命名顺序:采用《天然石材统一编号》(GB/T 17670)规定的名称或编号。

2)标记顺序为:名称、类别、规格尺寸、等级、标准编号。

3)标记示例:用编号为S1115北京霞云岭青色板石加工的300mm×300mm×15mm的C_1类一等品普形饰面板的示例如下:

霞云岭青板石 (S1115)CSC_1NS 300×300×15 A GB/T 18600—2009

2. 技术要求

(1)规格尺寸允许偏差。

1)饰面板规格尺寸允许偏差见表6-34。

表6-34 饰面板规格尺寸允许偏差 mm

项目 \ 等级		一等品	合格品
长、宽度	≤300	±1.0	±1.5
	>300	±2.0	±3.0
厚度(定厚度①)		±2.0	±3.0

① 定厚板是指合同中对厚度有规定要求的板材。

2)瓦板规格尺寸允许偏差见表6-35。

表6-35 瓦板规格尺寸允许偏差

项目 \ 等级		一等品	合格品
长、宽度/mm	≤300mm	±1.5	±2.0
	>300mm	±2.0	±3.0
单块板材厚度/mm		±1.0	±1.5
100块板材厚度变化率(%) ≤	厚度≤5mm	15	20
	厚度>5mm	20	25

3)同一块板材的厚度允许极差为:饰面板(定厚板)3mm;瓦板1.5mm。

(2)板材平整度允许极限公差见表6-36。

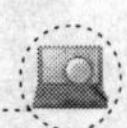

表 6-36　平整度允许极限公差　mm

项目＼分类	饰面板		瓦板
	一等品	合格品	
长度≤300	1.5	3.0	不超过长度的0.5%
长度>300	2.0	4.0	

(3)板材角度允许极限公差见表 6-37。

表 6-37　角度允许极限公差　mm

项目＼分类	饰面板		瓦板	
	一等品	合格品	一等品	合格品
长度≤300	1.0	2.0	不超过长度的0.5%	不超过长度的1.0%
长度>300	1.5	3.0		

(4)外观质量。

1)同一批板材的色调应基本调和,花纹应基本一致。

2)板材表面不允许有疏松碎屑物及风化孔洞。

3)板材不允许有影响强度的碳质夹杂物形成的线条。

4)饰面板正面的外观质量要求应符合表 6-38 的规定。

表 6-38　饰面板正面的外观质量要求

缺陷名称	规定内容	一等品	合格品
缺角	沿板材边长,长度≤5mm,宽度≤5mm(长度≤2mm,宽度≤2mm 不计),每块板允许个数(个)	1	2
色斑	面积不超过 15mm×15mm(面积小于 5mm×5mm 的不计),每块板允许个数(个)	0	2
裂纹	贯穿其厚度方向的裂纹	不允许	
人工凿痕	劈分板石时产生的明显加工痕迹		
台阶高度	装饰面上阶梯部分的最大高度	≤3mm	≤5mm

5)瓦板正面的外观质量要求应符合表 6-39 的规定。

表 6-39　瓦板正面的外观质量要求

缺陷名称	规定内容	一等品	合格品
缺角	沿板材边长,长度不大于边长的 8%(长度小于边长 3%的不计),允许缺角部位见图 6-8。每块板允许个数(个)	2	
白斑	面积不超过 15mm×15mm(面积小于 5mm×5mm 的不计),每块板允许个数(个)	0	2
裂纹	可见裂纹和隐含裂纹	不允许	
人工凿痕	劈分板石时产生的明显加工痕迹		
台阶高度	装饰面上阶梯部分的最大高度	≤1mm	≤2mm
崩边	打边处理时产生的边缘损失	宽度≤15mm	

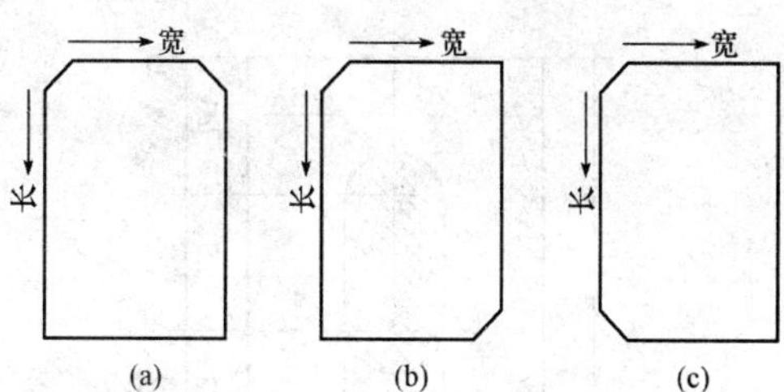

图 6-8　瓦板缺角类型

(a)可允许缺角类型;(b)、(c)不允许缺角类型

(5)理化性能。

1)饰面板的理化性能指标应符合表 6-40 的规定。

表 6-40　　理化性能

<table>
<tr><th rowspan="3" colspan="2">项　目</th><th colspan="4">技术指标</th></tr>
<tr><th colspan="2">室　内</th><th colspan="2">室　外</th></tr>
<tr><th>C_1</th><th>C_2</th><th>C_3</th><th>C_4</th></tr>
<tr><td>弯曲强度/MPa</td><td>≥</td><td>10.0</td><td>50.0</td><td>20.0</td><td>62.0</td></tr>
<tr><td>吸水率(%)</td><td>≤</td><td colspan="2">0.45</td><td colspan="2">0.25</td></tr>
<tr><td>耐气候性软化深度/mm</td><td>≤</td><td colspan="4">0.64</td></tr>
<tr><td>耐磨性[a]/(1/cm^3)</td><td>≥</td><td colspan="4">8</td></tr>
</table>

注:a 仅适用在地面、楼梯踏步、台面等易磨损部位。

2)瓦板的理化性能指标应符合表 6-41 的规定,干湿稳定性按表 6-42 中的规定划分等级。

表 6-41　　理化性能

<table>
<tr><th rowspan="2" colspan="2">项　目</th><th colspan="3">技术指标</th></tr>
<tr><th>R_1 类</th><th>R_2 类</th><th>R_3 类</th></tr>
<tr><td>吸水率(%)</td><td>≤</td><td>0.25</td><td>0.36</td><td>0.45</td></tr>
<tr><td>破坏载荷/N</td><td>≥</td><td colspan="3">1800</td></tr>
<tr><td>耐气候性软化深度/mm</td><td>≤</td><td colspan="3">0.35</td></tr>
</table>

表 6-42　　干湿稳定性

<table>
<tr><th colspan="3">等　级
项　目</th><th>一等品</th><th>合格品</th></tr>
<tr><td colspan="3">含不可氧化的黄铁矿结晶</td><td>允许有</td><td>允许有</td></tr>
<tr><td rowspan="3">含可氧化的黄铁矿结晶</td><td rowspan="2">非贯穿型</td><td>外观可见</td><td>不允许有</td><td rowspan="2">允许有</td></tr>
<tr><td>外观不可见</td><td>允许有</td></tr>
<tr><td colspan="2">贯穿型</td><td>不允许有</td><td>不允许在图 6-9 阴影部位出现</td></tr>
</table>

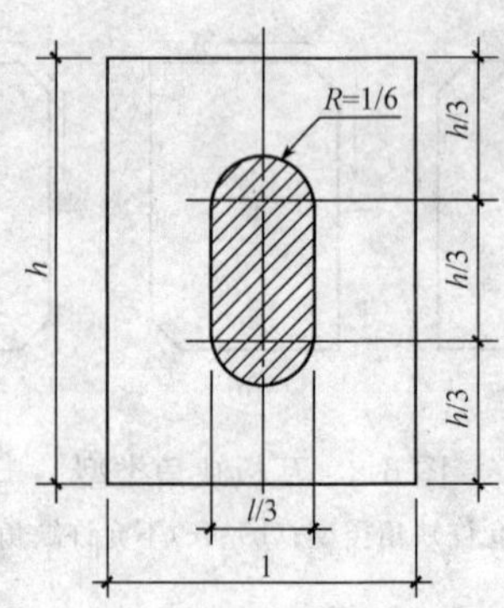

图 6-9 贯穿型可氧化黄铁矿结晶部位

3)供需双方对理化性能指标,有特殊要求的按双方协议执行。

3. 试验方法

天然板石试验方法见表 6-43。

表 6-43 天然板石试验方法

<table>
<tr><th colspan="2">项 目</th><th>内 容</th></tr>
<tr><td rowspan="2">规格尺寸</td><td>饰面板</td><td>用游标卡尺或能满足精度要求的量器具测量板材的长度、宽度、厚度。长度、宽度分别在板材的三个部位测量,见图 6-10;厚度测量 4 条边的中点部位,见图 6-4。分别用测量值与标称值的偏差最大值和最小值表示长度、宽度、厚度的尺寸偏差。测量值精确到 0.1mm</td></tr>
<tr><td>瓦板</td><td>瓦板的长度、宽量测量方法同饰面板的规定;单块瓦板的厚度在 4 条边的中点部位并距板边 20mm 处测量。从同一批瓦板中随机抽取 200 块板材,平均分为两组。将每组样品靠紧后,用刻度值为 1mm 的钢卷尺分别测量 100 块板材的总厚度,分别记为 h_1、h_2,测量值精确至 1mm。100 块板材的厚度变化率按下式计算:
$$\Delta_h=\frac{|h_1-h_2|}{\min(h_1,h_2)}\times 100$$
式中 Δ_h——100 块板材的厚度变化率(%);
h_1、h_2——每组样品的总厚度(mm);
$\min(h_1,h_2)$——两组板材中总厚度的较小值(mm)</td></tr>
<tr><td colspan="2">平整度</td><td>将直线度公差为 0.1mm 的钢平尺自然贴放在被检面的两条对角线上,用塞尺或游标卡尺测量尺面与板面的间隙。以最大间隙的测量值表示板材的平整度公差。测量值精确到 0.1mm</td></tr>
<tr><td colspan="2">角度</td><td>用内角垂直度公差为 0.13mm,内角边长为 500mm×400mm 的 90°钢角尺检测。将角尺的短边紧靠板材的短边,角尺长边贴靠板材的长边,用塞尺或游标卡尺测量板材长边与角尺长边之间的最大间隙。当板材的长边小于或等于 500mm 时,测量板材的任一对对角;当板材的长边大于 500mm 时,测量板材的四个角。
以最大间隙的测量值表示板材的角度公差。测量值精确至 0.1mm</td></tr>
<tr><td colspan="2">外观质量</td><td>(1)花纹色调:将协议板与被检板材并列平放在地上,距板材 1.5m 处站立目测。
(2)人工凿痕:将板材平放在地上,距板材 1m 处目测。
(3)疏松碎屑物、风化孔洞、碳质夹杂物形成的线条:目测。
(4)缺角和崩边:用游标卡尺测量缺陷的长度、宽度和高度,目测缺角个数。
(5)台阶:用游标卡尺测量台阶的高度,取测量的最大值作为台阶高度。
(6)裂纹:可见裂纹采用目测法,隐含裂纹采用用金属锤轻敲,辩其声音,清脆无劈裂声为无裂纹。
(7)色斑、白斑:用游标卡尺测量色斑的尺寸,目测色斑个数</td></tr>
</table>

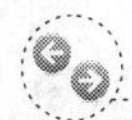

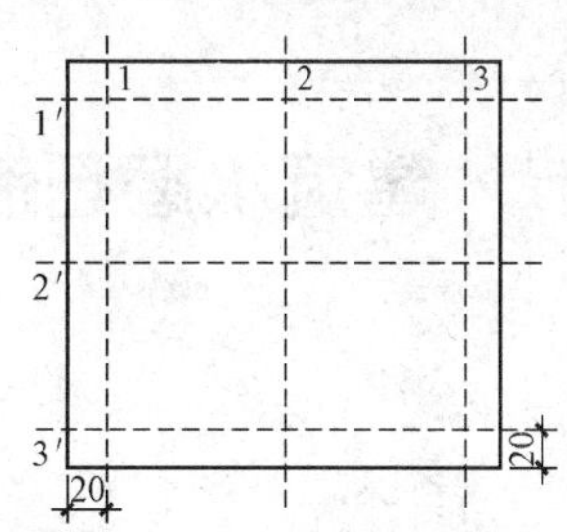

图 6-10 板材规格尺寸测量位置

1,2,3—宽度测量线;1′,2′,3′—长度测量线

4. 检验规则

(1)出厂检验。

1)检验项目:规格尺寸偏差、平整度公差、角度公差、外观质量。

2)组批:同一规格、品种、等级的板材为一批。或按同一工程连续性安装部位的板材为一批。

3)抽样:瓦板的厚度变化率进行一次随机抽样检验,其余检验项目按表 6-10 进行。

4)判定:单块板材的所有检验结果均符合技术要求中相应等级时,则判定该块板材符合该等级。

根据样本检验结果,若样本中发现的等级不合格品数小于或等于合格判定数(A_c),则判定该批符合该等级;若样本中发现的等级不合格品数大于或等于不合格判定数(R_e),则判定该批不符合该等级。

(2)型式检验。

1)检验项目:技术要求中的全部项目。

2)有下列情况之一时,进行型式检测:

①新建厂投产;

②荒料、生产工艺有重大改变;

③正常生产时,每两年进行一次;

④国家质量监督机构提出进行型式检验要求。

3)组批:同出厂检验。

4)抽样:规格尺寸、平整度、角度、外观质量的抽样同出厂检验;其余项目的试验样品可以检验批中随机抽取双倍数量样品。

5)判定:吸水率、弯曲强度、耐气候性、干湿稳定性的试验结果中,有一项不符合理化性能要求时,用备样对该项进行复检,复检结果符合理化性能的相应类别要求时,则判定该批板材以上物理性能符合该类别,则判定该批板材为不合格品。其他项目检验结果的判定同出厂检验。

5. 标志与包装

(1)标志。包装箱上应注明企业名称、商标、品名、规格、数量、序号等标记;须有“向上”和“小心轻放”的标志并符合《包装储运图示标表》(GB/T 191)中的规定。

(2)包装。

1)包装时按板材品种、规格、等级分别包装,并附产品合格证。

2)包装质量应符合产品在正常条件下安全装卸、运输的要求。

6. 运输与贮存

(1)运输。运输板材过程中应防碰撞、滚摔。

(2)贮存。板材应在室内贮存,室外贮存应加遮盖。按板材品种、规格、等级或按工程部位分别码放。

第二节　建筑水磨石制品*

一、产品分类

1. 类别

(1)建筑水磨石制品按制品在建筑物中的使用部位分：

1)墙面和柱面用水磨石(Q)；

2)地面和楼面用水磨石(D)；

3)踢脚板、立板和三角板类水磨石(T)；

4)隔断板、窗台板和台面板类水磨石(G)。

(2)建筑水磨石制石按制品表面加工程度分为：

1)磨面水磨石(M)；

2)抛光水磨石(P)。

2. 规格尺寸

水磨石的常用规格尺寸为 300mm×300mm、305mm×305mm、400mm×400mm、500mm×500mm。其他规格尺寸由设计、使用部门与生产厂共同议定。

3. 等级

水磨石按其外观质量、尺寸偏差和物理力学性能分为优等品(A)、一等品(B)和合格品(C)。

4. 标记

产品标记由牌号(商标)、类别、等级、规格和标准号组成。

规格为 400mm×400mm×25mm 钻石牌一等品地面用抛光水磨石，标记示例如下：

钻石牌水磨石 DPB　400×400×25　JC 507

二、技术要求

1. 外观质量

(1)水磨石面层的外观缺陷规定见表 6-44。

表 6-44　水磨石面层的外观缺陷

缺陷名称	优等品	一等品	合格品
返浆、杂质	不允许		长×宽≤10×10 不超过 2 处
色差、划痕、杂石、漏砂、气孔	不允许	不明显	
缺口	不允许		长×宽>5×3 的缺口不应有 长×宽≤5×3 的缺口周边上不超过 4 处，但同一条棱上不得超过 2 处

注：一个缺角应计为相邻两棱边各有缺口 1 处。

注：* 本文选自建筑水磨石制品(JC 507—1993)。

(2)水磨石磨光面有图案时，其越线和图案偏差应符合表6-45规定。

表6-45 水磨石磨光面有图案时，其越线和图案偏差 mm

缺陷名称	优等品	一等品	合格品
图案偏差	≤2	≤3	≤4
越线	不允许	越线距离≤2 长度≤10 允许2处	越线距离≤3 长度≤20 允许2处

(3)同批水磨石磨光面上的石碴级配和颜色应基本一致。

2. 尺寸偏差

(1)水磨石的规格尺寸允许偏差、平面度、角度允许极限公差应符合表6-46的规定。

表6-46 水磨石的规格尺寸允许偏差、平面度、角度极限公差 mm

类别	项目/等级	长度、宽度	厚度	平面度	角度
Q	优等品	0 −1	±1	0.6	0.6
	一等品	0 −1	+1 −2	0.8	0.8
	合格品	0 −2	+1 −3	1.0	1.0
D	优等品	0 −1	+1 −2	0.6	0.6
	一等品	0 −1	±2	0.8	0.8
	合格品	0 −2	±3	1.0	1.0
T	优等品	±1	+1 −2	1.0	0.8
	一等品	±2	±2	1.5	1.0
	合格品	±3	±3	2.0	1.5
G	优等品	+2	+1 −2	1.5	1.0
	一等品	±3	±2	2.0	1.5
	合格品	±4	±3	3.0	2.0

(2)厚度小于或等于15mm的单面磨光水磨石，同块水磨石的厚度极差不得大于1mm；厚度大于15mm的单面磨光水磨石，同块水磨石上的厚度极差不得大于2mm。侧面不磨光的拼缝水磨石，正面与侧面的夹角不得大于90°。

3. 出石率

磨光面的石碴分布应均匀。石碴粒径大于或等于3mm的水磨石，出石率应不小于55%。

4. 物理力学性能

(1)抛光水磨石的光泽度，优等品不得低于45.0光泽单位；一等品不得低于35.0光泽单位；合

格品不得低于25.0光泽单位。

(2)水磨石的吸水率不得大于8.0%。

(3)水磨石的抗折强度平均值不得低于5.0MPa,且单块最小值不得低于4.0MPa。

三、试验方法

1. 量具和仪器

(1)钢直尺:刻度值为0.5mm。

(2)游标卡尺:读数值为0.1mm。

(3)钢平尺:直线度偏差为0.1mm。

(4)90°钢制角尺:内角边长为450mm×400mm,内角垂直度公差为0.13mm。

(5)塞尺:精度为2级。

(6)托盘天平:称量范围0～2kg,分度值1g。

(7)电热恒温鼓风干燥箱:调温范围50～300℃。

(8)万能试验机、压力机或其他抗折试验机:示值精度2%,度盘最小分度值不得大于50N。

(9)光泽计:入射角为60°,光束孔径ϕ30mm,分度值为0.1光泽单位。

2. 外观质量

(1)将水磨石平放在地面上,在自然光下目测水磨石面层的外观缺陷:人距水磨石1.5m处明显可见的缺陷视为有缺陷;人距水磨石1.5m处不明显,但在1.0m处可见的的缺陷视为不明显;人距水磨石1.0m看不见的缺陷视为无缺陷。

(2)用钢直尺测量水磨石缺口的长度和宽度,测量方法如图6-11所示。读数准确到0.2mm。

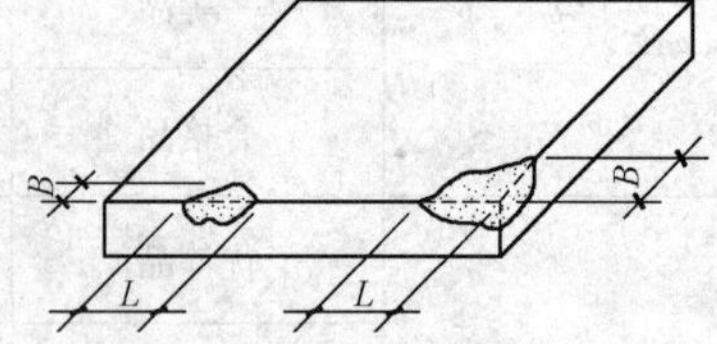

图6-11 缺口测量方法示意图

L—缺口长度;B—缺口宽度

(3)用钢直尺测量图案偏差值和越线距离与长度,读数准确到0.2mm。

(4)在自然光下,人距水磨石1.5m处目视检验批量水磨石磨光面上的石碴级配和颜色。

3. 尺寸偏差

(1)外形尺寸。用钢直尺测量水磨石的长度和宽度,各测三条直线,测量部位如图6-10所示。用游标卡尺测量水磨石各边中点的厚度。分别用偏差的最大值和最小值表示长度、宽度、厚度的尺寸偏差。用同块水磨石上厚度偏差的最大值和最小值之间的差值表示同块水磨石上的厚度极差。读数准确至0.2mm。

(2)平面度。将钢平尺贴放在被检平面的两条对角线上,用塞尺测量尺面与水磨石被检平面之间的空隙。当被检面对角线长度大于1000mm时,用长度为1000mm的钢平尺沿对角线分段检验,如图6-12所示。以最大空隙的塞尺片读数表示水磨石的平面度极限公差,读数准确到0.1mm。

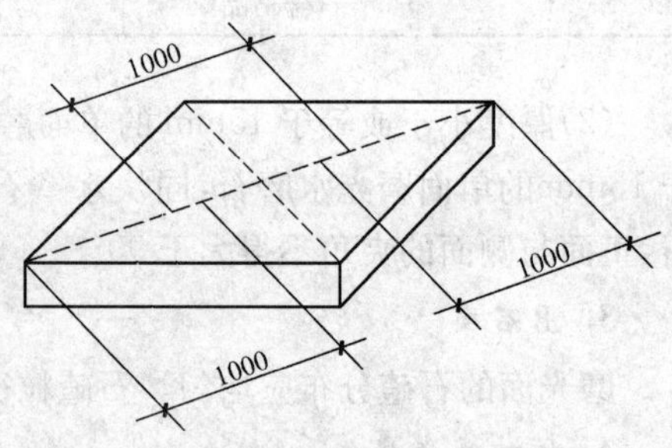

图6-12 平面度测量方法示意图

(3)角度。将90°钢制角尺长边紧贴板材的长边,短边紧靠板材短边,用塞尺测量板材与角尺短边之间的间隙。当被检角大于 90°时，测量点在角尺根部；当被检角小于 90°时测量点在距根部 400mm 处。

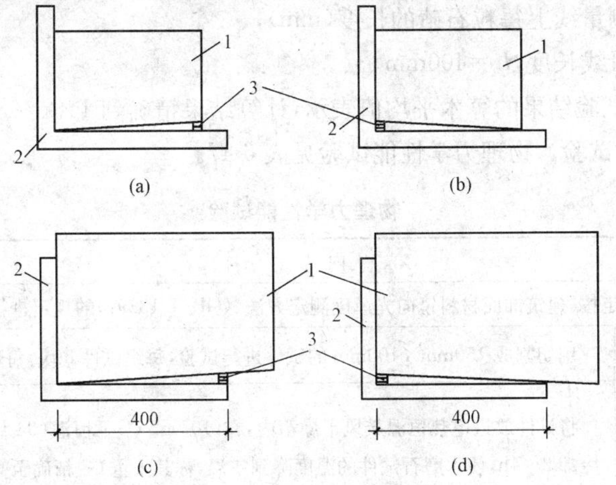

图 6-13　角度测量方法示意图

1—水磨石；2—角尺；3—塞尺

当角尺的长边大于板面的长边时，用图 6-13 中(a)、(b)方法测量板面的两对角；当角尺的长边小于板面的长边时，用图 6-13 中(c)、(d)方法测量板面的四个角，以最大间隙的塞尺片读数表示水磨石的角度极限公差，读数准确到 0.05mm。

(4)出石率试验。

1)进行出石率检验的试样规格与受检产品规格相同。每组 5 块。

2)磨光面的石碴最大粒径大于或等于 3mm 时，在试样磨光面的两条对角线上各画一条 400mm 的测量线，如图 6-14 所示。测量通过两条测量线上粒径大于 0.5mm 的每粒石碴的长度，读数准确到 0.5mm。

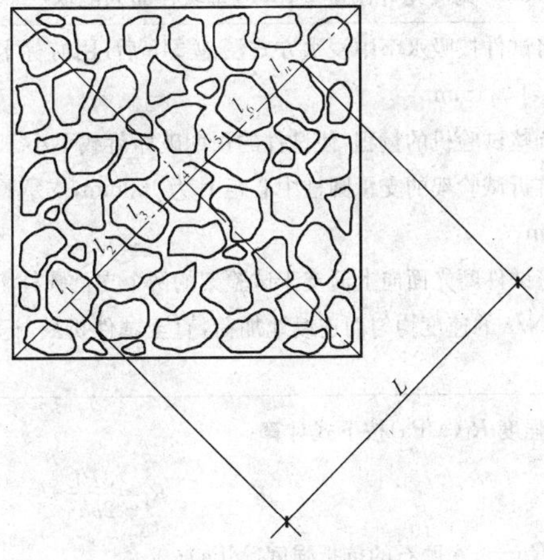

图 6-14　出石率测量

3)每块试样的出石率 $X(\%)$ 按式计算：

$$X=\frac{l_1+l_2+l_3+\cdots+l_n}{2L}\times 100$$

式中　　X——出石率（%）；

l_1、l_2、l_3、…、l_n——在测量线上每粒石碴的长度（mm）；

L——测量线长度，L=400mm。

4）出石率以每组试验结果的算术平均值表示，计算结果精确到1%。

（5）物理力学性能试验。物理力学性能试验见表6-47。

表6-47　　物理力学性能试验

项　目	内　容	
光泽度	光泽度测定按《建筑饰面材料镜向光泽度测定方法》(GB/T 13891)的规定进行	
吸水率	试件制备	用切割成150mm×100mm的试件进行试验，每组试件5块，每块样品只能取一个试件
	试验步骤	将试件放进电热恒温鼓风干燥箱内，在(105±5)℃下恒温(24±0.5)h，然后在室内空气中冷却2～4h，使水磨石试件的温度降到室温，称其干重G_0精确至0.5g。 将称干重后的试件平放在水箱中，水箱与试件间用玻璃棒隔开，保持水面高于试件上表面(50±10)mm，浸水24h后立即从水中取出，用湿布抹去试件表面的水迹，称其湿重G_s，读数准确到0.5g
	结果计算	吸水率W(%)按下式计算： $$W=\frac{G_s-G_0}{G_0}\times 100$$ 式中　W——吸水率，%； G_0——试件的干重(g)； G_s——试件的湿重(g)。 吸水率用该组试验结果单块最大值表示，计算结果精确到0.1%
抗折强度	试件准备	用切割成150mm×100mm的试件进行试验，试件受力方向不得含有钢筋，试件长度允许偏差±5mm，宽度允许偏差±1mm，每块样品只能取一个试件，每组五个
	试验步骤	(1)将试件按吸水率中浸水方式浸泡24h后，用游标卡尺测量试件中部的厚度和宽度，读数准确到0.1mm。 (2)调整试验机的量程，使试件的预期破坏荷载不小于全量程的20%，也不大于全量程的80%，抗折试验架的支承圆柱中心距L为100mm，支承圆柱和荷载压头的圆弧半径为10mm或15mm。 (3)将试件磨光面向上简支于试验架的两个支承圆柱上，开动试验机，使试件缓慢受力，以30～50N/s的速度均匀而连续地加荷，直至试件折断，记录其破坏荷载，加压方式如图6-15所示
	结果计算	抗折强度R_f(MPa)按下式计算： $$R_f=\frac{3PL}{2bh^2}$$ 式中　R_f——水磨石的抗折强度(MPa)； P——折断时的破坏荷载(N)； L——支承圆柱的中心距，L=100mm； b——试件宽度(mm)； h——试件厚度(mm)。 抗折强度用该组试件算术平均值和单块最小值表示，计算结果精确到0.1MPa

四、检验规则

1. 检验分类

产品检验分出厂检验和型式检验。

(1)出厂检验项目:外观质量、尺寸偏差、光泽度。

(2)型式检验项目:外观质量、尺寸偏差出石率、物理力学性能。

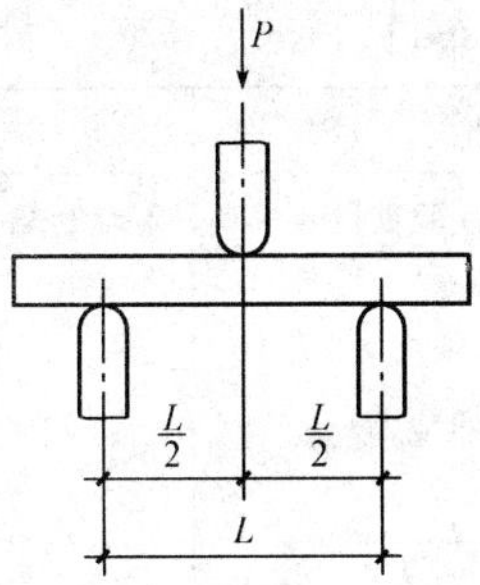

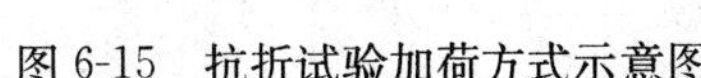

图 6-15 抗折试验加荷方式示意图

有下列情况之一时,应进行型式检验:

1)新产品试制定型鉴定时;

2)正式生产后,如材料、设备、工艺有较大改变,可能影响产品的性能时;

3)正常生产时,每个月进行一次;

4)产品长期停产后,重新恢复生产时;

5)出厂检验结果与上次型式检验结果有较大差异时;

6)国家质量监督检验机构提出进行型式检验要求时。

2. 批的组成

(1)出厂检验的批由一次订货的同一品种、规格和相同质量等级的水磨石构成,一个验收批最多不超过一万块。

(2)型式检验的批由同一类别、规格和相同质量等级的水磨石构成,一个检验批为 500～3000 块。

3. 抽样方案

(1)出厂检验和型式检验所需样品应在成品库随机抽取。抽取的样品数量见表 6-48。对特殊要求的水磨石产品出厂检验时可逐块检验。

表 6-48　抽取的样品数量　块

批量范围	抽样数量			
	外观质量	尺寸偏差	光泽度 出石率 吸水率	抗折强度
20～500	20	13	5	5
501～1200	32	20		
1201～3200	50	32		
3201～10000	80	32		

注:光泽度、出石率、吸水率的检验在同一组试件上依次进行。

(2)检验外观质量的样品从整个批量中抽取,检验尺寸偏差的样品从检验外观质量合格的样品中抽取,检验光泽度、出石率、吸水率和抗折强度的样品从检验尺寸偏差合格的样品中抽取。

4. 判定规则

(1)出厂检验。

1)外观质量和尺寸偏差按表 6-49 的规定。

表 6-49　外观质量和尺寸偏差　块

栏　号	1	2	3	4
检验项目	试件数量	H_e	B_u	H'_e
外观质量	20	3	4	2
	32	5	6	3
	50	7	8	5
	80	10	11	8
尺寸偏差	13	1	2	1
	20	2	3	1
	32	3	4	2

当达不到指定质量等级的试件数小于或等于 H_e 时，判定该批产品符合指定等级；大于 B_u 时，判定该批产品不符合指定等级；等于 B_u 时，允许重新抽样。

重新抽样后，当达不到指定质量等级的样品数小于或等于 H'_e 时，判定该批产品符合指定等级；大于 H'_e 时，判定该批产品不符合指定等级。

2)光泽度的判定：光泽度的试验结果达到上述"4. 物理力学性能"中"(1)"规定质量等级的光泽度值时，判定该批产品符合该质量等级。

3)总判定：外观质量、尺寸偏差、物理力学性能符合技术要求中相应等级时，判为该等级。

(2)型式检验。

1)外观质量和尺寸偏差按表 6-49 中第 2 栏进行判定。

当达不到指定质量等级的样品数小于或等于 H_e 时，判定该批产品符合指定质量等级；大于 H'_e 时，则判定该批产品不符合指定质量等级。

2)光泽度的判定同出厂检验；出石率、吸水率和抗折强度的判定按上述"3. 出石率"、"4. 物理力学性能"中"(2)、(3)"条进行。

五、标志、包装、运输与贮存

1. 标志

(1)水磨石边长超过 500mm 时，背面应有生产厂名称或商标，边长等于或小于 500mm 时，包装后应有产品标记。

(2)出厂的水磨石应有产品质量合格证，其内容如下：

1)合格证编号；

2)产品标记；

3)生产厂的厂名或商标；

4)出厂日期或批号；

5)生产厂质量检验部门签章。

2. 包装

根据运距和道路情况水磨石包装时应光面相对，其包装方法分为绳包装、箱包装和托盘包装等。

(1)绳包装。

1)包装绳应具有足够强度,包装时必须扎紧并保持好棱角。

2)产品除大型产品允许单块捆扎外,其他产品均采取双数包装。

3)简易包装不少于3个捆扎点,每个捆扎点的绳应不少于五道,密封包装时,产品不得外露。

(2)箱包装。

1)包装箱可用木材或性能相近的代用板材制作,包装箱的规格由双方商定。

2)产品装入箱内时,其周围空隙必须用柔软填料挤实。

(3)托盘包装。

1)托盘规格应符合运输工具许可的尺寸,并与产品模数相适应。

2)托盘与产品相互捆扎牢固,在运输过程中不应松散。

3. 运输

不论用何种运输工具水磨石制品均应直立放置,每行倾斜不大于15°。水磨石包装件与运输工具接触部分必须支垫使之受力均匀。运输时要平稳、严禁冲击。远途运输时必须采取防雨措施,搬运过程中应轻拿轻放、严禁抛掷。

4. 贮存

(1)产品在搬运时必须轻拿轻放。

(2)产品宜在室内贮存,室外贮存时应予遮盖。

(3)贮存期间,产品码放应采用直立与平放两种方法。

1)直立码垛时应光面相对,倾斜角不大于15°,垛高不超过1.6m,最底层必须用木条支垫,层间用木条相隔,各层支承点必须平衡。

2)平放码垛时应光面相对,地面要求平整,垛高不超过1.4m。

本书采用材料标准汇总

序号	标准名称	标准编号	所在页码
	第二章　气硬性胶凝材料		
1	通用硅酸盐水泥	GB 175—2007	8
2	道路硅酸盐水泥	GB 13693—2005	13
3	砌筑水泥	GB/T 3183—2003	16
4	钢渣道路水泥	JC/T 1087—2008	18
5	钢渣砌筑水泥	JC/T 1090—2008	20
6	低热微膨胀水泥	GB 2938—2008	23
7	白色硅酸盐水泥	GB/T 2015—2005	25
8	彩色硅酸盐水泥	JC/T 870—2000	27
9	铝酸盐水泥	GB 201—2000	30
10	硫铝酸盐水泥	GB 20472—2006	32
11	钢渣硅酸盐水泥	GB 13590—2006	37
12	建筑生石灰	JC/T 479—1992	39
13	建筑生石灰粉	JC/T 480—1992	40
14	建筑消石灰粉	JC/T 481—1992	41
15	建筑石膏	GB/T 9776—2008	42
	第三章　混凝土与砂浆		
16	建筑用砂	GB/T 14684—2001	46
17	建筑用卵石、碎石	GB/T 14685—2001	64
18	混凝土外加剂	GB 8076—2008	79
19	砌筑砂浆配合比设计	JGJ 98—2000	93
20	建筑保温砂浆	GB/T 20473—2006	96
21	墙体饰面砂浆	JC/T 1024—2007	98
22	聚合物水泥防水砂浆	JC/T 984—2005	102
	第四章　墙体材料		
23	烧结普通砖	GB 5101—2003	108
24	烧结多孔砖	GB 13544—2000	113
25	烧结空心砖和空心砌块	GB 13545—2003	118
26	蒸压灰砂砖	GB 11945—1999	125
27	粉煤灰砖	JC 239—2001	128
28	炉渣砖	JC/T 525—2007	131
29	混凝土实心砖	GB 21144—2007	135
30	混凝土路面砖	JC/T 446—2000(2009)	140
31	普通混凝土小型空心砌块	GB 8239—1997	146
32	蒸压加气混凝土砌块	GB 11968—2006	149
33	粉煤灰砌块	JC 238—1991(1996)	154
34	粉煤灰混凝土小型空心砌块	JC/T 862—2008	161
35	轻集料混凝土小型空心砌块	GB/T 15229—2002	165
36	装饰混凝土砌块	JC/T 641—2008	169

（续二）

序号	标准名称	标准编号	所在页码
与本书相关的其他标准			
11	水泥细度检验方法　筛析法	GB/T 1345—2005	—
12	水泥化学分析方法	GB/T 176—2008	—
13	水泥取样法	GB/T 12573—2008	—
14	水泥包装袋	GB 9774—2002	—
15	铝酸盐水泥化学分析方法	GB/T 205—2008	—
16	硫铝酸盐水泥	GB 20472—2006	—
17	水泥胶砂流动度测定方法	GB/T 2419—2005	—
18	行星式水泥胶砂搅拌机	JC/T 681—2005	—
19	膨胀水泥膨胀率试验方法	JC/T 313—2009	—
20	硅酸盐水泥熟料	GB/T 21372—2008	—
21	水泥压蒸安定性试验方法	GB/T 750—1992(1996)	—
22	用于水泥中的粒化电炉磷渣	GB/T 6645—2008	—
23	水泥标准稠度用水量、凝结时间、安定性检验方法	GB/T 1346—2001	—
24	水泥胶砂耐磨性试验方法	JC/T 421—2004	—
25	水泥胶砂干缩试验方法	JC/T 603—2004	—
26	水泥水化热测定方法	GB/T 12959—2008	—
27	水泥原料中氯的化学分析方法	JC/T 420—1991(1996)	—
28	建筑石灰试验方法　物理试验方法	JC/T 478.1—1992	—
29	建筑石灰试验方法　化学分析方法	JC/T 478.2—1992	—
30	制作胶结料的石膏石	JC/T 700—1998	—
31	建筑材料放射性核素限量	GB 6566—2010	—
32	石膏化学分析方法	GB/T 5484—2000	—
33	蒸压加气混凝土性能试验方法	GB/T 11969—2008	—
34	混凝土用水标准	JGJ 63—2006	—
35	混凝土试验用搅拌机	JG 244—2009	—
36	普通混凝土配合比设计规程	JGJ 55—2000	—
37	普通混凝土拌合物性能试验方法标准	GB/T 50080—2002	—
38	无机硬质绝热制品试验方法	GB/T 5486—2008	—
39	硅酸盐复合绝热涂料	GB/T 17371—2008	—
40	复层建筑涂料	GB/T 9779—2005	—
42	砌墙砖检验规则	JC/T 466—1992(1996)	—
43	砌墙砖试验方法	GB/T 2542—2003	—
44	混凝土小型空心砌块试验方法	GB/T 4111—1997	—
45	蒸压灰砂多孔砖	JC/T 637—2009	—
46	硅酸盐建筑制品用生石灰	JC/T 621—2009	—
47	硅酸盐建筑制品用砂	JC/T 622—2009	—
48	纤维水泥制品试验方法	GB 7019—1997	—
49	硅酸盐复合绝热涂料	GB/T 17371—2008	—

参考文献

[1] 材料员一本通编委会．材料员一本通[M]. 北京：中国建材工业出版社，2007.
[2] 上海市建筑材料质量监督站，等．材料员必读[M]. 2 版. 北京：中国建筑工业出版社. 2005.
[3] 材料员专业与实务编委会. 材料员专业与实务[M]. 北京：中国建材工业出版社，2006.
[4] 洪向道. 新编常用建筑材料手册[M]. 北京：中国建材工业出版社，2006.
[5] 沈春林．建筑防水材料技术标准[M]. 北京：化学工业出版社，2004.
[6] 柯国君. 建筑材料质量控制监理[M]. 北京：中国建筑工业出版社，2003.
[7] 刘祥顺，等．土木工程材料[M]. 北京：中国建筑工业出版社，2001.
[8] 曹文琮. 材料员必读[M]. 北京：中国电力出版社，2004.
[9] 王寿华. 建筑钢材[M]. 北京：中国计划出版社，2002.
[10] 杨茂森，等. 建筑材料质量检测[M]. 北京：中国计划出版社，2000.
[11] 杨生茂，建筑钢材[M]. 北京：中国计划出版社，1998.
[12] 张云理，卞葆芝．混凝土外加剂及应用手册[M]. 2 版．北京：中国铁道出版社，1994.

（续三）

序号	标准名称	标准编号	所在页码
与本书相关的其他标准			
50	建筑砂浆基本性能试验方法标准	JGJ/T 70—2009	—
51	包装储运图示标志	GB/T 191—2008	—
52	纤维水泥平板	JC/T 412—2006	—
53	陶瓷墙地砖胶粘剂	JC/T 547—2005	—
54	色漆和清漆　人工气候老化和人工辐射曝露滤过的氙弧辐射	GB/T 1865—2009	—
55	色漆和清漆　涂层老化的评级方法	GB/T 1766—2008	—
56	建筑防水涂料试验方法	GB/T 16777—2008	—
57	工业产品保证文件总则	GB/T 14436—1993	—
58	普通混凝土力学性能试验标准	GB/T 50081—2002	—
59	混凝土用高炉重矿渣碎石	YB/T 4178—2008	—
60	混凝土外加剂	GB/T 8076—2008	—
61	镁质胶凝材料用原料	JC/T 449—2008	—
62	增强用玻璃纤维网布	JC 561—2006	—
63	无机地面材料耐磨性能试验方法	GB/T 12988—2009	—
64	混凝土结构工程施工质量验收规范	GB 50204—2002	—
65	建筑材料不燃性试验方法	GB/T 5464—2010	—
66	碳素结构钢	GB/T 700—2006	—
67	钢及钢产品交货一般技术要求	GB/T 17505—1998	—
68	低合金高强度结构钢	GB/T 1591—2008	—
69	钢和铁　化学成分测定用试样的取样和制样方法	GB/T 20066—2006	—
70	钢产品镀锌层质量试验方法	GB 1839—2008	—
71	色漆和清漆　铅笔法测定漆膜硬度	GB/T 6739—2006	—
72	数值修约规则与极限数值的表示和判定	GB/T 8170—2008	—
73	不锈钢和耐热钢牌号及化学成分	GB/T 20878—2007	—
74	钢板和钢带包装、标志及质量证明书的一般规定	GB/T 247—2008	—
75	型钢验收、包装、标志及质量证明书的一般规定	GB/T 2101—2008	—
76	冶金技术标准的数值修约与检测数值的判定原则	YB/T 081—1996	—
77	低碳钢热轧热盘条	GB/T 701—2008	—
78	建筑饰面材料镜向光泽度测定方法	GB/T 1389—2008	—
79	天然饰面石材试验方法　第1部分:干燥、水饱和、冻融循环后压缩强度试验方法	GB/T 9966.1—2001	—
80	天然饰面石材试验方法　第2部分:干燥、水饱和、弯曲强度试验方法	GB/T 9966.2—2001	—
81	天然饰面石材试验方法　第3部分:体积密度、真密度、真气孔率、吸水率试验方法	GB/T 9966.3—2001	—
82	天然石材统一编号	GB/T 17670—2008	—